高职高专"十二五"规
2010 年度浙江省高校系列教材

药物制剂工艺与制备

胡　英　主编

郭维儿　夏晓静　副主编

化学工业出版社

·北京·

本教材的内容编写以"项目"为引导，以"任务"为驱动，培养学生完成制剂生产各岗位工作任务能力，以典型实例生产操作为核心，逐层分析、总结，使学生在模仿中掌握操作程序、技能要点。全书共分五大模块，十五个项目，讲授制剂工作基础、液体类制剂的工艺与制备、固体制剂工艺与制备、半固体及其他制剂工艺与制备、新剂型与新技术介绍等内容。

本书适合高职高专药物制剂技术、化学制药技术、生物制药技术等药学类专业师生选作教材使用，亦可作为药品生产企业技术人员的参考用书。

图书在版编目（CIP）数据

药物制剂工艺与制备/胡英主编．—北京：化学工业出版社，2012.9
高职高专"十二五"规划教材
ISBN 978-7-122-15107-0

Ⅰ.①药⋯　Ⅱ.①胡⋯　Ⅲ.①药物-制剂-生产工艺-高等学校-教材　Ⅳ.①TQ460.6

中国版本图书馆 CIP 数据核字（2012）第 193082 号

责任编辑：刘阿娜　李植峰　梁静丽　　　　　　　　装帧设计：韩　飞
责任校对：王素芹

出版发行：化学工业出版社（北京市东城区青年湖南街 13 号　邮政编码 100011）
印　　装：三河市延风印装厂
787mm×1092mm　1/16　印张 19¾　字数 522 千字　2012 年 10 月北京第 1 版第 1 次印刷

购书咨询：010-64518888（传真：010-64519686）　售后服务：010-64518899
网　　址：http://www.cip.com.cn
凡购买本书，如有缺损质量问题，本社销售中心负责调换。

定　　价：37.00 元

《药物制剂工艺与制备》编审人员

主　　编　胡　英

副 主 编　郭维儿　夏晓静

编写人员　（按姓名汉语拼音排序）

崔山风（浙江医药高等专科学校）

郭维儿（浙江医药高等专科学校）

胡　英（浙江医药高等专科学校）

计竹娃（浙江医药高等专科学校）

兰小群（广东岭南职业技术学院）

钦富华（浙江医药高等专科学校）

王　鸿（浙江医学高等专科学校）

夏晓静（浙江医药高等专科学校）

周朝桂（山东药品食品职业学院）

主　　审　胡增仁（浙江康德药业有限公司）

前言

　　药物制剂工艺与制备课程对高职高专药物制剂技术专业的学生职业能力培养和职业素养形成起到主要支撑作用，是药物制剂技术专业的核心课程。教材是实现专业教育目标的主要载体，《教育部关于推进中等和高等职业教育协调发展的指导意见》指出高等职业教育是高等教育的重要组成部分，要重点培养高端技能型人才。高职教材体现了高等职业教育的特色，是检验各高职院校人才培养工作的质量与力度的重要指标。

　　本教材将"以就业为导向，重视教学过程的实践性、开放性和职业性，走工学结合道路，培养高端技能型人才"作为编写的指导思想，体现"理论够用、突出实践"的原则，以"项目"为引导，以"任务"为驱动，着力培养学生药物制剂生产与操作能力，完成制剂生产各岗位工作任务能力，讲授药物制剂及剂型的处方设计、制备理论、生产工艺及质量控制等内容，使学生掌握药物各剂型生产的标准操作程序（SOP）、质量要求和检查方法，熟悉各剂型的制备工艺及常用辅料的特性和应用，了解药物制剂剂型因素、人体生理因素与疗效的关系，培养学生设计药物制剂配方及工艺的初步能力。

　　在教材内容的编排上，淡化了学科性，克服理论偏多、偏深的弊端，注重理论知识在具体生产实践中的运用，突出方法和技术操作，通过实际范例的配合，逐层分析、总结，使学生在模仿中掌握操作要领、操作程序、技能要点，实践项目给学生充分的发挥空间，借以培养学生的创造性思维与创新能力。整个教材突出培养职业技能的理念，使学生毕业后能适应并胜任药物制剂生产岗位工作。

　　本教材在编写中有如下特点。

　　1. 在内容的侧重点上，突出实践操作能力的培养，将教材内容与工作岗位对专业人才的知识要求、技能要求结合起来，将实践教学提升到重要位置，构建"理论"—"范例（模仿）"—"实践（仿真训练）"三位一体的教材组织结构，根据制药企业制剂生产操作实际，将教学内容设计为 5 个模块。

　　2. 每个模块又分解成若干项目，每一项目内容包括必备知识、拓展知识及具体实践项目，以各剂型典型实例生产操作技术为核心，教材编排有利于实施项目导向和任务驱动的教学方式，以强化学生职业能力及职业素养。

　　3. 实训操作项目中包含了常见药品的生产，如维生素 C 注射液的制备，布洛芬胶囊的制备等，也有新剂型的制备和制剂新技术的介绍。每个项目的实施过程中，既可提升学生动手实践能力，又可培养其创新思维能力，体现了科学性、时代性和适用性。

　　4. 本教材融理论与实践一体化，"教、学、做"相结合。具体施教时，各学校可根据自身教学条件灵活采用书中的体验式教学模式组织课堂教学，使学生在"做中学，学中做"；并可以根据教学内容、教学条件，采取不同的教学方法，如案例教学、任务引领、分组讨论、角色扮演、微格教学等。

　　目前，我国的高职高专教学改革如火如荼，教材编写也正处于探索发展阶段，《药物制剂工艺与制备》是项目化改革过程中教材编写工作的尝试，因编写经验有限，书中难免存有不妥之处，敬请广大读者批评指正。

编者

2012 年 7 月

前
言

目录

模块一 制剂工作基础

模块四　半固体及其他制剂工艺与制备

模块五　新剂型与新技术的介绍

模块一
制剂工作基础

项目一　制剂工作的基础知识介绍

知识目标： 掌握药物制剂工艺与制备、药剂学、剂型、制剂等术语。

熟悉剂型的分类、成型的必要性。

了解药物剂型选择和制剂设计的基本原理。

熟悉药物制剂的标准及相关法规。

能力目标： 知道药物可制成的剂型及意义。

知道药品标准的种类。

知道药品生产过程的管理和质量控制。

会查阅药典。

必备知识

一、概述

（一）基本术语

药物是指供预防、治疗和诊断人的疾病所用的物质的总称，包括天然药物、化学合成药物和生物技术药物。**药品**（drugs）是指用于预防、治疗、诊断人的疾病，有目的地调节人的生理功能并规定有适应证或功能主治、用法、用量的物质，包括中药材、中药饮片、中成药、化学原料药及其制剂、抗生素、生化药品、放射性药品、血清疫苗、血液制品和诊断药品等。按照药品管理法律、法规中有关药品的分类，可分为：现代药和传统药；处方药和非处方药；新药、首次在中国销售的药品、医疗机构制剂；国家基本药物、基本医疗保险药品目录、特殊管理的药品。

药物剂型（dosage form）由于药物不能直接以原料药形式直接应用于临床，必须制备成具有一定形状和性质、适合治疗或预防的应用形式，以充分发挥药效、减少毒副作用、便于使用与保存。这种适合于疾病的诊断、治疗或预防的需要而制备的不同给药形式，简称**剂型**，如散剂、颗粒剂、片剂、胶囊剂、注射剂、溶液剂、乳剂、混悬剂、软膏剂、栓剂、气雾剂等。根据药物的使用目的和药物的性质不同，可制备适宜的剂型；不同剂型的给药方式不同，其药物在体内的行为也不同，于是产生不同的疗效和毒副作用。**药物制剂**（pharmaceutical preparations）是指根据药典或者药政部门批准的质量标准，将原料药物按照某种剂型制成具有一定规格的具体品种，简称**制剂**，如罗红霉素片、胰岛素注射剂、维生素 E 胶丸等。制剂的基本质量要求是安全、有效、稳定、使用方便。按医师处方专门为某一患者调制的，并明确指明用法和用量的药剂称为**方剂**，研究制剂生产工艺技术及相关理论的科学称为**制剂学**。研究方剂调制技术、理论和应用的科学称为**调剂学**。**药剂学**包括制剂学和调剂学两部分，它是研究药物制剂的处方设计、基本理论、制备工艺与合理应用的综合性技术科学。可见，药剂学既具有工艺学的性质，又密切联系临床实践。在药学领域内具有重要地位，在药物制剂生产和临床应用过程中起至关重要作用。

药物制剂工艺与制备是以药剂学、工程学等相关理论和技术为基础，在《药品生产质量管理规范》（GMP）等法规的指导下，研究药物制剂生产过程和制备技术的一门综合性应用技术科学。它是以药用剂型和药物制剂为研究对象，以用药者获得理想的药品为研究目的，研究一切与原料加工成制剂成品有关内容的科学。其宗旨是制备安全、有效、稳定、使用方便的药物制剂。

辅料是药物制剂中除主药以外的一切附加材料的总称，是生产药品和调配处方时所用的赋形剂和附加剂，是制剂生产中必不可少的组成部分。

生产新药或者已有国家标准的药品，须经国务院食品药品监督管理部门批准，并在批准文件上规定该药品的专有编号，此编号称为**药品批准文号**。药品生产企业在取得药品批准文号后，方可生产该药品。药品批准文号格式：国药准字＋1 位字母＋8 位数字；试生产药品批准文号格式：国药试字＋1 位字母＋8 位数字。其中化学药品使用字母"H"，中药使用字母"Z"，通过国家药品监督管理局整顿的保健药品使用字母"B"，生物制品使用字母"S"，体外化学诊断试剂使用字母"T"，药用辅料使用字母"F"，进口分包装药品使用字母"J"。

药品的通用名称是根据国际通用药品名称、卫生部药典委员会颁布的《新药审批办法》的规定命名的。药品使用通用名称，即同一处方或同一品种的药品使用相同的名称，有利于国家对药品的监督管理，有利于医生选用药品，有利于保护消费者合法权益，也有利于制药企业之间展开公平竞争。**药品商品名**又称商标名，是指经国家食品药品监督管理部门批准的特定企业使用的该药品专用的商品名称，即不同厂家生产的同一种药物制剂可以起不同的名称，具有专有性质，不可仿用。商品名经注册即为注册药品。它是市场竞争的结果，药品质量的标志和品牌效应的体现。如左旋氧氟沙星是通用名，而"利复星"、"来立信"等即是它的商品名。

在规定限度内具有同一性质和质量，并在同一连续生产周期内生产出来的一定数量的药品为**一批**。所谓规定限度是指一次投料，同一生产工艺过程，同一生产容器中制得的产品。**批号**是用于识别"批"的一组数字或字母加数字，用于追溯和审查该批药品的生产历史。每批药品均应编制生产批号。

（二）药物制剂的发展

我国中医药的发展历史悠久，于商代（公元前 1766 年）已使用汤剂，是应用最早的中药剂型之一。夏商周时期的医书《五十二病方》、《甲乙经》、《山海经》中已有汤剂、丸剂、散剂、膏剂及药酒等剂型的记载；在东汉张仲景（142～219 年）的《伤寒论》和《金匮要略》中记载有栓剂、洗剂、软膏剂、糖浆剂等 10 余种剂型，并记载了可以用动物胶、炼制的蜂蜜和淀粉糊为黏合剂制成丸剂。唐代颁布了我国第一部，也是世界上最早的国家药典——唐《新修本草》。后来编制的《太平惠民和剂局方》是我国最早的一部国家制剂规范，比英国最早的局方早 500 多年。明代著名药学家李时珍（1518～1593 年）编著了《本草纲目》，其中收载药物 1892 种，剂型 61 种，附方 11096 则。

与中国古代药剂学进程相呼应的欧洲古代药剂学在 18 世纪的工业革命时期得到了迅速发展。希腊人希波克拉底创立了医药学；希腊医药学家格林（Galen）制备了各种植物药的浸出制剂，被称为格林制剂（Galenicals）。

现代药物制剂是在传统制剂的基础上发展起来的，已有约 150 年的历史。1843 年 Brockedon 制备了模印片；1847 年 Murdock 发明了硬胶囊剂；1876 年 Remington 等发明了压片机，使压制片剂得到了迅速发展；1886 年 Limousin 发明了安瓿，使注射剂也得到了迅速发展。片剂、注射剂、胶囊剂、气雾剂等剂型的相继出现，标志着药物制剂的发展进入了一个新的阶段。随着物理、化学、生物学等自然科学取得巨大进步，新辅料、新工艺和新设备的不断出现，为新剂型的制备、制剂质量的提高奠定了十分重要的物质基础。

1983 年 Tomlinson 将现代药物制剂的发展过程划分为四个时代。第一代药物制剂包括片剂、注射剂、胶囊剂、气雾剂等，即所谓的普通制剂，这一时期主要是从体外试验控制制剂的质量；第二代药物制剂为口服缓释制剂或长效制剂，开始注重疗效与体内药物浓度的关系，即定量给药问题，这类制剂不需要频繁给药，能在较长时间内维持体内药物有效浓度；第三代药物制剂为控释制剂，包括透皮给药系统、脉冲式给药系统等，更强调定时给药的问题；第四代药物制剂为靶向给药系统，目的是使药浓集于靶器官、靶组织或靶细胞中，强调药物定位给药，可以提高疗效并降低毒副作用。

二、 药物剂型

由于药物的种类繁多，其性质与用途也不同，药物在临床使用前必须制成各类适宜的剂型以适应于临床应用上的各种需要。

《中华人民共和国药典》2010 年版一部（中药）附录收载了 26 种剂型，二部（化学药）附录收载了 21 种剂型，三部（生物制品）附录收载了 13 种剂型。这些剂型基本包括了目前国际市场流通与临床所使用的常见品种，但是还没有包括一些发展中的剂型，如脂质体、微球等。既然药物剂型的种类繁多，为了便于研究、学习和应用，有必要对剂型进行分类。

（一）剂型的分类

1. 按形态分类

可将剂型分为固体剂型（如散剂、丸剂、颗粒剂、胶囊剂、片剂等），半固体剂型（如软膏剂、糊剂等），液体剂型（如溶液剂、芳香水剂、注射剂等）和气体剂型（如气雾剂、吸入剂等）。一般形态相同的剂型，在制备特点上有相似之处。如液体制剂制备时多需溶解、分散等操作；半固体制剂多需熔化和研匀，固体制剂多需粉碎、混合和成型等。但剂型的形态不同，药物作用的速度也不同，对于同样的给药方式，如口服给药，液体制剂最快，固体制剂较慢。

这种分类方式纯粹是按物理外观，具有直观、明确的特点，且对药物制剂的设计、生产、保存和应用都有一定的指导意义。不足之处是没有考虑制剂的内在特点和给药途径。

2. 按分散系统分类

一种或几种物质（分散相）分散于另一种物质（分散介质）所形成的系统称为**分散系统**。将剂型的分散系统，可根据分散介质存在状态不同以及分散相在分散介质存在的状态特征不同，作如下分类：

（1）分子型 是指药物以分子或离子状态均匀地分散在分散介质中形成的剂型。通常药物分子的直径小于 1nm，而分散介质在常温下以液体最常见，这种剂型又称为溶液型。分子型的分散介质也包括常温下为气体（如芳香吸入剂）或半固体（如油性药物的凡士林软膏等）的剂型。所有分子型的剂型都是均相系统，属于热力学稳定体系。

（2）胶体溶液型 是指固体或高分子药物分散在分散介质中所形成的不均匀（溶胶）或均匀的（高分子溶液）分散系统的液体制剂。分散相的直径在 1～100nm。如溶胶剂、胶浆剂，其中，高分子胶体溶液（胶浆剂）属于均相的热力学稳定系统，而溶胶则是非均相的热力学不稳定体系。

（3）乳剂型　是指液体分散相以小液滴形式分散在另一种互不相溶液体分散介质中组成非均相的液体制剂。分散相的直径通常在 $0.1\sim50\mu m$，如乳剂、静脉乳剂、部分滴剂、微乳等。

（4）混悬液型　是指难溶性固体药物分散在液体分散介质中组成非均相分散系统的液体制剂。分散相的直径通常在 $0.1\sim50\mu m$，如洗剂、混悬剂等。

（5）气体分散型　是指液体或固体药物分散在气体分散介质中形成的分散系统的制剂，如气雾剂、喷雾剂等。

（6）固体分散型　是指固体药物以聚集体状态与辅料混合呈固态的制剂，如散剂、丸剂、胶囊剂、片剂等。这类制剂在药物制剂中占有很大的比例。

（7）微粒型　药物通常以不同大小微粒呈液体或固体状态分散，主要特点是粒径一般为微米级（如微囊、微球、脂质体、乳剂等）或纳米级（如纳米囊、纳米粒、纳米脂质体，亚微乳等），这类剂型能改变药物在体内的吸收、分布等方面特征，是近年来大力研发的药物靶向剂型。

按分散系统对剂型进行分类，基本上可以反映出剂型的均匀性、稳定性以及制法的要求，但不能反映给药途径对剂型的要求，可能会出现一种剂型由于辅料和制法不同而属于不同的分散系统，如注射剂可以是溶液型、也可以是乳状液型、混悬型或微粒型等。

3. 按给药途径分类

这种分类方法是将同一给药途径的剂型分为一类，紧密结合临床，能反映给药途径对剂型制备的要求。

（1）经胃肠道给药剂型　此类剂型是指给药后经胃肠道吸收后发挥疗效。如溶液剂、糖浆剂、颗粒剂、胶囊剂、散剂、丸剂、片剂等。口服给药虽简单，但有些药物易受胃酸破坏或肝脏代谢，引起生物利用度的问题，有些药物对胃肠道有刺激性。

（2）非经胃肠道给药剂型　此类剂型是指除胃肠道给药途径以外的其他所有剂型。

注射给药，包括静脉注射、肌内注射、皮下注射、皮内注射及穴位注射等。

局部给药，根据不同的用药部位，可以细分为以下几种。

① 皮肤给药，如外用溶液剂、洗剂、软膏剂、贴剂、凝胶剂等。

② 口腔给药，如漱口剂、含片、舌下片剂、膜剂等。

③ 鼻腔给药，如滴鼻剂、喷雾剂、粉雾剂等。

④ 肺部给药，如气雾剂、吸入剂、粉雾剂等。

⑤ 眼部给药，如滴眼剂、眼膏剂、眼用凝胶、植入剂等。

⑥ 直肠给药，如灌肠剂、栓剂等。

此分类方法与临床使用结合比较密切，并能反映给药途径与应用方法对剂型制备的特殊要求。但此分类会产生同一种剂型由于用药途径的不同而出现多次。如喷雾剂既可以通过口腔给药，也可以是鼻腔、皮肤或肺部给药。又如临床上的氯化钠生理盐水，可以是注射剂，也可以是滴眼剂、滴鼻剂、灌肠剂等。因此，无法体现具体剂型的内在特点。

4. 按作用时间进行分类

有速释（快效）、普通和缓控释制剂等。这种分类方法能直接反映了用药后起效的快慢和作用持续时间的长短，因而有利于正确用药。这种方法无法区分剂型之间的固有属性。如注射剂和片剂都可以设计成速释和缓释产品，但两种剂型制备工艺截然不同。

总之，药物剂型种类繁多，剂型的分类方法也不局限于一种。但是，剂型的任何一种分类方法都有其局限性、相对性和相容性。因此，人们习惯于采用综合分类方法，即将不同的两种或更多分类方法相结合，目前更多的是以临床用药途径与剂型形态相结合的原则，既能够与临床用药密切配合，又可体现出剂型的特点。

（二）制成不同剂型的目的

任何一种药物都不可能直接应用于临床，必须将其制成适合于临床需要的最佳的给药形式，即药物剂型，一种药物可制成多种剂型，可用于多种给药途径，而一种药物可制成何种剂型主要由药物的性质、临床应用的需要、运输、保管等方面的要求决定。

剂型作为药物的给药形式，对药效的发挥起到至关重要的作用。将药物制成不同类型的剂型可达到以下几方面的目的。

（1）可改变药物的作用性质　如硫酸镁口服剂型用作泻下药，但5％注射液用于静脉滴注，能抑制大脑中枢神经，具有镇静、镇痉作用；又如依沙吖啶（利凡诺）1％注射液用于中期引产，但0.1％～0.2％溶液局部涂敷有杀菌作用。

（2）可调节药物的作用速度　例如，注射剂、吸入气雾剂等，发挥药效很快，常用于急救；丸剂、缓控释制剂、植入剂等属长效制剂。医生可按疾病治疗的需要选用不同作用速度的剂型。

（3）改变剂型可降低（或消除）药物的毒副作用　如氨茶碱治疗哮喘病效果很好，但有引起心跳加快的毒副作用，若改成栓剂则可消除这种毒副作用；缓释与控释制剂能保持血药浓度平稳，从而在一定程度上降低药物的毒副作用。

（4）可产生靶向作用　如脂质体是具有微粒结构的剂型，在体内能被网状内皮系统的巨噬细胞所吞噬，使药物在肝、脾等器官浓集性分布，即在肝、脾等器官发挥疗效的药物剂型。

（5）可提高药物的稳定性　同种主药制成固体制剂的稳定性高于液体制剂，对于主药易发生降解的，可以考虑制成固体制剂。

（6）影响疗效　固体剂型如片剂、颗粒剂、丸剂的制备工艺不同会对药效产生显著的影响，药物晶型、药物粒子大小的不同，也可直接影响药物的释放，从而影响药物的治疗效果。

三、 药典和药品标准

药典是一个国家记载药品规格和标准的法典。大多数由国家组织药典委员会编制并由政府颁布发行，所以具有法律的约束力。药典中收载的是疗效确切、副作用小、质量较稳定的常用药物及其制剂，规定其质量标准、制备要求、鉴别、杂质检查与含量测定等，作为药品生产、检验、供应与使用的依据。一个国家的药典在一定程度上可以反映这个国家药品生产、医疗和科学技术水平。药典在保证人民用药安全有效、促进药品研究和生产有重大作用。

随着医药科学的发展，新的药物和试验方法不断出现，为使药典的内容能及时反映医药学方面的新成就，药典出版后，一般每隔几年须修订一次。各国药典的再版修订时间多在5年以上。我国药典自1985年后，每隔5年修订一次。有时为了使新的药物和制剂能及时地得到补充和修改，往往在下一版新药典出版前，还出现一些增补版。

1. 《中华人民共和国药典》

新中国成立后的第一版中国药典于1953年8月出版，定名为《中华人民共和国药典》，简称《中国药典》，依据《中华人民共和国药品管理法》组织制定和颁布实施。现行版是2010年版，在此之前颁布了1953年、1963年、1977年、1985年、1990年、1995年、2000年、2005年共8个版本。《中国药典》一经颁布实施，其同品种的上版标准或其原国家标准即同时停止使用。

从2005年版《中国药典》开始，将生物制品从二部中单独列出，为第三部，这也是为了适应生物技术药物在今后医疗中作用将日益扩大所做的修订，同时也说明生物技术药物在医疗领域中的地位显现。

《中国药典》由一部、二部、三部及其增补组成，内容分别由凡例、正文、附录和索引组成。凡例是使用本药典的总说明，包括药典中各种计量单位、符号、术语等的含义及其在使用时的有关规定。正文是药典的主要内容，阐述本药典收载的所有药物和制剂。附录是阐述本药典所采用的检验方法、制剂通则、药材炮制通则、对照品与对照药材、试剂、试药、试纸等。索引中包括中文、汉语拼音、拉丁文和拉丁学名索引，以便查阅。

2010 版《中国药典》收载品种 4567 种，基本覆盖基本药物目录，这版药典主要特点是药品安全性得到进一步保障；药品有效性与可控性大幅度提升；技术现代化与标准国际化明显加强。特别是 2010 版中的辅料部分，新增"药用辅料"通则、扩大辅料收载品种、提高了辅料标准要求。

2. 国外药典

据不完全统计，世界上已有近 40 个国家编制了国家药典，另外还有 3 种区域性药典和世界卫生组织（WHO）组织编制的《国际药典》等，这些药典无疑对世界医药科技交流和国际医药贸易具有极大的促进作用。

例如，《美国药典》（The United States Pharmacopoeia，简称 USP），由美国政府所属的美国药典委员会（The United States Pharmacopeial Convention）编辑出版。USP 于 1820 年出第 1 版，1950 年以后每 5 年出一次修订版，到 2005 年已出至第 28 版。《国家处方集》（National Formulary，NF）1883 年第 1 版，1980 年第 15 版起并入 USP，但仍分两部分，前面为 USP，后面为 NF。2005 年以后，每年出版一次，2009 年版为 USP32-NF27，2012 年版为 USP35-NF30。《英国药典》（British Pharmacopoeia，简称 BP），最新版 BP 2012，共 6 卷，出版时间 2011 年 8 月，2012 年 1 月生效。《欧洲药典》（European Pharmacopoeia，简称 EP），欧洲药典委员会于 1964 年成立，1977 年出版第 1 版《欧洲药典》。《欧洲药典》为欧洲药品质量检测的唯一指导文献。所有药品和药用底物的生产厂家在欧洲范围内推销和使用的过程中，必须遵循《欧洲药典》的质量标准。最新版 EP7，2010 年 7 月出版，2011 年 1 月生效，至 2010 年 7 月已出版增补版 8 版。日本药典称为《日本药局方》（Pharmacopoeia of Japan，简称 JP），由日本药局方编集委员会编纂，由厚生省颁布执行，每五年修订一次。分两部出版，第一部收载原料药及其基础制剂，第二部主要收载生药、家庭药制剂和制剂原料，日本药局方，现行版为第 16 版，2011 年发布。《国际药典》（Pharmacopoeia Internationalis，简称 Ph. Int.），是世界卫生组织（WHO）为了统一世界各国药品的质量标准和质量控制的方法而编纂的，自 1951 年出版了第一版本《国际药典》，最新版为 2006 年第四版，但《国际药典》对各国无法律约束力，仅作为各国编纂药典时的参考标准。

3. 其他药品标准

国家药典是法定药典，它不可能包罗所有已生产与使用的全部药品品种。前面已述药典收载的药物一般要求，而对于不符合所制定要求的其他药品，一般都作为药典外标准加以编订，作为国家药典的补充。

药品标准是国家对药品的质量、规格和检验方法所做的技术规定。是保证药品质量，进行药品生产、经营、使用、管理及监督检验的法定依据。我国的国家药品标准是《中华人民共和国药品标准》，简称《国家药品标准》，由国家食品药品监督管理局（SFDA）对临床常用、疗效确切、生产地区较多的原地方标准品种进行质量标准的修订、统一、整理、编纂并颁布实施的，主要包括以下几个方面的药物。

① 食品药品监督管理局审批的国内创新的重大品种，国内未生产的新药，包括放射性药品、麻醉性药品、中药人工合成品、避孕药品等。

② 药典收载过而现行版未列入的疗效肯定、国内几省仍在生产、使用并需修订标准的药品。

③ 疗效肯定、但质量标准仍需进一步改进的新药。

其他国家除药典外，尚有国家处方集的出版。如《美国处方集》（National Formulary，NF），《英国处方集》（British National Formulary）和《英国准药典》（British Pharmacopoeia Codex，BPC），日本的《日本药局方外医药品成分规格》、《日本抗生物质医药品基准》、《放射性医用品基准》等。

除了药典以外的标准，还有药典出版注释物，这类出版物的主旨是对药典的内容进行注释或引申性补充。如我国 2010 年出版的《中华人民共和国药典二部临床用药须知》。

四、 相关法规

（一）药品生产质量管理规范

药品生产质量管理规范（Good Manufacturing Practice，GMP），是药品在生产全过程中，用科学、合理、规范化的条件和方法来保证生产出优良制剂的一整套系统的、科学的管理规范，是药品生产和质量全面管理监控的通用准则。**GMP 三大目标要素**是将人为的差错控制在最低的限度，防止对药品的污染，保证高质量产品的质量管理体系。GMP 总的要求是：所有医药工业生产的药品在投产前，对其生产过程必须有明确规定，所有必要设备必须经过校验。所有人员必须经过适当培训。厂房建筑及装备应合乎规定。使用合格原料。采用经过批准的生产方法。还必须具有合乎条件的仓储及运输设施。对整个生产过程和质量监督检查过程应具备完善的管理操作系统，并严格付诸执行。

实践证明，GMP 是防止药品在生产过程中发生差错、混杂、污染，确保药品质量的必要、有效的手段。国际上早已将是否实施 GMP 作为药品质量有无保障的先决条件，它作为指导药品生产与质量管理的法规，在国际上已有近 50 年历史，在我国推行也有将近 30 年的历史。我国在 1998 年国家药品监督管理局成立后，建立了国家食品药品监督管理局药品认证管理中心，监督管理局为了加强对药品生产企业的监督管理，采取监督检查的手段，即规范 GMP 认证工作，由国家食品药品监督管理局药品认证管理中心承办，经资料审查与现场检查审核，报国家食品药品监督管理局审批，对认证合格的企业（车间）颁发《药品 GMP 证书》，并予以公告，有效期 5 年（新开办的企业为 1 年，期满复查合格后为 5 年，期满前 3 个月内，按药品 GMP 认证工作程序重新检查、换证）。现行版的 GMP 是 2010 年修订，于 2011 年 3 月 1 日开始执行。

到目前为止，已有 100 多个国家和地区制定了 GMP，随着 GMP 的不断发展和完善，GMP 对药品生产过程中的质量保证作用得到了国际的公认。

（二）药品生产管理文件

药品生产单位的生产管理必须要按照 GMP 的基本准则来实施，要依据批准的生产工艺，制定必要的、严密的生产管理文件，用各类文件来规范生产过程的各项活动，使每项操作、每个产品都有严谨科学的技术标准。同时，生产记录也要完整准确，能如实反映生产进行情况，以利于药品质量的监控、分析与处理。

1. 生产管理文件的种类与内容

（1）生产工艺规程　**生产工艺规程**是规定为生产一定数量成品所需起始原料和包装材料的数量，以及工艺、加工说明、注意事项，包括生产过程中控制的一个或一套文件。

生产工艺规程属于技术标准，是各个产品生产的蓝图，是对产品设计、处方、工艺、规格标准、质量监控的基准性文件，是制定其他生产文件的重要依据。每个正式生产的制剂产品必须制定生产工艺规程，并严格按照生产工艺规程进行生产，以保证每一批产品尽可能与原设计相符。

制剂生产工艺规程的内容一般包括：品名、剂型、类别规格、处方、批准生产的日期、批准文号，生产工艺流程，生产工艺操作要求及工艺技术参数，生产过程的质量控制，物料、中间产品、成品的质量标准与检验方法，成品容器、包装材料质量标准与检验方法，贮存条件，标签，使用说明书的内容，设备一览表及主要设备生产能力（包括仪表），技术安全、工艺卫生及劳动保护，物料消耗定额，技术经济指标及其计算方法，物料平衡计算公式，操作工时与生产周期，劳动组织与岗位，附录（如理化常数、换算方法）等。

（2）**岗位操作法**　**岗位操作法**是对各具体生产操作岗位的生产操作、技术、质量管理等方面所作的进一步详细要求。

制剂岗位操作法主要内容包括：生产操作方法与要点，重点操作的复核、复查制度，中间产品质量标准及控制，安全、防火与劳动保护，设备使用、清洗与维修，异常情况的处理与报告，技术经济指标计算，工艺卫生与环境卫生，计量器具检查与校正，附录、附页等。

（3）**标准操作规程**　**标准操作规程**（SOP）是经批准用以指示操作的通用性文件或管理办法。

标准操作规程是企业用于指导员工进行管理与操作的标准，它不一定适用于某一个给定的产品或物料，而是通用性的指示，如设备操作、清洁卫生管理、厂房环境控制等。

标准操作规程的内容包括：题目、编号（码）、制定人及制定日期、审核人及审核日期、批准人及批准日期、颁发部门，生效日期、分发部门、标题及正文。

岗位标准操作程序，又称岗位SOP，可以看作为组成岗位操作法的基础单元，是对某项具体操作的书面指示情况说明并经批准的文件。组织生产时，企业可根据自己实际情况选用岗位操作法或标准操作程序。

岗位标准操作程序的内容主要有：操作名称，所属产品，编写依据，操作范围及条件（注明时间、地点、对象、目的），操作步骤或程序（准备过程、操作过程、结束过程），操作标准，操作结果的评价，操作过程复核与控制，操作过程的事项与注意事项，操作中使用的物料、设备、器具名称、规格及编号，操作异常情况处理，附录等。

（4）**批生产记录**　**批生产记录**是一个批次的待包装品或成品的所有生产记录，批生产记录能提供该批产品的生产历史以及与质量有关的情况。

生产记录内容包括：产品名称、剂型、规格、有效期、批号、计划产量、生产操作方法、工艺要求、技术质量指标、作业顺序、SOP编号、生产地点、生产线与设备及其编号、作业条件、物料名称及代码，投料量、折算投料量、实际投料量、称量人与复该人签名，开始生产日期与时间，各步操作记录，操作者签名及日期、时间，生产结束日期与时间，生产过程控制记录，各相关生产阶段的产品数量，物料平衡的计算，设备清洁、操作、保养记录，结退料记录，异常、偏差问题分析、解释、处理及结果记录，特殊问题记录等。

批生产记录是生产过程的真实写照，其项目和内容应包含影响质量的关键因素，并能标示与其他相关记录之间的关联信息，使其具有可追踪性。

2. 生产文件的使用与管理

生产文件一般由文件使用部门组织编写，各相关职能部门审核，由质量控制部门负责人签名批准。如文件的内容涉及不同的专业，应组织相关部门会审，并会签批准。涉及全厂的文件应由总工程师或技术厂长批准。

生产文件一旦经批准，应在执行之前发至有关人员或部门并做好记录，新文件在执行之前应进行培训并记录。任何人不得任意改动文件，如需更改时，应按制定时的程序办理修订和审批手续。

批生产记录填写后，应有专人审核，经审核符合要求的应及时归档，建立批生产档案。

拓展知识

一、 药物剂型选择和制剂设计的基本原理

（一）根据临床用药目的和给药途径确定剂型

研究开发药物剂型和制剂的主要目的是为了满足临床治疗和预防疾病的需要，而临床疾病种类繁多，有轻重缓急。有的要求全身用药，有的则要求局部用药（避免全身吸收）；有的要求快速吸收，而有的要求缓慢吸收。因此，针对疾病的种类和特点，要求采用不同的给药途径和对应的剂型。鉴于不同给药部位的生理及解剖特点不同，给药后在体内的转运过程存在很大差异，故不同的给药途径对制剂的要求也不尽相同。因此，选择适宜的给药途径及药物制剂对药效的发挥、减少药物不良反应、方便使用具有重要意义。

1. 口服给药

系指通过口腔摄入药物，主要在胃肠道内吸收而转运至体循环，通常是一种以全身治疗为目的的给药方式，亦可作为胃肠道局部疾病的治疗方式（如制酸药、泻药等）。口服给药是最易为疾病患者所接受的最常用给药途径之一，适合于各种类型的疾病和人群，尤其适合于需长期治疗的慢性疾病患者，其中片剂是目前临床应用最为广泛的口服剂型。口服给药虽然方便、安全，但药物疗效易受胃肠道生理因素的影响，临床疗效常有较大的波动。

口服剂型设计的一般要求为：①药物在胃肠道内吸收良好；②制剂具有良好的释药、吸收性能；③避免或降低药物对胃肠道的刺激作用；④克服或降低药物的胃肠道和肝首过效应；⑤具有良好的外部特征，方便使用，如芳香的气味、可口的味感、适宜的大小及给药方法、适于特殊用药人群（如老年人与儿童常有吞咽困难，应采用液体剂型或易于吞咽的小体积剂型）等。现已上市的口腔崩解片因其在口腔内接触唾液后在极短的时间内崩解，不仅受到吞咽困难患者的欢迎，而且适合于无水情况下服药。

2. 注射给药

系指专供注入机体内的一类无菌或灭菌制剂，其主要给药途径有静脉注射、皮下注射、肌内注射、皮内注射、脊椎腔注射以及动脉内注射等。注射给药是应用最广泛的剂型之一，其突出特点是起效快、作用可靠，尤其适用于急救、需快速给药的情况或无法采用其他方式给药的情况。注射给药的缺点是患者的依从性较差，在多数情况下不仅有疼痛感或不适感，而且需医护人员的帮助。另外，注射给药后，药物瞬间到达体内，产生的血药浓度高峰有可能超过其治疗窗，引起不良反应。

设计注射剂型时，根据药物的性质与临床要求可选用溶液剂、混悬剂、乳剂和注射用无菌粉末，并要求无菌、无致热原、刺激性小等。需长期注射给药时，可采用缓释注射剂，如油剂、混悬型注射剂等；对于在溶液中不稳定的药物，可考虑制成冻干制剂或无菌粉末，临用时配成溶液或混悬液（如头孢类抗生素、胰岛素等生物技术药物）。

3. 皮肤或黏膜部位给药

皮肤给药首先要求制剂与皮肤有良好亲和性、铺展性或黏着性，在治疗期间内不因皮肤的伸缩、外界因素的影响以及衣物的摩擦而脱落，同时无明显皮肤刺激性，不影响人体汗腺、皮脂腺的正常分泌及毛孔正常功能。皮肤给药可用于局部和全身治疗，起局部治疗作用的皮肤用制剂应避免皮肤吸收，而起全身作用的透皮制剂则要求药物能有效地穿透皮肤，进入血液循环系统，故用于局部和全身治疗目的的皮肤用制剂在处方设计时有着本质的区别。

应用于眼、鼻腔、口腔、耳道、直肠等黏膜或腔道部位的药物也可起局部或全身治疗作用，其中眼、耳道部位给药主要用于局部治疗。适合于腔道给药的剂型有固体（如栓剂）、液体（滴眼剂）、气体（气雾剂）和半固体（软膏剂）制剂，一般要求体积小、剂量小、刺激性小。

（二）药物的理化性质及给药途径和剂型的确定

药物的理化性质是药物剂型和制剂设计中的基本要素之一。全面地把握药物的理化性质，可有目的的选择适宜的剂型、辅料、制剂技术或工艺是成功研发高质量制剂的关键。药物的某些理化性质在某种程度上可能限制了其给药途径和剂型的选择。因此在进行药物的制剂设计时，应充分考虑理化性质的影响，其中最重要的是溶解度和稳定性。

1. 溶解度

溶解度是药物的最基本性质之一。由于药物必须处于溶解状态才能被吸收，所以不管采用哪种途径给药，药物都需具有一定的溶解度。对于易溶于水的药物，可制成各种固体或液体剂型，适合于各种给药途径。对于难溶性药物，药物的溶解或溶出是吸收的限速过程，可加入适量增溶剂、助溶剂或形成潜溶剂等以提高药物溶解度。若制成口服固体剂型，亦应考虑减小药物粒径或加入表面活性剂，以促进药物的溶出与吸收。

2. 稳定性

药物稳定性一般包括药物制剂制备、贮存过程等体外物理化学稳定性和体内吸收入血前的生物学稳定性。

药物由于受到外界因素（如空气、光、热、氧化、金属离子等）的作用，常常发生分解等化学变化，使药物疗效降低，甚至产生毒性。

二、处方药、非处方药及国家基本药物

（一）处方

处方系指医疗和生产部门用于药剂调制的一种重要书面文件，有以下几种。

1. 法定处方

法定处方是指国家药品标准收载的处方。它具有法律的约束力，在制备或医师开写法定制剂时均需遵照其规定。

2. 医师处方

医师处方为医师对患者进行诊断后对特定患者的特定疾病而开写给药的有关药品、给药量、给药方式、给药天数以及制备等的书面凭证。该处方具有法律、技术和经济的意义。

（二）处方药与非处方药

《中华人民共和国药品管理法》规定了"国家对药品实行处方药与非处方药的分类管理制度"，这也是国际上通用的药品管理模式。

1. 处方药

处方药是指必须凭执业医师或执业助理医师的处方才可调配、购买，并在医生指导下使用的药品。处方药可以在国务院卫生行政部门和药品监督管理部门共同指定的医学、药学专业刊物上介绍，但不得在大众传播媒介发布广告宣传。

2. 非处方药

非处方药是指不需凭执业医师或执业助理医师的处方，消费者可以自行判断购买和使用的药品。经专家遴选，由国家食品药品监督管理局批准并公布。在非处方药的包装上，必须印有国家指定的非处方药专有标识。非处方药在国外又称之为"可在柜台上买到的药物"（简称 OTC）。目前，OTC 已成为全球通用的非处方药的简称。

处方药和非处方药不是药品本质的属性，而是管理上的界定。无论是处方药，还是非处

方药都是经过国家食品药品监督管理部门批准，其安全性和有效性是有保障的。其中非处方药主要是用于治疗各种消费者容易自我诊断、自我治疗的常见轻微疾病。

（三）国家基本药物

WHO 对国家基本药物的定义是：是那些能满足大部分人口卫生保健需要的药物。在任何时候都应当能够以充分的数量和合适的剂型提供应用。WHO 提出了基本药物示范目录，现行示范目录为第 9 次修订目录，包括药物 27 类 345 个品种。我国于 1982 年首次公布国家基本药物目录，以后每两年公布一次。国家基本药物是从已有国家药品标准的药品和进口药品中遴选。遴选的原则为：临床必需、安全有效、价格合理、使用方便、中西药并重。

实践项目

实践项目一 参观 GMP 车间

【实践目的】

1. 认识 GMP 在制剂生产中的重要性。

2. 熟悉生产过程中 GMP 要求，包括人员、物料进入制剂生产车间的程序规定。

【实践场地】 GMP 实训车间。

【实践步骤】

一、参观前的指导（熟悉一些基本的 GMP 要求）

1. 厂址选择

厂址应设立在自然环境好，远离空气污染、水质污染、噪音污染严重的区域。厂区应按生产、行政、生活和辅助等功能合理布局；总体原则是流程合理，卫生可控，运输方便，道路规整，厂容美观。

2. 洁净厂房的布局

应满足产品生产工艺和空气洁净度等级的要求。车间布局应包括一般生产区和空气洁净级别要求的洁净室（区），顺应产品生产流程进行布局，人流、物流分开，且尽量做到人流、物流的路线短捷，设备布置紧凑，工艺流畅。同时配套足够面积的生产辅助室，包括原料暂存室、称量室、备料室，中间产品、内包装材料、外包装材料等各自的暂存室、洁具室、工具清洗间、工具存放间，工作服的洗涤、整理、保管室，配有制水间、空调机房和配电房等。

洁净级别不同的房间应按以下原则布置：①洁净级别高的洁净室宜布置在人员较少到达的地方；②空气洁净级别相同的洁净室宜相对集中；③不同洁净级别的洁净室按洁净级别由高到低由里向外布置，相邻房间不同级别洁净区之间、洁净区与非洁净区之间大气静压差应不低于 10Pa，并有压差计的指示压差；④除另有规定外，一般洁净室温度控制在 18～26℃，相对湿度 45%～65%。

3. 室内装修

室内装修的原则是不易积尘，容易清洁；装饰材料应选择气密性好，在温、湿度变化时变异小、非燃或难燃材料。

4. 空气净化系统

应采用空气净化系统进行空气净化，达到一定的洁净级别。我国 GMP 2010 年修订版对无菌及非无菌要求的制剂生产洁净度要求具体为：无菌药品生产所需的洁净区可分为以下 4

个级别：A 级相当于 100 级（层流）；B 级相当于 100 级（动态）指无菌配制和灌装等高风险操作 A 级区所处的背景区域；C 级（相当于 10000 级）和 D 级（相当于 100000 级），指生产无菌药品过程中重要程度较次的洁净操作区。

5. 生产设备

生产设备尤其是洁净区设备应符合结构简单，表面光洁，易清洁（不便移动的设备应有在线清洗的设施）的特点；与药物接触的设备内表面所用材料不得对药物造成污染；设备的传动部件密封良好，润滑油、冷却剂等泄漏不造成药品的污染；生产中发尘量大的设备（如粉碎、过筛、混合、干燥、制粒、包衣等设备）应具有自身除尘能力、密封性能良好，必要时局部加设防尘、捕尘装置设施；能满足验证要求。

特殊药品的生产、加工、包装设备必须专用，如青霉素类等高致敏性药品；避孕药品；β-内酰胺类药品；放射性药品；卡介苗和结核菌素；激素类、抗肿瘤类化学药品应避免与其他药品使用同一设备，不可避免时，应采用有效的防护措施和必要的验证；生物制品生产过程中需使用某些特定活生物体阶段设备专用；以人血、人血浆或动物脏器、组织为原料生产的制品；毒性药材和重金属矿物药材。

应建立设备管理制度，如设备管理规程、设备档案管理规程、设备维护保养管理规程、设备操作程序、维护保养操作程序、清洁消毒操作程序等。

应建立设备档案，每一设备应建立设备档案，内容应包括：设备概况、技术资料、安装位置及施工图、检修、维护、保养内容、周期和记录、改进记录、验证记录、事故记录等。

6. 人员要求

人是药品生产中最大的污染源和最主要的传播媒介，一方面由于操作人员的健康状况产生，另一方面由于操作人员个人卫生习惯造成。因此应采取合理、有效措施，加强人员的卫生管理和监督是保证药品质量的重要方面，以防止或减少人员对药品的污染。操作人员应严格执行卫生管理制度和人员卫生操作规程。

① 药品的生产人员至少每年体检一次，建立健康档案，患有传染病、隐性传染病、精神病者不得从事药品生产工作，应经常洗澡、理发、刮胡须、修剪指甲、换洗衣服，保持个人清洁。

② 直接接触药品生产人员不得化妆，不得佩戴饰物与手表。按规定洗手、更衣，戴帽应不露头发。工作衣、帽、鞋等不得穿离本区域。

③ 无菌室（区）操作人员宜戴无菌手套并经常用酒精消毒手，出入本区域的人员更衣程序需按无菌室（区）要求进行。

洁净区的操作人员必须进行一系列的脱衣换衣程序才能进入操作区作业。参见图 1-1 和图 1-2。

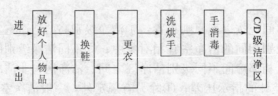

图 1-1 进出 C/D 级洁净区人员净化程序

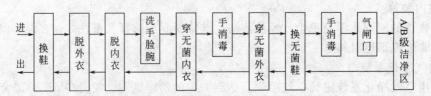

图 1-2 进出 A/B 级洁净区人员净化程序

其中洗手与消毒是一项重要工作，需认真履行。一般的程序如下：

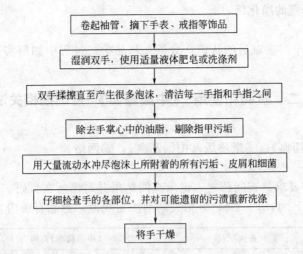

卷起袖管，摘下手表、戒指等饰品

湿润双手，使用适量液体肥皂或洗涤剂

双手揉擦直至产生很多泡沫，清洁每一手指和手指之间

除去手掌心中的油脂，剔除指甲污垢

用大量流动水冲尽泡沫上所附着的所有污垢、皮屑和细菌

仔细检查手的各部位，并对可能遗留的污渍重新洗涤

将手干燥

7. 物料的要求

① 物料的购入、贮存、发放、使用等均应制定管理制度；

② 所用的物料应符合国家药品标准、包装材料标准、生物制品规程或其他有关标准，不得对药品的质量产生不良影响；

③ 物料应从符合规定的单位购进；

④ 待验、合格、不合格物料要严格管理，要有易于识别的明显状态标识；

⑤ 对有温度、湿度或者其他要求的物料中间产品和成品，应按规定条件贮存。

⑥ 物料应按规定的使用期限贮存，无规定贮存期限的，其贮存一般不超过三年，期满后应复验。

任何原辅料和包装材料，均应按各自的标准检验合格后才能使用，进入洁净区的物料均需脱去外包装，并经过一定的净化程序，以保证生产区域内的清洁状态。

物料进入洁净生产区程序见图 1-3 和图 1-4。

二、参观内容

1. 参观药品生产车间的设计、布局。

2. 参观常用剂型的生产工艺及制药设备。

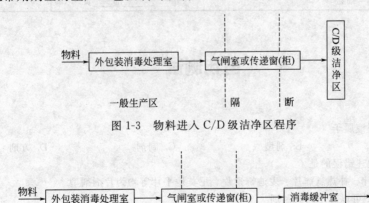

图 1-3 物料进入 C/D 级洁净区程序

图 1-4 物料进入 A/B 级洁净区程序

3. 人员进入洁净室的净化练习。

4. 物料进入洁净室的净化练习。

【实践报告】

写出对药品生产车间参观后的认识,分析在药品生产过程中如何实施 GMP 管理以保证药品的质量。

实践项目二　查阅和使用《中国药典》及制剂相关法定规范

1. 查阅工具

①电子版《中国药典》;②纸质版《中国药典》;③网络。

2. 操作内容

① 按照下列各项要求,查阅药典,记录查阅结果并写出所在页码。

② 网络搜索 GMP、GLP、GSP 等相关制剂法定规范,熟悉有关内容。

顺序	查阅项目	《中国药典》页码	查阅结果
1	甘油栓贮存法	＿＿部＿＿页	
2	甘油的相对密度	＿＿部＿＿页	
3	注射用水质量检查项目	＿＿部＿＿页	
4	滴眼剂质量检查项目	＿＿部＿＿页	
5	葡萄糖注射液规格	＿＿部＿＿页	
6	微生物限度检查法	＿＿部＿＿页	
7	阿莫西林片溶出度检查方法	＿＿部＿＿页	
8	阿司匹林肠溶胶囊释放度检查	＿＿部＿＿页	
9	热原检查法	＿＿部＿＿页	
10	密闭、密封、冷处、阴凉处的含义	＿＿部＿＿页	
11	注射用重组人干扰素 γ 的制造	＿＿部＿＿页	
12	安息香的性状	＿＿部＿＿页	
13	片剂重量差异检查方法	＿＿部＿＿页	
14	板蓝根颗粒的制备方法	＿＿部＿＿页	
15	三七的功能与主治	＿＿部＿＿页	
16	细粉	＿＿部＿＿页	

自我测试

一、单选题

1. 蛇胆川贝口服液属于 (　　)。

　　A. 原料药　　　　　　B. 剂型　　　　　　C. 制剂　　　　　　D. 方剂

2. 关于剂型的表述错误的是 (　　)。

　　A. 阿司匹林片、扑热息痛片、麦迪霉素片、尼莫地平片等均为片剂剂型

　　B. 同一种剂型可以有不同的制剂

　　C. 同一药物也可制成多种剂型

　　D. 剂型系指某一药物的具体品种

3. 药剂学概念正确的表述是 (　　)。

　　A. 研究药物制剂的处方理论、制备工艺和合理应用的综合性技术科学

B. 研究药物制剂的基本理论、处方设计、制备工艺和合理应用的综合性技术科学

C. 研究药物制剂的处方设计、基本理论和应用的技术科学

D. 研究药物制剂的处方设计、基本理论和应用的科学

4. 关于剂型的分类，叙述错误的是（　　）。

    A. 溶胶剂为液体剂型　　　　　　　　　B. 软膏剂为半固体剂型

    C. 栓剂为半固体剂型　　　　　　　　　D. 气雾剂为气体分散型

5. 我国同时也是世界上最早出现的一部全国性药典是（　　）。

    A. 本草纲目　　　　　B. 神农本草经　　　　　C. 新修本草　　　　　D. 黄帝内经

6. 新中国成立后第一版中国药典的出版时间是（　　）。

    A. 1950 年　　　　　　B. 1953 年　　　　　C. 1960 年　　　　　D. 1963 年

7. BP 是指（　　）。

    A.《美国药典》　　　　B.《日本药典》　　　　C.《英国药典》　　　　D.《中国药典》

8.《中华人民共和国药典》是由（　　）。

    A. 国家颁布的药品集

    B. 国家食品药品监督管理局制定的药品标准

    C. 国家药典委员会制定的药物手册

    D. 国家组织编撰的药品规格标准的法典

9.《中国药典》最新版本为（　　）。

    A. 2000 年版　　　　　B. 2003 年版　　　　C. 2005 年版　　　　D. 2010 年版

10. 有关《中国药典》叙述错误的是（　　）。

    A. 药典是一个国家记载药品规格、标准的法典

    B. 药典由国家组织的药典委员会编写，并由政府颁布实施

    C. 药典不具有法律约束力

    D. 每部均由凡例、正文、附录和索引组成

11. 世界卫生组织（WHO）为了统一世界各国药品的质量标准和质量控制的方法而编纂的是（　　）。

    A.《国际药典》Ph. Int.　　　　　　　B.《美国药典》USP

    C.《英国药典》BP　　　　　　　　　　D.《日本药局方》JP

12. 各国的药典经常需要修订，中国药典是每几年修订出版一次（　　）。

    A. 2 年　　　　　　　　B. 4 年　　　　　　C. 5 年　　　　　　D. 6 年

13.《中国药典》制剂通则包括在（　　）。

    A. 凡例　　　　　　　　B. 正文　　　　　　C. 附录　　　　　　D. 前言

14. 药师审查处方时发现处方有涂改处，应采取的正确措施是（　　）。

    A. 药师向上级药师请示批准后，在涂改处签字后即可调配

    B. 药师只要看清可予调配

    C. 药师向处方医师问明情况可予调配

    D. 药师与处方医师联系，让处方医师在涂改处签字后方可调配

15. GMP 是（　　）。

    A. 药品生产质量管理规范　　　　　　　B. 药品安全试验规范

    C. 保证药品质量的科学方法　　　　　　D. 药品经营企业的改造依据

二、多选题

1. 药物制剂的质量主要包括（　　）。

    A. 可靠性　　　　　　　B. 安全性　　　　　　C. 稳定性

    D. 有效性　　　　　　　E. 顺应性

2. 关于制剂的正确表述是（　　）。

    A. 制剂是指根据药典或药政管理部门批准的标准、为适应治疗或预防需要而制备的不同给药形式

    B. 药物制剂是根据药典或药政管理部门批准的标准、为适应治疗或预防的需要而制备的不同给药形式的具体品种

    C. 同一种制剂可以有不同的药物

D. 制剂是药剂学所研究的对象

E. 红霉素片、扑热息痛片、青霉素粉针剂等均是药物制剂

3. 表述了药物剂型重要性的是（　　　）。

　　A. 剂型可改变药物的作用性质

　　B. 剂型能改变药物的作用速度

　　C. 改变剂型可降低（或消除）药物的毒副作用

　　D. 剂型决定药物的治疗作用

　　E. 剂型可影响疗效

4. 药物剂型的分类有（　　　）。

　　A. 按给药途径分类　　　　　　　　　　　B. 按分散系统分类

　　C. 按制法分类　　　　　　　　　　　　　D. 按形态分类

　　E. 按药物种类分类

5. 药物制成剂型应用的目的是（　　　）。

　　A. 为了满足临床的需要　　　　　　　　　B. 为了适应药物性质的需要

　　C. 为了美观　　　　　　　　　　　　　　D. 为了便于应用、贮存、运输

　　E. 为了方便

6. 关于药典的叙述中错误的是（　　　）。

　　A. 药典是一个地区药品质量标准的法典

　　B. 药典作为一部法典，是由司法部门编纂的

　　C. 药典中规定了鉴别、杂质检查与含量测定等内容

　　D. 药典中收载的是一些疗效确切、副作用小、质量稳定的特效药物及其制剂

　　E. 药典是一个国家记载药品规格、标准的法典

7. 属于中国药典在制剂通则中规定的内容为（　　　）。

　　A. 泡腾片的崩解度检查方法

　　B. 栓剂和阴道用片的熔变时限标准和检查方法

　　C. 扑热息痛含量测定方法

　　D. 片剂溶出度试验方法

　　E. 控释制剂和缓释制剂的释放度试验方法

8. 《中国药典》已出版的有（　　　）版。

　　A. 1963 年　　　　　　　B. 1973 年　　　　　　　C. 1985 年

　　D. 1995 年　　　　　　　E. 2005 年

9. 药典收载的药物及其制剂必须（　　　）。

　　A. 疗效确切　　　　　　　B. 祖传秘方　　　　　　　C. 质量稳定

　　D. 副作用小　　　　　　　E. 价廉

10. 处方可分为（　　　）。

　　A. 法定处方　　　　　　　B. 医师处方　　　　　　　C. 私有处方

　　D. 公有处方　　　　　　　E. 协定处方

11. 有关处方的叙述正确的是（　　　）。

　　A. 处方系指医疗和生产部门用于药剂调制的一种重要书面文件

　　B. 法定处方主要是医师对个别病人用药的书面文件

　　C. 法定处方具有法律的约束力，在制造或医师开写时，均需遵照其规定

　　D. 医师处方除了作为发给病人药剂的书面文件外，还具有法律上、技术上和经济上的意义

　　E. 就临床而言，处方是医师为某一患者的治疗需要（或预防需要）而开写给药房的有关制备和发出药剂的书面凭证

12. 关于非处方药叙述正确的是（　　　）。

　　A. 是必须凭执业医师或执业助理医师处方才可调配、购买并在医生指导下使用的药品

　　B. 是由专家遴选的、不需执业医师或执业助理医师处方并经过长期临床实践被认为患者可以自行判断、购买和使用并能保证安全的药品

C. 应针对医师等专业人员作适当的宣传介绍

D. 目前，OTC 已成为全球通用的非处方药的俗称

E. 非处方药主要是用于治疗各种消费者容易自我诊断、自我治疗的常见轻微疾病，因此对其安全性可以忽视

13. 关于处方药与非处方药的错误表述为（　　　）。

A. "国家对药品实行处方药与非处方药的分类管理制度"于 2000 年 12 月 1 日实施

B. 处方药与非处方药由医药销售商自行界定

C. "OTC"是指处方药，是在柜台上可以买到的药品

D. 非处方药需凭执业医师处方进行配制，并在医生指导下使用

E. 处方药与非处方药由医生自行界定

三、问答题（综合题）

1. 何谓剂型？剂型如何分类？药物制成不同剂型有何重要意义？

2. 按分散系统可将剂型分成哪几类？举例说明。

3. 何谓药品的通用名称、批准文号、生产批号？

4. 简述 GMP 的性质、适用范畴及其实施的重要意义？

5. 药品生产管理文件包括哪些？各具有何种性质或作用？

项目二　药物制剂稳定性介绍

知识目标： 了解研究药物制剂稳定性的意义。

熟悉制剂中药物的化学降解途径。

掌握影响制剂中药物稳定性的因素及稳定化方法。

熟悉药物制剂稳定性试验方法。

能力目标： 知道药物降解的途径。

知道影响药物稳定性的因素。

能进行药物制剂稳定性试验的操作。

能根据制剂中药物降解的知识解决实际生产中出现的问题。

必备知识

一、概述

（一）研究药物制剂稳定性的目的和意义

药物制剂稳定性是指药物制剂从生产到使用，在规定的条件下保持其有效性与安全性的能力，一般是指制剂的体外稳定性。制剂稳定性研究是保证制剂质量的一个重要手段。制剂的基本要求是保证其安全性、有效性、稳定性及使用方便，而稳定性是保证有效性和安全性的重要条件。制剂在制备和贮存过程中，因温度、水分、光线、微生物等因素的影响而易发生变质，从而导致药物的效能降低，甚至产生毒性，危及制剂的使用效果及安全。因此制剂稳定性的控制贯穿于制剂的研发、生产、贮存和使用的全过程，《中国药典》、《新药注册管理办法》及《药品生产质量管理规范》等都对药品的稳定性作严格的要求和详细的规定。

研究药物的稳定性对提高制剂质量，保证药品疗效与安全，提高经济效益有着至关重要的作用。因此，我国已经规定，新药申请必须呈报有关稳定性研究资料。在制剂的制备过程中，研究稳定性的目的主要包括：

① 通过测定药品的降解速度来选择辅料、设计处方、设计工艺、贮藏条件等。

② 预测和确定药物制剂的有效期。

③ 了解影响反应速度的因素，采取有效措施，防止和延缓药物制剂的降解。

（二）制剂稳定性研究的范围

药物制剂稳定性一般包括化学、物理、生物学三个方面。

1. 化学变化引起的不稳定性

药物之间或与溶剂、辅料、容器、杂质、外界因素（空气、光线、水分）之间产生化学反应而导致药物降解变质，如氧化、水解、异构化、聚合、脱羧等。

2. 物理变化引起的不稳定性

药物制剂在放置过程中，其物理性质（即外观性状）改变，化学结构不变，但影响使用，不适合于临床要求。如乳剂的乳析、破裂，混悬粒子的沉降、凝固、结块，片剂的崩解迟缓。

3. 微生物污染引起的不稳定性

由于微生物污染，引起药物制剂的霉败分解变质。

（三）稳定性的化学动力学基础

化学动力学是研究化学反应速度和反应机理的科学。评价药物制剂的化学稳定性是考察制剂稳定性的重点，而其中发生的降解反应就是属于化学反应，稳定性的好坏与其降解速度有关。浓度对反应速度的影响很关键，反应物浓度与反应速度之间的关系可用反应级数来表示。反应级数有零级反应、一级反应、伪一级反应、二级反应等。对于大多数药物而言，即使是许多降解机制十分复杂的药物，其降解过程都可以用零级反应、一级反应、伪一级反应来处理。

在药物制剂稳定性考察中，一般用降解 10% 所需要的时间 $t_{0.9}$ 来衡量药物降解速度，并作为药物制剂预测稳定性、贮藏期的指标，称 $t_{0.9}$ 为药物制剂的有效期。以下是部分反应速度方程的积分式及相应的 $t_{0.9}$。

零级反应： $\qquad C = -kt + C_0$， $t_{0.9} = \dfrac{0.10 \times C_0}{k}$

一级反应： $\qquad \lg C = -\dfrac{kt}{2.303} + \lg C_0$， $t_{0.9} = \dfrac{0.1054}{k}$

二级反应： $\qquad \dfrac{1}{C} = kt + \dfrac{1}{C_0}$， $t_{0.9} = \dfrac{1}{9 \times C_0 k}$

式中，C 是 t 时间反应物的浓度；C_0 是 $t=0$ 时反应物浓度；k 是速度常数。

二、 影响制剂中药物降解的因素及稳定化方法

（一）影响水解的因素和稳定化的方法

1. 影响水解的因素

药物的水解速度除与本身的结构特点有关外，外界因素也影响药物的水解。外界因素中最重要的是制剂的酸碱度及温度。

（1）pH 与水解速度的关系　药物的水解速度与溶液的 pH 直接相关。在较低的 pH 范围时以 H^+ 催化为主，在较高 pH 范围时以 OH^- 催化为主；在中间的 pH 范围，水解反应速度可能由 H^+ 和 OH^- 共同催化。

pH 值对速度常数 k 的影响可用下式表示：

$$k = k_0 + k_{H^+}[H^+] + k_{OH^-}[OH^-] \qquad (2\text{-}1)$$

式(2-1)中，k_0 表示参与反应的水分子的催化速度常数，k_{H^+} 和 k_{OH^-} 分别表示 H^+ 和 OH^- 离子的催化速度常数。在 pH 值很低时，主要是酸催化，则上式可表示为式(2-2)：

$$\lg k = \lg k_{H^+} - pH \qquad (2\text{-}2)$$

以 $\lg k$ 对 pH 值作图得一直线，斜率为 -1。设 k_w 为水的离子积，即 $k_w = [H^+][OH^-]$。在 pH 值较高时得式(2-3)：

$$\lg k = \lg k_{OH^-} + \lg k_w + pH \qquad (2\text{-}3)$$

以 $\lg k$ 对 pH 作图得一直线，斜率为 $+1$，在此范围内主要由 OH^- 催化。这样，根据上述动力学方程可以得到反应速度常数与 pH 关系的图形，这样的图形叫 pH-速度图。在 pH-速度曲线图最低点所对应的横坐标，即为最稳定 pH，以 pH_m 表示。pH-速度图有各种形状，说明溶液的 pH 值对药物的降解速度的影响是不同的，由 pH-速度图可确定最稳定 pH_m。比较典型的 pH-速度图有 V 形图及 S 形图等。

（2）温度与水解速度的关系　水解反应系吸热反应，温度升高水解速度增高。对于多数

化学反应，温度每升高10℃，反应速度增加2～4倍。对于温度对于反应速度常数的影响，Arrhenius提出了如下方程：

$$k = Ae^{-\frac{E}{RT}} \tag{2-4}$$

式(2-4)中k是速度常数，A是频率因子，E为活化能，R为气体常数，T是绝对温度，此为著名的Arrhenius指数定律，它定量地描述了温度与反应速度之间的关系，是预测药物稳定性的主要理论依据。由于温度对水解速度的影响较大，药物制剂在制备过程中，往往需要加热溶解、灭菌等操作，此时应考虑温度对药物稳定性的影响，制定合理的工艺条件。

（3）空气湿度与水分对药物稳定性的影响　物质吸收空气中的水分称为吸湿，吸湿引起制剂含水量增加。固体制剂吸湿后，产生结块、流动性降低、潮解，固体制剂含水量的增加，也是引起发霉、变质的重要因素。固体药物吸湿后，在表面形成一层液膜，水解反应就在膜中进行。对于在水中发生水解而水量又不足以溶解所有的药物时，则每单位时间药物降解的量与含水量成正比。其公式：

$$d = k_0 V \tag{2-5}$$

式(2-5)中，d为一天降解的量，k_0为表观零级速度常数，V为固体系统中水的体积。d对V作图得一直线。

为避免吸湿引起固体制剂含水量增加，可加强环境通风或在室内安装空气除湿机等方式降低空气湿度。固体制剂也采取防湿包衣和防湿包装等有效措施。

（4）离子强度对水解速度的影响　在制剂处方中，往往加入电解质调节等渗，或加入盐（如一些抗氧剂）防止氧化，加入缓冲剂调节pH值。因而存在离子强度对降解速度的影响，这种影响可用下式说明：

$$\lg k = \lg k_0 + 1.02 \times Z_A Z_B \sqrt{\mu} \tag{2-6}$$

式(2-6)中k是降解速度常数，k_0为溶液无限稀（$\mu=0$）时的速度常数，μ为离子强度，$Z_A Z_B$是溶液中药物所带的电荷。以$\lg k$对$\sqrt{\mu}$作图可得一直线，其斜率为$1.02 \times Z_A Z_B$，外推到$\mu=0$可求得k_0。

（5）包装材料对药物制剂水解的影响　包装对制剂中药物起到防潮、隔绝外界水分的作用。所以要求该包装能密闭，且材料内表面与药物制剂长期接触中不能发生任何作用。

（6）溶剂的影响　对于水解的药物，有时采用非水溶剂如乙醇、丙二醇、甘油等而使其稳定。含有非水溶剂的注射液如苯巴比妥注射液、地西泮注射液等。根据下述方程可以说明非水溶剂对易水解药物的稳定化作用。

$$\lg k = \lg k_\infty - \frac{k' Z_A Z_B}{\varepsilon} \tag{2-7}$$

式(2-7)中k为速度常数，ε为介电常数，k_∞为溶剂ε趋向∞时的速度常数。此式表示溶剂介电常数对药物稳定性的影响，适用于离子与带电荷药物之间的反应。式中$Z_A Z_B$为离子或药物所带的电荷，对于一个给定系统在固定温度下k'是常数。因此，以$\lg k$对$1/\varepsilon$作图得一直线。如果药物发生解离的离子与攻击的离子的电荷相同，则$\lg k$对$1/\varepsilon$作图所得直线的斜率将是负的。在处方中采用介电常数低的溶剂将降低药物分解的速度。反之，则采用介电常数低的溶剂，就不能达到稳定药物制剂的目的。

2. 延缓药物制剂水解速度的方法

根据影响药物水解速度的因素，延缓药物制剂水解的方法主要有以下几个方面。

（1）调节pH　很多药物的水解反应可被H^+或OH^-催化，所以其溶液只在某一定pH范围内比较稳定。因此，用酸、碱或适当的缓冲剂，把溶液的pH调节在成分最稳定的pH

范围内，是延缓药物水解速度的重要措施。各种药物最稳定的 pH_m 应由实验求得，一般说来，H^+ 或 OH^- 催化水解的过程，可用化学动力学的方法处理，找出它的变化规律，掌握最稳定的 pH 范围。

（2）控制温度 由于温度升高，能使水解速度加快，故降低温度可使水解反应减慢。有些产品在保证完全灭菌的前提下，尽可能降低灭菌温度，缩短灭菌时间。那些对热特别敏感的药物，如某些抗生素、生物制品，要根据药物性质，设计合适的剂型（如固体剂型），生产中采取特殊的工艺，如冷冻干燥，无菌操作等，同时产品要低温贮存，以保证产品质量。

（3）选用适当的溶媒 用介电常数较低的溶媒如乙醇、甘油、丙二醇等部分或全部代替水作溶媒，可使药物制剂的水解速度降低。

（4）制成固体制剂 将易水解药物分制成固体制剂，稳定性可以大大提高。易水解的药物需制成片剂时，可用干法制粒法、直接压片法等，尽量避免与水分的接触。如需湿法制粒时，应考虑采用稀醇为湿润剂而不用淀粉浆做黏合剂。

（5）制成难溶性盐或酯 在难溶性药物的饱和水溶液中，其水解反应的速度与药物的溶解度成正比。所以，将易水解的药物制成难溶性盐或难溶性酯类衍生物，其稳定性将显著增加。

（6）添加稳定剂 系指添加具有延缓药物水解能力的物质，如络合剂、表面活性剂等。络合剂与易水解药物形成络合物后，由于空间障碍，大大降低了 H^+ 或 OH^- 与药物接触的可能性，从而保护了药物；表面活性剂在水中形成胶团后，易水解药物埋藏在胶团内部，减少了 H^+ 或 OH^- 对其进攻的机会，因而稳定性得以提高。

（二）影响氧化的因素和稳定化方法

1. 影响氧化的因素

（1）光线 光线可提供许多药物的氧化过程反应所需要的能量，光是一种辐射能，能激发氧化反应，加速药物的分解。有些药物分子受辐射（光线）作用使分子活化而产生分解，此种反应叫光化降解，其速度与系统的温度无关。这种易被光降解的物质叫光敏感物质。例如维生素 C、维生素 E 等在日光下均易被氧化。光线一般不是孤立起作用，常伴随着其他因素如氧气、温度、pH、重金属离子等而共同起作用。

（2）氧的含量 大多数药物的氧化分解是自动氧化反应，大气中的氧是引起药物制剂氧化的重要因素。有时仅需痕量的氧就可以引起这种反应，大气中的氧进入制剂的主要途径是：氧在水中有一定的溶解度；盛有药物的容器空间的空气中也存在着一定量的氧；各种药物制剂几乎都有与氧接触的机会等。一旦反应进行，氧的含量便不重要了。丙二醇、甘油、乙醇等溶解氧气能力比纯化水小，故这些溶媒中的氧的含量很低，往往可延缓药物的氧化速度。

（3）温度 与水解反应一样，温度可加速药物的反应速度，由于温度增加时氧在水中的溶解度降低，故在研究不同温度对氧化反应的影响时，温度的作用与氧的含量应同时考虑。

（4）溶液的 pH 有些氧化还原反应伴随着质子的转移，故当 pH 增大时，氧化反应易于进行，在 pH 较低时较为稳定。例如维生素 E 的氧化过程，受 pH 的影响就比较明显，即 pH 增大时，氧化反应易于进行。

（5）金属离子 特别是二价以上的金属离子如 Fe^{2+}、Ca^{2+}、Mn^{2+} 等，均可促进自动氧化反应的进行，是药物氧化分解的催化剂。制剂中存在的微量金属离子主要来自原辅料、溶媒、容器及操作过程中所使用的工具等方面，如纯化水中可能有微量的铜离子，活性炭中可能有微量的铁离子。所以生产易氧化药物制剂时，应尽可能避免使用金属用具、容器，并应严格控制原辅料的质量。

（6）药物的本性 除外界因素能影响药物氧化速度外，药物的分子结构、物理状态等亦可影响药物或标志性成分的氧化速度。

21

① 有机物的不饱和程度。双键多的药物通常均易氧化，如亚油酸在空气中比油酸容易氧化，原因是前者有共轭双键，容易产生自动氧化反应；此外，有机羧酸或醇类物质比它们相应的酯容易产生自动氧化反应，如亚油酸甲酯与亚油酸相比，前者在空气中甚为稳定，而后者需加抗氧剂，否则容易氧化变质。

② 酚羟基。酚类药物易氧化变色，若在酚的邻位及对位上置换了供电子基团如羟基或氨基，则氧化作用更明显。如邻位引入羟基的儿茶酚、对位引入羟基的氢醌以及引入两个羟基的焦性没食子酚等，在碱性溶液中可以很快地氧化成黑色，它们易于氧化是因为更易形成醌类化合物。

③ 烯醇结构。如维生素 C 分子结构中烯醇基，很容易氧化成双酮化合物。由于维生素 C 易被氧化，故可用作某些药物的抗氧化剂。

④ 物理状态。通常固体脂肪要比液体油脂不易发生自动氧化反应，这可能是氧在固体脂肪中不易扩散的缘故。

2. 延缓制剂中药物氧化速度的方法

（1）减少与日光的接触　主要是减少与日光中紫外光接触的机会。由于紫外光大部分可为普通玻璃所吸收，所以易氧化变色的药物制剂应贮藏在对紫外光有滤光作用的棕色玻璃容器或不透光的塑料瓶之中，对光敏感的药物，在整个生产和贮藏过程中都应避光。

（2）减少与空气的接触　大气中的氧是引起药物或标志性成分氧化变质的重要因素。大气中的氧进入药物制剂的主要途径，一方面是水中溶解有一定量的氧（25℃ 5.75ml/L），另一方面是药物容器空间的空气含有氧气，这些氧气直接接触药物制剂，而引起易氧化成分的氧化变质。

通常可采用以下方法驱氧，保持稳定性。

① 以煮沸方法驱除纯化水中氧气，氧气在水中溶解度随温度升高而减少，如表 2-1。

表 2-1　氧气在不同温度下在水中的溶解度

温度/℃	0	4	10	20	25	50	100
O_2 在水中的溶解度/(ml/L)	10.13	9.14	7.87	6.35	5.75	3.85	0

通常将纯化水经剧烈煮沸 5min，立即使用，或贮于密闭容器中，防止氧气重新溶解。

② 通入惰性气体。在水中通入二氧化碳至饱和，残存在水中的氧为 0.05ml/L；通氮气至饱和，残氧量为 0.36ml/L。可将惰性气体直接通入已灌液的容器内，以驱除液中和液面上的氧气。往液体中通入惰性气体 10min，即可几乎将水中的氧气全部驱除，通气效果可用测氧仪进行残余氧气的测定。

（3）调节 pH　溶液的 pH 对氧化反应速度有很大影响，调节溶液到适当的 pH 也可以延缓氧化。一般可应用盐酸、硫酸、醋酸、酒石酸或氢氧化钠、碳酸氢钠、磷酸氢二钠等的稀溶液进行溶液 pH 的调节，有时也可用缓冲液调节。

（4）添加抗氧剂与金属离子络合剂　有些易氧化的药物制剂，虽经避光、密塞、调节 pH 等处理，但在长期贮存中仍不能防止氧化变色，故需加入抗氧剂。凡能防止氧化剂或空气中氧对药物制剂产生氧化作用的物质称为抗氧剂。抗氧剂本身大多数是还原性物质，加入易氧化的药物制剂中后，它首先受到氧化影响而使药物制剂受到保护。

由于微量金属离子对自动氧化有催化作用，因而要防止金属离子的影响，除了杜绝药物制剂中金属离子的来源之外，通常都在药物制剂中加金属离子络合剂来消除这种影响。金属离子络合剂的作用在于与溶液中的金属离子生成稳定的水溶性络合物，从而免除金属离子对氧化反应的催化作用。乙二胺四乙酸（EDTA）即为常用的金属离子络合剂。

（5）控制温度和装量　对于遇热易氧化的物质，除整个生产过程中要避免加热或采取低温灭菌外，还应低温贮藏。某些极易氧化的药物液体制剂，若供多次使用时，每使用一次，便使药物制剂增加了一次与空气接触的机会，为氧化变色创造了条件，因此对于这类药物制剂的装量应作特别的规定，其目的是使药物制剂在可能变色变质前用完。

（6）制成固体制剂　凡易氧化的药物制成液体剂型后，虽经采取多种抗氧化措施，尚无法彻底防止氧化反应时，必须制成干燥固体剂型，并在25℃以下凉处保存，以保证药物制剂在一定贮存期内的质量。

（7）包装对药物制剂的防氧化作用　包装对制剂中药物氧化起到隔绝空气的作用。所以要求该包装能密封，且材料内表面与药物制剂长期接触中不能发生任何作用。

（三）制剂工艺对药物制剂稳定性的影响

同种药物制成相同剂型时，往往因制备工艺的不同，造成药物制剂稳定性的差异，所以应根据药物制剂的性质结合设计合理的制备工艺，以提高制剂的稳定性。

1. 微囊技术增加药物的稳定性

微囊系利用高分子物质或共聚物（简称囊材）包裹于药物的表面，使成半透性或密封的胶囊。药物形成微囊后，囊材使药物与外界环境（氧气、湿气、光线等）隔绝，提高药物制剂的稳定性。挥发性药物制成微囊后，可防止在制备和贮存过程中的挥发损失。

如大蒜素（三硫二丙烯）是从大蒜挥发油中分离出来的一种化合物，呈油状液体，具挥发性，是大蒜的主要有效成分，对细菌、真菌有强烈的杀灭作用。大蒜素是带有两个双键的三硫化合物，其性质虽比大蒜辣素稳定，但受空气、光线、温度的影响也易氧化变质，色泽加深。试验研究以明胶-阿拉伯胶为囊材，通过复凝聚法制备大蒜素微囊，进而制成胶囊剂。留样观察测定三硫二丙烯含量的结果：于室温不避光的条件下贮存3个月后，原油含量由98.53％下降到81.91％，微囊剂含量（mg/粒）由21.86mg下降到20.38mg。即含量下降百分率，原油为16.6％，微囊剂为6.8％，说明采用微型包囊工艺提高了大蒜素的稳定性。

2. 包合技术增加药物的稳定性

药物的环糊精包合物在药物设计中有着广阔的发展前景，其中一个重要方面是可以增加药物的稳定性，能掩盖药物的异味和苦味。

环糊精是淀粉经过微生物环糊精糖基转移酶的作用，以α-1,4键连接葡萄糖分子构成的环状低聚糖。常见的有α、β、γ三种环糊精，分别由6、7、8个葡萄糖分子构成。环糊精分子的立体结构是一个环状中空的圆筒形，很容易以其内部空隙而与有机分子包合。通常，以β-环糊精空隙大小适中，较为实用。当环糊精与药物形成包合物后，药物或标志性成分分子被包合在环糊精分子的空穴中，从而切断了药物分子与周围环境的接触，使药物分子得到保护，增加药物制剂的稳定性，防止药物氧化、水解和挥发性药物挥发损失。

3. 固体剂型包衣增加药物制剂稳定性

将药物的片剂、丸剂再进行包衣可降低吸湿性，目前广泛应用的糖衣在增加药物稳定性方面可起到一定的作用，但因其具水溶性，抗潮能力差，易发生粘连、开裂、变质，所以寻找一种水中不溶而胃液中溶解的包衣材料，以提高其抗潮性能，是研究的热点。

三、药物制剂稳定性试验方法

药物稳定性试验的目的是考察原料药和药物制剂在温度、湿度、光线的影响下，稳定性随时间的变化规律，为药品的生产、包装、贮存、运输条件提供科学依据，同时通过试验建立药品的有效期。

稳定性试验的基本要求有如下几个方面：①稳定性试验包括影响因素试验、加速试验与长期试验。影响因素试验适用原料药的考察，用一批原料药进行。加速试验与长期试验适用于原料药与药物制剂的考察，要求用 3 批供试品进行。②原料药供试品应是一定规模生产的，供试品量相当于制剂稳定性试验所要求的批量，其合成工艺路线、方法、步骤应与大生产一致。药物制剂的供试品应是放大试验的产品（如片剂或胶囊剂至少应为 10000 片或 10000 粒。大体积包装的制剂如静脉输液等，每批放大规模的数量至少应为各项试验所需总量的十倍。特殊剂型、特殊品种所需要量，根据具体情况灵活掌握），其处方与生产工艺应与大生产一致。③供试品的质量标准应与临床前研究及临床试验和规模生产所使用的供试品质量标准一致。④加速试验与长期试验所用供试品的容器和包装材料及包装方式应与上市产品一致。⑤研究药物稳定性，要采用专属性强：准确、精密、灵敏的药物分析方法与有关物质（含降解产物及其他变化所生成的产物）的检查方法，并对方法进行验证，以保证药物稳定性试验结果的可靠性。在稳定性试验中，应重视有关物质的检查。⑥由于放大试验比规模生产的数量要小，故申报者应承诺在获得批准后，从放大试验转入规模生产时，对最初通过生产验证的 3 批规模生产的产品仍需进行加速试验与长期稳定性试验。

（一）影响因素试验

原料药要求进行影响因素试验，其目的是探讨药物的固有稳定性，了解影响其稳定性的因素及可能的降解途径与分解产物，为制剂生产工艺、包装、贮存条件提供科学依据。药物制剂进行此项试验的目的是考察制剂处方的合理性与生产工艺及包装条件。供试品可以用一批进行，将供试品置适宜的开口容器中，摊成 ≤5 mm 厚的薄层，疏松原料药摊成 ≤10 mm 厚薄层进行试验，如为制剂应取去外包装，放置于开口的容器中，进行试验。

1. 高温试验

供试品开口置适宜的洁净容器中，60℃温度下放置 10 天，于第 5、第 10 天取样，按稳定性重点考察项目进行检测，同时准确称量试验前后供试品的重量，以考察供试品风化失重的情况。若供试品有明显变化（如含量下降 5%），则在 40℃ 条件下同法进行试验。若 60℃ 无明显变化，不再进行 40℃ 试验。

2. 高湿度试验

供试品开口置恒湿密闭容器中，在 25℃ 分别于相对湿度 90%±5% 条件下放置 10 天，于第 5、第 10 天取样，按稳定性重点考察项目要求检测，同时准确称量试验前后供试品的重量，以考察供试品的吸湿潮解性能。若吸湿增重 5% 以上，则在相对湿度 75%±5% 条件下，同法进行试验，若吸湿增重 5% 以下，且其他考察项目符合规定要求，则不再进行此项试验。恒湿条件可通过在密闭容器，如干燥器下部放置饱和盐溶液实现，根据不同相对湿度的要求，可以选择 NaCl 饱和溶液（15.5～60℃，相对湿度 75%±1%）或 KNO$_3$ 饱和溶液（25℃，相对湿度 92.5%）。

3. 强光照射试验

供试品开口放置在装有日光灯的光照箱或其他适宜的光照装置内，于照度为 4500lx±500lx 的条件下放置 10 天，于第 5、第 10 天取样，按稳定性重点考察项目进行检测，特别要注意供试品的外观变化。

光照设置建议采用定型设备"可调光照箱"，也可用光橱，在箱中安装日光灯数支使达到规定照度。箱中供试品台高度可以调节，箱上方安装抽风机以排除光源产生的热量。箱上配有照度计，可随时监测箱内照度，光照箱应不受自然光的干扰，并保持照度恒定。同时要防止尘埃进入光照箱。

（二）加速试验

加速试验是在超常的条件下进行。其目的是通过加速药物的化学或物理变化，探讨药物的稳定性，为药品评审、包装、运输及贮存提供必要的资料。原料药物与药物制剂均需进行此项试验。

试验方法为：取供试品 3 批，按市售包装，在温度 40℃±2℃、相对湿度 75％±5％的条件下放置 6 个月。所有设备应能控制温度±2℃，相对湿度±5％，并能对真实温度与湿度进行监测。在试验期间第 1、第 2、第 3、第 6 个月末各取样一次，按稳定性重点考查项目检测。3 个月资料可用于新药申报临床试验，6 个月资料可用于申报生产。在上述条件下，如 6 个月内供试品经检测不符合制订的质量标准，则应在中间条件（温度 30℃±2℃，相对湿度 60％±5％的情况）下进行加速试验，时间仍为 6 个月。

对温度特别敏感的药物制剂，预计只能在冰箱（4～8℃）内保存使用，此类药物的加速试验可在温度 25℃±2℃，相对湿度 60％±10％的条件下进行，时间为 6 个月。

乳剂、混悬剂、软膏剂、乳膏剂、糊剂、凝胶剂、眼膏剂、栓剂、气雾剂、泡腾片及泡腾颗粒宜直接采用温度 30℃±2℃，相对湿度 60％±5％的条件进行试验。其他要求与上述相同。

包装在半透性容器的药物制剂，如塑料袋装溶液、塑料瓶装滴眼剂、滴鼻剂等，则应在温度 40℃±2℃相对湿度 25％±5％的条件进行试验。

（三）长期留样观察试验（长期试验）

长期试验是在接近药品的实际贮存条件下进行，其目的是为制定药品的有效期提供依据。

试验方法为：供试品要求 3 批，市售包装，在温度 25℃±2℃，相对湿度 60％±10％条件下或温度 30℃±2℃，相对湿度 65％±5％条件下放置 12 个月（基于我国南北方气候差异考虑，由研究者确定选择哪一条件）。每 3 个月取样一次，分别于 0、3、6、9、12 个月，按稳定性重点考察项目进行检测。12 个月后，如仍需继续考察，分别于 18、24、36 个月取样进行检测。6 个月的数据可用于新药申报临床研究，12 个月的数据用于申报生产。将结果与 0 个月比较以确定药品的有效期。由于实测数据的分散性，一般应按 95％可信限进行统计分析，得出合理的有效期。有时试验未取得足够数据（如只有 18 个月），也可用统计分析，以确定药品的有效期。如 3 批统计分析结果差别较小，则取其平均值为有效期；若差别较大，则取其最短的为有效期。数据表明很稳定的药品，不作统计分析。

对温度特别敏感的药品，长期试验可在温度 6℃±2℃的条件下放置 12 个月，按上述时间要求进行检测，12 个月以后，仍需按规定继续考察，制定在低温贮存条件下的有效期。

此外，有些药物制剂还应考察临用时配制和使用过程中的稳定性。

（四）经典恒温法

在实际研究工作中，可考虑采用经典恒温法预测药物制剂稳定性，特别是药物的水溶液制剂，其预测结果有一定的参考价值。

经典恒温法的理论依据是 Arrhenius 公式：$k=Ae^{-\frac{E}{RT}}$，其对数形式为：

$$\lg k = \frac{E}{2.303RT} + \lg A \tag{2-8}$$

此法操作过程如下：①选择高于室温的 4 或 5 个温度（如 60℃、70℃、80℃），所用实验设备应能保持恒温。②将样品分别放置不同温度的恒温箱中，每间隔一定时间取样进行含量测定。一般情况每个样品取样 4～7 次。③根据含量测定结果与时间的关系，确定反应级数和反应速度常数。若以含量 C 对 t 作图得直线，则为零级反应，直线的斜率为反应速度常数若以 $\lg C_t$ 对 t 作图得直线，则为一级反应，斜率为$-2.303k$。各温度下的反应速度常数 k 可以用作图法或一元线性回归法求得。④根据所得的各温度 k 值，以 $\lg k$ 对 $1/T$ 作图得一直线，直线斜率为$-E/2.303R$，由此可以计算出活化能 E；将直线外推至室温，求出室温时的反应速度常数（$k_{25℃}$）；也可以用一元线性回归法求出回归方程，再计算活化能 E、$k_{25℃}$、$t_{0.9}$。

拓展知识

制剂中药物的化学降解途径

药物化学降解的途径取决于药物的化学结构。水解与氧化是药物降解的两个主要途径。其他如异构化、聚合、脱羧等反应在一些药物中也有发生。而一种药物有可能同时发生两种或两种以上的降解反应。

（一）水解

水解反应是药物降解的主要途径，属于此类降解的药物主要有酯类、酰胺类。

1. 酯类药物的水解

含有酯键药物的水溶液，在 H^+ 或 OH^- 或广义酸碱的催化下，水解反应加速，特别在碱性溶液中。酯类药物的水解常可用一级或伪一级反应处理。普鲁卡因的水解可作为这类药物的代表，水解生成对氨基苯甲酸与二乙胺基乙醇，此降解产物无明显的麻醉作用。

2. 酰胺类药物的水解

酰胺类药物水解以后生成酸与胺。氯霉素可作为这类药物的代表，氯霉素比青霉素类抗生素稳定，但其水溶液仍很易分解，在 pH 7 以下，主要是酰胺水解，生成氨基物与二氯乙酸。

3. 其他药物的水解

阿糖胞苷在酸性溶液中，脱氨水解为阿糖脲苷。在碱性溶液中，嘧啶环破裂，水解速度加速。本品在 pH 6.9 时最稳定，水溶液经稳定性预测 $t_{0.9}$ 约为 11 个月左右，常制成注射用的粉针剂使用。另外，如地西泮、碘苷等药物的降解，也主要是水解作用。

（二）氧化

氧化也是药物变质最常见的反应。失去电子为氧化，在有机化学中常把脱氢称氧化。药物氧化分解常是自动氧化，自氧化反应常为游离基的链式反应。氧化过程一般都比较复杂，有时一个药物，氧化、光化分解、水解等过程同时存在。药物的氧化作用与化学结构有关，许多酚类、烯醇类、芳胺类、吡唑酮类、噻嗪类药物较易氧化。药物氧化后，不仅效价损失，而且可能产生颜色或沉淀。有些药物即使被氧化极少量，亦会色泽变深或产生不良气味，严重影响药品的质量，甚至成为废品。

1. 酚类药物

这类药物分子中具有酚羟基，如肾上腺素、左旋多巴、吗啡、水杨酸钠等。左旋多巴氧化后形成有色物质，最后产物为黑色素。左旋多巴用于治疗震颤麻痹症，主要有片剂和注射剂，拟定处方时应采取防止氧化的措施。肾上腺素的氧化与左旋多巴类似，先生成肾上腺素红，最后变成棕红色聚合物或黑色素。

2. 烯醇类

维生素 C 是这类药物的代表，分子中含有烯醇基，极易氧化，氧化过程较为复杂。在有氧条件下，先氧化成去氢抗坏血酸，然后经水解为 2,3-二酮古罗糖酸，此化合物进一步氧化为草酸与 L-丁糖酸；在无氧条件下，发生脱水作用和水解作用生成呋喃甲醛和二氧化碳，由于 H^+ 的催化作用，在酸性介质中脱水作用比碱性介质快，实验中证实有二氧化碳气体产生。

3. 其他类药物

芳胺类如磺胺嘧啶钠；吡唑酮类如氨基比林、安乃近；噻嗪类如盐酸氯丙嗪、盐酸异丙嗪等。这些药物都易氧化，其中有些药物氧化过程极为复杂，常生成有色物质。含有碳碳双键的药物如维生素 A 或维生素 D 的氧化，是典型的游离基链式反应。易氧化药物要特别注意光、氧、金属离子对他们的影响，以保证产品质量。

实践项目

实践项目一　维生素 C 注射液的稳定性试验

【实践目的】

1. 掌握影响维生素 C 注射液稳定性的主要因素。

2. 了解提高易氧化药物稳定性的基本方法及处方设计要点。

【实践场地】 实验室。

【实践内容】

一、原理

影响维生素 C 溶液稳定性的因素，主要有空气中的氧、pH 值、金属离子、温度及光线等，对固体维生素 C，水分与湿度影响很大。维生素 C 的不稳定主要表现在放置过程中颜色变黄和含量下降。中国药典规定，对于维生素 C 注射液应检查颜色，照分光光度法在 420nm 处测定，吸光度不得超过 0.06。维生素 C 的含量测定采用碘量法，主要利用维生素的还原性，可与碘液定量反应。本实践项目以颜色变化和含量下降为指标，考察 pH 值、空气中的氧、抗氧剂对维生素 C 注射液质量的影响。

二、实施方案

1. 灭菌时间对维生素 C 稳定性的影响

取 40ml 注射用水，加维生素 C 6.25g，分次加入碳酸氢钠 2.5g，随加随搅拌使完全溶解，加注射用水至 50ml，测定 pH（5.8～6.2），用 3 号垂熔玻璃漏斗过滤使澄明。取 10ml 样液另置，其余均灌封于 2ml 安瓿中，每次装 2ml，将安瓿放入沸水中煮沸，间隔一定时间（0min、15min、30min、60min）取出 3 支安瓿，放入冷水中冷却。比较颜色的深浅。

2. 溶液 pH 值对维生素 C 氧化的影响

取维生素 C 8.75g 配成 12.5％溶液 70ml，用 3 号垂熔玻璃漏斗过滤。精确量取 10ml 该溶液 3 份分置 100ml 烧杯中，分别加碳酸氢钠粉末 0.2g、1.0g、1.3g，使溶液 pH 值相应为 4.0、6.0、7.0（用 pH 计测定），然后将它们灌封于 2ml 安瓿中，做好标记，放入沸水中煮沸 45min，取出放冷。比较颜色深浅。

3. 含氧量的影响和抗氧剂的作用

取煮沸放冷的注射用水，按 1 项下工艺分别配成 12.5％的 A、B 两种维生素 C 溶液各 25ml。然后将 A、B 液各分成两份，在 A 液中加入亚硫酸氢钠，分别将它们灌封于 2ml 安瓿中，做好标记，于沸水中煮沸 45min，取出放冷，比较颜色深浅。

4. 重金属离子的影响

按 1 项下工艺配制 25％维生素 C 溶液 100ml，精确量取 12.5ml 放入 25ml 容量瓶中，共 4 份。按下表所示加入各种试剂后，用注射用水稀释至刻度，分别灌封于 2ml 安瓿中，做好标记，放入沸水中煮沸 30min，取出放冷，比较颜色深浅。

样品号	添加试剂
0	—
1	0.002mol/L $CuSO_4$ 2.5ml
2	0.002mol/L $CuSO_4$ 5ml
3	0.002mol/L $CuSO_4$ 2.5ml＋5％EDTA-Na_2 1ml

实践项目二 维生素 C 注射剂稳定性考察

【实践目的】

1. 了解和运用化学动力学的原理，预测注射剂的稳定性。
2. 掌握采用恒温加速实验法测定维生素 C 注射液的贮存期。

【实践场地】 实验室。

【实践内容】

一、原理

在研究制剂的稳定性以确定其有效期（或贮存期）时，室温留样考察法虽结果可靠，但所需时间较长（一般考察 2～3 年），而加速试验法（如恒温加速试验法等）可在较短时间内，对有效期或贮存期作出初步的估计。

维生素 C 的氧化降解反应，已由实验证明为一级反应，以 $\lg C$ 对 t 作图呈一直线关系，由直线斜率求出反应速度常数 k；再利用 Arrhenius 公式，以 $\lg k$ 对 $1/T$ 作图呈一直线，将直线外推至 25℃时的 $\lg k$ 值，求得 $k_{25℃}$；最后求出 25℃时的 $t_{0.9}$，即为该药的贮存期。

二、实施方案

1. 放样

将同一批号的维生素 C 注射剂样品分别置 4 个不同温度（70℃、80℃、90℃、100℃）的恒温水浴箱中，间隔一定时间（70℃间隔 24h，80℃间隔 12h，90℃间隔 6h，100℃间隔 3h）取样，每个温度的间隔取样数均为 4 次。样品取出后，应立即使之冷却或置冰箱保存，然后分别测定样中剩余维生素 C 的含量。

2. 含量测定方法

精密吸取维生素 C 注射液 1ml 置锥形瓶中，加纯化水 20ml 与丙酮 2ml，摇匀，放置 5min，加稀醋酸 4ml 与淀粉指示液 1ml，用碘液（0.1mol/L）滴定，至溶液显蓝色并持续 30s 不褪。每 1ml 的碘液（0.1mol/L）相当于 8.806mg 的维生素 C。

【实践结果】

1. 数据整理

对在每个温度各加热时间内取出的样品与未经加热试验的原样品分别测定维生素 C 含量，记录消耗碘液的毫升数。将未经加热的样品所消耗碘液的毫升数（即为初浓度）作为 100% 相对浓度，各加热时间内的样品所消耗碘液的毫升数与其相比，得出各自的相对浓度百分数（$C_{相}$）。实验数据记录如下表。

70℃恒温加速试验各时间内样品的测定结果

加热间隔时间/h	消耗碘液/ml			$C_{相}/\%$	$\lg C_{相}/\%$
	1	2	平均		
0				100	2
24					
48					
72					
96					

其他温度下考察的实验数据，均按上表的格式记录并计算。

2. 求 4 种试验温度的维生素 C 氧化降解速度常数（$k_{70℃}$、$k_{80℃}$、$k_{90℃}$、$k_{100℃}$），利用 Arrhenius 定律，以 $\lg k$ 对 $1/T$ 作图，得一直线，从直线的斜率求出维生素 C 氧化降解活化能。

各试验温度下的反应速度常数

温度/℃	T	$1/T(\times 10^{-3})$	k	$\lg k$
45				
40				
35				
30				

3. 求室温（25℃）时的 $k_{25℃}$。

4. 求室温贮存期 $t_{0.9}$。

自我测试

一、单选题

1. 为提高易氧化药物注射液的稳定性，无效的措施是（　　）。

 A. 调渗透压   B. 使用茶色容器   C. 加抗氧剂   D. 灌封时通 CO_2

2. 易氧化的药物具有（　　）。

 A. 酯键   B. 酰胺键   C. 双键   D. 苷键

3. 在一级反应中，以 $\lg C$ 对 t 作图，反应速度常数为（　　）。

 A. $\lg C$ 值   B. t 值   C. 温度   D. 直线斜率×2.303

4. 酯类药物易产生（　　）。

 A. 水解反应   B. 聚合反应   C. 氧化反应   D. 变旋反应

5. 关于留样观察法的叙述，错误的是（　　）。

 A. 符合实际情况   B. 一般在室温下进行

 C. 预测药物有效期   D. 在通常包装贮藏条件下观察

6. 药物的有效期是指药物含量降低（　　）。

 A. 10％所需的时间   B. 50％所需的时间   C. 63.5％所需的时间   D. 5％所需的时间

7. 维生素 C 容易发生（　　）。

 A. 水解反应   B. 聚合反应   C. 氧化反应   D. 消旋化反应

8. 关于药品稳定性叙述正确的是（　　）。

 A. 盐酸普鲁卡因溶液的稳定性受湿度影响，与 pH 值无关

 B. 药物的降解速度与离子强度无关

 C. 固体制剂的赋型剂不影响药物稳定性

 D. 零级反应的反应速度与反应物浓度无关

9. 关于药物稳定性叙述错误的是（　　）。

 A. 大多数药物的降解反应可用零级、一级反应进行处理

 B. 温度升高时，绝大多数化学反应速率增大

 C. 药物降解反应是一级反应，药物有效期与反应物浓度有关

 D. 大多数反应温度对反应速率的影响比浓度更为显著

10. 关于药物稳定性叙述错误的是（　　）。

 A. 通常将反应物消耗一半所需的时间称为半衰期

 B. 大多数药物的降解反应可用零级、一级反应进行处理

 C. 药物降解反应是一级反应，药物有效期与反应物浓度有关

 D. 大多数反应温度对反应速度的影响比浓度更为显著

二、多选题

1. 药物制剂稳定性研究的范围包括（　　）。

 A. 化学稳定性   B. 物理稳定性   C. 生物稳定性

 D. 血浆稳定性   E. 热稳定性

2. 可反映药物制剂稳定性好坏的有（　　）。
　　A. 半衰期　　　　　　　　B. 有效期　　　　　　　　C. 反应速度常数
　　D. 反应级数　　　　　　　E. 消除速度常数
3. 药物制剂的降解途径有（　　）。
　　A. 水解　　　　　　　　　B. 氧化　　　　　　　　　C. 异构化
　　D. 脱羧　　　　　　　　　E. 聚合
4. 影响药物制剂稳定性的外界因素有（　　）。
　　A. 温度　　　　　　　　　B. 氧气　　　　　　　　　C. 离子强度
　　D. 光线　　　　　　　　　E. 溶媒
5. 影响药物制剂稳定性的处方因素有（　　）。
　　A. pH　　　　　　　　　　B. 溶媒　　　　　　　　　C. 离子强度
　　D. 温度　　　　　　　　　E. 水分
6. 为增加易水解药物的稳定性，可采取的措施有（　　）。
　　A. 加等渗调节剂　　　　　B. 制成固体剂型　　　　　C. 加金属离子络合剂
　　D. 调节适宜 pH　　　　　 E. 降低温度
7. 为提高易氧化药物注射剂的稳定性，可采取的措施有（　　）。
　　A. 调渗透压　　　　　　　　　　　　　　　B. 使用茶色容器
　　C. 加抗氧剂　　　　　　　　　　　　　　　D. 灌封时通 CO_2 或 N_2
　　E. 加金属离子络合剂
8. 药物制剂稳定性试验方法有（　　）。
　　A. 留样观察法　　　　　　B. 加速试验法　　　　　　C. 鲎试验法
　　D. 转篮法　　　　　　　　E. 桨法
9. 影响固体药物氧化的因素有（　　）。
　　A. 温度　　　　　　　　　B. 离子强度　　　　　　　C. 溶剂
　　D. 光线　　　　　　　　　E. pH 值
10. 药物制剂稳定性加速试验是（　　）。
　　A. 温度加速试验法　　　　　　　　　　　　B. 湿度加速试验法
　　C. 空气干热试验法　　　　　　　　　　　　D. 光加速试验法
　　E. 隔热空气试验法
11. 关于药物制剂稳定性的叙述，错误的是（　　）。
　　A. 临界相对湿度低的药品容易吸湿
　　B. 药物在固体状态时，一般比在溶液中稳定
　　C. 易变质的固体药物随粒度的减少而趋向于不稳定
　　D. 固体药物与水溶液不同，不会因温度变化而发生稳定性的变化
　　E. 制剂的吸湿、液化等均系物理变化，与其化学稳定性无关
12. 对于药物稳定性叙述错误的是（　　）。
　　A. 一些容易水解的药物，加入表面活性剂都能使稳定性增加
　　B. 在制剂处方中，加入电解质或加入盐所带入的离子，可使药物的水解反应减少
　　C. 须通过试验正确选用表面活性剂，使药物稳定
　　D. 聚乙二醇能促进氢化可的松药物的分解
　　E. 滑石粉可使乙酰水杨酸分解速度加快

三、问答题（综合题）
1. 药物制剂稳定性研究的意义、范围是怎样的？
2. 什么是反应速度常数、半衰期、有效期？与制剂稳定性有何关系？
3. 药物降解途径有哪些？举例说明。
4. 影响药物制剂稳定性的因素有哪些？如何增加药物制剂的稳定性？对易氧化和易水解的药物分别可采取哪些稳定化措施？
5. 稳定性试验方法有哪些？恒温加速试验法的原理及操作过程是怎样的？

项目三　药物制剂有效性介绍

知识目标： 掌握生物药剂学和药物动力学的含义和研究内容。

熟悉影响制剂有效性的因素。

了解影响药物胃肠道吸收的因素。

熟悉生物利用度的概念、意义和计算方法。

能力目标： 知道药物在体内的基本过程。

知道影响药物制剂有效性的因素。

知道影响药物口服吸收的因素。

能分析影响药物疗效的因素并采取相应措施进行改善。

能进行生物利用度基本参数的计算。

必备知识

一、概述

（一）影响药物制剂有效性的因素

药物的"化学结构决定疗效"的观点长期影响了药学学科的发展。20世纪60年代以来，随着医药科学技术的发展，人们对药品的质量与疗效有了新的认识，改变了唯有药物结构决定药物效应的传统观念。人们越来越清醒地认识到药物在一定剂型中所产生的效应不仅与药物本身的化学结构有关，还受到剂型因素与生物因素的影响，有时甚至影响很大。含有相同量同样化学结构的药品，并不一定具有相同的疗效。

每一种药物被赋予一定的剂型，由特定的途径给药，特定的方式和剂量被吸收、分布、代谢和排泄，到达作用部位后又以特定的方式和靶点作用，起到治疗疾病的目的。药物发挥治疗作用的好坏与上述所有环节都密切相关。

临床用药的实践表明，药物的生物活性在很大程度上受药物的理化性质和给药剂型的影响，相同的给药途径而剂型不同，有时会有不同的血药浓度水平，从而表现为疗效的差异。例如，抗癫痫药丙戊酸钠的普通片剂与缓释片剂，在体内具有不同的药物动力学过程，它们的达峰时间、达峰浓度不同，体内有效血药浓度维持的时间也不同，临床上可以根据需要选择不同的剂型，以达到期望的疗效。另一方面，不同厂家生产的同一制剂，甚至同一厂家生产的不同批号的同一药品，都有可能产生不同的疗效。

1. 剂型因素

① 药物的某些化学性质，如同一药物的不同盐、酯、络合物或前体药物，即药物的化学形式及药物的稳定性等。

② 药物的某些物理性质，如粒子大小、晶型、溶解度、溶出速率等。

③ 制剂处方中所用的辅料的性质与用量。

④ 药物的剂型、给药途径及使用方法。

⑤ 处方中药物的配伍及相互作用。

⑥ 制剂的制备过程、生产工艺、操作条件及贮存条件等。

2. 生物因素

① 种族差异。指不同的生物种类，如小鼠、狗、猴等不同的实验动物和人的差异，及同一种生物在不同地理区域和生活条件下形成的差异，如不同人种的差异。

② 性别差异。指动物的雌雄和人的性别差异。

③ 年龄差异。新生儿、婴儿、青壮年和老年人的生理功能可能有差异，因此药物在不同年龄个体中的处置与对药物的反应可能不同。

④ 生理和病理条件的差异。生理因素如妊娠及各种疾病引起的病理因素能引起药物体内过程的差异。

⑤ 遗传因素。人体内参与药物代谢的各种酶的活性可能存在着很大个体差异，这些差异可能来源于遗传因素。

（二）研究药物制剂有效性的学科

1. 生物药剂学

生物药剂学是研究药物及其制剂在体内的吸收、分布、代谢、排泄等过程，阐明药物的剂型因素、生物因素与药效间关系的一门学科。它是探讨机体用药后直到排出体外这个过程中药物在体内的过程，即研究药物体内的量变规律及影响这些量变规律的因素，从药物体内的量变动规律进一步探讨药物对机体的效应，以确保用药的有效性与安全性。

生物药剂学主要研究药理上已证明有效的药物，将其制成某种剂型以某种途径给药进入体内后能否很好地吸收、分布、代谢和排泄，以及血药浓度的变化过程与药效的关系。

2. 药物动力学

药物动力学是应用动力学原理与数学模型，定量地描述药物通过各种途径（如静脉注射、口服给药等）进入体内的吸收、分布、代谢和排泄，即药物体内过程的量时变化动态规律的一门学科。下面主要介绍药物动力学的几个基本概念。

（1）药物转运的速度过程　药物进入体内以后，体内的药物量或药物浓度将随着时间不断发生变化，通常将药物体内转运过程分为以下三种类型。

① 一级速度过程：药物在体内某部位的转运速度与该部位的药量或血药浓度的一次方成正比，称为一级速度过程或线性动力学过程。通常药物常规剂量给药时，其体内的各个过程多为一级速度过程，或近似为一级速度过程。一级速度过程具有以下特点：半衰期与剂量无关；单剂量给药后的血药浓度-时间曲线下面积（AUC）与剂量成正比；一次给药情况下，尿药排泄量与剂量成正比。

② 零级速度过程：药物在体内的转运速度在任何时间都是恒定的，与血药浓度无关，称为零级速度过程或零级动力学过程。通常恒速静脉滴注的给药速度以及控释制剂中药物的释放速度为零级速度过程。以零级动力学过程消除的药物，其生物半衰期随剂量的增加而增加。

③ 受酶活力限制的速度过程：体内药物浓度较高而出现酶活力饱和时的速度过程，称为受酶活力限制的速度过程。通常符合这种速度过程的药物在高浓度时表现为零级速度过程，而在低浓度时是一级速度过程，其原因有以下两个方面：一是药物的代谢酶被饱和；二是与主动转运有关的药物跨膜转运时载体被饱和。

（2）隔室模型　药物动力学中用隔室模型来模拟机体对药物的配置。根据药物的体内过程和分布速度的差异，将机体划分为若干"隔室"或者"房室"。在同一隔室内，各部分的药物均处于动态平衡，但并不意味着浓度相等。最简单的是单室模型，较复杂的动力学模型有二室模型和多室模型。

① 单室模型：药物进入体内以后，能迅速向各组织器官分布，以致药物能迅速在血液与各组织脏器之间达到动态平衡的都属于这种模型。单室模型并不意味着身体所有各组织在任何时刻的药物浓度都一样，但要求机体各组织药物水平能随血浆药物浓度的变化平行地发生变化。

② 二室模型：药物进入体内后，能迅速进入机体的某些部位，但对另一些部位，需要一段时间才能完成分布。在二室模型中，一般将血液以及药物分布能瞬时达到与血液平衡的部位划分为一个"隔室"，称为"中央室"；与中央室比较，将血液供应较少，药物分布达到与血液平衡时间较长的部分划分为"周边室"或称"外室"。

③ 多室模型：若在上述二室模型的外室中又有一部分组织、器官或细胞内药物的分布更慢，则可以从外室中划分出第三隔室。分布稍快的称为"浅外室"，分布慢的称为"深外室"，由此形成三室模型。按此方法，可以将在体内分布速率有多种水平的药物按多室模型进行处理。

（3）速率常数　速率常数是描述速度过程的重要的动力学参数。速率常数的大小可以定量地比较药物转运速度的快慢，速率常数越大，该过程进行也越快。常见的速率常数有吸收速率常数（k_a）、总消除速率常数（k）、尿药排泄速率常数（k_e）。

（4）生物半衰期　生物半衰期指药物在体内的量或血药浓度消除一半所需要的时间，常以 $t_{1/2}$ 表示，单位取"时间"单位。生物半衰期是衡量一种药物从体内消除速度快慢的指标。一般来说，代谢快、排泄快的药物，其 $t_{1/2}$ 短；代谢慢，排泄慢的药物，其 $t_{1/2}$ 长。对于具有线性动力学特征的药物而言，$t_{1/2}$ 是药物的特征参数，不因药物剂型或给药方法（剂量、途径）而改变。

（5）表观分布容积　表观分布容积是体内药量与血药浓度间相互关系的一个比例常数，用"V"表示，$V = X/C$。它可以设想为体内的药物按血浆浓度分布时，所需要体液的理论容积。V 是药物的特征参数，对于一具体药物来说，V 是个确定的值，其值的大小能表示该药物的分布特性。V 不具有直接的生理意义，在多数的情况下不涉及真正的体液容积，因而是"表观"的。一般水溶性或极性大的药物，不易进入细胞内或脂肪组织中，血药浓度较高，表观分布容积较小；亲脂性药物在血液中浓度较低，表观分布容积通常较大，往往超过体液总体积。

（6）清除率　清除率是指机体或者消除器官在单位时间能清除掉相当于多少体积的血液中的药物。清除率常用"Cl"表示，又称为体内总清除率，单位用"体积/时间"表示。

二、药物制剂的吸收

（一）口服吸收

口服制剂主要经胃肠道吸收而发挥药效。整个胃肠道的性质并不是固定不变的，pH 逐渐增加，胃肠存在有大量分泌物，同时受食物、循环系统等生理因素影响。药物的性质、不同的剂型类型以及药物在胃肠道中的稳定性均影响着口服制剂中药物的吸收。

1. 药物的吸收方式

（1）被动扩散（passive diffusion）　是指药物由高浓度的一侧通过生物膜扩散到低浓度一侧的过程，大多药物都以此种机制吸收。被动扩散的动力是膜两侧的药物浓度差和电位差，不需载体，不耗能量，不受共存的类似物的影响，即无饱和现象和竞争抑制现象。其扩散速率符合 Fick 第一扩散定律。

被动扩散药物透过生物膜的途径有两种：①溶解扩散。由于生物膜为磷脂双分子层，脂溶性药物可以溶于液态磷脂膜中，因此更容易穿过生物膜，对于弱酸或弱碱性药物，这个过程与 pH 值存在依赖性，因为 pH 值影响药物的存在形式（离子型或非离子型）。但是脂溶性太大时，由于受不流动水层的影响，转运亦可减少。②膜孔转运。生物膜上有许多含水的0.1～0.8nm 的微孔，水溶性的小分子物质及水可由此微孔扩散通过。

（2）主动转运（active transport）　是指借助载体的帮助，药物由低浓度区域向高浓度区域转运的过程，机体必需的一些物质如 K^+、Na^+、葡萄糖、氨基酸等均以此机制吸收。主动转运的特点是：逆浓度梯度转运，需消耗能量，故与细胞内代谢有关，可被代谢抑制剂阻断，温度下降使代谢受抑可使转运减慢；需载体参与，对转运物质有结构特异性要求，结构类似物可产生竞争抑制，有饱和现象。主动转运还具有部位专属性，某种药物只限在某一部位吸收，如胆酸和维生素 B_2 的主动转运只在小肠上段进行，而维生素 B_{12} 则在回肠末端被吸收。

（3）促进扩散（facilitated diffusion）　又称易化扩散，是指一些物质在细胞膜载体的帮助下，由膜的高浓度一侧向低浓度一侧扩散或转运的过程。因其转运需要载体参与，所以具有载体转运的各种特征，如对转运的药物有专属性要求，可被结构类似物竞争性抑制，也有饱和现象等。促进扩散是顺着浓度梯度转运，不消耗能量，通常载体转运的速度大大快于被动扩散。D-木糖、季铵盐类的吸收即属此类。

（4）胞饮（pinocytosis）或吞噬（phagocytosis）　是黏附于细胞膜上的某些药物如蛋白质、甘油三酸酯等，随着细胞膜的向内凹陷而被包入小泡内，该小泡随即与细胞膜断离而进入细胞内，这种过程称为胞饮，它是细胞摄取物质的一种形式。吞噬往往指的是摄取固体颗粒状物质。该过程与细胞表面的特殊受体及被内吞物质所带电荷和粗糙程度有关，故也存在吸收部位的特殊性，如蛋白和脂肪颗粒等常常在小肠下段。

药物的吸收机理比较复杂，具体药物究竟以何种机制吸收与药物的特性、部位特征以及生物环境因素有密切关系。一种药物可能以某种吸收机理为主，但也可能存在着几种吸收途径共存的现象。然而，大多数药物作为机体的异物，往往以类脂途径的被动扩散为主。

2. 影响药物胃肠道吸收的因素

（1）胃肠道 pH 的影响　胃肠道不同部位有着不同的 pH，不同 pH 决定弱酸性和弱碱性药物的解离状态，而消化道上皮细胞是一种类脂膜，故分子型药物易于吸收。如空腹时胃液的 pH 通常为 0.9～1.5，餐后可略增高，呈现酸性，有利于弱酸性药物的吸收，弱碱性药物吸收较少。消化道 pH 的变化能影响被动扩散药物的吸收，但对主动转运过程影响较小。

（2）胃排空速率的影响　胃内容物经幽门向小肠排出称胃排空，单位时间胃内容物的排出量称胃排空速率。多数药物以小肠吸收为主，胃排空速率可反映药物到达小肠的速度，因此胃排空速率对药物的起效快慢、药效强弱和持续时间均有明显影响。胃排空速率快，药物到达小肠部位越快，药物吸收速度越快。胃排空速率慢，药物在胃中停留时间延长，主要在胃中吸收的弱酸性药物吸收量增加。

影响胃排空速率因素主要有食物的组成与理化性质、胃内容物的黏度与渗透压、药物因素（有些药物能降低排空速率）、身体所处的姿势等。

（3）食物的影响　食物的存在使胃内容物黏度增大，减慢了药物向胃肠壁扩散速度，从而影响药物的吸收；同时食物的存在能减慢胃排空速率，推迟药物在小肠的吸收；食物可消耗胃肠道内的水分，导致胃肠液减少，进而影响固体制剂的崩解和药物溶出，影响药物吸收速度。当食物中含有较多的脂肪时，能促进胆汁的分泌，胆汁中的胆酸盐属表面活性剂，可增加难溶性药物的吸收。同时食物存在可减少一些刺激性药物对胃的刺激作用。

（4）血液循环的影响　消化道周围的血液与药物的吸收有复杂的关系。当血流速率下降时，吸收部位转运药物的能力下降，降低细胞膜两侧浓度梯度，使药物吸收减慢。当药物的膜透过速率比血流速率低时，吸收为膜限速过程。相反，当血流速率比膜透过速率低时，吸收为血流限速过程。血流速率对难吸收药物影响较小,对易吸收药物影响较大。

(5)胃肠分泌物的影响　在胃肠道的表面存在着大量黏蛋白,这些物质可增加药物吸附和保护胃黏膜表面不受胃酸或蛋白水解酶的破坏。有些药物可与这些黏蛋白结合,会导致此类药物吸收不完全(如链霉素)或不能吸收(如庆大霉素)。在黏蛋白外面,还有不流动水层,它对脂溶性强的药物是一个重要的通透屏障。人体分泌的胆汁中含有的胆酸盐(增溶剂)可促进难溶性药物的吸收,但与有些药物会生成不溶物而影响吸收。

(6)药物理化性质的影响

① 药物脂溶性和解离度的影响:胃肠道上皮细胞膜的结构为类脂双分子层,这种生物膜只允许脂溶性非离子型药物透过而被吸收。

药物脂溶性大小可用油水分配系数($k_{O/W}$)表示,即药物在有机溶剂(如氯仿、正辛醇和苯等)和水中达到溶解平衡时的浓度之比。一般油水分配系数大的药物吸收较好,但药物的油水分配系数过大,有时吸收反而不好,因为这些药物渗入磷脂层后可与磷脂层强烈结合,可能不易向体循环转运。

临床上多数治疗药物为有机弱酸或弱碱,其离子型难以透过生物膜。故药物的胃肠道吸收好坏不仅取决于药物在胃肠液中的总浓度,而且与非解离型部分浓度大小有关,而非离子型部分的浓度多少与药物的 pK_a 和吸收部位的 pH 有关。

② 溶出速度的影响:片剂、胶囊剂等固体剂型口服后,药物在体内吸收过程是先崩解,其次是药物溶解于胃肠液中,最后溶解的药物透过生物膜被吸收。因此,任何影响制剂崩解和药物溶解的因素均能影响药物的吸收。一般来说,可溶性药物溶解速度快,对吸收影响较少,难溶性药物或溶解缓慢的药物,溶解速度可限制药物的吸收。影响药物溶出速度的因素主要包括药物的粒径大小、药物的溶解度、晶形等,增加难溶性药物溶出速度可采取减小粒径,制成可溶性盐以增加酸性或碱性药物的溶解度,也可选择多晶型药物中的亚稳定型、无定形或选择无水物等来增加药物的溶解度或降低介质的黏度或升高温度,利于药物的溶出。

③ 粒度:难溶或溶解缓慢药物的粒径是影响吸收的重要因素。粉粒愈细,表面积愈大,溶解速度愈快。为了减小粒径增加药物表面积,可采用微粉化、固体分散等方法。

④ 多晶型:化学结构相同的药物,因结晶条件不同而得到晶格排列不同的晶型,这种现象称为多晶型现象。有机化合物普遍存在这种现象。晶型不同其化学性质虽相同,但物理性质如密度、硬度、熔点、溶解度、溶出速率等可能不同,包括生物活性和稳定性也有所不同。

多晶型中的稳定型,其熔点高,溶解度小,化学稳定性好;而亚稳定型的熔点较低,溶解度大,溶出速率也较快。因此亚稳定型药物的生物利用度高,而稳定型药物的生物利用度较低,甚至无效。

药物除多晶型外,还存在非晶型(无定形),无定形药物往往有较高的溶出速度。例如结晶型新生霉素口服后 0.5～6h 内均未能测得血药浓度,但无定形的溶解度和溶解速度均比结晶型的至少大 10 倍,呈显著的生物活性。

晶型在一定条件下可以互相转化,能引起晶型转变的外界条件有干热、熔融、粉碎、不同结晶条件以及混悬在水中等,如果掌握了转型条件,就能将某些原无效的晶型转为有效晶型。

(7)药物稳定性的影响　很多药物在胃肠道中不稳定,一方面由于胃肠道 pH 值的影响,可促进某些药物的分解。另一方面是由于药物不能耐受胃肠道中的各种酶,出现酶解作用使药物失活。实际中可采用包衣技术防止某些胃中不稳定药物的降解和失效;与酶抑制剂合用可以有效阻止药物酶解;制成药物衍生物或前体药物也是有效的途径。

(8)剂型因素的影响　剂型与药物吸收的关系可以分为药物从剂型中释放及药物通过生

物膜吸收两个过程，因此剂型因素的差异可使制剂具有不同的释放特性，从而可能影响药物在体内的吸收和药效，体现在药物的起效时间、作用强度和持续时间等方面。常见口服剂型的吸收顺序是：溶液剂＞混悬剂＞散剂＞胶囊剂＞片剂＞包衣片。

① 液体制剂：溶液剂、混悬剂和乳剂等液体制剂属速效制剂，而水溶液或乳剂要比混悬剂吸收更快。药物以水溶液剂形式口服在胃肠道中吸收最快，这是因为此时药物是以分子或离子状态分散。

② 固体制剂：固体制剂包括片剂、胶囊剂、散剂、颗粒剂、丸剂、栓剂等。片剂处方中加入的附加剂较多、工艺复杂，影响吸收的因素也较多。

胶囊剂待囊壳在胃内破裂，药物可迅速地分散，以较大的面积暴露于胃液中。影响胶囊剂吸收的因素常有：药物粉碎的粒子大小，稀释剂的性质、空胶囊的质量及贮藏条件等。

片剂是使用最广泛、生物利用度影响因素最多的一种制剂。片剂中含有大量辅料，并经制粒、压片或包衣等工艺制备，其表面积大大减小，减慢了药物从片剂中释放到胃肠道中的速度，从而影响药物的吸收。

包衣片剂比一般片剂更复杂，因药物溶解吸收之前首先需将包衣层溶解，然后才能崩解使药物溶出。衣层的溶出速率与包衣材料的性质与厚度有关，尤其是肠溶衣片涉及因素更复杂，它的吸收与胃肠内 pH 及其在胃肠内滞留时间等有关。

③ 制备工艺对药物吸收的影响：制剂在制备过程中的许多操作过程都有可能影响到最终药物的吸收，包括混合、制粒、压片、包衣等技术，中药制剂中甚至干燥方法对药物吸收也有影响。例如片剂在湿法制粒过程中，湿混时间、湿粒干燥时间的长短，均对吸收有影响；压片时所加压力的大小，也会影响药物的溶出速率。另外在制粒操作中，黏合剂、崩解剂的品种、用量、颗粒的大小和松紧以及制粒方法等对药物的吸收均有较大影响。

④ 辅料对药物吸收的影响：在制剂过程中，为增加药物的均匀性、有效性和稳定性，通常都需要加入各种辅料（如：黏合剂、稀释剂、润滑剂、崩解剂、表面活性剂等），而无生理活性的辅料几乎不存在，故许多辅料对固体制剂的吸收可能会有一定影响。辅料可能会影响药物剂型的理化性状，从而影响到药物在体内的释放、溶解、扩散、渗透以及吸收等过程；在某些情况下辅料与药物之间可能产生物理、化学或生物学方面的作用。

（二）非口服吸收

1. 注射部位吸收

注射给药方式中除了血管内给药没有吸收过程外，其他途径如皮下注射、肌内注射、腹腔注射等都存在吸收过程。注射部位周围一般有丰富的血液和淋巴循环。药物分子从注射部位到达一个毛细血管只需通过几个微米的路径，平均不到 1min，且影响吸收的因素比口服要少，故一般注射给药吸收快，生物利用度也比较高。

2. 口腔吸收

药物在口腔的吸收方式多为被动扩散，并遵循 pH 分配学说，即脂溶性药物或口腔环境下不解离的药物更易吸收。口腔吸收的药物可经颈内静脉到达血液循环，因此药物吸收无首过效应，也不受胃肠道 pH 和酶系统的破坏，这使口腔给药有利于首过作用大、胃肠中不稳定的某些药物。

3. 肺部吸收

药物肺部的吸收主要在肺泡中进行，由于肺泡总面积可达 $100\sim200m^2$，与小肠的有效吸收表面很接近，肺的解剖结构决定了药物能够在肺部十分迅速地吸收，肺部吸收的药物可直接进入全身循环，不受肝脏首过效应的影响。

4. 直肠吸收

直肠给药后的吸收途径主要有两条，一是通过直肠上静脉进入肝脏，进行肝脏代谢后再由肝脏进入大循环；另一条是通过直肠中、下静脉和肛门静脉，绕过肝脏，经下腔大静脉直接进入大循环，避免了肝脏的首过作用，因此首过作用大的药物直肠给药可增加生物利用度。

5. 鼻黏膜吸收

人体鼻腔上皮细胞下毛细血管和淋巴管十分发达，药物吸收后直接进入大循环，也无肝脏的首过作用。鼻腔黏膜为类脂质，药物在鼻黏膜的吸收主要方式为被动扩散。因此脂溶性药物易于吸收，水溶性药物吸收较差。

6. 阴道黏膜吸收

阴道黏膜的表面有许多微小隆起，有利于药物的吸收。从阴道黏膜吸收的药物可直接进入大循环，不受肝脏首过效应的影响。

三、 生物利用度

（一）生物利用度的含义

生物利用度是指剂型中的药物被吸收进入血液的速度与程度，是客观评价制剂内在质量的一项重要的指标。生物利用度是衡量制剂疗效差异的主要指标。药物制剂的生物利用度包括两方面的内容：生物利用的程度和生物利用的速度。

1. 生物利用的程度（EBA）

生物利用的程度即吸收程度，是指与标准参比制剂相比，试验制剂中被吸收药物总量的相对比值。可用（3-1）式表示：

$$EBA = \frac{试验制剂被机体吸收的药物总量}{标准参比制剂被机体吸收的药物总量} \times 100\% \tag{3-1}$$

吸收程度的测定可通过给予试验制剂和参比制剂后血药浓度-时间曲线下总面积（AUC），或尿中排泄药物的总量来确定。

根据选择的标准参比制剂的不同，得到的生物利用度的结果也不同。如果用静脉注射剂为参比制剂，求得的是绝对生物利用度；当药物无静脉注射剂型或不宜制成静脉注射剂时，通常用药物的水溶液或溶液剂或同类型产品公认为优质厂家的制剂，所得的是相对生物利用度。

2. 生物利用的速度（RBA）

生物利用的速度是指与标准参比制剂相比，试验制剂中药物被吸收速度的相对比值。可用（3-2）式表示：

$$RBA = \frac{试验制剂的吸收速度}{标准参比制剂的吸收速度} \times 100\% \tag{3-2}$$

多数药物的吸收为一级过程，因而常用吸收速度常数或吸收半衰期来衡量吸收速度，也可用达峰时间 t_{max} 来表示，峰浓度 C_{max} 不仅与吸收速度有关，还与吸收的量有关。

（二）生物利用度的研究意义

生物利用度相对地反映出同种药物不同制剂（包括不同厂家生产的同一药物相同剂型的产品）被机体吸收的优劣，是衡量制剂内在质量的一个重要指标。许多研究表明，同一药物的不同制剂在作用上的某些差异，可能是由于从给药部位吸收的药量或吸收的速度上的差异，即制剂的生物利用度不同。

以化学方法测定制剂的药物含量，只能表示化学的等效性；而测定生物体内的血药浓度，不仅表示了药物已被吸收的量，而且还表明了量的变化，这才是一个更为可靠的参考数值，可为临床确定药物用法、用量时参考。

（三）生物利用度的基本参数

评价生物利用度的速度与程度要有三个参数：吸收总量即血药浓度-时间曲线下面积 AUC、血药浓度峰值 C_{max}、血药浓度峰时 t_{max}。

药峰浓度 C_{max}、达峰时间 t_{max} 和药时曲线下面积 AUC 是具有吸收过程的制剂衡量其生物利用度的三项基本参数。对一次给药显效的药物，吸收速率更为重要，因为有些药物的不同制剂即使其曲线下面积 AUC 值的大小相等，但曲线形状不同（图 3-1）。这主要反映在 C_{max} 和 t_{max} 两个参数上，这两个参数的差异足以影响疗效，甚至毒性。如曲线 C 的峰值浓度低于最小有效血药浓度值，将不产生治疗效果，曲线 A 的药峰浓度值高于最小中毒浓度值，则出现毒性反应，而曲线 B 能保持有效浓度时间较长，且不致引起毒性。因此，同一药物的不同制剂，在体内的吸收总量虽相同，若吸收速率有明显差异时，其疗效也将有明显差异，因此，生物利用度不仅包括被吸收的总药量，而且还包括药物在体内的吸收速率。

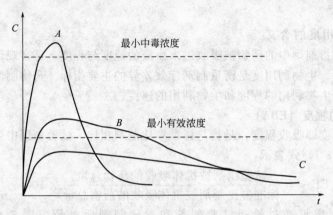

图 3-1　吸收量相同的三种制剂的药-时曲线

（四）生物利用度的测定方法

测定生物利用度的方法主要有尿药累积排泄量法、血药浓度法和药理效应法，方法的选择取决于研究的对象、目的、药物分析技术和药物动力学性质。

1. 血药浓度法

血药浓度法是生物利用度最常用的研究方法，分别给予受试者服用试验制剂和参比制剂后，测定血药浓度-时间数据，即可求得生物利用度。

若药物吸收后很快生物转化为代谢产物，无法测定原形药物的血药浓度-时间曲线，则可以通过测定血中代谢产物浓度来进行生物利用度研究，但代谢产物最好为活性代谢产物。

2. 尿药浓度法

若药物或其代谢物全部或大部分（＞70％）经尿排泄，而且药物在尿中的累积排泄量与药物吸收总量的比值保持不变，则可利用药物在尿中排泄的数据估算生物利用度。尿药浓度法的优点是：不必进行血样采集、干扰成分少、分析方法易建立。但尿药浓度法影响因素多、集尿时间长，只有当不能采用血药浓度法时才用尿药浓度法。

3. 药理效应法

若药物的吸收速度与程度采用血药法与尿药法均不便评价，如一些中药制剂有效成分复杂或不明确或无合适定量分析方法，而药物的效应与药物体内存留量有定量相关关系，且能较容易地进行定量测定时，可以通过药理效应测定结果进行药动学研究和药物制剂生物等效性评价，此方法称药理效应法。一般可用急性药理作用（如瞳孔放大、心率或血压变化）作为药物生物利用度的指标。

拓展知识

一、胃肠道生理特征及生态系统

（一）胃肠道上皮细胞膜的构造与性质

固体药物制剂口服后，制剂在胃肠道中经过崩解、溶出，然后通过胃肠道上皮细胞膜进入体循环。因此，上皮细胞膜的构造和性质决定药物被吸收的难易程度。上皮细胞膜主要由磷脂、蛋白质、脂蛋白及少量低聚糖等组成。1972 年 N. Singer 提出了生物膜的流动镶嵌模式，认为生物膜以液晶态类脂质双分子层为基本骨架，上面镶嵌着具有各种生理功能（如酶；泵、受体等）的蛋白质，蛋白质分子（也称载体）可沿着膜内外的方向运动或转动。生物膜是具有高度选择性的通透屏障，允许若干物质迅速通过，而对其他一些物质则能阻止通过，口服药物必须通过这一屏障才能到达体循环。

胃肠道主要由胃、小肠、大肠三部分组成。小肠包括十二指肠、空肠和回肠；大肠由盲肠、结肠和直肠组成。

胃肠道生态系统是一个开放的，完整的，相互作用的系统，包括 400～500 种寄生微生物，构成人体中一个最大的细菌贮库。健康成人体内的微生物群，包括多种固有微生物，在各自的栖息地繁殖。每一种微生物占据一个栖息地中的小环境，形成整个系统中的一部分，各个小系统形成了巨大而复杂的包括需氧及厌氧微生物的生态系统，厌氧菌约为需氧菌的1000 倍。此外，来自于食物、水、胃肠道其他部位、土壤、空气、皮肤、口中以及呼吸道的一些非固有微生物也随时会出现在胃肠道中。

1. 胃的生理特征与生态系统

胃由胃底、胃体和胃窦组成，胃上有许多环状的皱褶，胃内壁是由黏膜组成，胃黏膜上有分泌黏液和胃酸的胃腺，成人每天分泌胃液约 2L，胃液含有以胃蛋白酶为主的酶类和 0.4%～0.5% 的盐酸，具有稀释、消化食物的作用。空腹时胃 pH 保持在 1～3 的酸性。胃黏膜上缺少绒毛，所以胃的吸收面积有限，成人的胃黏膜表面约 $900cm^2$，虽然胃的面积较小，但以溶液剂形式给药时，由于与胃壁接触面积大有利于药物通过细胞膜，故吸收较好。

口腔和唾液中的微生物可经过食道进入胃。唾液中细菌数量约为 10^7 cfu/ml，需氧菌和厌氧菌数量相当。这些微生物进入胃后，大部分被胃的酸性环境破坏。进食后胃 pH 会升高（＞4），细菌增加到 10^4～10^8 cfu/ml。但当食物于胃液混合后，pH 又会下降，只有耐酸细菌能够存活。胃菌群通常很少，细菌浓度不超过 10^3 cfu/ml，只有强耐酸性的细菌才能在如此高的氢离子浓度下生长。而且，只有那些能够黏附于上皮细胞表面的细菌能够在此处存在，这是胃中居留微生物群的一个重要特征。胃内菌群组成主要是革兰阳性细菌和需氧菌，最易分离得到的菌种为链球菌、葡萄球菌、乳酸杆菌以及各种真菌。偶见口腔厌氧菌如消化链球菌、梭菌，但大肠菌和芽孢梭菌不常见。

2. 小肠的生理特征与生态系统

小肠约长 5～7m，直径约 4cm，为食物消化和药物吸收的主要部位。胆管和胰腺管开口于十二指肠，分别排出胆汁和胰液，帮助消化和中和部分胃酸，使消化液 pH 升高，小肠液的 pH 为 5～7。回肠的肠壁比十二指肠和空肠都薄，大量的淋巴腺囊聚集于此，这些淋巴腺囊能使分泌入消化道的各种消化液中所含水分、电解质和某些有机成分如蛋白质等被重新吸收进入血液循环。小肠黏膜表面有环状皱褶，黏膜上有大量的绒毛和微绒毛，故有效吸收面积极大，可达 $200m^2$，其中绒毛和微绒毛最多的是十二指肠，向下逐渐减少。小肠存在着许多特异性的载体，也有利于药物的吸收。

十二指肠的菌群组成与胃相似，细菌浓度约为 $10^3 \sim 10^4$ cfu/ml，依然是需氧菌和革兰阳性细菌占优势，包括链球菌，葡萄球菌，乳酸杆菌以及厌氧菌韦荣球菌。而回肠的菌群组成类似于结肠菌群。细菌生长由于化学因素（如胆汁、溶菌酶等）和肠蠕动的影响而减慢。大肠菌和其他厌氧菌开始出现但数量很少。空肠和回肠上部微生物很少，主要是乳酸杆菌和肠球菌。到达远端回肠，革兰阴性菌的数量开始超过革兰阳性菌。细菌浓度升高，大肠菌成为常驻菌，厌氧菌如拟杆菌、双歧杆菌、梭菌、芽孢杆菌大量存在。链球菌、粪链球菌、葡萄球菌、乳酸杆菌、产气荚膜梭菌、韦荣球菌以及埃希杆菌也有可能存在。

3. 大肠的生理特征与生态系统

大肠比小肠粗而短，约 1.7m，管腔内的 pH 为 7～8。大肠依次由盲肠、升结肠、横结肠、降结肠、乙状结肠、直肠和肛门组成。按给药途径，可将大肠分为两大部分：结肠上端（口服给药在大肠中的主要吸收部位）和结肠下端（经肛门给药在大肠中的主要吸收部位）。与胃一样，其黏膜有皱褶，但无绒毛和微绒毛，有效吸收面积比小肠小得多，因此不是药物吸收的主要部位，但对缓释制剂、肠溶制剂、结肠定位给药系统、溶解度小的药物以及直肠给药剂型有一定的吸收作用。大肠中的酶活性较胃与小肠低，对酶不稳定的药物比较有利。大肠黏膜细胞具分泌黏液的功能，这种黏液起保护肠黏膜和润滑粪便的作用，但对药物吸收则可能有屏障作用。

在回肠括约肌的远端，细菌浓度急剧升高，结肠细菌浓度约为 $10^{11} \sim 10^{12}$ cfu/ml，粪便中细菌约占粪便重的 1/3。导致大肠菌群数量增加的原因可能是大肠近中性的环境和内容物移动速度的降低。由于大肠的主要功能是食糜中水分的重吸收，不需要太多的混合和推进运动，结肠的主要功能是贮存库。内容物缓慢的移动导致流体的淤积，细菌得以增殖。此时细菌多为不耐氧的各种厌氧菌。厌氧菌约为需氧菌的 $10^2 \sim 10^4$ 倍，约有 400 种，主要为拟杆菌、双歧杆菌和真杆菌。在分离得到的肠道菌群种类中，拟杆菌约占总数的 32%。

（二）胃肠道生态系统的变化

在正常生理状态下，消化道的菌群是一个复杂的平衡的微生态系统，需氧菌和厌氧菌的比例只在特定的情况下改变。胃中没有厌氧菌，相反在结肠中厌氧菌占有绝对的优势。在某些疾病的状态下，胃肠道菌群的组成发生变化，如急性腹泻，病原菌可能会超过正常寄生菌的数量；患霍乱时，肠道中霍乱弧菌的浓度非常高，而大肠中厌氧菌的数量大大减少。

二、 生物利用度和生物等效性试验指导原则

生物利用度是指制剂中的药物被吸收进入血液的速度和程度。**生物等效性**是指一种药物的不同制剂在相同的试验条件下，给以相同的剂量，反映其吸收速度和程度的主要动力学参数没有明显的统计学差异。生物利用度是保证药品内在质量的重要指标，生物等效性则是保证含同一药物的不同制剂质量一致性的主要依据。生物利用度与生物等效性概念虽不完全相同，但试验方法基本一致。

（一）生物样品分析方法的基本要求

生物样品中药物及其代谢产物定量分析方法的专属性和灵敏度，是生物利用度和生物等效性试验成功的关键。首选色谱法，一般采用内标法定量。必要时也可采用生物学方法或生物化学方法。

（二）普通制剂

1. 受试者的选择

受试对象一般为健康男性（特殊情况说明原因），年龄18～40岁，同一批受试者年龄不宜相差10岁或以上，体重在正常范围内。受试者应经健康检查，确认健康，无过敏史，人数一般为18～24例。人体生物利用度研究必须遵守《药品临床试验管理规范》，研究计划经伦理委员会批准后，研究者应与受试者签订知情同意书。受试者在试验前两周内未用任何药物，试验期间禁烟、酒和含咖啡饮料。

2. 试验制剂与标准参比制剂

试验制剂应获得 SFDA 临床试验批文；在我国已获得上市许可、有合法来源的药物制剂，一般均可作为参比制剂。

3. 试验设计

通常采用双周期的交叉试验设计。试验时将受试者随机分为两组，一组先用受试制剂，后用标准参比制剂；另一组则先用标准参比制剂，后用受试制剂。两个试验周期之间的时间间隔称洗净期，应大于药物的7～10个半衰期，半衰期小的药物常为一周。试验在空腹条件下给药，一般禁食10h以上，早上服药，同时饮水200ml，4h后统一进标准餐。

4. 试验数据的分析

列出原始数据，计算平均值与标准差，求出主要药物动力学参数 $t_{1/2}$、t_{max}、C_{max}、AUC 等，计算生物利用度。

（三）缓控释制剂

缓控释制剂的生物利用度与生物等效性试验应在单次给药与多次给药两种条件下进行。进行该类制剂生物等效性试验的前提是应进行至少3种溶出介质的两者体外溶出行为同等性研究。

自我测试

一、单选题

1. 药物剂型与体内过程密切相关的是（　　）。
   A. 吸收　　　　　　　B. 分布　　　　　　　C. 代谢　　　　　　　D. 排泄
2. 药物疗效主要取决于（　　）。
   A. 生物利用度　　　　B. 溶出度　　　　　　C. 崩解度　　　　　　D. 细度
3. 影响药物吸收的因素中不正确的是（　　）。
   A. 解离药物的浓度越大，越易吸收　　　　　B. 药物脂溶性越大，越易吸收
   C. 药物溶解度越大，越易吸收　　　　　　　D. 药物粒径越小，越易吸收
4. 药物吸收的主要部位是（　　）。
   A. 胃　　　　　　　　B. 小肠　　　　　　　C. 结肠　　　　　　　D. 直肠
5. 给药途径中，无需经过吸收过程的是（　　）。
   A. 口服给药　　　　　B. 肌内注射　　　　　C. 静脉注射　　　　　D. 直肠给药
6. 体内药物主要经（　　）排泄。
   A. 肾　　　　　　　　B. 小肠　　　　　　　C. 大肠　　　　　　　D. 肝
7. 体内药物主要经（　　）代谢。
   A. 胃　　　　　　　　B. 小肠　　　　　　　C. 大肠　　　　　　　D. 肝
8. 同一种药物口服吸收最快的剂型是（　　）。
   A. 片剂　　　　　　　B. 散剂　　　　　　　C. 溶液剂　　　　　　D. 混悬剂

9. 药物生物半衰期指的是（　　）。

　　A. 药效下降一半所需要的时间　　　　　　　B. 吸收一半所需要的时间

　　C. 进入血液循环所需要的时间　　　　　　　D. 血药浓度消失一半所需要的时间

二、多选题

1. 生物药剂学中的剂型因素对药效的影响包括（　　）。

　　A. 辅料的性质及其用量　　　　　　　　　　B. 药物剂型

　　C. 给药途径和方法　　　　　　　　　　　　D. 制备方法

　　E. 制备工艺

2. 药物通过生物膜的方式有（　　）。

　　A. 主动转运　　　　　　B. 被动转运　　　　　　C. 促进扩散

　　D. 胞饮与吞噬　　　　　E. 渗透扩散

3. 生物利用度的三项参数是（　　）。

　　A. AUC　　　　　　　　B. $t_{1/2}$　　　　　　　C. T_{max}

　　D. C_{max}　　　　　　　E. Cl

4. 生物利用度试验的步骤一般包括（　　）。

　　A. 选择受试者　　　　　　　　　　　　　　B. 确定试验试剂与参比试剂

　　C. 进行试验设计　　　　　　　　　　　　　D. 确定用药剂量

　　E. 取血测定

5. 主动转运的特征是（　　）。

　　A. 从高浓度区向低浓度区扩散　　　　　　　B. 不需要载体参加

　　C. 不消耗能量　　　　　　　　　　　　　　D. 有饱和现象

　　E. 有结构和部位专属性

6. 肝脏首过作用较大的药物，可选用的剂型是（　　）。

　　A. 口服乳剂　　　　　　B. 肠溶片剂　　　　　　C. 透皮给药制剂

　　D. 气雾剂　　　　　　　E. 舌下片剂

7. 对生物利用度的说法正确的是（　　）。

　　A. 要完整表述一个生物利用度需要 AUC，T_m 两个参数

　　B. 程度是指与标准参比制剂相比，试验制剂中被吸收药物总量的相对比值

　　C. 溶解速度受粒子大小、多晶型等影响的药物应测生物利用度

　　D. 生物利用度与给药剂量无关

　　E. 生物利用度是药物进入大循环的速度和程度

三、问答题（综合题）

1. 什么是生物药剂学？何为剂型因素与生物因素？

2. 药物的脂溶性与解离度对药物通过生物膜有何影响？

3. 药物的体内过程是怎样的？分别在哪些部位完成各个过程？

4. 药物有哪几种吸收方式？特点怎样？

5. 影响药物胃肠道吸收的因素有哪些？不同剂型口服制剂的吸收速度大小怎样？为什么？

6. 哪些药物必须测定生物利用度？测定方法有哪些？生物利用度与固体制剂溶出度有何关系？

项目四　制剂的基本生产技术

知识目标： 熟悉洁净度的标准和空气净化技术。

熟悉常见的灭菌方法和无菌操作法。

熟悉常见滤器及适用情况。

掌握纯化水和注射用水的制法。

熟悉常见粉碎、筛分、混合的方法、设备及选择。

掌握各种常见制粒方法的特点及设备。

熟悉常见干燥方法、设备及选择。

能力目标： 知道车间洁净度级别。

能选择合适的灭菌方法进行灭菌。

能选择合适的滤器进行过滤。

能选择合适的方法制水。

能选择合适的粉碎、筛分、混合方法及设备。

能选择合适的制粒方法。

能选择合适的干燥方法。

必备知识

一、空气净化技术与滤过技术

空气净化技术是以创造洁净空气环境为目的的空气调节技术。根据生产工艺要求的不同，空气净化可分为工业洁净和生物洁净两大类。工业洁净系指除去空气中悬浮的尘埃，生物洁净系指不仅除去空气中的尘埃，而且除去微生物等以创造空气洁净的环境。

空气净化技术是一项综合性措施，不仅着重采用合理的空气净化方法，而且应该从建筑、室内布局、空调系统等方面采取相应的措施。其基本原则是满足制剂的质量要求。

（一）洁净室的净化标准

药品基本质量要求为：安全、有效、稳定，其中安全是首要的，安全的问题包括药品本身的安全和异物污染引起的各种不良影响，空气洁净度标准主要是针对后者而采取的一种措施。

洁净室系指应用空气净化技术，使室内达到不同的洁净级别，供不同目的使用的操作室。洁净室的标准主要涉及尘埃和微生物两方面，目前国际上尚无统一的标准。我国 2010 版《药品生产质量管理规范》对无菌及非无菌要求的制剂生产洁净度要求如下。

无菌药品生产所需的洁净区可分为以下 4 个级别。

A 级：相当于 100 级（层流）高风险操作区。如：灌装区、放置胶塞桶、敞口安瓿瓶、敞口西林瓶的区域及无菌装配或连接操作的区域。通常用层流操作台（罩）来维持该区的环境状态。

B级：相当于100级（动态）指无菌配制和灌装等高风险操作A级区所处的背景区域。

C级（相当于10000级）和D级（相当于100000级）：指生产无菌药品过程中重要程度较次的洁净操作区。

各洁净度级别对尘埃的要求如表4-1，微生物监控的动态标准见表4-2。

表 4-1　药品生产洁净室（区）空气洁净度级别

洁净度级别	悬浮粒子最大允许数/m³ [a]			
	静态 [b]		动态 [b]	
	≥0.5µm	≥5.0µm [d]	≥0.5µm [d]	≥5.0µm
A 级	3520	20 [e]	3520	20 [a]
B 级 [c]	3520	29 [e]	352000	2900
C 级 [c]	352000	2900	3520000	29000
D 级 [c]	3520000	29000	不作规定 [f]	不作规定 [f]

a. 指根据光散射悬浮粒子测试法，在指定点测得等于和/或大于粒径标准的空气悬浮粒子浓度。应对A级区"动态"的悬浮粒子进行频繁测定，并建议对B级区"动态"也进行频繁测定。A级区和B级区空气总的采样量不得少于1m³，C级区也宜达到此标准。

b. 生产操作全部结束，操作人员撤离生产现场并经15～20min自净后，洁净区的悬浮粒子应达到表中的"静态"标准。药品或敞口容器直接暴露环境的悬浮粒子动态测试结果应达到表中A级的标准。灌装时，产品的粒子或微小液珠会干扰灌装点的测试结果，可允许这种情况下的测试结果并不始终符合标准。

c. 为了达到B、C、D级区的要求，空气换气次数应根据房间的功能、室内的设备和操作人员数决定。空调净化系统应适当配有适当的终端过滤器，如：A，B和C区应采用不同过滤效率的高效过滤器（HEPA）。

d. 本附录中"静态"及"动态"条件下悬浮粒子最大允许数基本上对应于ISO14644—1 0.5µm悬浮粒子的洁净度级别。

e. 这些区域应完全没有大于或等于5µm的悬浮粒子，由于无法从统计意义上证明不存在任何悬浮粒子，因此将标准设成1个/m³，但考虑到电子噪声、光散射及二者并发所致的误报因素，可采用20个/m³的限度标准。在进行洁净区确认时，应达到规定的标准。

f. 须根据生产操作的性质来决定洁净区的要求和限度。

温度、相对湿度等其他指标取决于产品及生产操作的性质，这些参数不应对规定的洁净度造成不良影响。

表 4-2　洁净区微生物监控的动态标准 [a]

级别	浮游菌	沉降菌（⌀90mm）	表面微生物	
	cfu/m³	cfu/4h [b]	接触碟（⌀55mm）/(cfu/碟)	5指手套/(cfu/手套)
A 级	<1	<1	<1	<1
B 级	10	5	5	5
C 级	100	50	25	—
D 级	200	100	50	—

a. 表中各数值均为平均值。

b. 可使用多个沉降碟连续进行监控，但单个沉降碟的暴露时间可以少于4h。

洁净室应保持正压，即高级洁净室的静压值高于低级洁净室的静压值；洁净室之间按洁净度的高低依次相连，并有相应的压差（压差≥10Pa）以防止低级洁净室的空气逆流到高级洁净室；除工艺对温、湿度有特殊要求外，洁净室的温度应为18～26℃，相对湿度为45%～65%。

不同药物制剂对生产环境的空气洁净度要求如表4-3。

表 4-3　各种药品生产环境的空气洁净度要求

洁净度级别	最终灭菌产品生产操作示例
C 级背景下的局部 A 级	高污染风险的产品灌装（或灌封）
C 级	产品灌装（或灌封） 高污染风险产品的配制和过滤 滴眼剂、眼膏剂、软膏剂、乳剂和混悬剂的配制、灌装（或灌封） 直接接触药品的包装材料和器具最终清洗后的处理
D 级	轧盖 灌装前物料的准备 产品配制和过滤（指浓配或采用密闭系统的稀配） 直接接触药品的包装材料和器具的最终清洗
洁净度级别	非最终灭菌产品的无菌操作示例
B 级背景下的 A 级	产品灌装（或灌封）、分装、压塞、轧盖 灌装前无法除菌过滤的药液或产品的配制 冻干过程中产品处于未完全密封状态下的转运 直接接触药品的包装材料、器具灭菌后的装配、存放以及处于未完全密封状态下的转运 无菌原料药的粉碎、过筛、混合、分装
B 级	冻干过程中产品处于完全密封容器内的转运 直接接触药品的包装材料、器具灭菌后处于完全密封容器内的转运
C 级	灌装前可除菌过滤的药液或产品的配制 产品的过滤
D 级	直接接触药品的包装材料、器具的最终清洗、装配或包装、灭菌

　　非无菌操作：口服液体、固体、腔道用药（含直肠用药）、表皮外用药品、非无菌的眼用制剂暴露工序及其直接接触药品的包装材料最终处理的暴露工序区域，应参照"无菌药品"附录中 D 级洁净区的要求设置与管理。

　　新版 GMP 与旧版 GMP 比较主要是针对无菌产品领域要求变化较大，而非无菌产品变化不大。新版 GMP 调整了无菌制剂的洁净要求，增加了在线监测要求，细化了培养基要求；净化级别采用欧盟的标准，实行 A、B、C、D 四级标准。A 级相当于原来的动态百级；B 级相当于原来的静态百级，有动态标准；C 级相当于原来的万级，也有动态标准；D 级相当于原来的十万级。在这四级净化标准下，非最终灭菌的暴露工序需在 B 级背景下的 A 级区生产，轧盖必须在 B 级背景下的 A 级区生产。

（二）空气净化技术

　　空气净化技术是创造空气洁净环境，保证和提高产品质量的一项综合性技术。主要是通过空气过滤法，将空气中的微粒滤除，得到洁净空气，再以均匀速度平行或垂直地沿着同一个方向流动，并将其周围带有微粒的空气冲走，从而达到空气洁净的目的。

1. 净化技术的空气处理流程

见图 4-1。

2. 空气净化技术特点

　　无菌室内空气的流动有两种情况：一种是层流的（即室内一切悬浮粒子都保持在层流层中运动）；另一种是乱流的（即室内空气的流动是紊流的）。装有一般空调系统的洁净室，室内空气的流动属于非层流（紊流），既可使空气中夹带的混悬粒子迅速混合，也可使室内静

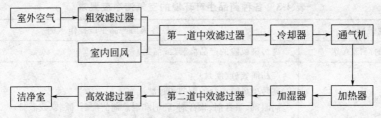

图 4-1　净化技术的空气处理流程

止的微粒重新飞扬，部分空气还可出现停滞状态。对洁净室内的洁净度为 A 级的气流组织为层流，C 级及以下各级可采用乱流。

层流洁净室具有以下特点：①层流的空气已经过高效过滤器滤过，达到无菌要求；②空气呈层流形式运动，使得室内所有悬浮粒子均在层流层中运动，可避免悬浮粒子聚结成大粒子；③室内新产生的污染物能很快被层流空气带走，排到室外；④空气流速相对提高，使粒子在空气中浮动，而不会积聚沉降下来，同时室内空气也不会出现停滞状态，可避免药物粉末交叉污染；⑤洁净空气没有涡流，灰尘或附着在灰尘上的细菌都不易向别处扩散转移，而只能就地被排除掉。层流可达到 B 级，甚至 A 级。

层流洁净室和层流洁净工作台的层流空气都有两种形式：水平层流和垂直层流。

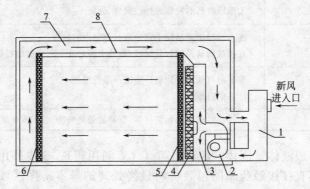

图 4-2　水平层流洁净室原理图
1—空调机；2—离心风机；3—净化单元静压箱体；4—高效空气滤过器；
5—出风孔板；6—排风墙；7—回风夹层风道；8—夹层顶板

由图 4-2 所示，水平层流洁净室由若干台净化单元组成的一面墙体来实现室内的空气净化。每台净化单元由送风机、静压箱体、高效空气滤过器组成。净化单元机组将套间内空气经新鲜空气滤过器吸入一部分，再吸入洁净室内循环空气，经高效空气滤过器，送入洁净室内，并向对面排风墙流去，一部分由余压阀排出室外，大部分经回风夹层风道吸到净化单元循环使用，这样洁净室内形成水平层流，达到净化的目的。洁净室内必须 24h 时保持空气正压，防止外界空气污染。

注射剂生产中，有些局部区域要求较高的洁净度，可使用垂直层流洁净工作台见图 4-3。

乱流即气流具有不规则的运动轨迹，习惯上也称紊流。这种洁净室送风口只占洁净室断面很小一部分，送入的洁净空气很快扩散到全室，含尘空气被洁净空气稀释后降低了粉尘浓度，达到空气净化的目的。因此，室内洁净度与送风、回

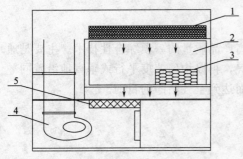

图 4-3　垂直层流洁净工作台示意图
1—高效空气滤过器；2—洁净区；3—传递窗；4—送风机；5—预滤过器

风的布置形式以及换气次数有关。在一定范围内增加换气次数可提高室内洁净度，但超过一定限度后能促使已沉降黏附在表面上的粒子重新飞扬，导致洁净度下降。

二、灭菌与无菌操作技术

（一）概述

1. 基本概念

灭菌与无菌操作是无菌制剂安全用药的重要保证，也是制备这些制剂所必需的操作单元之一。灭菌法是指利用物理、化学或其他适宜方法杀灭或除去物料中一切活的微生物的方法。无菌操作法是将制备过程控制在无菌环境下进行操作的一种技术。微生物包括细菌、真菌、病毒等，微生物的种类不同、灭菌方法不同，灭菌效果也不同；细菌的芽孢具有较强的抗热能力，因此灭菌效果常以杀灭芽孢为标准。

由于灭菌的对象是药物制剂，许多药物不耐高温，因此药剂学中选择灭菌方法与微生物学上的要求不尽相同，不但要求达到灭菌完全，而且要保证药物的稳定性，在灭菌过程中药剂的理化性质和治疗作用不受影响。

灭菌过程只是一个统计意义的现象，并不能使物料绝对无菌。对微生物的要求不同可采用不同的措施，如灭菌、消毒、防腐等。

灭菌：是用物理或化学方法杀灭或除去一切微生物（包括致病和非致病的微生物）繁殖体及其芽孢的技术。

消毒：用物理或化学手段将病原微生物杀灭的技术。

防腐：用低温或化学药品防止和抑制微生物生长与繁殖的技术，也称"抑菌"。

无菌：指没有任何活的微生物存在的状态。但由于不存在绝对无菌的环境，故无菌状态仅指用现行的方法检查结果呈阴性的状态。

2. 灭菌方法简介

根据药物的性质及临床治疗的要求，选择合适的灭菌方法。一般可分为物理灭菌法、化学灭菌法两大类（图4-4）。可根据被灭菌物品的特性采用一种或多种方法组合灭菌。只要物品允许，应尽可能选用最终灭菌法灭菌。若物品不适合采用最终灭菌法，可选用过滤除菌法或生产工艺达到无菌保证要求，只要可能，应对非最终灭菌的物品作补充性灭菌处理（如流通蒸汽灭菌）。

（二）灭菌的可靠性参数

由于现有的灭菌方法中加热法是最常用的方法。由于灭菌温度多系测量灭菌器内的温度，而不是测量被灭菌物体内的温度，同时现行的无菌检验方法有一定局限性，往往难以检出在检品中存在极微量的微生物。因此对灭菌方法的可靠性进行验证是非常必要的。F 和

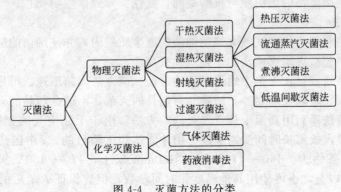

图 4-4　灭菌方法的分类

F_0 值可作为验证灭菌可靠性的参数。

（1）F 值　为在一定灭菌温度（T）、给定 Z 值所产生的灭菌效力与对比温度（T_0）给定 Z 值的灭菌效力相同时，所需的相应时间，单位为 min，即整个灭菌过程效果相当于 T_0 温度下 F 时间的灭菌效果。其数学表达式如下：

$$F = \Delta t \sum 10^{\frac{T-T_0}{Z}} \tag{4-1}$$

式（4-1）中，Δt 为测量被灭菌物体温度的时间间隔，一般为 $0.5 \sim 1.0$min 或更小；T 为每个 Δt 测量被灭菌物体的温度；T_0 为参比温度；Z 值为灭菌的温度系数，单位为 ℃，即灭菌时间减少到原来的 1/10 所需升高的温度。如 $Z = 10$℃，表示灭菌时间减少到原来灭菌时间的 1/10（但具有相同的灭菌效果），所需升高的灭菌温度为 10℃。

F 值常用于干热灭菌。如 $F = 3$，表示该灭菌过程对微生物的灭菌效果，相当于被灭菌物品置于参比温度下灭菌 3min 的灭菌效果。

（2）F_0 值　F_0 值可以认为是以相当于 121℃ 的热压灭菌时杀死灭菌容器中全部微生物所需的时间。如果湿热灭菌参比温度规定为 121℃，并假设特别耐湿热的微生物指示剂（嗜热脂肪芽孢杆菌）的 Z 值为 10℃，则

$$F_0 = \Delta t \sum 10^{\frac{T-121}{10}} \tag{4-2}$$

按式（4-2）中，灭菌过程只需记录被灭菌物品的温度与时间，就可计算出 F_0 值。当产品以 121℃ 湿热灭菌时，灭菌器内的温度虽然能迅速升到 121℃，而被灭菌物体内部则不然，通常由于包装材料性能及其他因素的影响，使升温速度各异，而 F_0 值将随着产品灭菌温度（T）的变化而呈指数地变化。故温度即使很小的差别（如 $0.1 \sim 1.0$℃）将对 F_0 值产生显著影响。由于 F_0 值是将不同灭菌温度折算到相当于 121℃ 湿热灭菌时的灭菌效力，并可定量计算，故用来监测验证灭菌效果有重要的意义。

F_0 仅用于热压灭菌。计算、设置 F_0 值时，应适当考虑增加安全系数，一般增加理论值的 50%，即规定 F_0 值为 8min，则实际操作应控制在 12min。

为使 F_0 值测定准确，应选择灵敏度高、重现性好、精密度为 0.1℃ 的热电偶温度计，并对其进行校验。灭菌时应将热电偶的探针置于被测物的内部，经灭菌器通向柜外的温度记录仪（有些灭菌记录仪附有 F_0 值计算表），在灭菌过程中和灭菌后自动显示 F_0 值。另外，还应考虑其他一些因素对 F_0 值的影响，如容器的大小、形状及在灭菌器内的数量和排放情况；热穿透系数；灭菌溶液的黏度、容量等等，其中以排放情况影响最大，因此应该合理安放灭菌物品。

（三）物理灭菌法

物理灭菌法是利用高温或其他方法，如滤过除菌、紫外线等杀灭或除去微生物的方法。加热或遇射线可使微生物的蛋白质与核酸凝固、变性，导致微生物死亡。

1. 干热灭菌法

干热灭菌法是利用干热空气或火焰使细菌的原生质凝固，并使细菌的酶系统破坏而杀死细菌的方法。其中包括火焰灭菌法和干热空气灭菌法。

火焰灭菌法系指直接在火焰中灼烧灭菌的方法。该方法灭菌迅速、可靠、简便，适用于耐热材质（如金属、玻璃及陶器等）的物品与用具的灭菌，不适合药品的灭菌。

干热空气灭菌法系利用高温干热空气灭菌的方法。由于干热空气的穿透力弱且不均匀、比热小、导热性差，故需长时间受高温度作用才能达到灭菌目的。《中国药典》规定，使用干热空气灭菌的条件为：$160 \sim 170$℃ 灭菌 120min 以上，$170 \sim 180$℃ 灭菌 60min 以上，250℃ 灭菌 45min 以上，也可使用其他温度和时间参数，但应保证灭菌后的物品无菌保证水平（sterility assurance level，简称 SAL）$\leqslant 10^{-6}$。该法适用于耐高温的玻璃和金属制品以

及不允许湿气穿透的油脂类（如油性软膏基质、注射用油等）和耐高温的粉末化学药品的灭菌，不适于橡胶、塑料及大部分药物制剂的灭菌。

2. 湿热灭菌法

湿热灭菌法系利用饱和水蒸气、沸水或流通蒸汽灭菌的方法。由于蒸汽潜热大，穿透力强，容易使蛋白质变性或凝固，因此此法的灭菌效率比干热灭菌法高，是制剂生产过程中应用最广泛的一种灭菌方法，具有可靠、操作简便、易于控制和经济等优点。缺点是不适用于对湿热敏感的药物。药品、容器、培养基及无菌衣、胶塞以及其他遇高温和潮湿不发生变化或损坏的物品均可采用本法灭菌。

湿热灭菌法包括热压灭菌法、流通蒸汽灭菌法、煮沸灭菌法和低温间歇灭菌法。

热压灭菌法系指在密闭的高压蒸汽灭菌器内，利用压力大于常压的饱和水蒸气来杀灭微生物的方法。具有灭菌完全可靠、效果好、时间短、易于控制等优点，能杀灭所有繁殖体和芽孢。适用于耐高温和耐高压蒸汽的药物制剂、玻璃容器、金属容器、瓷器、橡胶塞、滤膜过滤器等。热压灭菌在热压灭菌器内进行。热压灭菌器的种类很多，如卧式热压灭菌器（图4-5）、立式热压灭菌器、手提式热压灭菌器等。生产中最常用的是卧式热压灭菌器。其结构主要由柜体、柜门、夹套、压力表、温度计、各种气阀、水阀、安全阀等组成。

热压灭菌条件通常采用 121℃灭菌 15min，121℃灭菌 30min 或 116℃灭菌 40min 的程序，也可采用其他温度和时间参数，但应保证 SAL≤10^{-6}。

（1）使用方法一般分为三个阶段　①准备阶段：清理柜内，然后开夹层蒸汽阀及回汽阀，使蒸汽通入夹套中加热，使夹套中蒸汽压力上升至灭菌所需压力。②灭菌阶段：将待灭菌物品放置柜内，关闭柜门，旋紧门闩，此后应注意温度表，当温度上升至所需温度，即为灭菌开始时间，柜室压力表应固定在相应的压力。③后处理阶段：待灭菌时间到达后，先关闭总蒸汽和夹层进汽阀，再开始排气，待柜室压力降至零后 10～15min，再全部打开柜门，冷却后将灭菌物品取出。

（2）热压灭菌柜使用注意事项　①必须使用饱和水蒸气；②使用前必须将柜内的空气排净，否则压力表上所表示的压力是柜内蒸汽与空气二者的总压，而非单纯的蒸汽压力，温度就达不到规定值；③灭菌时间必须由全部药液真正达到所要求的温度时算起；④灭菌完毕后，必须使压力降到 0 后 10～15min，再打开柜门。

流通蒸汽灭菌法系指在常压下，采用 100℃流通蒸汽来杀灭微生物的方法。通常需要灭菌的时间为 30～60min，本法适用于 1～2ml 注射剂及不耐高温的品种，但不能保证杀灭所有的芽孢。一般可作为不耐热无菌产品的辅助灭菌手段。

煮沸灭菌法系将待灭菌物品置于沸水中加热灭菌的方法。本法不能保证杀灭所有的芽孢，故制品要加抑菌剂。

湿热灭菌法的灭菌效果与以下几个因素有关：

① 微生物的种类与数量。各种微生物对热的抵抗力相差较大，处于不同生长阶段的微生物，所需灭菌的温度与时间也不相同，繁殖期的微生物对高温的抵抗力要比衰老时期抵抗力小得多，芽孢的耐热性比繁殖期的微生物更强。在同一温度下，微生物的数量越多，则所需的灭菌时间越长，因为微生物在数量比较多的时候，其中耐热个体出现的机会也越多，它们对热具有更大的耐热力，故每个容器的微生物数越少越好。因此，在整个生产过程中应尽一切可能减少微生物的污染，尽量缩短生产时间，灌封后立即灭菌。

② 蒸汽性质。蒸汽有饱和蒸汽、湿饱和蒸汽和过热蒸汽。饱和蒸汽热含量较高，热穿透力较大，灭菌效率高；湿饱和蒸汽因含有水分，热含量较低，热穿透力较差，灭菌效率较低；过热蒸汽温度高于饱和蒸汽，但穿透力差，灭菌效率低，且易引起药品的不稳定性。因此，热压灭菌应采用饱和蒸汽。

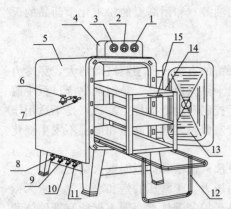

图 4-5 卧式热压灭菌器

1—消毒室压力表；2—温度表；3—套层压力表；
4—仪表盒；5—锅身；6—总蒸汽阀；7—里
锅放气阀；8—里锅放水阀；9—里锅进
气阀；10—外锅放水阀；11—外锅放
气阀；12—车架；13—锅门；
14—药物车；15—拉手

③ 灭菌温度与时间。灭菌温度与时间是根据药物的性质确定，一般而言，灭菌温度愈高，灭菌时间愈长，药品被破坏的可能性愈大。因此，在设计灭菌温度和灭菌时间时必须考虑药品的稳定性，即在达到有效灭菌的前提下，可适当降低灭菌温度或缩短灭菌的时间。一般，灭菌所需时间与温度成反比，即温度越高，时间越短。

④ 药液的性质。药液中含有营养性物质如糖类、蛋白质等，对微生物有一种保护作用，能增强其抗热性。另外，药液的 pH 值对微生物的生长、活力都有影响，一般情况下，在中性环境微生物的耐热性最强，碱性环境次之，酸性环境则不利于微生物的生长和发育。因此，药液的 pH 值最好调节至偏酸性或酸性。

低温间歇灭菌法 是将待灭菌的制剂或药品，用 60～80℃ 加热 1h，杀死其细菌的繁殖体，然后在室温或 37℃ 放置 24h，使其中的芽孢发育成繁殖体，再第二次在 60～80℃ 加热 1h，杀死其细菌的繁殖体，如此加热和放置连续操作三次或以上，至杀死全部芽孢为止。此法适用于必须用加热灭菌法但又不耐 100℃ 高温的制剂或药品。缺点是灭菌时间长，杀灭芽孢的效果不一定确切。应用本法灭菌的制剂，除本身具有抑菌作用外，须加适量的抑菌剂，以确保灭菌效果。

3. 射线灭菌法

射线灭菌法包括紫外线灭菌法、辐射灭菌法和微波灭菌法。

(1) 紫外线灭菌法 本法是指用紫外线照射杀灭微生物的方法。一般波长 200～300nm 的紫外线可用于灭菌，灭菌力最强的是波长 254nm。紫外线作用于核酸、蛋白质促使其变性，同时空气受紫外线照射后产生微量臭氧，从而共同杀菌。紫外线是直线传播，其强度与距离平方成比例地减弱，并可被不同的表面反射，其穿透较弱，作用仅限于被照射物的表面，不能透入溶液或固体深部，故只适宜于无菌室空气、表面灭菌，装在玻璃瓶中的药液不能用本法灭菌。

(2) 辐射灭菌法 本法是将物品置于适宜放射源（如 ^{60}Co）辐射的 γ 射线或适宜的电子加速器发生的电子束中进行电离辐射而达到杀灭微生物的方法。射线可使有机物的分子直接发生电离，产生破坏正常代谢的自由基，导致微生物体内的大分子化合物分解。其特点是不升高灭菌产品的温度，穿透力强，适用于不耐热且不受辐射破坏的原料药及制剂的灭菌，如维生素、抗生素、激素、肝素等，以及医疗器械、生产辅助用品、容器等。《中国药典》已收载本法。但辐射灭菌设备费用高，某些药品经辐射后，有可能效力降低或产生毒性物质且溶液状态不如固体稳定，操作时还须有安全防护措施。

(3) 微波灭菌法 是指用微波照射产生热而杀灭微生物的方法。微波是指频率在 300MHz～300GHz 之间的高频电磁波，水可较强吸收微波，使水分子转动、摩擦而生热。其特点是低温、省时（2～3min）、常压、均匀、高效、保质期长、节约能源、不污染环境、操作简单、易维护。能用于水性注射液的灭菌。但存在灭菌不完全等问题。

4. 过滤除菌法

过滤除菌法系利用细菌不能通过致密具孔滤材的原理以除去气体或液体中微生物的方法。本法适用于气体、热不稳定的药品溶液或原料的灭菌。常用的滤器有 G6 号垂熔玻璃漏斗、0.22μm 的微孔滤膜等。为保证无菌，采用本法时，必须配合无菌操作法，并加抑菌剂；所用滤器及接收滤液的容器均必须经 121℃热压灭菌。

（四）化学灭菌法

化学灭菌法是用化学药品直接作用于微生物而将其杀死的方法。化学杀菌剂不能杀死芽孢，仅对繁殖体有效。化学杀菌剂的效果依赖于微生物种类及数目，物体表面的光滑度或多孔性以及杀菌剂的性质。化学杀菌的目的在于减少微生物的数目，以控制无菌状况至一定水平。

1. 气体灭菌法

气体灭菌法是利用某些化学药品的气体或蒸汽状态杀灭微生物的方法。可应用于粉末注射剂、不耐热的医用器具、设施、设备等。常用环氧乙烷、甲醛蒸气、丙二醇蒸气、气态过氧化氢、臭氧等。采用该法灭菌时应注意杀菌气体对物品质量的损害以及灭菌后的残留气体的处理。

本法中最常用的气体是环氧乙烷。环氧乙烷灭菌器是在一定的温度、压力和湿度条件下，用环氧乙烷灭菌气体对封闭在灭菌室内的物品进行熏蒸灭菌的专用设备。我国已有环氧乙烷灭菌器的系列产品。环氧乙烷气体灭菌的主要特点是穿透力强，杀菌广谱，灭菌彻底，对物品无腐蚀无损害等。灭菌器的结构主要由灭菌室、真空装置、加温及热循环装置、加湿装置、气化装置、气动装置、特殊密封装置、残气处理装置以及相应的控制系统组成。

2. 药液法

药液法是利用药液杀灭微生物的方法。常用的有 0.1%～0.2%苯扎溴铵溶液，2%左右的酚或煤酚皂溶液，75%乙醇等。该法常应用于其他灭菌法的辅助措施，如手、无菌设备和其他器具的消毒等。

（五）无菌操作法

无菌操作法系指整个生产过程控制在无菌条件下进行的一种技术操作。它不是一个灭菌的过程，只能保持原有的无菌度。本法适用于一些因加热灭菌不稳定的制剂，如注射用粉针、生物制剂、抗生素等。无菌分装及无菌冻干是最常见的无菌生产工艺。后者在工艺过程中须采用过滤除菌法。无菌操作所用的一切器具、材料以及环境，均须用前述适宜的灭菌方法灭菌。操作须在无菌操作室或层流净化台或层流净化室中进行。

1. 无菌操作室的灭菌

无菌操作室的灭菌多采用灭菌和除菌相结合的方式实施。对于流动空气采用过滤介质除菌法；对于静止环境的空气采用灭菌方法。常用空气灭菌法有甲醛溶液加热熏蒸法，丙二醇或三甘醇蒸气熏蒸法，过氧醋酸熏蒸法，紫外线空气灭菌法等。近年来利用臭氧进行灭菌，代替紫外线照射与化学试剂熏蒸灭菌，取得了令人满意的效果，是在《GMP 验证指南》消毒方法种类中被推荐的方法。该法将臭氧发生器安装在中央空调净化系统送、回风总管道中与被控制的洁净区采用循环形式灭菌。臭氧灭菌法的特点为：①不需增加室内消毒设备；②可以使臭氧迅速扩散到洁净室的每个角落，臭氧浓度分布均匀，因而对空气中的浮游菌及设备、建筑物表面的沉降菌落都能消毒；③对空气净化过滤系统滋生的霉菌和杂菌起到了杀灭作用；④灭菌时间短（一般只需 1h）、操作简便、效果好。

除用上述方法定期进行较彻底的灭菌外，还要对室内的空间、用具、地面、墙壁等，用3%酚溶液、2%煤酚皂溶液、0.2%苯扎溴铵或75%乙醇喷洒或擦拭。其他用具尽量用热压灭菌法或干热灭菌法灭菌。每天工作前开启紫外线灯 1h，中午休息也要开 0.5～1h，以保证操作环境的无菌状态。

2. 无菌操作

操作人员进入操作室之前应洗净手、脸、腕，换上已灭菌的工作服和专用鞋、帽、口罩等，勿使头发、内衣等露出，剪去指甲，双手按规定方法洗净并消毒。所用容器、器具应用热压灭菌法或干热空气灭菌法灭菌，如安瓿等玻璃制品应在 250℃/30min 或 150～180℃/

2～3h 干热灭菌，橡皮塞用 121℃/1h 热压灭菌。室内操作人员不宜过多，尽量减少人员流动。用无菌操作法制备的注射剂，大多要加抑菌剂。

制备少量无菌制剂时，宜采用层流洁净工作台进行无菌操作，使用方便，效果可靠，无菌操作时需完全与外界空气隔绝。

（六）无菌检查

无菌检查法是对制剂经灭菌或无菌操作法处理后，检验是否无菌的方法。灭菌制剂需经无菌检查法检验证实已无活的微生物存在后才能使用。法定的无菌检查法有直接接种法和薄膜过滤法，直接接种法将供试品溶液接种于培养基上，培养数日后观察培养基上是否出现浑浊或沉淀，与阳性和阴性对照品比较或直接用显微镜观察。薄膜过滤法取规定量的供试品经薄膜过滤器过滤后，取出滤膜在培养基上培养数日，进行阴性与阳性对照。其具体操作方法以及在一些特殊情况下的变动，可详见具体操作方法详见《中国药典》附录。

薄膜过滤法用于无菌检查的突出优点，在于可滤过较大量的检品和可滤除抑菌性物质，滤过后的薄膜，即可直接接种于培养基中，或直接用显微镜观察。本法具有灵敏度高、不易产生假阴性结果、减少检测次数、节省培养基及操作简便等优点。

无菌检查的全部过程应严格遵守无菌操作，防止微生物的污染，因此无菌检查应在洁净度 B 级下的局部洁净度 A 级的单向流空气区域内或隔离系统（层流洁净工作台）中进行。

三、过滤技术

（一）概述

过滤系指将固体和液体的混合物强制通过多孔性介质，使固体沉积或截留在多孔介质上，使液体通过过滤介质，从而使固体与液体得到分离的操作。通常将过滤用多孔材料称过滤介质（滤材）；待过滤的液体（混悬液）称滤浆或料浆；截留于过滤介质上的固体称为滤饼或滤渣；通过过滤介质的液体称为滤液。

在液体制剂，如溶液剂、注射剂、滴眼剂、中药浸出液等的过滤操作中澄清滤液为所需物质，滤饼为杂质，但也有时是为了获得固体，如药物的重结晶、中药材的洗涤、液相中微球的制备等，滤饼为所需物质。固液分离的操作有澄清、沉降、离心分离和过滤等。本部分将讨论用过滤方法除去混悬在液体中的不溶性颗粒以得到澄清液体的过滤方法以及常用过滤器。

气-固分离的典型代表是空气净化室的空气过滤，是滤除空气中的尘埃以达到净化空气为目的的操作，详见空气净化技术。

（二）过滤器

过滤器根据过滤时所施加的外加力分为重力过滤器、真空过滤器、压力过滤器；根据操作方式分为间歇过滤器和连续过滤器；又可根据过滤介质分为砂滤棒过滤器、垂熔玻璃滤器、板框式压滤器等。凡能使悬浮液中的液体通过又将其中固体颗粒截留以达到固液分离目的的多孔物质都可作过滤介质，它是各种过滤器的关键组成部分，因此过滤介质的选用直接影响过滤器的生产能力及过滤效果。粗滤时常用的过滤介质有：滤纸、棉、绸布、尼龙布、涤纶布等。精滤时常用的过滤介质有：垂熔玻璃滤器、砂滤棒、石棉板、微孔滤膜、微孔滤芯等。下面介绍常用过滤器及其性能，以便合理选用。

1. 砂滤棒

国内生产的砂滤棒主要两种，一种是硅藻土滤棒（苏州滤棒），系由硅藻土、石棉及有机黏合剂，在 1200℃高温烧制而成的棒状滤器。根据自然滴滤速度分三种规格，即粗号、中号、细号，其速度依次为 500ml/min 以上，500～300ml/min，300ml/min 以下。此种过滤器质地较松散，一般适用于黏度高，浓度较大滤液的过滤。另一种是多孔素瓷滤棒（唐山滤棒），系由白陶土等烧结而成的。此种滤器质地致密，滤速慢，特别适用于低黏度液体的过滤。

砂滤棒特点是过滤面积大，滤速快，耐压性强，价格便宜，适用于注射剂的预滤或脱炭过滤。缺点是易脱砂，对药液吸附性强，可能改变药液的pH值，滤器滞留药液量较多，清洗困难。

砂滤棒使用前可用1％氢氧化钠或2％碳酸钠浸泡煮沸30min，用纯化水冲洗，再浸泡于1％盐酸中10～30min，纯化水冲洗干净，再用注射用水抽洗，直至无氯离子反应，115℃灭菌30 min待用。

近来生产中常采用钛滤棒，由工业纯钛粉高温烧结而成。其抗热、抗震性能好，强度大，重量轻，不易破碎，过滤阻力小，滤速大，适用于注射剂配制中的脱炭过滤，是一种较好的预滤材料。

2. 垂熔玻璃滤器

这种过滤器系用硬质玻璃细粉烧结而成，根据形状分为垂熔玻璃漏斗、滤球及滤棒三种，见图4-6，按孔径分为1～6号。生产厂家不同，代号也有差异。

垂熔玻璃滤器主要用于注射剂的精滤或膜滤前的预滤。一般3号多用于常压过滤，4号用于加压或减压过滤，6号用作除菌过滤。

该滤器特点是化学性质稳定，除强酸与氢氟酸外，一般不受药液影响，不改变药液的pH；过滤时无渣脱落，对药液吸附性低；滤器可热压灭菌和用于加压过滤；但价格贵，质脆易破碎，滤后处理也较麻烦。

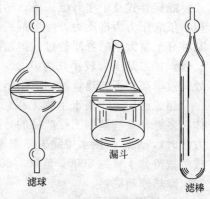

图 4-6　垂熔玻璃滤器

使用前，应先用蒸馏水或去离子水抽洗，抽干后置硝酸钾洗液（硝酸钾2％、浓硫酸5％、纯化水93％）中浸泡12～24h。用去离子水冲洗正反两面，再用过滤的注射用水冲洗正反两面，115℃灭菌30min待用。

3. 膜过滤器

以过滤膜作过滤介质的过滤装置称为膜过滤器。根据使用的膜材不同，可分为微孔滤膜过滤器和超滤器。

（1）微孔滤膜的特点　①滤膜孔径均匀，截留能力强，能截留垂熔玻璃滤器、砂滤棒等不能截留的微粒，即使加大压力差，也不像深层滤器那样出现微粒的"泄漏"现象，有利于提高注射剂的澄明度。②薄膜上微孔的总面积占薄膜总面积的80％，有效过滤面积大，滤速快，在过滤面积、截留颗粒大小相同的情况下，膜滤器的过滤速度比垂熔玻璃滤器或砂滤棒快40倍。③膜滤器过滤没有过滤介质的迁移，不影响药液的pH。④滤膜吸附性小，不滞留药液。⑤用后弃去，产品不易发生交叉污染。但滤膜的缺点是易堵塞，需结合预滤。

（2）微孔薄膜过滤器的类型　①针头过滤器：外壳由不锈钢或有机玻璃或塑料等制成，必须符合医疗器械管理规定，确保无毒无害。该类过滤器主要用于临床，净化静脉注射液、眼药水。②板式过滤器：在注射剂生产中常用，可用于液体与空气过滤。平板由带圆孔的不锈钢制成，过滤器中滤膜可按孔径从大到小重叠放置，最多可放三层。滤板可并联或串联使用。③圆筒过滤器：将平面滤膜折叠在聚丙烯塑料芯上，增加滤过量。它适合于每次大于400L的生产批量，同样滤筒也可并联或串联用。

（3）微孔薄膜过滤器的应用　在生产中，微孔薄膜滤器应用于注射剂的精滤，0.65～0.8μm者适用于注射液澄清过滤；0.3～0.45μm者适用于不耐热大分子药物、疫苗、血清的除菌过滤以及无菌室空气的过滤等；0.22μm者适用于一般注射剂生产的除菌过滤。微孔滤膜易被微粒阻塞，故在用微孔滤膜过滤前必须先用砂滤棒、垂熔玻璃滤器进行预滤。

微孔滤膜使用前需用纯化水冲洗，浸泡24h，也可用70℃左右纯化水浸泡1h后，将水倒出再用温纯化水浸泡12～24h备用。

（4）微孔滤膜过滤操作应注意问题　①滤器的密封性：微孔滤膜必须在加压或减压下工作。故其密封性能应较好，否则将不能过滤或者污染药液。②滤膜的湿润：当用于过滤药液时，滤膜使用前应用纯水洗净并充分润湿，未完全润湿的滤膜将影响有效过滤面积。滤材是疏水性的，当用于空气过滤时，滤膜应当是干燥的。③过滤系统的清洁消毒：使用后的滤膜与滤器，应拆开仔细清洗。清洗后须经消毒备用。根据滤膜垢性质选择不同的消毒方法，如煮沸消毒、流通蒸汽消毒、热压消毒、化学消毒、紫外线消毒等。④滤膜的完整性：生产前后均需测定膜的完整性，其常用测定方法为气（起）泡点检查。

（5）超滤装置的组成　超滤装置是由超滤膜和各种形式的支撑体组成的。有平板式、管式、螺旋卷式及中空纤维式等。超滤的工作原理与反渗透相近，是一种选择性的分子分离过程。依靠压力为推动力，使溶剂或小分子溶质通过超滤膜，滤膜起着分子筛作用，允许低于某种分子量大小的物质通过。但超滤与反渗透有差别，一是被分离的溶质分子量较大，故膜孔较大；二是压力较小，为 $0.2\sim1MPa$。超滤的特点是操作方便，无相变，无化学变化。处理效率高和不加热，特别适用于热敏物料。因膜孔不易堵塞，超滤有利于循环操作。

超滤已广泛应用于生物工程后处理过程中，如微生物的分离与收集，酶、蛋白质、抗体、多糖和一些基因工程产品的分离和浓缩等。在药剂上应用于浸出液的浓缩（不能用加热方法时），从注射用水中除去热原等。目前，美国 Pall 公司已用聚砜、聚丙烯腈为膜材，制成可截留分子量为 3000、5000、6000、10000 及 13000 物质的超滤装置，为已经认证的美国独家除热原超滤器。

4. 板框式压滤机

板框式压滤机是一种在加压下间歇操作的过滤设备。它是由多个中空的滤框和实心滤板交替排列在支架上组成的。滤框可积聚滤渣和承挂滤布；滤板上具有凹凸纹路，可支撑滤布和排出滤液。此种滤器过滤面积大，截留固体量多，可在各种压力下过滤（有时可达 1.2MPa）。可用于黏性大、滤饼可压缩的各种物料的过滤，特别适用于含有少量微粒的滤浆。因滤材可根据需要选择，适于工业生产过滤各种液体。在注射剂生产中，一般作预滤用。缺点是装配和清洗麻烦，装配不好时容易滴漏。

5. 其他滤器

其他滤器如不锈钢滤棒、多孔聚乙烯烧结管过滤器等。多用于注射剂的预滤或脱炭过滤。

四、○制水技术

（一）概述

《中国药典》2010 年版收载的制药用水包括饮用水、纯化水、注射用水及灭菌注射用水。各种制药用水应符合以下要求。

饮用水的质量必须符合现行中华人民共和国国家标准《生活饮用水卫生标准》。

纯化水的质量符合《中国药典》2010 版中纯化水的要求，纯化水的检查项目包括酸碱度、硝酸盐与亚硝酸盐、氨、电导率、总有机碳与易氧化物（二选一）、不挥发物及重金属、微生物限度检查。

注射用水规定 pH 为 $5.0\sim7.0$，氨浓度不大于 0.00002%，内毒素小于 0.25 EU/ml，其他检查项目与纯化水相同。

灭菌注射用水除进行注射用水的一般检查外，还应进行氯化物、硫酸盐和钙盐、二氧化碳、易氧化物等项目检查，其他还应符合注射剂项下规定。

（二）纯化水的制备

纯化水系指用蒸馏法、离子交换法、反渗透法或其他适宜的方法制得供药用的水。纯化水化学纯度较高，但在除热原上不如重蒸馏法可靠，故一般供洗涤（粗洗）或作制备注射用水的水源。

1. 纯化水的制备技术及设备

（1）离子交换法　将饮用水纯化的常用方法，是通过离子交换树脂除去水中无机离子，也可除去部分细菌和热原。本法的特点为设备简单，节约燃料与冷却水，成本低，水的化学纯度高。经离子交换树脂制得的纯化水可作为普通制剂的溶剂，或供制备注射用水，或用于注射剂包装容器的粗洗。

纯化水常用的树脂有♯732苯乙烯强酸性阳离子交换棚（$R—SO_3^- H^+$）及♯717苯乙烯强碱性阴离子交换树脂 $[R—N^+(CH_3)_3OH^-]$。

生产中一般采用联合床的组合形式，即阳离子树脂→阴离子树脂→阴、阳混合树脂。可在阳离子树脂后加一脱气塔，将经过阳离子树脂产生的二氧化碳除去以减轻阴离子树脂的负担。初次使用新树脂应进行处理与转型，因为出厂的阳离子树脂为钠型（$R—SO_3Na^+$），阴离子树脂为氯型 $[R—N^+(CH_3)_3Cl^-]$。当交换水质量下降时，需对树脂进行再生。水质一般采用电导率控制，要求经离子交换树脂制得的纯化水，电导率小于$2\mu S/cm$。

（2）电渗析法　当原水含盐量高达3000mg/L时，离子交换法不宜制纯化水，但可采用电渗析法处理。本法原理为：将阳离子交换膜装在阴极端，显示负电场；阴离子交换膜装在阳极端，显示正电场。在电场作用下，负离子向阳极迁移，正离子向阴极迁移，从而去除水中的电解质而得纯化水。

（3）反渗透法　反渗透法是在20世纪60年代发展起来的新技术，国内目前主要用于原水处理和纯化水的制备，USP已收载该法作为制备注射用水的方法之一。本法的原理为：采用一个半透膜将U形管内的纯水与盐水隔开，则纯水就透过半透膜扩散到盐溶液一侧，此即为渗透过程，两侧液柱产生的高度差，即表示此盐溶液所具有的渗透压；但若在渗透开始时就在盐溶液一侧施加一个大于此盐溶液渗透压的力，则盐溶液中的水将向纯水一侧渗透，结果水就从盐溶液中分离出来，这一过程就称作反渗透。本法的特点有：①除盐、除热原效率高，通过二级反渗透装置可将分子量大于300的有机物、热原等较彻底地除去；②整个过程在常温下操作，不易结垢；③制水设备体积小，操作简单，单位体积产水量大；④所需设备及操作工艺简单，能源消耗低；⑤对原水质量要求高。

反渗透法制备纯化水的流程为：进水→预处理→一级泵→一级渗透器→二级泵→二级渗透器→紫外线灭菌→纯水。进入渗透器的原水可用离子交换、过滤等方法处理。只要原水质量较好，此种装置可较长期地使用，必要时可定期消毒。

2. 纯化水的制备流程

以YDR02-025纯化水处理系统为例，说明纯化水的制备流程。

纯化水处理系统可分为以下三个组成部分。

① 滤过装置：采用石英砂过滤和活性炭吸附等方式除去水中悬浮物、胶体、微生物等。

② 离子交换树脂装置：采用阳离子交换树脂去除水中的金属离子，进行初步的除盐软化。

③ 反渗透装置：进一步通过反渗透法除去离子。

3. 纯化水的制备操作

使用前,应先用蒸馏水或去离子水抽洗,抽干后置硝酸钾洗液(硝酸钾 2%、浓硫酸 5%、纯化水 93%)中浸泡 12~24h。用去离子水冲洗正反两面,再用过滤的注射用水冲洗正反两面,115℃灭菌 30min 待用。

4. 纯化水的质量检查

制备好的纯化水需符合以下要求:电导率 <2.0μS/cm,脱盐率>85%。

纯化水的贮存时间不超过 24h。电导率应每 2h 检查 1 次,脱盐率每周检查 1 次。并定期对系统进行在线消毒。

(一)纯化水制备岗位职责

1. 严格执行《纯化水制备岗位操作法》、《YDR02-025 纯化水处理系统标准操作规程》、《YDR02-025 纯化水处理系统维护、保养标准操作规程》。

2. 负责纯化水所用设备的安全使用及日常保养,防止发生安全事故。

3. 自觉遵守工艺纪律,保证纯化水生产达到规定要求,发现隐患及时上报。

4. 真实、及时填写各种记录,做到字迹清晰、内容真实、数据完整,不得任意涂改和撕毁。

5. 工作结束,及时按清场标准操作规程做好清场清洁工作,并认真填写相应记录。

6. 做到岗位生产状态标识、清洁状态标识清晰明了。

(二)纯化水制备岗位操作流程

1　生产前准备

1.1　检查清场合格证,若不合格,需重新清场,并经 QA 人员检查合格后,填写合格证,才能进行本岗位操作。

1.2　确认设备挂有"合格"标牌,"已清洁"标牌。

1.3　做好进行氯化物、铵盐、酸碱度等检查的准备。

1.4　按《制水设备消毒规程》对设备、所需容器、工具进行消毒。

1.5　挂上本次运行状态标志,进入操作。

2　操作

2.1　预处理

按操作规程按时清洗石英砂过滤器、活性炭过滤器。

检查精密过滤器、保安过滤器。

2.2　反渗透装置运行

预处理系统各阀门处于运行状态。

全自动开机,压力调节阀开 45°,开淡水阀、浓水阀、电源开关;调压力阀和浓水阀,使流量达标(浓水排放应是产水量的 35%~50%)。

手动开机,压力调节阀开 45°,开淡水阀、浓水阀、开电源;运行方式选手动。

2.3　关机

依次关闭运行方式、增压泵、一级高压泵、二级高压泵、电源开关。

3　清场

按《清洁标准操作规程》对设备、房间、操作台面进行清洁消毒,经 QA 人员检验合格后,发清场合格证,并填写清场记录表。

4　记录

如实填写生产操作记录。

（三）注射用水的制备

注射用水是指纯化水再经过蒸馏所得的水。注射用水与纯化水的最大的区别就在于无热原。注射用水再经灭菌得灭菌注射用水，作为粉针的溶剂或注射剂的稀释剂。

1. 注射用水的制备技术及设备

注射用水可采用蒸馏法和反渗透法，但仅蒸馏法是我国药典法定的制备注射用水的方法。供制备注射用水的原水必须是纯化水。

制备注射用水的蒸馏水器，其原理是利用热交换管中的高压蒸汽在热交换中，作为蒸发进料原水的能源，而本身同时冷凝成为一次蒸馏水，将此一次蒸馏水导入蒸发锅中作为进料原水，然后又被热交换管中的高压蒸汽加热汽化再冷凝成二次蒸馏水。因此，看似蒸馏水器只有一次蒸馏，实际所出之水已是二次蒸馏水。

生产上制备注射用水的设备，常用塔式蒸馏水器、多效蒸馏水器和气压式蒸馏水器。塔式蒸馏水器由于耗能多、效率低、出水质量不稳定等目前已停止使用。现常用多效蒸馏水器、气压式蒸馏水器。

（1）多效蒸馏水器　近年发展并迅速成为制药企业制备注射用水的主要设备，其结构主要由蒸馏塔、冷凝器及控制元件组成，结构见图4-7。五效蒸馏水器的工作原理为：进料水（纯化水）进入冷凝器被塔5进来的蒸汽预热，再依次通过塔4、塔3、塔2及塔1上部的盘管而进入1级塔，这时进料水温度可达130℃或更高。在1级塔内，进料水被高压蒸汽（165℃）进一步加热部分迅速蒸发，蒸发的蒸汽进入2级塔作为2级塔的热源，高压蒸汽被冷凝后由器底排除。在2级塔内，由1级塔进入的蒸汽将2级塔的进料水蒸发而本身冷凝为蒸馏水，2级塔的进料水由1级塔经压力供给3级、4级和5级塔经历同样的过程。最后，由2、3、4、5级塔产生的蒸馏水加上5级塔的蒸汽被第一及第二冷凝器冷凝后得到的蒸馏水（80℃）均汇集于收集器即成为注射用水。多效蒸馏水器的产量可达6t/h。本法的特点是耗能低，质量优，产量高及可自动控制等。

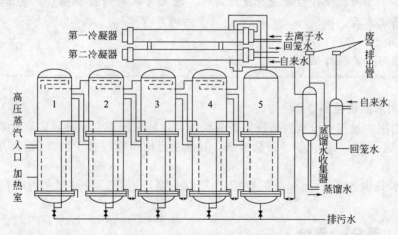

图 4-7　多效蒸馏水器

（2）气压式蒸馏水器　主要由自动进水器、加热室、蒸发室、冷凝器及蒸汽压缩机等组成，通过蒸汽压缩机使热能得到充分利用，也具有多效蒸馏水器的特点，但电能消耗较大。

2. 注射用水的制备操作

（一）注射用水制备岗位职责

1. 严格执行《注射用水制备岗位操作法》、《LD200-3 多效蒸馏水机标准操作规程》、《LD200-3 多效蒸馏水机清洁保养标准操作规程》。

2. 负责注射用水所用设备的安全使用及日常保养，防止发生安全事故。

3. 自觉遵守工艺纪律，保证注射用水生产达到规定要求，发现隐患及时上报。

4. 真实、及时填写各种生产记录，做到字迹清晰、内容真实、数据完整，不得任意涂改和撕毁。

5. 工作结束，及时按《清洁标准操作规程》做好清场清洁工作，并认真填写相应记录，做到岗位生产状态标识、设备状态标识、清洁状态标识清晰明了。

（二）注射用水制备岗位操作流程

1 生产前准备

1.1 检查是否有清场合格标志，且在有效期内，若清场不合格，需重新进行清场，并经 QA 人员检查合格，填写合格证后，才能进入入下一步操作；

1.2 检查设备、管路是否处于完好状态，设备是否有"合格"标牌、"已清洁"标牌，且在有效期内；

1.3 做好检查氯化物、铵盐、酸碱度的检验准备；

1.4 按《制水设备消毒规程》对设备、所需容器、工具进行消毒；

1.5 挂本次运行状态标志，进入操作。

2 生产操作

按《LD200-3 多效蒸馏水机标准操作规程》进行生产。

3 生产结束

3.1 按 LDZ 列管式多效蒸馏水机标准操作规程关闭设备；

3.2 在储罐上贴标签，注明生产日期、操作人、罐号；

3.3 按《LD200-3 多效蒸馏水机清洁保养标准操作规程》、《制水车间清洁操作规程》对设备、房间、操作台面进行清洁消毒，经 QA 人员检验合格后，发清场合格证，并填写清场记录表。

4 记录

如实填写生产操作记录。

3. 注射用水质量控制

生产注射用水过程中应按时清洗系统各部件，保证系统正常运转，定期对系统进行在线消毒。每 2h 进行 pH、氯化物、铵盐检查，其他项目应每周检查 1 次。（检查方法详见《中国药典》）

注射用水必须 80℃以上保温贮存或 70℃以上循环贮存，注射用水的贮存时间不得超过 12h。

五、粉碎、筛分、混合

（一）粉碎

粉碎是利用机械力克服固体物料分子间内聚力使之破碎成符合要求的小颗粒的操作过程。通常要对粉碎后的物料进行过筛，获得均匀的粒子。

粉碎的主要目的有：①增加药物的表面积，促进药物溶解与吸收，提高药物的生物利用度；②适当的粒度有利于均匀混合、制粒等其他的操作；③加速药材中有效成分的浸出或溶出；④为制备多种剂型奠定基础，如混悬液、散剂、片剂、胶囊剂等。

但粉碎也有可能带来不良的影响，如晶型转变、热分解、黏附和吸湿性的增大等。药物粉碎后粒子的大小直接或间接影响了药物制剂的稳定性和有效性，药物粉碎不均匀，不但不能使药物很好地混匀，而且还会使制剂的剂量或含量不准确，从而影响疗效。

1. 粉碎的原理

粉碎过程其实就是利用外加的机械力破坏物料分子间的内聚力，被粉碎的物料受到外力的作用后局部产生很大的应力和形变，当应力超过物料分子间的内聚力时，物料即产生裂缝，得以粉碎。

粉碎过程中常见的外加力有：压碎、劈碎、折断、磨碎、冲击等，被粉碎物料的性质、粉碎程度不同，所需加的外力也有所不同，冲击、压碎和磨碎作用对脆性物质有效，劈碎对纤维状物料有效，粗粒以冲击力和压缩力为主，细碎以劈碎、磨碎为主，实际上粉碎过程是几种力综合作用的结果。

2. 粉碎的方法

根据物料粉碎时的状态、组成、环境条件、分散方法不同，选择不同的粉碎方法，常见的有自由粉碎与闭塞粉碎，循环粉碎与开路粉碎，干法粉碎与湿法粉碎，单独粉碎与混合粉碎，低温粉碎等。

（1）自由粉碎与闭塞粉碎 无论粉碎机的形式如何，如果在粉碎过程中，将已达到粉碎粒度要求的粉末能及时排出而不影响粗粒的继续粉碎，这种操作叫自由粉碎。

如果在粉碎过程中，已达到粉碎要求的粉末不能排出而继续和粗粒一起重复粉碎的操作叫闭塞粉碎，见图4-8。

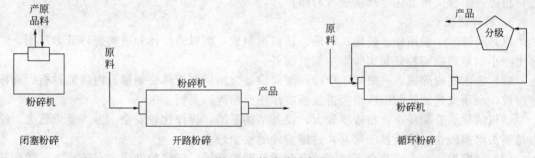

图4-8 粉碎的示意图

在闭塞粉碎过程中，符合粒度要求的粉末未能及时被排出而成了粉碎过程的缓冲物（或"软垫"）和产生过度的粉碎物，因此能量消耗较大，仅适用于少量物料的间歇操作。自由粉碎较闭塞粉碎的粉碎效率高，适用于连续操作。

（2）循环粉碎与开路粉碎 连续把粉碎物料供给粉碎机的同时，不断从粉碎机中把粉碎产品取出的操作称为**开路粉碎**（见图4-8），即物料只通过一次粉碎机完成粉碎的操作。

经粉碎机粉碎的物料通过筛子或分级设备使粗颗粒重新返回到粉碎机反复粉碎的操作叫**循环粉碎**，见图4-8。

开路粉碎方法操作简单，设备便宜，但为达到一定粒度要求的动力消耗大，粒度分布宽，适合于粗碎或粒度要求不高的粉碎。循环粉碎动力消耗相对低，粒度分布窄，适合于粒度要求比较高的粉碎。返料量与给料量之比称为循环负荷系数。循环负荷系数大，说明粉碎后的产品合格率低，粉碎的成本高。

（3）干法粉碎与湿法粉碎

① 干法粉碎：系指将药物经适当干燥，使药物中的水分低于5％再粉碎的方法。

② 湿法粉碎：系指在药物中加入适量水或其他液体一起研磨粉碎的方法，即**加液研磨法**。选用的液体以药物遇湿不膨胀，两者不起变化，不妨碍药效为原则。目的是液体分子可降低物料分子间引力。对刺激性或有毒药物可避免粉尘飞扬。樟脑、薄荷脑等常加入少量液

体（如乙醇、水）研磨；朱砂、珍珠、炉甘石等采用传统的**水飞法**：在水中研磨，当有部分细粉研成时，使其混悬并倾泻出来，余下的药物再加水反复研磨、倾泻，直至全部研匀，再将湿粉干燥。现在多用球磨机粉碎。湿法粉碎通常对一种药料进行粉碎，故亦是单独粉碎。

（4）单独粉碎与混合粉碎（干法粉碎）

① 单独粉碎：系指将一味药料单独进行粉碎处理。需单独粉碎的有：a. 氧化性药物与还原性药物，原因是混合可引起爆炸。b. 贵重、毒性、刺激性药物，原因是减少损耗、污染和便于劳动保护。c. 含有胶树脂药物，如乳香、没药，原因是受热则黏性大需单独低温粉碎。d. 质地坚硬或细小种子类，如磁石、车前子。

② 混合粉碎：系指将数种药料掺和进行粉碎。如处方中药物的性质及硬度相似，可以将它们合并粉碎，可达到同时粉碎与混合。有低共熔成分时混合粉碎能产生潮湿或液化现象，或单独粉碎，或先混合粉碎。

（5）低温粉碎 系指利用低温时物料脆性增加，易于粉碎的特性进行的粉碎。

低温粉碎具有以下特点：①适用于常温下粉碎困难的物料，即软化点、熔点低的及热可塑性物料，如树脂、树胶等；②也适用于富含糖分的黏性药物；③可获更细的粉末；④能保留挥发性成分。

低温粉碎具体操作流程可通过以下方式实现：物料先行冷却或在低温条件下，迅速通过粉碎机粉碎；机壳通入低温冷却水，在循环冷却下进行粉碎；物料与干冰或液化氮气混合后进行粉碎；组合应用上述冷却法进行粉碎。

3. 粉碎器械

（1）研钵 一般用瓷、玻璃、玛瑙、铁或铜制成，但以瓷研钵和玻璃研钵最为常用，主要用于小剂量药物的粉碎和实验室小剂量制备。

（2）锤击式粉碎机 一般属于中碎和细碎设备。由钢制壳体、钢锤、内齿形衬板、筛板等组成，利用高速旋转的钢锤借撞击及锤击作用而粉碎，见图4-9。

该机的优点有能耗小，粉碎度较大，设备结构紧凑，操作比较安全，生产能力较大。缺点是锤头磨损较快，筛板易于堵塞，过度粉碎的粉尘较多。

（3）球磨机 一个或几个不锈钢或瓷制成的圆形球罐。球罐的轴固定在轴承上。罐内装有物料及钢制或瓷制的圆球。当罐转动时，物料借圆球落下时的撞击劈裂作用及球与罐壁间、球与球之间的研磨作用而被粉碎。球磨机需要有适当的转速见图4-10，才能使圆球沿壁运行到最高点落下，产生最大的撞击力和良好的研磨作用；如转速太低，圆球不能达到一

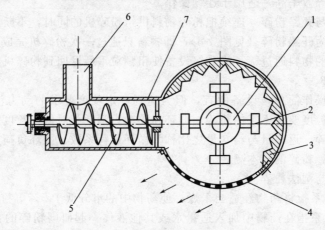

图4-9 锤击式粉碎机结构示意图

1—圆盘；2—钢锤；3—内齿形衬板；4—筛板；5—螺旋加料器；6—加料口；7—壳体

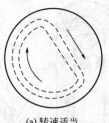  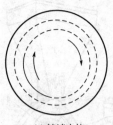

(a) 转速适当　　　　　　(b) 转速太慢　　　　　　(c) 转速太快

图 4-10　球磨机在不同转速下圆球运转情况

定高度落下；或转速太快，圆球受离心力的作用，沿筒壁旋转而不落下，都会减弱或失去粉碎作用。一般采用临界转速的 75%。圆球大小、重量要合适，一般圆球直径不小于 65mm，大于物料 4～9 倍，球要有足够的重量与硬度。圆球数量也有一定的要求，装填圆球的总体积一般占球罐全容积的 30%～35%。物料量一般以＜1/2 球罐总容量为标准。

球磨机是最普遍的粉碎机械之一。其结构简单，密闭操作，粉尘少，常用于毒、剧药和贵重药品和吸湿性、刺激性药物的粉碎，还可用于无菌粉碎。但粉碎效率低，粉碎时间较长。

（4）万能粉碎机　对物料的作用力以冲击力为主，万能粉碎机适用范围广泛，适用于脆性、韧性物料及粉碎达到中碎、细碎、超细碎等物料，如中草药的根、茎、皮及干浸膏等。但不宜用于腐蚀性药、毒剧药及贵重药。由于在粉碎过程中发热，故也不宜于粉碎含有大量挥发性成分和软化点低且黏性较高的药物。

典型的粉碎结构有锤击式（图 4-11）和冲击式（图 4-12）。

（5）流能磨（气流粉碎机）　气流粉碎机的工作原理是将经过净化和干燥的压缩空气通过一定形状的特制喷嘴，形成高速气流，以其巨大的动能带动物料在密闭粉碎

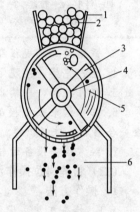

图 4-11　锤击式粉碎机
1—料斗；2—原料；3—固定盘；4—旋转盘；5—未过筛颗粒；6—过筛颗粒

腔中互相碰撞而产生剧烈的粉碎作用。物料被压缩空气（或惰性气体）引射进入流能磨的下部，压缩空气通过喷嘴进入粉碎室，物料被高速气流带动在粉碎室内上升的过程中相互撞击或与器壁碰撞而粉碎。压缩空气夹带细粉由出料口进入旋风分离器或袋滤器进行分离。较大颗粒的物料由于离心力的作用沿流能磨的外侧而下，重复粉碎过程。流能磨示意如图 4-13 所示。

由于粉碎过程中高压气流膨胀吸热，产生明显的冷却作用，可以抵消粉碎产生的热量，适用于抗生素、酶、低熔点及不耐热物料的粉碎，可获得 $5\mu m$ 以下的微粉，且可在无菌状态下操作。

4. 粉碎操作过程（以 FGJ-300 高效粉碎机为例）

（一）粉碎岗位职责

1. 进岗前按规定着装，进岗后做好厂房、设备清洁卫生，并做好操作前的一切准备工作。

2. 根据生产指令按规定程序领取原辅料，核对所粉碎物料的品名、规格、产品批号、数量、生产企业名称、物理外观、检验合格证等。

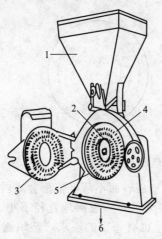

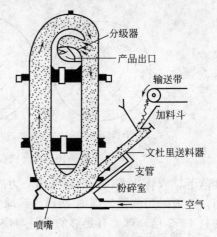

图 4-12　冲击式粉碎机
1—料斗；2—转盘；3—固定盘；4—冲击柱；5—筛盘；6—出料

图 4-13　流能磨示意

分级器
产品出口
输送带
加料斗
文杜里送料器
支管
粉碎室
空气
喷嘴

3. 严格按工艺规程及粉碎标准操作程序进行原辅料处理。

4. 生产完毕，按规定进行物料移交，并认真填写工序记录及生产记录。

5. 工作期间，严禁串岗、脱岗，不得做与本岗位无关之事。

6. 工作结束或更换品种时，严格按本岗位清场 SOP 进行清场，经质监员（QA）检查合格后，挂标识牌。

7. 经常检查设备运转情况，注意设备保养，操作时发现故障及时上报。

（二）粉碎岗位操作流程

1　操作方法

1.1　检查工房、设备的清洁状况，检查清场合格证，核对其有效期，取下标识牌，按生产部门标识管理规定定置管理。

1.2　按生产指令填写工作状态，挂生产标识牌于指定位置。

1.3　检查粉碎机、容器及所有工具是否洁净，如发现不够洁净，用 75％乙醇擦拭消毒预处理设备及所用的容器具、工具，并将粉碎设备装好待用。检查齿盘螺栓是否松动；检查排风除尘系统是否运行正常。

1.4　自原辅料暂存间领取物料，核对其品名、批号和重量，并对物料进行目检，根据生产工艺要求对物料进行预处理。

1.5　按工艺规程要求对需进行粉碎的物料进行粉碎操作，严格按《高效粉碎机标准操作规程》进行操作。

1.6　将处理好的原辅料分别装于内有洁净塑料袋的洁净容器中，桶内外各附产物标签一张，标明品名、规格、批号、数量、日期和操作者等，送入暂存间存放。

1.7　生产完毕，填写生产记录。取下标识牌，挂清场牌，按《清场标准操作程序》、《粉碎机清洁标准操作程序》、《生产用容器具清洁标准操作程序》进行清场、清洁，清场完毕，填写清场记录。经 QA 检查合格后，发清场合格证，挂已清场牌。

2　注意事项

2.1　物料粉碎前应目检，防止异物混入。

2.2　粉碎机应空载启动，启动顺畅后，再缓慢、均匀加料，不可过急加料，以防粉碎机过载引致塞机、死机。

2.3　发现机器故障，必须停机，关闭电源，通知维修人员前来修理，不可私自进行修理，以防意外发生。

2.4　定期为机器加润滑油。

2.5　每次使用完毕，必须关掉电源，方可进行清洁。

3　记录

操作完工后填写原始记录、批记录。

（二）筛分

筛分是将粉碎后的药物通过网孔状工具将粒度不同的固体颗粒混合物分离成若干部分的单元操作。通过筛分可以除去不符合要求的粗粉或细粉，有利于提高产品的质量。筛分的目的就是使粗粉与细粉分离（或分等）；得规定细度粉末并混合。

药筛是筛选粉末粒度（粗细）或混匀粉末的工具。

1. 药筛种类和规格

根据制备药筛方法不同可分为编织筛和冲眼筛。编织筛的筛网由铜丝、铁丝、不锈钢丝、尼龙丝、马鬃或竹丝编织而成。编织筛在使用时筛线易移位，故常将金属筛线在交叉处压扁固定。冲眼筛是在金属板上冲压出圆形或多角形的筛孔，常用于粉碎过筛联动的机械中分档。

根据药筛的规格不同：分为标准药筛和工业药筛。

（1）标准药筛　是根据药典的标准制作的筛网，从一号筛至九号筛。筛号按中国药典所编，共规定九种筛号其中一号筛筛孔内径最大，而九号筛筛孔内径最小。

（2）工业用筛　在实际药剂生产中常用的筛网，常以"目"表示筛网孔径的大小。"目"表示每英寸长度（1英寸＝2.54cm）上的筛孔数。

如表4-4所示为《中国药典》标准筛规格及对应的目数。

表4-4　标准筛规格及目数

筛号	筛孔内径（平均值）/μm	目数/目
一号筛	2000±70	10
二号筛	850 ±29	24
三号筛	355 ±13	50
四号筛	250 ±9.9	65
五号筛	180 ±7.6	80
六号筛	150 ±6.6	100
七号筛	125 ±5.8	120
八号筛	90 ±4.6	150
九号筛	75 ±4.1	200

2. 粉末的分等

粉碎后的粉末必须经过筛选得到粒度比较均匀的粉末，筛过的粉末包括所有能通过该药筛筛孔的全部粉末。

《中国药典》规定了六种粉末规格如下。

最粗粉：指能全部通过一号筛，但混有能通过三号筛不超过20%的粉末；

粗粉：指能全部通过二号筛，但混有能通过四号筛不超过40%的粉末；

中粉：指能全部通过四号筛，但混有能通过五号筛不超过60%的粉末；

细粉：指能全部通过五号筛，并含能通过六号筛不少于95％的粉末；

最细粉：指能全部通过六号筛，并含能通过七号筛不少于95％的粉末；

极细粉：指能全部通过八号筛，并含能通过九号筛不少于95％的粉末。

3. 筛分的器械

（1）手摇筛　系编织筛网，按照筛号大小依次叠成套（亦称套筛）。最粗号在顶上，其上面加盖，最细号在底下，套在接收器上。应用于小量生产，毒性、刺激性或质轻的药粉。

（2）振动筛粉机　又称筛箱，利用偏心轮对连杆所产生的往复振动筛选粉末。适用于无黏性的植物药，毒性刺激性、易风化潮解药物。

4. 筛分的操作

（一）筛分岗位职责

1. 进岗前按规定着装，进岗后做好厂房、设备清洁卫生，并做好操作前的一切准备工作。

2. 根据生产指令按规定程序领取原辅料，核对所粉碎物料的品名、规格、产品批号、数量、生产企业名称、物理外观、检验合格证等。

3. 严格按工艺规程及筛分标准操作程序进行原辅料处理。

4. 按照工艺规程要求对需进行筛分的物料选用合适目数的筛网，严格按相关的标准操作规程进行操作。

5. 生产完毕，按规定进行物料移交，并认真填写工序记录及生产记录。

6. 工作期间，严禁串岗、脱岗，不得做与本岗位无关之事。

7. 工作结束或更换品种时，严格按本岗位清场SOP进行清场，经质监员（QA）检查合格后，挂标识牌。

8. 经常检查设备运转情况，注意设备保养，操作时发现故障及时上报。

（二）筛分岗位操作流程

1　操作方法

1.1　检查工房、设备的清洁状况，检查清场合格证，核对其有效期，取下标识牌，按生产部门标识管理规定定置管理。

1.2　按生产指令填写工作状态，挂生产标识牌于指定位置。

1.3　检查筛分机、容器及所需工具是否洁净，如发现不够洁净，用75％乙醇擦拭消毒预处理设备及所用的容器具、工具，并将过筛设备装好待用。检查筛网是否洁净，是否与生产指令要求相符。

1.4　自原辅料暂存间领取物料，核对其品名、批号和重量，并对物料进行目检，根据生产工艺要求对物料进行预处理。

1.5　按工艺规程要求对需进行分筛的物料选用规定目数的筛网，严格按《振荡筛标准操作规程》进行操作。

1.6　将处理好的原辅料分别装于内有洁净塑料袋的洁净容器中，桶内外各附产物标签一张，标明品名、规格、批号、数量、日期和操作者等，送入暂存间存放。

1.7　生产完毕，填写生产记录。取下标识牌，挂清场牌，按《清场标准操作程序》、《振荡筛清洁标准操作程序》、《生产用容器具清洁标准操作程序》进行清场、清洁，清场完毕，填写清场记录。报QA检查，合格后，发清场合格证，挂已清场牌。

> 2 注意事项
> 2.1 筛网每次使用前后均检查，发现破损应调查原因，并及时更换。
> 2.2 发现机器故障，必须停机，关闭电源，通知维修人员前来修理，不可私自进行修理，以防意外发生。
> 2.3 定期为机器加润滑油。
> 2.4 每次使用完毕，必须关掉电源，方可进行清洁。
> 3 记录
> 操作完工后填写原始记录、批记录。

（三）混合

混合系指用机械的方法将两种以上固体粉末相互交叉分散均匀的过程或操作。其目的是为了使药物各组分在制剂中混匀，保证各组分的含量均匀、用药安全，保证各剂型的质量符合要求。混合是生产固体制剂的一个基本单元操作。

1. 混合机理

混合机理有对流混合、切变混合、扩散混合三种。

（1）**对流混合** 指团体粉末靠机械力在混合器械中，从一处转移到另一处。经过多次转移使粉末在对流作用下而达到混合。对流混合的效率取决于混合器械的类型和操作方法。

（2）**切变混合** 由于粒子群内部力的作用结果，在不同组成的区域间发生剪切混合而产生滑动平面，促使不同区域厚度减薄而破坏粒子群的凝聚状态所进行的局部混合。

（3）**扩散混合** 混合容器内的粉末紊乱运动改变彼此间的相对位置，称为扩散混合。

在混合过程中一般是切变、对流、扩散等结合进行。由于所用混合器械和混合方法不同，以其中某种方式混合为主。

2. 混合方法

实验室常用搅拌混合、研磨混合、过筛混合。搅拌混合一般作初步混合；研磨混合可用于小量混合；过筛混合一般与搅拌混合合用效果更好。

大生产常采用搅拌或容器的旋转使物料进行整体和局部移动而达到混合的目的。

3. 混合设备

（1）**混合筒（旋转型混合机）** 其原理是靠容器本身旋转作用带动上下运动而使物料混合的设备，其形状多样，常用 V 形式混合筒。一般用于密度相近的粉末。混合机理以对流混合为主，混合速度快，是旋转混合机中效果最好的。

（2）**槽形混合机** 利用搅拌桨将物料由外向中心集中，又将中心物料推向两端，反复运动。以切变混合为主。

（3）**锥形垂直螺旋混合机** 固体粒子在推进器的自转（60r/min）作用下由底部上升，又在公转（2r/min）的作用下在全容器内产生漩涡和上下的循环运动，在 2～8min 内可达到最大混合度。

4. 影响混合的因素

（1）物性的影响

① 当各组分比例量相差悬殊时，如制备含毒剧药或剂量小的药物散剂时要用等量递加法；加色素制成"倍散"。

② 当组分密度相差大时，应先加轻的，再加重的。

③ 当组分色泽深浅不一时，应先加色深者垫底，再加色浅者。

④ 应注意组分的吸附性与带电性，量大且不易吸附的药粉垫底，量少且易吸附者后加，粉末的带电性可加入少量表面活性剂克服。

⑤ 含液体或易吸湿性组分时，可用处方中其他成分或另加吸收剂吸收至不显湿为止，吸湿性强的药物，则应控制相对湿度，操作迅速，并密封防潮包装。

⑥ 含共熔组分时，则应尽量避免或用其他组分吸收、分散液化的共熔物。

（2）操作条件的影响

① 设备转速：过小，产生显著的分离现象；过大，不产生混合作用。以临界转速的 70%～90% 为宜。

② 充填量：V 形混合筒一般为体积百分数的 30%，槽形混合机为 40%。

③ 装料方式：把两种粒子上下放入，属于对流混合，混合速度最快；把两种物料左右放入，属于横向扩散混合；把两种物料部分上下、部分左右错开放入，开始以对流混合为主，然后以横向扩散混合为主。

④ 混合时间：实际所需时间应由混合药物量的多少、物料特性及使用器械的性能而定。

5. 混合的操作

（一）混合岗位职责

1. 进岗前按规定着装，进岗后做好厂房、设备清洁卫生，并做好操作前的一切准备工作。

2. 根据生产指令按规定程序领取物料。

3. 严格按工艺规程和混合标准操作程序进行混合，控制好混合时间，使物料均匀一致。

4. 生产完毕，按规定进行物料衡算，偏差必须符合规定限度，否则，按偏差处理程序处理。

5. 按程序办理物料移交，按要求认真填写各项记录。

6. 工作期间严禁脱岗、串岗，不做与本岗位工作无关之事。

7. 工作结束或更换品种时，严格按本岗位清场 SOP 清场，经实训指导教师检查合格后，挂标识牌。

8. 经常检查设备运转情况，注意设备保养，操作时发现故障应及时上报。

（二）混合岗位操作流程

1　操作方法

1.1　检查工房、设备及容器的清洁状况，检查清场合格证及有效期，取下标识牌，按标识管理规定进行定置管理。

1.2　按生产指令填写工作状态，挂生产状态标示牌于指定位置。

1.3　将所需用到的设备、工具和容器用 75% 的乙醇擦拭消毒。

1.4　将粉碎、过筛后的颗粒，加入三维混合机内，按工艺要求加入外加辅料，设定混合时间，关闭混合机，按《三维混合机标准操作规程》进行混合。

1.5　将处理好的原辅料分别装于内有洁净塑料袋的洁净容器中，桶内外各附产物标签一张，标明品名、规格、批号、数量、日期和操作者等，送入暂存间存放。

1.6　生产完毕，填写生产记录。取下标识牌，挂清场牌，按《清场标准操作规程》、《混合机清洁标准操作规程》、《生产用容器具清洁标准操作规程》进行清场、清洁，清场完毕，填写清场记录。报 QA 检查，合格后，发清场合格证，挂已清场牌。

2　注意事项

2.1　无关人员不得随意动用各设备。

2.2　机器各部防护罩打开时不得开机。

2.3　每次开机前，必须对机器周围人员声明"开机"。

2.4　开机前必须将机器部位清洗干净，任何杂物工具不得放在机器上，以免振动掉下，损坏机器。

2.5　发现机器有故障或产品质量问题，必须停机处理，不得在运转中排除各类故障。

2.6　汇总每次出现的质量问题及各种异常现象，并书面上报。

3　记录

操作完工后填写原始记录、批记录。

六、　制粒技术

制粒是把粉末、块状物、溶液、熔融液等状态的物料进行处理、制成具有一定形态和大小的颗粒（粒子）的操作。

制粒后具有改善流动性，防止成分离析现象，防止粉尘飞扬及器壁上黏附，调整堆密度，改善溶解性能等作用。

颗粒有可能是中间体，如片剂生产过程中的制粒；也有可能是产品，如颗粒剂等。制粒的目的不同，其要求有所不同或有所侧重。如压片用颗粒，以改善流动性和压缩成型性为主要目的；而颗粒剂、胶囊剂的制粒过程以流动性好、防止黏着及飞扬、提高混合均匀性、改善外观等为主要目的。

制粒方法可分为湿法制粒、干法制粒两类。

（一）　湿法制粒

在原材料粉末中加入黏合液，靠黏合液的架桥或黏结作用使粉末聚结在一起而制备颗粒的方法。包括挤压制粒、转动制粒、高速搅拌制粒、流化床制粒、复合型制粒、喷雾制粒等。

1. 挤压制粒方法

先将药物粉末与处方中的辅料混匀后加入黏合剂制成软材，然后将软材用强制挤压的方式通过具有一定大小的筛孔而制粒的方法。常见设备有螺旋挤压制粒机、旋转挤压制粒机以及摇摆式制粒机。

螺旋挤压制粒机的结构如图 4-14（a）。把捏合好的物料加于混合室内双螺杆上部的加料口，两个螺杆分别由齿轮带动做相向旋转，借助于螺杆上螺旋的推力将物料挤压到右端的制粒室，在制粒室内被挤压滚筒挤压，通过筛筒的筛孔而形成颗粒。该机施加压力大，生产能力大。

旋转挤压制粒机主要结构如图 4-14（b）。由电机带动旋转的圆环形筛，筛框内置有筛圈，筛圈内有 1～3 个可自由旋转或由另一电机带动旋转的辊子。把捏合好的物料投于筛圈内，被相向旋转的辊子和筛圈的挤压通过筛孔而成粒。挤压制粒的压力由筛圈和辊子间的距离调节。筛圈转速约 100r/min，其生产能力决定于物料的流动性、粒度、水分含量、筛孔形状和筛圈的转速。旋转挤压制粒机的筛圈与挤压辊子同时旋转，所以因摩擦力而产生的热损失较少；运转可靠，生产能力强。

摇摆式制粒机的主要结构如图 4-14（c）。加料斗的底部与一个半圆形的筛网相连，筛网内有一按正、反方向旋转的转子（转角为 200°左右），在转子上固定有若干个棱柱形的刮粉

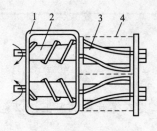
(a) 螺旋挤压制粒机
1—外壳；2—螺杆；3—挤
压滚筒；4—筛筒

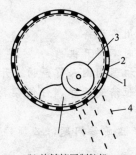
(b) 旋转挤压制粒机
1—筛圈；2—补强圈；3—挤
压辊子；4—湿物料

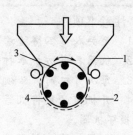
(c) 摇摆式制粒机
1—料斗；2—柱状辊；3—转
子；4—筛网

图 4-14 挤压制粒机

轴。把湿料投于加料斗，借助转子正、反方向旋转时刮粉轴对物料的挤压与剪切作用，使物料通过筛网而成粒。

摇摆式制粒机生产能力低，对筛网的摩擦力较大，筛网易破损，常应用于整粒中，但本设备结构简单、操作容易，目前国内药厂中应用仍很广泛。

挤压式制粒机的特点：

① 颗粒的粒度由筛网的孔径大小调节，可制得粒径范围在 0.3～30mm 左右，粒子为圆柱状，粒度分布较窄。

② 颗粒的松软程度可用不同黏合剂及其加入的量调节以适应压片的需要。

③ 制粒过程中经过混合、制软材等，程序多、劳动强度大，不适合大批量生产。

④ 制备小粒径颗粒时筛网的寿命短等。

2. 转动制粒

在药物粉末加入一定的量的黏合剂，在转动、摇动、搅拌等作用下使粉末结聚成具有一定强度的球形粒子的方法。如图 4-15 所示。

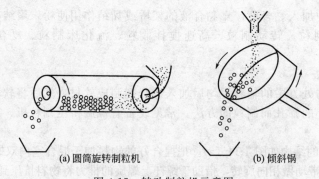
(a) 圆筒旋转制粒机　　　　　　　　(b) 倾斜锅

图 4-15 转动制粒机示意图

转动制粒多用于药丸的生产中，操作多凭经验控制，成本较低。

3. 高速搅拌制粒

先将药物粉末和辅料加入到高速搅拌制粒机的容器内，搅拌混合后加入黏合剂，使粉末快速结聚成粒的方法。如图 4-16 所示。

高速搅拌制粒的特点：

① 颗粒的粒度由外部破坏力与颗粒内部团聚力所平均的结果决定。

② 可制备致密、高强度的适于胶囊剂的颗粒，也可制松软的适合压片的颗粒。

③ 一个容器中进行混合、捏合、制粒过程，工序少、操作简单、快速。

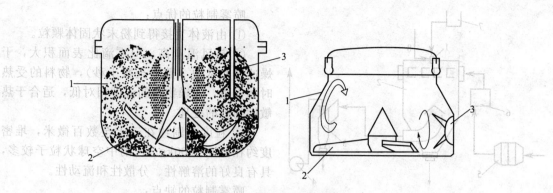

图 4-16　高速搅拌制粒机

1—容器；2—搅拌器；3—切割刀

4. 流化床制粒

当物料粉末在容器内自下而上的气流作用下保持悬浮的流化状态时，液体黏合剂向流化床喷入使粉末聚结成颗粒的方法。如图 4-17 所示。

流化床制粒的特点：

① 在一台设备内进行混合、制粒、干燥，甚至包衣等操作，简化工艺，节省时间、劳动强度低。

② 制得的颗粒为多孔性柔软颗粒，密度小、强度小，且颗粒的粒度均匀、流动性、压缩成型性好。

5. 复合型制粒

复合型制粒机是搅拌制粒、转动制粒、流化床制粒等各种制粒技术结合在一起，使混合、捏合、制粒、干燥、包衣等多元单个操作在一台机器内进行的新型设备。如图 4-18 所示。

6. 喷雾制粒

喷雾制粒法是把药物溶液或混悬液喷雾于干燥室内，在热气流的作用下使雾滴中的水分迅速蒸发以直接获得球状干燥细颗粒的方法。如图 4-19 所示。

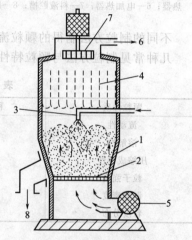

图 4-17　流化床制粒装置

1—容器；2—筛板；3—喷嘴；4—袋滤器；
5—空气进口；6—空气排出口；
7—排风口；8—产品出口

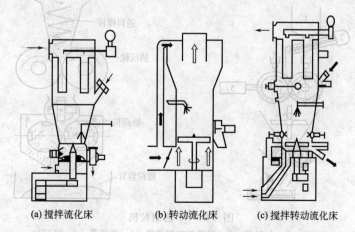

(a) 搅拌流化床　　(b) 转动流化床　　(c) 搅拌转动流化床

图 4-18　复合型制粒机示意图

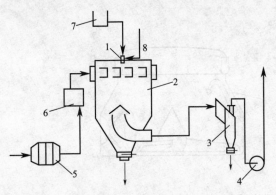

图 4-19 喷雾干燥制粒装置

1—雾化器；2—干燥室；3—旋风分离器；4—风机；5—加
热器；6—电加热器；7—料液贮槽；8—压缩空气

喷雾制粒的优点：

① 由液体直接得到粉末状固体颗粒。

② 热风温度高，但雾滴比表面积大，干燥速度非常快（数秒至数十秒），物料的受热时间极短，干燥物料的温度相对低，适合于热敏性物料的处理。

③ 粒度范围约在三十至数百微米，堆密度约在 $200\sim600\mathrm{kg/m^3}$ 的中空球状粒子较多，具有良好的溶解性、分散性和流动性。

喷雾制粒的缺点：

① 设备高大、需汽化大量液体，因此设备费用高、能耗大、操作费用高。

② 黏性较大料液易粘壁而使用受到限制。

不同的制粒方法制得的颗粒流动性、溶解性、压缩成型性等性质有差异。

几种常见制粒方法与颗粒特性比较见表 4-5。

表 4-5 制粒方法与颗粒特性比较

颗粒性质	程度	制粒方法比较
流动性	良	挤压制粒＞高速搅拌制粒≥流化床制粒
溶解性	良	流化床制粒＞高速搅拌制粒＞挤压制粒
压缩成型性	良	流化床制粒≥高速搅拌制粒＞挤压制粒
粒子强度	大	挤压制粒＞高速搅拌制粒＞流化床制粒
制粒密度	大	挤压制粒＞高速搅拌制粒＞流化床制粒
粒度分布	窄	挤压制粒＞高速搅拌制粒＞流化床制粒

（二）干法制粒

干法制粒是将药物和辅料的粉末混合均匀、压缩成大片状或板状后，粉碎成所需大小颗粒的方法。见图 4-20。干法制粒常用于热敏性物料、遇水易分解的药物以及容易压缩成型的药物的制粒。干法制粒常见的有重压法和滚压法两种。由于干法制粒过程省工序、方法简单，目前很受重视。

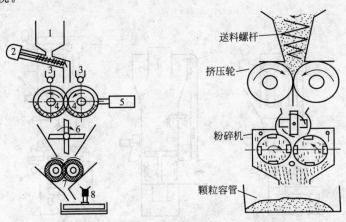

图 4-20 干法制粒机

1—料斗；2—加料器；3—润滑剂喷雾装置；4—滚压筒；5—液压缸；
6—粗粉碎机；7—滚碎机；8—整粒机

重压法系将固体粉末首先在重型压片机压实，成为直径为 20～25mm 的片坯，然后再破碎成所需粒度的颗粒。

滚压法（辊压法）系利用转速相同的两个滚动轮之间的缝隙，将粉末滚压成一定形状的块状物，其形状与大小决定于滚筒表面情况，如滚筒表面具有各种形状的凹槽，可压制成各种形状的块状物，如滚筒表面光滑或有瓦楞状沟槽，则可压制成大片状，然后通过颗粒机破碎成一定大小的颗粒。

使用时应注意由于高压引起的晶型转变及活性降低等问题。

（三）制粒的操作（以 HLSG-50 湿法混合制粒机为例）

（一）制粒岗位职责

1. 进岗前按规定着装，进岗后做好厂房、设备清洁卫生，并做好操作前的一切准备工作。

2. 根据生产指令按规定程序领取物料。

3. 严格按工艺规程和称量配料标准操作程序进行配料。

4. 称量配料过程中要严格实行双人复核制，做好记录并签字。

5. 按工艺处方要求和黏合剂配制标准操作程序配好黏合剂。

6. 制粒时严格按生产工艺规程和一步制粒标准操作程序进行操作。

7. 操作中要重点控制黏合剂用量、制粒时间以及烘干温度和烘干时间，保证颗粒质量符合标准。

8. 生产完毕，按规定进行物料移交，并认真填写各项记录。

9. 工作期间，严禁串岗、脱岗，不得做与本岗无关之事。

10. 工作结束或更换品种时，严格按本岗清场 SOP 进行清场。经实训指导教师检查合格后，挂标识牌。

11. 经常检查设备运转情况，注意设备保养，操作时发现故障应及时上报。

（二）制粒岗位操作流程

1 制粒前准备

1.1 检查工房、设备及容器的清洁状态，检查清场合格证，核对其有效期，取下标识牌，按生产部门标识管理规定进行定置管理。

1.2 按生产指令填写工作状态，挂生产标识牌于指定位置。

1.3 将所需用到的设备、工具和容器用 75％乙醇擦拭消毒。

2 制粒

2.1 按处方工艺及黏合剂配制标准操作程序配制黏合剂。

2.2 将称量好的原辅料装入原料容器，将黏合剂过滤后装入小车盛液桶内，按工艺要求和《沸腾制粒干燥器操作规程》进行预混、沸腾制粒和沸腾干燥操作。

2.3 操作过程中，必须调整好物料沸腾状态和黏合剂雾化状态，严格控制喷速、加浆量、制粒时间、成粒率、干燥温度和干燥时间，使制出颗粒符合规定指标。

2.4 操作完毕，放出物料于已清洁过的衬袋桶内，称量、记录、贴在产物品标签，盖上桶盖，在桶内、外各贴上产物标签一张。

2.5 生产完毕，将颗粒转移至整粒总混间办理交接，填写生产记录，取下状态标识牌。

3 清场

3.1 挂清场牌，按《清场标准操作规程》、《30 万级洁净区清洁操作规程》、《沸腾制粒干燥器清洁标准操作规程》进行清场、清洁。

> 　　3.2　清场完毕，填写清场记录，报 QA 检查。检查合格，发清场合格证，挂已清场牌。
> 　　4　记录
> 　　操作完工后填写原始记录、批记录。

七、干燥技术

　　干燥是利用热能加热原理使物料中的湿分一般指水分（其他溶剂）气化除去，从而获得干燥固体产品的操作。在制剂生产过程中需要干燥的物料有浸膏剂、湿法制粒的片剂颗粒、丸剂、新鲜药材等。

　　干燥的目的是在于保证药剂的质量和提高稳定性。药剂生产中干燥的物料有颗粒状、粉末状、块状、流体状、膏状等，被干燥物料的性质和要求也各不相同。干燥的温度应根据药物的性质而定，一般 40~60℃，个别对热稳定的药物可以适当放宽到 70~80℃。干燥程度根据药物的稳定性不同有不同要求，一般含水量为 3% 左右。所以要根据不同类型制剂选择不同的干燥设备。

　　根据热能的传递方式不同，干燥的方法可以分为传导干燥、对流干燥、辐射干燥、介电加热干燥等四种，对于某一种具体的干燥器，其热能传递方式可以采取单独一种或几种方式联合干燥。目前在制药工业上应用最普通的是对流干燥。

（一）干燥原理

　　在对流干燥过程中，热空气和物料之间存在着方向相反的传热和传质两个过程（见图 4-21）：物料表面温度为 t_w；湿物料表面水蒸气分压为 P_w；湿物料表面气膜的厚度为 δ，热空气主体的温度为 t；其水蒸气分压为 P；由于热空气温度高于物料表面温度，热空气将热能传至物料表面，再由表面传至物料内部，这是传热过程；同时湿物料受热后，表面水分首先汽化，物料内部水分以液态或气态扩散到物料表面，并不断汽化，直至物料中水分与空气中水分达平衡为止，这是传质过程。

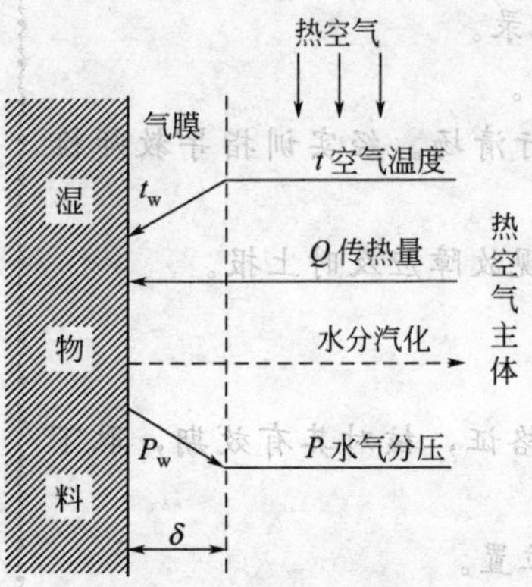

　　干燥过程进行的重要条件是物料表面湿分蒸汽分压必须大于干燥介质中湿分蒸汽分压，以保持一定的汽化推动力。

图 4-21　热空气与物料间的
传热和传质

（二）干燥方法和设备

　　干燥方法的分类方法有多种，按操作方法分为间歇式、连续式；按操作压力分为常压式、真空式；按加热方法分为热传导干燥、对流干燥、辐射干燥、介电加热干燥等。而工程中用得最多的是对流干燥。常用干燥设备如下。

1. 厢式干燥器

　　如图 4-22 所示，厢式干燥器内设置有多层支架，在支架上放置物料盘，空气 A 经预热器加热后，温度不变，相对湿度降低，如图 4-22 中的（b），空气经预热后进入干燥室内，通过物料表面时水分蒸发进入空气，使空气湿度增加，温度降低，依次类推反复加热以降低空气的相对湿度，提高干燥速率。为了使干燥均匀，物料盘中的物料不能过厚，必要时在物料盘上开孔。

　　厢式干燥器多采用废气循环法和中间加热法，废气加热法是将从干燥室排出的废气中的

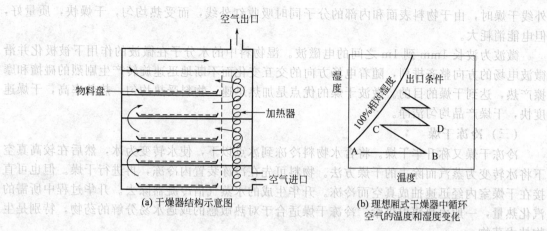

图 4-22 厢式干燥器

一部分与新鲜空气混合重新进入干燥室，提高了设备的热效率，而且可调节空气的湿度以防止物料发生龟裂或变形。中间加热法是在干燥器内安装加热器，保证干燥室内上下均匀干燥。

厢式干燥器设备简单，适应性强，适用于小批量生产物料的干燥，但劳动强度大，热能损耗大。

2. 流化床干燥器

使热空气自上而下通过松散的粒状或粉状的物料层形成流化状态而干燥，也叫沸腾干燥器。流化干燥器有立式和卧式两种，制剂工业中常用卧式多室流化床干燥器，如图 4-23。将湿物料由加料器送入干燥器内多孔筛板上，将加热空气吹入底部的多孔筛板与物料接触，物料呈悬浮状态上下翻动而干燥，干燥后的物料由卸料斗排出，废气从干燥器顶部排出，经袋滤器或旋风分离器回收粉尘后由抽风机排除。

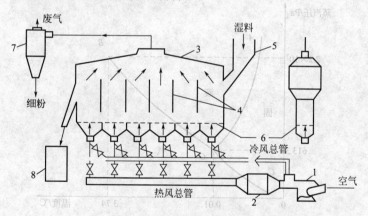

图 4-23 卧式多室流化干燥器示意图

1—风机；2—预热器；3—干燥器；4—挡板；5—料斗；6—多孔板；7—旋风分离器；8—干料桶

流化床干燥器结构简单，操作方便，操作时物料与气流接触面大，强化了传热和传质过程，提高了干燥速率，使用于热敏物料的干燥。但不适用于含水量高、易黏结成团的物料。

3. 喷雾干燥器

类似于喷雾制粒机，喷雾干燥蒸发面积大，干燥时间短，对热敏性物料非常适合，所得干燥物多为松脆的空心颗粒，溶解性好。

4. 红外干燥器和微波干燥器

红外干燥器是利用红外辐射元件所发射的红外线对物料直接照射而加热干燥的方法。红外线干燥时，由于物料表面和内部的分子同时吸收红外线，而受热均匀，干燥快，质量好，但电能消耗大。

微波为波长 1mm 到 1m 之间的电磁波。湿物料中的水分子在微波的作用下被极化并沿微波电场的方向整齐排列，随着电场方向的交互变化而不断地迅速旋转产生剧烈的碰撞和摩擦产热，达到干燥的目的。微波干燥的优点是加热迅速，物料受热均匀，热效率高，干燥速度快，干燥产品均匀洁净。

（三）冷冻干燥

冷冻干燥又称升华干燥。将含水物料冷冻到冰点以下，使水转变为冰，然后在较高真空下将冰转变为蒸汽而除去的干燥方法。物料可先在冷冻装置内冷冻，再进行干燥。但也可直接在干燥室内经迅速抽成真空而冷冻。升华生成的水蒸气借冷凝器除去。升华过程中所需的汽化热量，一般由热辐射供给。冷冻干燥适合于对热敏感的或遇水易分解的药物，特别是生物技术药物。

1. 冷冻干燥原理

冷冻干燥是将药物溶液先冻结成固体，然后再在一定的低温与真空条件下，将水分从冻结状态直接升华除去的一种干燥方法。其原理可用水的三相图说明（图 4-24）。图中可分为三个区域：水（液态）、冰（固态）、水蒸气（气态）。OA、OB、OC 分别为水的两种状态相互转化的平衡曲线。O 点是冰、水、气的平衡点，在这个温度和压力时冰、水、气共存，这个温度为 $0.01℃$，压力为 613.3Pa（4.6mmHg）。从图可以看出当压力低于 613.3Pa 时，不管温度如何变化，只有水的固态（冰）和气态（水蒸气）存在，液态（水）不存在。固态（冰）受热时不经过液态（水）直接变为气态（水蒸气）；而气态（水蒸气）遇冷时放热直接变为固态（冰）。根据平衡曲线 OC，对于固态（冰），升高温度或降低压力都可以打破气固平衡，使整个系统朝着固态（冰）转变为气态（水蒸气）的方向进行。

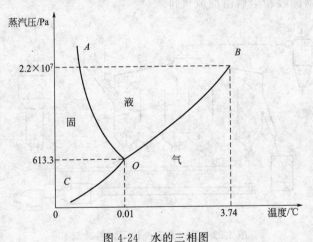

图 4-24　水的三相图

2. 冻干设备

冷冻干燥机的分类方法很多，按其冷热板面积可分为大、中、小三种类型，通常冻干面积小于 1.5m² 为小型，介于 1.5～50m² 之间为中型，大于 50m² 为大型；按其目的和用途可分为实验型冻干机、中型冻干机和工业生产型冻干机。

药品冷冻干燥机（简称冻干机）按系统分，由制冷系统、真空系统、加热系统和控制系统 4 个主要部分组成。按结构分，由冻干箱（或称干燥箱）、冷凝器（或称水汽凝集器）、冷冻机、真空泵和阀门、电气控制元件等组成。

图 4-25 为冻干机组成示意图。图中 1 为冻干箱即干燥室，其中装有冷热板，通过电阻

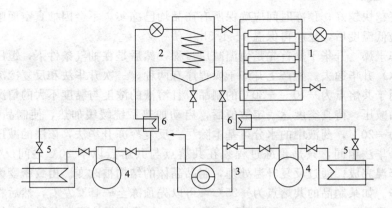

图 4-25　冻干机组成示意图

丝或制冷压缩机分别加温或冷却，也能抽成真空的密闭容器，需冻干的产品即放在箱内金属板层上。2 为冷凝器，同样是真空密闭容器，其内部有较大表面积的金属吸附面，能降低并维持低温状态，用于把冻干箱内产品升华出来的水蒸气冻结吸附在其金属表面上。3 为真空泵，与冻干箱、冷凝器、真空管道、阀门构成冻干机的真空系统，有利于产品迅速升华干燥。4 为制冷压缩机，可互相独立的两套或以上，也可合用一套，用于对冻干箱和冷凝器进行制冷，以产生和维持低温。5 和 6 分别为水冷却器、热交换器。

3. 冻干过程

冷冻干燥过程主要分为预冻、升华干燥和再干燥等过程。

(1) 测共熔点　**共熔点**是指药物的水溶液在冷却过程中，冰和溶质同时析晶（低共熔混合物）的温度。不同物质的共熔点是不同的，例如 0.85% 氯化钠溶液为 $-21.2℃$，而 10% 葡萄糖溶液为 $-3℃$。共熔点的测定方法有热分析法和电阻法两种。热分析法可以通过绘制冷冻曲线求得。电阻法的原理是：电解质溶液在冷却至共熔点时，因电解质析晶而使电阻突然增大，因此用电导仪测定该溶液在降温过程中电阻突然增大时的温度即为共熔点。由于样品冷却时往往有过冷现象（温度冷至共熔点但溶质不结晶，因为冻结过程为静止态），因此这样测得结果偏低。此时，可以将系统先冷冻，然后渐渐升温，当升至某一温度时，电阻突然变小，该温度即为共熔点。对非离子型的有机化合物，由于其电阻变化较小而不能测准，常采用加入一定量的附加剂，以测定多组分的共熔点的办法来弥补。

测定药物溶液的共熔点在冷冻干燥生产工艺中十分重要。若在冻结与升华的过程中，制品的温度超过了共熔点，则溶质将部分或全部处于液相中，水的冰晶体的升华被液体浓缩蒸发所取代，导致干燥后的制品发生萎缩、溶解速度降低等问题。一些活性物质由于处于高浓度电解质中，也容易变性，所以共熔点是保证产品获得最佳冻干效果的临界温度。

(2) 预冻　预冻是恒压降温过程。药液随温度的下降冻结成固体，通常预冻的温度应降低至共熔点以下 $10\sim20℃$，预冻时间一般 2～3h，有些品种长达 8h。冻干制品必须进行预冻后才能升华干燥，不经预冻而直接减压真空，会造成药品损失或产品外形萎缩，影响质量。若预冻不完全，在减压过程中可能产生沸腾冲瓶的现象，使制品表面不平整。预冻的方法主要有速冻与慢冻两种方法。速冻法先将冻干箱降温至 $-45℃$ 以下，再将制品放入，药物因急速冷冻而析出细晶，制得产品疏松易溶，引起蛋白质变性的概率减小，对酶类、活菌、活病毒的保存有利。慢冻法是将物品放入缓慢降温的冻干箱中形成的结晶粗，但冻干效率高，因此实际工作中应根据具体情况加以选择。产品预冻的效果由 3 个参数确定：预冻最低温度、预冻速率和预冻时间。预冻最低温度应低于溶液共熔点温度，同时考虑包装瓶的耐受情况；预冻速率过慢由于溶质效应和机械效应，会对生物制品的细胞产生破坏，故在预冻阶段，降温速度越快越好；预冻时间应确保所有产品均已冻实，不会因抽真空而喷瓶，故在样品达到预冻最低温度后，还应再保温1~1.5h。

（3）升华干燥 升华干燥首先是恒温减压过程，然后是在抽气条件下，恒压升温，使固态的水（即冰）升华逸去。生产上升华干燥程序有两种，一次升华法和反复冷冻升华法。一次升华法适用于共熔点为−10~−20℃的制品，且溶液的浓度与黏度不大的情况。它首先将预冻后的制品减压，待真空度达一定数值后，启动加热系统缓缓加热，使制品中的冰升华，升华温度约为−20℃，药液中的水分可基本除尽。反复冷冻升华法，该法的减压和加热升华过程与一次升华法相同，只是预冻过程须在共熔点与共熔点以下20℃之间反复升降预冻，而不是一次降温完成。通过反复升温处理，制品晶体的结构被改变。由致密变为疏松，有利于水分的升华。如某制品的共熔点为−25℃，可以先预冻至−45℃左右，然后将制品升温至共熔点附近，维持30~40min，再降至−40℃左右。如此反复处理，有利于冰晶的升华，可缩短冻干周期。因此，本法常用于结构较复杂、稠度大及共熔点较低的制品，如多糖和某些蛋白质类药物。

（4）再干燥 产品升华干燥后，温度继续升高至0℃或室温，并保持一段时间，可使已升华的水蒸气或残留的水分被抽尽。产品在保温干燥一段时间后，整个冻干过程即告结束。在这个阶段干燥过程中，温度可迅速上升至设定的最高温度，不致产生沸腾现象，有利于降低产品残余水分，并缩短再干燥时间。再干燥可保证冻干制品含水量小于1%，并有防止回潮的作用。

4. 冻干曲线

在冻干过程中将搁板温度与制品温度随时间的变化记录下来，即可得到冻干曲线。冻干工艺必须分段制定，每种新冻干产品必须制定一次新的冻干曲线。冻干曲线的制定是生产出合格冻干品的前提条件。

冻干曲线需设定以下参数：预冻速率、预冻温度、预冻时间、水汽凝结器的降温时间和温度、升华温度和干燥时间。如图4-26，1表示降温阶段（预冻），2表示第一次升温阶段（升华干燥），3表示低温维持阶段，4表示第二次升温阶段（再干燥），5表示最后维持阶段。

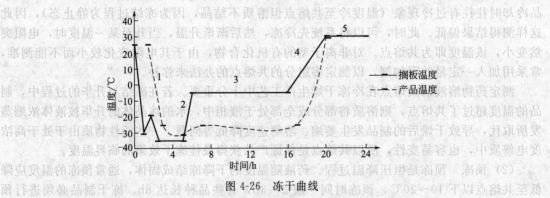

图4-26 冻干曲线

（四）干燥的操作（以GFG-500型高效沸腾干燥机为例）

（一）干燥岗位职责

1. 执行《干燥岗位操作法》、《干燥室设备标准操作规程》、《干燥设备清洁操作规程》、《场地清洁操作指南》等。

2. 负责干燥所用设备的安全使用及日常养护。按生产指令生产，核对干燥所用物料的名称、数量、规格、形式等，确保不发生混药、错药。

3. 认真检查干燥设备是否清洁干净，清场状态是否符合规定。

4. 干燥过程中不得擅自离岗，发现异常情况及时进行排除并上报。

5. 生产完毕，按规定进行物料移交，并认真填写好各种生产记录。

6. 工作结束或更换产品时应及时做好清场工作，认真填写相应记录。

7. 做到生产岗位各种标识准确，清晰明了。

（二）干燥操作流程

1 生产前准备工作

1.1 检查生产所用工具是否齐全、洁净，机器部件是否安装完好。

1.2 检查蒸汽、压缩空气是否供应正常。

1.3 检查投料的物料是否齐全，数量、品名、批号是否与生产指令相符，外观是否合格。

2 操作

2.1 接通控制箱电源，打开压缩空气阀，调节气体压力（0.5～0.6MPa）。

2.2 根据需要设定进风温度（先按3s设定键，然后按加、减数键到所需温度，最后再按3s设定键即可温度设定）。

2.3 将制好的颗粒投入料斗，将料斗推入箱体，待料斗就位正确后，方可推入充气开关，上下气囊进入0.1～0.15MPa压缩空气，使料斗上下处于密封状态。

2.4 开启加热气进出手动截止阀。

2.5 按引风机启动键，待风机启动结束后，按启动搅拌键，则搅拌运转，干燥开始。

2.6 进风温度通过自动控制系统慢慢上升到设定温度左右，待出风温度上升到60℃左右时，物料即将干燥。

2.7 烘干过程颗粒有不均匀的现象，必须停止烘干，将料斗拉出来翻粒，再推进去烘干。

2.8 取样测定颗粒水分是否达到要求。

2.9 颗粒干燥程度达到要求后，拉出冷风门开关，用洁净的冷空气冷却物料数分钟。

2.10 按风机停止键，使风机和搅拌同时停止（电气连锁），推拉捕集袋升降气缸数次，使袋上的积料抖入料斗。

2.11 拉出充气开关，待气囊密封圈放气复原后方可将料斗拉出。

2.12 关闭控制箱电源和蒸汽源、压缩空气源。

3 清场

生产结束后按《清场标准操作规程》进行清场。清场完毕，经QA检查合格后，挂上"已清场"的状态牌。

4 记录

及时规范填写各生产记录、清场记录。

拓展知识

一、洁净室的要求

制剂生产厂房的内部布置是根据药品的种类、剂型以及生产工序、生产要求等合理划分不同的洁净室。洁净室是根据需要对空气中尘粒、微生物、温度、湿度、压力和噪音进行控制的密闭空间。洁净室中的洁净工作区是指洁净室内离地 0.8～1.5m 高度的区域。根据 GMP 规定，洁净室中洁净度级别可分为 A、B、C、D 四个等级。

（一）洁净室介绍

1. 建筑要求

洁净室环境应安静，周围空气洁净干燥，室外场地宽敞，并与锅炉房、生活区有一定距离，室内应装有洁净空调系统，进入的空气须滤过和消毒。所有电气设备、通风、工艺管道、照明灯等均应全部嵌入夹墙内，以免积尘和黏附细菌。墙壁与房顶及地面连接处均应砌成弧形，以便冲洗。室内面积不宜过大。地面用环氧树脂，墙壁应平直、光滑、无缝隙、不易剥落、耐湿。窗应采用密闭的双层玻璃。

2. 室内布局要求

洁净室应按工艺流程顺序布局，并规定人流和物流两条路线。室外必须设有走廊和足够的缓冲间和传送橱，避免重复往返，以免原材料、半成品交叉污染与混杂。其基本原则如下。

① 洁净室内的设备布置尽量紧凑，以减少洁净室的占地面积。

② 洁净室一般不安装窗户，有窗时则不宜临窗布置，尽量布置于厂房的内侧或中心部位。

③ 相同级别的洁净室尽量安排在一起。

④ 不同级别的洁净室应设隔门，并由低级别向高级别安排，相邻房间有压差（10Pa 左右），门的开启方向朝着高级别的洁净室。

⑤ 洁净室的门窗要求紧闭，人、物进出口必须安装气闸，安全出口开启方向朝操作人员安全疏散方向。

⑥ 洁净室的照度按 GMP 要求不低于 300lx。

⑦ 无菌区的紫外灯安装在无菌区上侧或入口处。

3. 对人、物要求

操作人员进入洁净室前必须洗手、洗脸、沐浴，更衣、帽、鞋，空气吹淋（风淋）等；着专用工作服，并尽量盖罩全身。

凡在洁净室使用的原料、仪器、设备等在进入洁净室前均需清洁处理，按一次通过方式，边灭菌边利用各种传递带、传递窗或灭菌柜将物料送入洁净室内。

（二）洁净室的空调系统

洁净室的空调系统对保证无菌制剂的质量关系很大，凡进入室内的空气均须经过严密滤过、去湿、加热等处理，成为无尘、无菌、洁净、新鲜的空气，并能调节室内的温度与湿度。空调系统如图 4-27 所示。

当鼓风 6 开动后，室内的回风和室外的新风都被吸入送风室 1 中，空气首先经过初效过

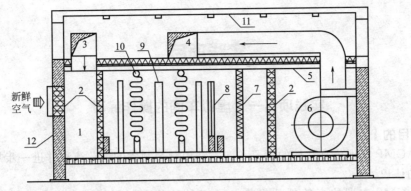

图 4-27　空调系统示意图

1—送风室；2—油浸玻璃丝滤过器（或用泡沫塑料）；3—回风管；4—送风管；5—混凝土板及保温层；
6—鼓风机；7—加热器；8—挡水板；9—喷雾管；10—水蛇管冷却器；11—屋顶；12—外墙

滤器 2，以除去大部分尘埃和细菌；滤过后的空气通过冷却器 10，使空气温度下降，并让空气中的水分冷凝除去。然后通过挡水板 9 除去雾滴，再通过风机 8，使空气经过蒸汽加热器 7，进一步调节空气温度和降低湿度，再通过蒸汽加湿器 6（或水加湿器）调节空气湿度；然后再经过中效过滤器，将洁净空气由各送风管 4 送往操作室，在送风管末端通过高效过滤器后进入操作室。室内的空气可经回风管 3 送回送风室，与新风混合后，循环使用；新风应经初效过滤器过滤后进入送风室。通过调节新风量，使室内保持正压，以免污物从缝隙中进入无菌室。

空调系统可除去 98% 以上的尘埃，但仍达不到理想洁净度的要求。如要达到更高的洁净度，只有采用空气净化技术。

二、常见过滤装置

过滤装置由多种滤器连贯组合而成，分为高位静压过滤、减压过滤和加压过滤等。

1. 高位静压过滤装置

此种装置是利用液位差进行过滤，适用于生产量不大、缺乏一定设备的情况。一般药液配置在楼上，通过管道在楼下灌封。此法压力稳定，质量好，但滤速慢。

2. 减压过滤装置

减压过滤系采用真空泵等，将整个过滤系统抽成真空形成负压，而将滤液抽过过滤介质的方法。该装置适用于各种滤器，对于注射剂的过滤，减压过滤装置中药液先经滤棒和垂熔玻璃滤器预滤，再经膜滤器精滤。此装置整个系统都处在密闭状态，药液不易被污染。但进入滤过系统中的空气必须经过滤。缺点是压力不够稳定，操作不当易使滤层松动，影响滤液质量。另外，由于整个系统处于负压状态，一些微生物或杂质能从密封不严处吸入系统污染产品，故不适于除菌过滤。

3. 加压过滤装置

加压过滤系利用离心泵对过滤系统加压而达到过滤目的的方法，广泛应用于药厂大量生产。常用设备有板框式压滤机，滤棒、垂熔玻璃滤器及微孔滤膜组成的用于注射剂过滤的装置。加压过滤的特点是压力稳定，滤速快，质量好，产量高。由于整个装置处于正压下，即使过滤停顿对滤层影响较小，同时外界空气不易漏入过滤系统，适用于无菌过滤。但此法需要离心泵和压滤器等耐压设备；适用于配液、过滤及灌封工艺在同平面的情况；要注意该装置在用前应检查过滤系统的严密性。

实践项目

实践项目一　虚拟车间的操作练习

【实践目的】

1. 通过 GMP 实训仿真软件的学习，熟悉常用制剂制备的工艺流程并进一步加深对相关 GMP 知识的认识。

2. 通过 GMP 实训仿真软件的操作，了解各种基本制剂技术和设备的操作、保养和维护。

【实践场地】 机房（配有药物制剂 GMP 实训仿真系统软件）。

【实践内容】

1. 点击进入操作界面，进入到"课程辅助教学"模块，该模块中的机械设备基础部分介绍了制药设备常用机构、压力容器、管道与阀门、保养维护与维修等内容，原理动画、直观图片、实物照片等素材较为丰富。结合本章介绍的各种制剂技术所用的设备，通过观看原理图和录像，进一步进行熟悉。

2. 点击进入"学生仿真练习"模块，该模块共汇总了颗粒剂、片剂、胶囊剂、水针剂四大类药品的生产岗位仿真场景，并对制药用水、空调与高压气源等辅助设施的岗位进行了仿真。学生选择制药用水系统和空调系统进行仿真操作。

（1）制药用水系统　制药用水系统，包括纯化水制备、注射用水制备，学生按顺序进入各个场景（见图 4-28），熟悉场景的布置、设备的功能，再按照"操作指南"的要领提示进行仿真操作。对制水的工艺流程和各操作岗位的要求，设备的操作、清洗和维护进行更为直观的学习和认识。

图 4-28　制药用水系统仿真场景

（2）空调系统　这部分主要提高学生对空气净化技术在制药车间中实际应用的认识。通过场景模拟练习，对空气净化的原理，制剂车间洁净度的内容加深理解。见图 4-29。

实践项目二　参观制水车间

【实践目的】

1. 了解制水车间的制水工艺布局、车间布置。

2. 掌握制水工艺流程，熟悉制水主要设备的原理、结构。

图 4-29　空调系统仿真场景

3. 了解制水主要设备的基本操作。

4. 掌握制药用水的水质标准，明确水质监控的重要性。

【实践场地】　GMP 实训车间或药厂制水车间。

【实践内容】

1. 参观制水车间，认真听取工作人员的讲解。

2. 观看制水工艺流程、制水主要设备的原理、结构。

3. 学习制药用水质量管理的相关规章制度、措施。

【实践要求】

（1）参观前　认真复习教材中制水的工序、原理、设备等有关内容。按厂方进入厂区、车间的有关规定要求，做好衣、柜、鞋、帽等的准备工作。

（2）参观时　认真听取工作人员的讲解，做好笔记。参观过程中要严格遵守厂方的规章制度，服从安排。

（3）参观后　绘制所参观的制水工艺流程图，并进行分析讨论，总结参观体会。

自我测试

一、单选题

1. 对层流净化特点表达错误的是（　　　）。

　　A. 层流净化为 A 级净化　　B. 空气处于层流状态，室内空气不易积尘

　　C. 空调净化即为层流净化　　D. 可控制洁净室的温度与湿度

2. 对热不稳定的药物溶液的灭菌应采用的灭菌法是（　　　）。

　　A. 辐射灭菌法　　　　B. 紫外线灭菌法　　　　C. 过滤灭菌法　　　　D. 热压灭菌法

3. 金属器具的灭菌应采用的灭菌法是（　　　）。

　　A. 辐射灭菌法　　　　B. 紫外线灭菌法　　　　C. 热压灭菌法　　　　D. 干热灭菌法

4. 空安瓿灭菌的宜用方法是（　　　）。

　　A. 紫外线灭菌　　　　B. 干热灭菌　　　　C. 过滤除菌　　　　D. 辐射灭菌

5. 热压灭菌的 F_0 一般要求为（　　　）。

　　A. 8～12　　　　　　　B. 6～8　　　　　　　C. 2～8　　　　　　　D. 16～20

6. 过滤是制备注射剂的关键步骤之一，起精滤作用的滤器是（　　　）。

A. 砂滤棒   B. 板框式压滤机   C. 钛滤器   D. 微孔滤膜滤器

7. 注射用水应于制备后多少小时内使用（   ）。
   A. 4h   B. 8h   C. 12h   D. 24h

8. 由纯化水制备注射用水采取的方法是（   ）。
   A. 离子交换   B. 蒸馏   C. 反渗透   D. 电渗析

9. 塔式蒸馏水器中的隔沫装置作用是除去（   ）。
   A. 热原   B. 重金属离子   C. 细菌   D. 废气

10. 主要用作注射用灭菌粉末的溶剂或注射液的稀释剂的是（   ）。
    A. 灭菌注射用水   B. 注射用水   C. 制药用水   D. 纯化水

11. 生产中用作普通药物制剂溶剂的是（   ）。
    A. 灭菌注射用水   B. 注射用水   C. 制药用水   D. 纯化水

12. 我国法定制备注射用水的方法是（   ）。
    A. 离子交换树脂法   B. 电渗析法   C. 重蒸馏法   D. 凝胶过滤法

13. 以下说法中不是粉碎目的是（   ）。
    A. 提高难溶性药物的溶出度   B. 有利于混合
    C. 有助于提取药材中的有效成分   D. 便于多途径给药

14. 树脂、树胶等药物宜用的粉碎方法是（   ）。
    A. 干法粉碎   B. 湿法粉碎   C. 低温粉碎   D. 高温粉碎

15. 坚硬、难溶性药物欲得极细粉，宜采用的粉碎方法是（   ）。
    A. 干法粉碎   B. 低温粉碎   C. 水飞法   D. 加液研磨法

16. 密度不同的药物混合时，最好的混合方法是（   ）。
    A. 等量递加法   B. 多次过筛
    C. 将密度小的加到密度大的上面   D. 将密度大的加到密度小的上面

17. 我国工业标准筛号常用目表示，目系指（   ）。
    A. 每厘米长度内所含筛孔的数目   B. 每平方厘米面积内所含筛孔的数目
    C. 每英寸长度内所含筛孔的数目   D. 每平方英寸面积内所含筛孔的数目

18. 《中国药典》将粉末等级分为（   ）。
    A. 五级   B. 六级   C. 七级   D. 八级

19. 无菌粉碎宜用的粉碎设备是（   ）。
    A. 万能粉碎机   B. 球磨机   C. 胶体磨   D. 研钵

20. 属于流化干燥技术的是（   ）。
    A. 真空干燥   B. 冷冻干燥   C. 沸腾干燥   D. 微波干燥

21. 流能磨的粉碎原理为（   ）。
    A. 不锈钢齿的撞击与研磨作用
    B. 高速弹性流体使药物间或药物与室壁间发生碰撞
    C. 机械面的相互挤压作用
    D. 圆球的撞击与研磨作用

22. 气流式粉碎机适用于（   ）。
    A. 难溶于水而又要求特别细的药物的粉碎   B. 热敏性物料和低熔点物料的粉碎
    C. 混悬剂与乳剂等分散系的粉碎   D. 贵重物料的密闭操作粉碎

23. 胶体磨适用于（   ）。
    A. 难溶于水而又要求特别细的药物的粉碎   B. 热敏性物料和低熔点物料的粉碎
    C. 混悬剂与乳剂等分散系的粉碎   D. 贵重物料的密闭操作粉碎

24. 球磨机适用于（   ）。
    A. 难溶于水而又要求特别细的药物的粉碎   B. 热敏性物料和低熔点物料的粉碎
    C. 混悬剂与乳剂等分散系的粉碎   D. 贵重物料的密闭操作粉碎

25. 常用于混悬剂与乳剂等分散的粉碎的机械为（   ）。
    A. 球磨机   B. 胶体磨   C. 气流粉碎机   D. 冲击式粉碎机

26. 适用热敏性物料和低熔点物料粉碎的机械是（　　）。
    A. 球磨机　　　　　　　B. 胶体磨　　　　　　C. 气流粉碎机　　　　　D. 锤击式粉碎机

27. 不是湿法粉碎优点的是（　　）。
    A. 防止粉末飞扬　　　　　　　　　　　　　　B. 液体对物料有一定渗透力而提高粉碎效率
    C. 减轻有毒药物对人体的危害　　　　　　　　D. 改善药物崩解速度

28. 固体物料粉碎前粒径与粉碎后粒径的比值为（　　）。
    A. 混合度　　　　　　　B. 粉碎度　　　　　　C. 脆碎度　　　　　　D. 崩解度

29. 樟脑、冰片、薄荷脑等受力易变形的药物宜用的粉碎方法是（　　）。
    A. 干法粉碎　　　　　　B. 加液研磨法　　　　C. 水飞法　　　　　　D. 低温粉碎

30. 混合粉碎的物料要求相似的性质是（　　）。
    A. 颗粒大小　　　　　　B. 密度　　　　　　　C. 质地　　　　　　　D. 溶解度

31. 《中国药典》将药筛筛号分成（　　）。
    A. 六种　　　　　　　　B. 七种　　　　　　　C. 八种　　　　　　　D. 九种

32. 混合干燥物料效果较好的是（　　）。
    A. 槽形混合机　　　　　B. 搅拌混合　　　　　C. 研磨混合　　　　　D. V形混合筒

33. 利用水的升华原理干燥的方法为（　　）。
    A. 冷冻干燥　　　　　　B. 红外干燥　　　　　C. 流化干燥　　　　　D. 喷雾干燥

二、多选题

1. 空气净化技术主要是控制生产场所中的（　　）。
   A. 适宜的温度　　　　　B. 空气中尘粒浓度　　C. 空气细菌污染水平
   D. 适宜的湿度　　　　　E. 空气中氧气的浓度

2. 我国《药品生产质量管理规范》把空气洁净度分为（　　）。
   A. 100 级　　　　　　　B. A 级　　　　　　　C. B 级
   D. C 级　　　　　　　　E. D 级

3. 使用热压灭菌柜应注意（　　）。
   A. 使用饱和水蒸气　　　　　　　　　　　　　B. 排尽柜内空气
   C. 灭菌时间从柜门关闭时算起　　　　　　　　D. 待柜内压力与外面相等时再打开柜门
   E. 灭菌时间应从全部药液真正达到温度时算起

4. 制备注射用水的方法有（　　）。
   A. 离子交换法　　　　　B. 重蒸馏法　　　　　C. 反渗透法
   D. 凝胶过滤法　　　　　E. 电渗析法

5. 影响混合效果的因素有（　　）。
   A. 组分比例　　　　　　B. 组分密度　　　　　C. 含有色素组分
   D. 含有液体或吸湿性成分 E. 组分的性质

6. 与药物过筛效率有关的因素是（　　）。
   A. 药物的运动方式与速度 B. 药物的干燥程度　　C. 药粉厚度
   D. 药物的溶解度　　　　 E. 药物粒子的形状

7. 关于混合操作应掌握的原则，正确的是（　　）。
   A. 组分比例相似者直接混合
   B. 组分比例差异较大时应采用等量递加法混合
   C. 混合时间尽可能长
   D. 色泽差异较大者，应采用套色法
   E. 密度差异大的，混合时先加密度小的，再加密度大的

8. 常用流能磨进行粉碎的药物是（　　）。
   A. 抗生素　　　　　　　B. 酶类　　　　　　　C. 植物药
   D. 低熔点药物　　　　　E. 无菌粉末

9. 关于粉碎与过筛的叙述错误的是（　　）。
   A. 球磨机既能用于干法粉碎又能用于湿法粉碎，转速越快粉碎效率越高

B. 流能磨可用于粉碎要求无菌的物料，但对热敏感的物料不适用

C. 工业用标准筛常用目数来表示，即每厘米长度上筛孔的数目

D. 粉碎度用 n 来表示，即 $n=$ 粉碎前粒度/粉碎后粒度

E. 气流粉碎机常用于混悬剂与乳剂等分散系的粉碎

10. 影响物料流动性的因素有（　　）。
   A. 物料的粒径　　　　　B. 物料的表面状态　　　　C. 物料粒子的形状
   D. 物料的溶解性能　　　E. 物料的化学结构

11. 关于药材粉碎原则的叙述，正确的为（　　）。
   A. 根据药材的质地选择粉碎方法
   B. 只需粉碎到需要的粉碎度，以免浪费人力、物力和时间
   C. 适宜粉碎，不时筛分，可提高粉碎效果
   D. 粉碎毒药或刺激性强的药物时，应注意劳动保护
   E. 物料经粉碎后，粉碎度大，说明药物粉碎得细

12. 关于药物筛的正确叙述是（　　）。
   A. 药物筛分为药典标准筛和工业用标准筛
   B. 药典标准筛的规格以"号"表示，筛号越大，筛的孔径越大
   C. 工业筛的规格以"目"数表示，目数越大，筛的孔径越小
   D. 药物筛分为压制筛和编织筛
   E. 工业筛的目数越大，对应药典标准筛的筛号越小

13. 关于工业用标准筛的错误表述是（　　）。
   A. 工业用标准筛以"目"数表示筛号　　　B. 用每英寸长度上的筛孔数表示"目数"
   C. 筛号越大，筛的孔径越小　　　　　　D. 筛孔大小与筛线的粗细无关
   E. 筛孔内径以"mm"表示

14. 难溶性药物微粉化的目的是（　　）。
   A. 改善溶出度，提高生物利用度　　　　B. 改善药物在制剂中的分散性和均匀性
   C. 有利于提高药物的稳定性　　　　　　D. 减少药物对胃肠道的刺激
   E. 改善制剂口感

15. 影响干燥的因素有压力、药物的特性及（　　）。
   A. 干燥面积　　　　　　B. 干燥速度　　　　　　C. 干燥方法
   D. 干燥温度　　　　　　E. 湿度

16. 由于球磨机的密闭环境，特别适宜粉碎（　　）。
   A. 贵重药物　　　　　　B. 刺激性药物　　　　　C. 吸湿性药物
   D. 无菌药物　　　　　　E. 易氧化药物

17. 关于流能磨的叙述，正确的是（　　）。
   A. 为非机械能粉碎　　　B. 适合于超微粉碎　　　C. 适于无菌粉碎
   D. 粉碎时发生吸热效应　　E. 原理是利用气流的碰撞

18. 与药物颗粒的平均直径成反比的是（　　）。
   A. 粉碎度　　　　　　　B. 溶解速度　　　　　　C. 崩解度
   D. 沉降速度　　　　　　E. 重新分散速度

19. 喷雾干燥的特点是（　　）。
   A. 适用于热敏性物料　　B. 可得粉状制品　　　　C. 干燥温度较低
   D. 是瞬间干燥　　　　　E. 可得颗粒状制品

20. 宜单独粉碎的药物类型是（　　）。
   A. 氧化性　　　　　　　B. 还原性　　　　　　　C. 贵重
   D. 毒剧　　　　　　　　E. 易爆炸

21. 有关混合的正确叙述是（　　）。
   A. 组成比例相似者易于混合均匀　　　　B. 混合能保证制剂中各组分的含量均匀
   C. 混合时间越长越好　　　　　　　　　D. 混合方法有搅拌混合、研磨混合、过筛混合

E. 混合好坏和环境也有关系

22. 关于干燥的叙述，正确的是（　　）。

A. 干燥温度越高越好
B. 空气的湿度越小越好
C. 干燥压力越小越好
D. 干燥面积越大越好
E. 干燥速度越快越好

23. 关于喷雾干燥的叙述，正确的是（　　）。

A. 用于液态物料的干燥
B. 用于湿粒状物料的干燥
C. 产品流动性好
D. 干燥速度快，但不易清场
E. 产品质地疏松，易溶

24. 关于球磨机的叙述，正确的是（　　）

A. 钢球越大越好
B. 转速必须低于临界转速（约 $60\%\sim80\%$）
C. 转速越大越好
D. 药物的直径不大于球直径的 $1/9\sim1/4$
E. 球占筒容积的 $30\%\sim35\%$，药物占筒容积的 $15\%\sim20\%$

25. 粉碎的目的是（　　）。

A. 增加药物表面积，促进溶出
B. 便于调配
C. 利于制剂
D. 利于药材中成分溶出
E. 便于多途径给药

三、问答题（综合题）

1. 什么是 F 值？什么是 F_0 值？各有何应用？
2. 什么是物理灭菌法？可分为哪几类？各有何应用特点？
3. 湿热灭菌法可分为哪几类？各有何应用特点？
4. 使用热压灭菌柜时应注意什么？
5. 灭菌的标准是什么？药剂学上的灭菌有何特点？
6. 无菌操作法有何特点？怎样才能得到一间无菌操作室？
7. 去离子水、注射用水、灭菌注射用水三种水有何不同？
8. 粉碎的目的意义是什么？粉碎度与粒子大小有何关系？
9. 常用的粉碎方法有哪些？各有何特点？常用的粉碎器械有哪些？各有何特点？
10. 药筛的种类及规格怎样？粉末的分等情况怎样？
11. 混合的目的是什么？影响混合的因素有哪些？常用的混合方法有哪些？各有何特点？常用混合器械有哪些？各有何特点？
12. 影响干燥的因素有哪些？常用的干燥方法有哪些？各有何特点？

模块二
液体类制剂的工艺与制备

项目五 液体制剂工艺与制备

知识目标：掌握液体制剂的分类、特点。

熟悉常见液体制剂的特点和质量要求。

熟悉液体制剂的处方组成。

液体制剂的生产的单元操作。

液体制剂的制备技术。

能力目标：知道液体制剂的分类和特点。

能进行液体制剂的生产单元操作。

能生产出符合质量要求的液体制剂。

液体制剂包括多种剂型，常见的有溶液剂、糖浆剂、混悬剂、乳剂，以特殊液体为溶剂的如甘油剂、醑剂等，特殊用途的搽剂、洗剂、滴耳剂、滴鼻剂等，临床可用于口服，皮肤用、直肠用、口鼻耳等外用，应用非常广泛。液体制剂的制备理论、生产工艺在药物制剂技术中占有重要地位，是生产注射剂、滴眼剂、喷雾剂等其他剂型的基础。

必备知识

一、概述

液体制剂系指药物分散在适宜的分散介质中制成的液体状态的药剂。液体制剂的分散相可以是固体、液体或气体，药物可以以分子、离子、胶粒、微粒、液滴等形式分散在液体分散介质中，从而形成均相或非均相的液体制剂。液体制剂中药物粒子分散度的大小与制剂稳定性、药效和毒副作用密切相关，故液体制剂常依其分散程度进行分类和研究。

液体制剂生产制备环境的洁净度要求，取决于具体剂型和给药途径。根据我国 GMP 的要求，口服液体生产的暴露工序及其直接接触药品的包装材料最终处理的暴露工序区域，应参照"无菌药品"附录中 D 级洁净区的要求设置与管理。

（一）液体制剂的特点与质量要求

液体制剂与固体制剂相比，具有如下优点：①药物在介质中的分散度大，口服给药时接触面积大，故吸收快，起效迅速；②剂量便于调整，呈流体状态易服用，特别适用于婴幼儿和老年患者；③给药途径广泛，既可用于内服，亦可外用于皮肤、黏膜和腔道等；④可避免局部药物浓度过高，从而减少某些药物对人体的刺激性，如溴化物、水合氯醛等药物，制成液体制剂，经调整浓度可减少刺激性。

液体制剂也存在一些缺点：①药物分散度大，同时受分散介质（尤其是水）的影响，化学稳定性较差，易引起药物的降解失效；②水性液体制剂易霉败，需加入防腐剂；③非均相液体制剂，如混悬剂和乳剂存在物理不稳定的倾向；④液体制剂一般体积较大，需密封性好的容器，携带、贮存不方便。

液体制剂的质量要求如下：

① 均相液体制剂应是澄明溶液，非均相液体制剂应使分散相粒子细小而均匀，混悬剂经振摇应能均匀分散。

② 液体制剂的有效成分含量应准确、稳定、符合药典要求。

③ 有一定的防腐能力，微生物限度检查应符合药典的要求。口服液体制剂应符合每1ml细菌数不超过100cfu，霉菌和酵母菌数不超过100cfu，不得检出大肠埃希菌。

④ 在规定贮存与使用期间不得发生霉变、酸败、变色、异臭、异物、产生气体或其他变质现象。

⑤ 口服液体制剂应外观良好，口感适宜，患者顺应性好；外用液体制剂应无刺激性。

（二）液体制剂的分类

1. 按分散系统分类

见图 5-1。

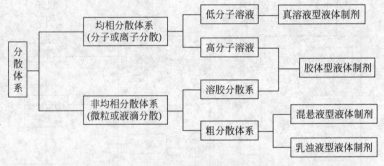

图 5-1 液体制剂按分散系统分类

（1）均相液体制剂　药物以分子或离子形式分散的澄明液体溶液。根据药物分子或离子大小不同，又可分为低分子溶液剂和高分子溶液剂。

低分子溶液剂亦称真溶液，分散相为小于 1nm 的分子或离子，能通过滤纸或半透膜。物理稳定性好。如氯化钠水溶液、樟脑的乙醇溶液。

高分子溶液剂属于胶体溶液，以水为分散介质时，称为亲水胶体。分散相粒子大小 1～100nm，能透过滤纸，但不能透过半透膜。

（2）非均相液体制剂　制剂中的固体或液体药物以分子聚集体形式分散于液体分散介质中，为多相的、不均匀的分散系统。属于热力学不稳定体系。根据其分散相粒子的不同，又可分为溶胶剂、粗分散系（包括混悬剂和乳剂）。

溶胶剂亦属于胶体溶液，当以水为分散介质时，称为疏水胶体，分散相粒子大小为 1～100nm 的固体药物，能透过滤纸，不能透过半透膜，如硫溶胶、氢氧化铁溶胶。

混悬剂的分散相为粒子大小＞100nm 的固体药物，由于聚结或沉降而具有动力学不稳定性。不能透过滤纸，外观浑浊。如炉甘石洗剂和硫黄洗剂。

乳剂亦称乳浊液，分散相为粒子大小＞100nm 的液体药物，由于聚结或沉降而具有动力学不稳定性。不能透过滤纸，外观呈乳状或半透明状。如鱼肝油乳、松节油搽剂等。

2. 按给药途径与应用方法分类

（1）内服液体制剂 如合剂、糖浆剂、口服液等。

（2）外用液体制剂

① 皮肤用液体制剂，如洗剂、搽剂。

② 腔道用液体制剂，包括耳道、鼻腔、口腔、直肠、阴道、尿道用液体制剂。如洗耳剂、滴耳剂、洗鼻剂、滴鼻剂、含漱剂、涂剂、滴牙剂、灌肠剂、灌洗剂等。

（三）液体制剂的处方组成

液体制剂的溶剂是其重要组成部分。液体制剂的溶剂，对于低分子溶液剂和高分子溶液剂而言可称为溶剂；对于溶胶剂、混悬剂、乳剂而言，则药物不是溶解而是分散，此时可称为分散介质或分散媒。溶剂对药物的溶解和分散起重要作用，与液体制剂的制备方法的确定、理化性质、稳定性以及药效的发挥密切相关，所以制备液体制剂应选择优良溶剂。根据溶剂极性不同可分为，极性溶剂如水（纯化水）、甘油、二甲基亚砜（DMSO），半极性溶剂如乙醇、丙二醇、聚乙二醇等，非极性溶剂如液体石蜡、植物油、肉豆蔻酸异丙酯、油酸乙酯等。实际应用时应视具体药物性质及用途选择适宜的溶剂（或称分散介质），并考虑混合使用。

此外，为确保液体制剂的稳定性、安全性、有效性和均一性，在制备过程中，除了适宜的分散介质外，不同的分散系统还需加入一些附加剂。例如溶液型液体制剂中常加入增溶剂、助溶剂，以增加药物在分散介质中的溶解度；混悬剂中加入助悬剂可增加混悬微粒的悬

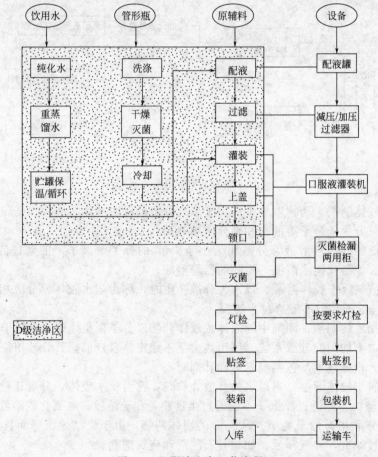

图 5-2 口服液生产工艺流程

浮效果；乳剂中加入乳化剂可使乳剂的分散相液滴更稳定。

口服的液体制剂需加入矫味剂以改善口感，如用蔗糖、阿斯巴坦等甜味剂以甜味掩盖苦涩味，阿拉伯胶、羧甲基纤维素钠等胶浆剂缓和口感，有机酸（如枸橼酸、酒石酸）与碳酸氢钠混合泡腾作用麻痹味蕾以矫味。同时加入相应的橙皮油、桂皮油等芳香剂进行矫嗅，叶绿素、苋菜汁、日落黄等色素进行着色，以达到相辅相成的效果。一般以水为溶剂则需加入防腐剂，常用的如苯甲酸（苯甲酸钠）、尼泊金酯类、山梨酸等。

（四）配制液体制剂的基本操作

在药品生产企业，液体制剂的制备分制药用水生产、包装材料的清洗、备料、配液、过滤、灌装、包装、检验、入库等工序，以口服液生产工艺为例，其生产工艺流程如图5-2所示。液体制剂生产人员应按生产计划和生产指令的要求完成从备料到包装的各个工序的生产任务。

备料过程是指根据生产指令的要求，到指定地点领取生产所需的原料、辅料、包装材料等生产物品，并按操作规程发送到相应的生产岗位的工作过程。与其他剂型的生产相同，工艺流程中的纯化水制备、干燥、灭菌等技术已在前文中进行了介绍，在此不再赘述。

1. 配液

配液是指应用溶解、乳化或混悬等制剂技术，将原料、附加剂、分散溶媒等按操作规程制成体积、浓度、分散度、均匀度符合生产指令及质量标准要求的液体制剂的操作过程。

（一）配液岗位职责

配液岗位的主要任务包括配液前准备、液体配制、配制结束的清场三个部分。岗位人员除了有按生产指令完成液体配制任务外，还需承担以下责任：

① 按洁净室入场规程进入生产岗位，并执行洗手、消毒程序。

② 对配液前生产环境、设备是否达到规定的生产要求进行检查，并确认准许进行生产操作。

③ 对称、量器具进行校正，并对称、量操作规范及投料的准确性负责。

④ 按规定的操作程序添加各类物料进行配液操作，并对配制液体的容量、浓度、分散度与均匀度负责。

⑤ 按规定进行生产岗位环境的清场与消毒。

⑥ 根据实际操作过程填写生产记录，并对各项数据的真实性与准确性负责。

（二）配液操作流程

配液操作的具体操作步骤是：审核生产物料—称取（或量取）所需物料—配液前检查与清洗—实施配液操作—中间体检验—完成配液操作进入下一工序。

1. 溶解

溶解主要用于配制真溶液或亲水胶体溶液，通常在配液罐内完成配液操作，包括稀配法和浓配法两种。稀配法是指将物料溶解于足量溶剂中，搅拌使之溶解，一步配制成所需浓度的操作方法。稀配法适用于原料的质量好、杂质少，而药物的溶解度较小的物料。浓配法是指将物料溶解于少量溶剂中，使之溶解后，进行过滤，在滤液中加入足量的溶剂并稀释到需要浓度。浓配法适用于原料质量较差、杂质多，而药物的溶解度相对较高的物料。浓配法常采用升高温度、搅拌、粉碎以减小物料的粒径等措施来加快溶解速度，同时也保证配液罐内药液浓度均一。

---

2. 分散或凝聚

分散法和凝聚法主要用于疏水胶体溶液与混悬剂的配制。分散法是将固体物料研磨成细度符合要求的微粒，再加入分散溶媒调整至所需浓度的过程。凝聚法则是将物料分别溶解制成溶液，再将两种溶液混合，使药物分子或离子聚结成符合混悬剂要求微粒，从而制成混悬剂的过程。

（1）分散法　即借助球磨机、胶体磨等分散设备，将固体物料研磨分散成大小适宜的微粒而制成混悬剂。研磨时可直接研磨，亦可加液研磨。加助悬剂研磨可能对亲水性药物的影响不大，但对疏水性药物而言，药物与助悬剂共同研磨可使微粒更细腻，分散效果更好。生产中，分散设备的效率及研磨分散的时间长短均会影响混悬剂的质量。

（2）凝聚法　与分散法相反，凝聚法是使小的分子或离子逐渐凝聚而成大的混悬微粒的过程。这种方法可以在普通的配液罐内进行而无需加备其他设备。凝聚过程可能是由于溶剂改变，药物的溶解度随之变化而析出结晶；也可能是由于混合的两种物质发生化学反应，生成不溶性物质，生成物的结晶不断长大而形成混悬微粒。无论凝聚的机制如何，凝聚法操作要求混合液体尽量稀释，并在混合的同时进行搅拌，以防止混悬微粒过粗或粒径不均。

3. 乳化

乳化通常需要使用乳匀机或胶体磨才能完成。具体的操作方法是将处方中的物料按需要量投入乳匀机内，开机使其乳化，再泵入胶体磨中进一步分散细化即可。操作中注意按岗位标准操作法控制乳匀机和胶体磨的转速与分散时间、分散温度。

配液结束后，车间检验员对中间体进行质量检验，合格的产品进入下一工序，不合格的则需要进行返工。

4. 清场

操作结束后，操作人员清理台面，将所用器具擦拭干净后放回原位。用抹布擦拭操作台面、计量器具及操作室墙面、门窗，再用洁净抹布擦拭，使其清洁。操作室地面用拧干的清洁拖布拖擦，使之清洁干燥。切断电源，用洁净抹布擦拭各种照明器械及配电盒，使清洁。配液用的各种玻璃器具使用后用洗涤剂刷洗，除去污渍后用纯化水刷洗干净。干燥后用洗液荡洗，放置24h。使用前用自来水冲洗至无洗液，再用纯化水冲洗2～3次，最后用滤过的纯化水冲洗2～3次后即可使用。

在药品生产企业，配液操作均在配液罐中进行，配液时首先要按配液罐标准操作法进行检查和操作。溶解技术的应用有助于改善制剂的质量，除此之外还应注意以下几点：①溶解顺序。当处方中存在多个固体物料时，投料应遵循"难溶的先溶、附加剂先溶"的原则，将物料依次溶解。②增溶剂的使用。如果为处方剂，则投料时必须先将增溶质与增溶剂的溶液混合均匀，再加入水进行稀释。③混合顺序。操作中有时为了方便溶解，会将不同的物料分别用适宜的溶剂溶解制成溶液，再将两种溶液混合均匀制成制剂。这种操作方法通常称为混合法。处方中同时存在固体与液体物料时，且其中的液体物料是非水溶剂时通常采用混合法。混合的一般原则是"先稀释，后混合"，目的是防止混合时由于溶剂的改变而导致混合液析出沉淀，影响质量。④胶体的"溶胀"。亲水胶体的颗粒溶解速度较慢，主要原因是胶体的颗粒遇水后，表面可形成黏稠的水化层，阻止水分的继续渗透而形成团块状，很难形成均质液体。为防止此现象的产生，制备亲水胶体溶液时，可先在配液罐内加水，再将胶体物料均匀洒入水中，使其自然吸收水分完全膨胀后再进行搅拌或加热溶解。这种操作称为胶体的"溶胀"。

2. 滤过

1. 滤过岗位职责

滤过岗位工作一般与配液岗位人员为同一班级成员。主要的工作任务是滤器的安装、过滤、清洗清场。岗位人员负有以下岗位职责：

① 按洁净室规定程序进入操作岗位。

② 检查滤器、管道状态，对避免不合格的管道与滤器进入生产负责。

③ 对过滤过程中的工艺参数实施控制，对执行过滤岗位标准操作法、控制滤液质量负责。

④ 操作结束后对使用过的滤器及管道进行清洗、清场，按规定进行滤器的干燥、灭菌，以备下次使用。

2. 滤过操作流程

（1）滤器的安装　滤器临用前用纯化水冲洗2～3次，待用；管道用自来水冲洗内外壁至无醇味，再用纯化水冲洗2～3次，待用。安装时取出滤器和管道，将管道依次与配液罐出液口，药液加压泵入，出液口，滤器入、出液口及滤液贮罐连接牢固待用。

（2）滤过　药液需经含量、pH检查合格才能实施过滤。操作时，依次打开配液罐出液口、药液加压泵电源开头，使配制好的药液经管道通过滤器流入滤液贮液桶内，取样检查澄清度，合格后可进入分装工序。如澄明度检查不合格，需重新对滤器和管道进行清洗处理后，再进行过滤，直至滤液澄清。

（3）清洗与清场　滤过结束后，拆卸所用的连接管道、滤器、加压泵、配液罐及滤液贮罐等器具，用自来水、毛刷刷洗、冲洗滤器、加压泵及管道，再用纯水冲洗2～3次，最后用洁净抹布擦拭，使其清洁干燥，放于原位。滤器、管道放于指定的消毒液中浸泡备用。

3. 分装

（一）分装岗位职责

分装岗位操作分为灌装与封口两个步骤，通过分装设备的协调联动一次完成，故又称为灌封岗位。分装岗位操作人员负有以下职责：

① 按相应洁净级别的操作规程对灌装室进行清洁、消毒，并对各种生产用具、容器进行清洁处理。

② 执行分装岗位操作规程，灌装前检查核对药液品种、规格、数量、包材等是否与生产指令相符，检查检验报告单，以防止不合格的容器、中间体进入灌装程序。

③ 药液滤过后需立即灌装，且灌装与封口同时进行，防止贮存时药液污染。

④ 操作中执行灌装机岗位标准操作法，随时观察设备工作状态，发现问题及时调整，防止药液泄漏。

⑤ 按规定的方法和频率检查中间体质量，并对分装的中间体装量、密封性及洁净度等质量负责。

⑥ 灌装结束后立即清场，做好各项工作记录，并对记录的真实性、准确性、完整性负责。

（二）分装操作流程

1. 生产前清场

操作人员按洁净室入场规程进入灌装工作现场并对现场进行检查，要求：灌装间内无任何产品、包装材料余留物，所有设备、器具、用具、操作台面已清洁，并挂有绿色（已清洁）状态标识牌。灌装区域内无任何与本批生产无关的生产材料及文件，无任何产品及生产材料遗留。灌装间地面、门窗、墙壁、电器已清洁干净，并挂有绿色运行状态标识牌，生产区域各系统电源开关处于正常状态。

2. 容器处理

液体制剂分装前需要对玻璃瓶、胶塞和铝盖进行处理。

（1）玻璃瓶的处理　处理液体制药包装用玻璃瓶分洗涤、烘干、灭菌三个步骤，分别由超声波洗瓶机、烘干机完成。烘干机采用红外线干燥，同时对玻璃瓶进行灭菌。

（2）胶塞的清洗　胶塞需用纯化水清洗并进行干燥。

（3）铝盖的清洗　铝盖主要用纯化水清洗，清洗后需用臭氧灭菌柜进行灭菌。

3. 灌装前准备

灌装前需保证生产区域洁净度、灌装机状态、包装用容器、滤液均处于合格状态。

（1）生产区域消毒　由净化空调系统操作人员开启空气净化系统，使其正常运转，供给符合规定的洁净空气。在操作前1h，采用紫外灯对室内空气及设施与设备表面进行消毒，并做好记录。

（2）灌装机安装与检查　按操作规程将灌注器各部件组装成灌注系统，安装在灌封机上，并检查灌注系统安装无误后，试运行以检查灌封机运转状态。

（3）包装容器的检查　液体制剂分装容器由容器清洗岗位人员完成，分装岗位人员需在灌装前检查容器清洗的质量，并检查准许使用的相关标识。

（4）滤液的检查　灌装前的滤液必须检查有含量检查、pH检查、澄明度检查等项目合格证或相关记录。

4. 灌封操作

再次核对灌装药液的名称、批号、规格，按生产指令的要求打印标签。调整好装量后进行试灌封。（以DGK10/20口服液瓶灌装轧盖机为例）

① 手摇灌装机，检查其运转是否正常。

② 检查灌装可见异物（澄明度），校正容量，应符合要求，并经质量监督员确认。

③ 按《DGK10/20口服液瓶灌装轧盖机标准操作规程》正式开始灌装。最初灌装的产品应予剔除，不得混入半成品。

④ 封口过程中，要随时注意锁口质量，及时剔除次品，发生轧瓶应立即停车处理。灌封过程中发现药液流速减慢，应立即停车，并通知配液岗位调节处理。灌封过程中应随时检查容量，发现过多或过少，应立即停车，及时调整灌装量。

⑤ 灌封好的管形瓶放在专用的不锈钢盘中，每盘应标明品名、规格、批号、灌装机号及灌装工号的标识牌，通过指定的传递窗送至安瓿灭菌岗位。

5. 生产结束

灌封结束，通知配料岗位关闭药液阀门，剩余空瓶退回洗烘岗位。

本批生产结束应对灌装机进行清洁与消毒。折上针头、管道、活塞等输液设施，清洁、消毒后装入专用的已消毒容器。立即对生产场地进行清理、清洁。对物料进行结存并及时填写岗位原始记录和清场合格证。生产过程中若发现异常情况，应及时向质量监控员和工艺员报告，并记录。如确定为偏差，应立即填写偏差通知单，如实反映与偏差相关的情况。

二、 液体制剂中常用的附加剂

液体制剂是由分散相（往往是主药成分）和分散介质所组成的分散体系，分散介质对药物的溶解和分散起重要作用，对液体制剂的性质、质量及临床疗效影响很大。在液体制剂中除了需要加入各种不同的分散介质形成其液体的形状外，为了使制剂形成并符合制剂的质量要求需要加各种附加剂。

（一）表面活性剂

溶液的表面张力与溶质的性质和浓度有关，当两亲性（既有亲水基团，又有亲油基团）的物质溶解后，分子以一定方式定向排列并吸附在液体表面或两种不相混溶液体的界面，或吸附在液体和固体的界面，能明显降低表面张力（或界面张力），这种物质称为**表面活性剂**。它广泛应用于制剂生产中，是一大类辅料。其分子结构特征为由亲水基团和亲油基团组成；亲水基团常为羧酸及其盐、氨基等强亲水基团；亲油基团常为烃链，碳原子在 8 个以上的强疏水基团。

1. 表面活性剂的种类

表面活性剂根据其是否解离，分为离子型和非离子型。离子型的表面活性剂根据其起表面作用的是何种离子又可分为阴离子型、阳离子型、两亲性离子型表面活性剂。

（1）阴离子型表面活性剂　起表面活性作用的是其阴离子部分，可分为肥皂类、硫酸化物、磺酸化物三类。

① 肥皂类。为高级脂肪酸酯，通式为 $(RCOO^-)_n M^{n+}$。因 M 不同，分为碱金属皂（一价皂）、碱土金属皂（多价皂）、有机胺皂。

a. 一价皂：易溶于水，在 pH 9 以上较稳定。加入多价金属离子生成不溶性多价皂而破坏制品的稳定性。有一定刺激性，一般作外用，可作 O/W 乳剂的乳化剂。

b. 多价皂：有较好的耐酸性能且不溶于水，仅限外用，可作 W/O 乳剂的乳化剂。

c. 有机胺皂：可溶于水，对皮肤无刺激性，多用于外用乳剂、软膏剂。

② 硫酸化物。通式为 $R \cdot O \cdot SO_3^- M$，对黏膜有一定刺激性，易溶于水，以 pH6～7 为宜，在硬水中仍能发挥表面活性作用，能与一些大分子阳离子药物发生作用而产生沉淀。

常用作湿润剂及外用乳剂、软膏剂的乳化剂。如，硫酸化蓖麻油（土耳其红油）、十二烷基硫酸钠（月桂醇硫酸钠）、十六烷基硫酸钠、十八烷基硫酸钠等。

③ 磺酸化物。通式为 $R \cdot O \cdot SO_3^- M^+$，在酸性介质中不水解，对热也较稳定。

用作湿润剂或与其他乳化剂合用作软膏及其他外用乳剂的乳化剂。如，丁二酸二辛酯磺酸钠（商品名阿洛索 OT）、十二烷基苯磺酸钠。

（2）阳离子型表面活性剂　起表面活性的是其阳离子部分，主要是季铵化物，不能与大分子的阴离子药物共用。

本类表面活性剂表面活性弱、毒性大，杀菌力强，常用作消毒、杀菌防腐剂。如，新洁尔灭（苯扎溴铵）、洁尔灭（苯扎氯铵）、氯化苯甲烃铵、度米芬（消毒宁）、消毒净等。

（3）两亲性离子型表面活性剂　分子中同时具有正、负电荷基团的表面活性剂，在酸性介质中，其性质如同阳离子型表面活性剂，具有良好的杀菌力；在碱性介质中，表现出阴离子型表面活性剂的性质，具有很好的起泡、去污作用。

天然的两性离子型表面活性剂，如卵磷脂、脑磷脂等，毒性很小，是制备注射用乳剂及脂质体制剂的主要辅料。

合成的两性离子型表面活性剂，如商品名为"Tego"的毒性比阳离子型表面活性剂小，但杀菌力很强。

目前，两性离子型表面活性剂价格较贵，应用较少。

（4）非离子型表面活性剂　在水中不解离（不易受电解质和 pH 值的影响），配伍禁忌少；毒性小（毒性、刺激性、溶血作用均小），广泛用于外用制剂、口服制剂和注射剂。

① 脱水山梨醇脂肪酸酯（脂肪酸山梨坦）：商品名为司盘（Span），不溶于水，是常用的 W/O 型乳化剂。

② 聚氧乙烯脱水山梨醇脂肪酸酯（聚山梨酯）：商品名为吐温（Tween），常用的有吐温 20、吐温 40、吐温 60、吐温 80。多溶于水，常用作增溶剂、O/W 型乳化剂、分散剂和润湿剂。

③ 聚氧乙烯-聚氧丙烯共聚物：又称泊洛沙姆，商品名普朗尼克、普流罗尼，本品具有乳化、润湿、分散、起泡和消泡等作用，但增溶能力较弱。毒性低、刺激性小、不过敏，能高压灭菌，常用于静脉注射用的脂肪乳剂中。

④ 其他。

单硬脂酸甘油酯：主要用于软膏，作 W/O 型辅助乳化剂。

卖泽：具水溶性，乳化力强，为 O/W 型乳化剂，用于注射用乳剂。

苄泽：常用作外用制剂的乳化剂（O/W）和增溶剂。

西土马哥：易溶于水，常用作 O/W 型乳化剂和挥发油的增溶剂。

平平加 O：易溶于水，常作乳化剂。

乳化剂 OP：易溶于水，常用作 O/W 型乳化剂。

2. 表面活性剂的性质

（1）表面活性剂的物理化学性质

① 表面吸附、定向排列。表面层的浓度大于溶液内部的浓度，称为溶液表面的吸附。吸附改变了溶液表面的性质，最外层呈现出碳氢链性质，从而使表面张力明显降低（降低到纯水表面张力以下），产生较好的润湿性、乳化性、起泡性。表面活性表现了物质降低表面张力的能力。表面活性的大小与表面活性剂的浓度、种类有关。

② 胶束（胶团）的形成。当表面活性剂在水表面形成的正吸附达到饱和后，溶液表面不能再吸附，表面活性剂分子转入溶液内部，由于其具有两亲性，致使表面活性剂分子的亲油基团之间相互吸引、缔合成胶团或称胶束，即亲水基团朝外、亲油基团朝内、大小不超过胶体粒子范围（1~100nm）、在水中稳定分散的聚合体。形状见图 5-3。胶束一般由 50~150 个表面活性剂分子构成。胶束的大小比分子大得多，其范围与胶体分散体系相当，溶液基本澄明。

临界胶束（团）浓度（CMC）：表面活性剂分子缔合形成大量胶束的最低浓度。

在达 CMC 后，所增加表面活性剂的量主要形成胶束，未缔合分子浓度增加不明显。溶液性质从近似真溶液突然转变成类似胶体溶液。

特殊现象：表面张力降低，增溶作用增强，起泡性能及去污能力增大，出现丁达尔效

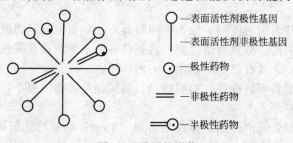

图 5-3　胶团的形状

应，渗透压增大，黏度增大。

③ 亲水亲油平衡值（HLB值）。HLB值指表面活性剂的亲水亲油平衡值。是表面活性剂分子中亲水基团和亲油基团对油或水的综合亲和力的大小，表示表面活性剂亲水亲油性能的强弱。

将非离子型表面活性剂的 HLB 值定为 0～20（无亲水基的石蜡为 0，亲水性很强的 PEG 为 20），HLB 值越高，亲水性越强；HLB 值越低，亲油性越强。

不同 HLB 值表面活性剂的作用不同：如 W/O 型乳化剂（3～8），O/W 型乳化剂（8～18），增溶剂（15～18），润湿剂（7～11），消泡剂（0.5～3），去污剂（13～16）。

混合 HLB 值的计算：$HLB_{AB} = \dfrac{(HLB_A \times W_A + HLB_B \times W_B)}{(W_A + W_B)}$

④ K 氏点与浊点。一般而言，表面活性剂的溶解度与温度有关，并随温度的升高而增大。随温度升高至某一温度，表面活性剂的溶解度急剧升高，该温度称为 K 氏点。

K 氏点是离子型表面活性剂的特征值，也是表面活性剂应用温度的下限，即只有在温度高于 K 氏点时表面活性剂才能发挥作用。

某些表面活性剂到达某温度后，溶解度急剧下降使溶液由澄明变为浑浊，这种由澄明变浑浊的现象称起浊或起昙，溶液由澄明变浑浊的温度称为浊点或昙点。

起浊与表面活性剂氢键的形成与否有关。含聚氧乙烯基的表面活性剂具起浊现象。

浊点多在 70～100℃ 之间。双重浊点是因为表面活性剂不纯。

泊洛沙姆极易溶于水，与水形成的氢键很牢，无浊点。

浊点为特征温度，它对添加剂（包括杂质）很敏感，可通过测定产品的浊点来测验产品的纯度（有杂质时，浊点下降）。

起浊为可逆现象。起浊时，表面活性剂析出，使增溶和乳化作用降低，增溶物质析出、乳剂破坏，一般在温度降低后可恢复原状，但有时难以恢复。

⑤ 毒性。从毒性、刺激性、溶血作用三个方面考察。

毒性：以阳离子型最大，其次为阴离子型，非离子型毒性最小。

溶血作用：阳离子型和阴离子型均具有强烈的溶血作用，非离子型的溶血作用较小。吐温类的溶血作用顺序为：吐温 20＞吐温 60＞吐温 40＞吐温 80。

刺激性：以非离子型最小。

(2) 表面活性剂的生物学性质

① 对药物吸收的影响。一般情况下，增溶制剂能改善药物的吸收，增强其生理、药理作用，如增溶后的维生素 A，其吸收远大于乳剂和油溶液。

决定因素：药物从胶团中扩散的速度和程度、胶团与胃肠生物膜融合的难易程度。易扩散、易融合，则增加吸收；反之，则影响吸收。

② 对药物稳定性的影响。一般可防止药物的水解、氧化，如维生素 A 和维生素 D 增溶后稳定性增加；但有时胶团上的电荷能吸引溶液中的 H^+、OH^- 离子，促进药物的水解。

③ 与蛋白质的相互作用。在碱性条件下，蛋白质带负电，与阳离子型表面活性剂结合变性；在酸性条件下，蛋白质带正电，与阴离子型表面活性剂结合变性。

④ 配伍变化。阴、阳离子型表面活性剂配伍可形成沉淀；阴离子型表面活性剂与带正电荷的药物（如生物碱）配伍，使效价降低；可因较多的钙离子、镁离子等多价离子的存在而降低溶解度，发生盐析现象；阳离子型表面活性剂与带负电荷的物质（阿拉伯胶、果胶酸、海藻酸、CMC-Na、滑石粉、皂土）形成复合物而沉淀。

在含有明胶、CMC-Na、PEG、PVA、PVP 等水溶性高分子的溶液中，形成胶束后，增溶效果明显增强。

3. 表面活性剂的应用

（1）增溶剂　**增溶**是指由于表面活性剂胶团的作用而增大难溶性药物溶解度的过程。

① 增溶机理。由于表面活性剂在水中形成胶团（胶束）的结果。胶团是表面活性剂的亲油基团向内形成非极性中心区，而亲水基团向外，形成的球状体。由于胶团是微小的胶体粒子，其分散体系属于胶体溶液，肉眼观察为澄明溶液，难溶性药物被胶团包裹或吸附而使溶解量增大。

② 增溶剂的选用。原则：HLB 值在 15～18 之间；增溶量大；无毒无刺激性。

③ 影响增溶的因素。

增溶剂的用量：至少在 CMC 以上；一般增溶剂用量增大，增溶质（被增溶物质）的溶解度也增大。

增溶剂的性质：同系物的碳链越长，增溶量越大。

增溶质的性质：同系物的分子量越小，增溶量越大。

温度：多数情况下，温度升高增溶量增加；但需在浊点以下。

加入顺序：应先将增溶剂与难溶性药物混合，完全溶解后，再加水稀释。

（2）乳化剂　**乳化**是指能使一种液体以小液滴的形式分散在另一种互不相溶的液体中的过程。表面活性剂能使乳浊液易于形成并使之稳定，可以作为乳化剂，由于表面活性剂分子在油、水混合液的界面上发生定向排列，使油水界面张力降低，并在分散相液滴的周围形成了一层保护膜，以防止分散相液滴的相互碰撞而聚结合并。

表面活性剂的 HLB 值可决定乳剂的类型，HLB 值 3～8 可作为水/油型乳化剂，8～18 可作为油/水型乳化剂。

优良乳化剂的条件：①有表面活性作用；②能迅速吸附在分散相液滴周围，形成能阻止液滴合并的界面膜；③能在液滴表面形成电屏障，保证液滴之间具有足够的静电斥力；④能增加乳剂的黏度；⑤较低的浓度即能发挥乳化作用。

应用：阴离子型常作外用乳剂的乳化剂；非离子型可外用、口服。

（3）润湿剂　**润湿**是指液体在固体表面上的黏附现象。

表面活性剂分子在固/液界面上的定向吸附，排除了固体表面上所吸附的空气，降低了接触角。

要求：HLB 值为 7～11；适宜的溶解度。

应用：增加混悬剂的物理稳定性；渗滤前药材粉末的湿润；软膏中药物与皮肤更加紧密接触。

（4）起泡剂与消泡剂　作为起泡剂主要应用于腔道及皮肤用药，还可用于消防。

表面张力小且水溶性也小的表面活性剂（HLB 值 1～3）具有较强的消泡作用，如硅酮、豆油等。

消泡剂要求：HLB 值 1～3、亲油性较强。

应用：微生物发酵生产抗生素、维生素；中药材有效成分提取等。

（5）去污剂　去污是润湿、渗透、分散、乳化、发泡或增溶的综合作用的结果。

要求：HLB 值 13～16，亲水。常用的是阴离子型表面活性剂。

（6）其他　阳离子型常用于器械消毒、外科手术前消毒及眼用溶液的抑菌剂；阴离子型和非离子型用作经皮吸收的促透剂、片剂崩解，靶向给药系统中也有应用。

（二）液体制剂中常用的分散介质

液体制剂中分散介质对药物的作用的发挥、制剂的稳定性、制备工艺的选择都至关重要，在制备液体制剂时应选择适宜的分散介质。一种优良的分散介质所具备的条件有：①对药物具有良好的溶解性能或分散性能；②无毒、无刺激性、无不良嗅味；③化学性质稳定，不与主药和其他的附加剂发生反应，不影响有效成分的含量测定；④便于安全生产、且成本低。选择具体的分散介质应综合考虑因素，也可考虑选择复合分散介质。

常用的溶剂按其极性大小分为极性溶剂、半极性溶剂和非极性溶剂。

1. 极性溶剂

（1）水　是最常用的溶剂。能与其他极性和半极性溶剂混溶。能溶解绝大多数的无机盐类和极性大的有机药物，能溶解生物碱盐、苷类、糖类、树胶、鞣质、黏液质、蛋白质、酸类及色素等化学成分。但许多药物在水中不稳定，尤其是易水解的药物；水性制剂有霉变的问题。药物制剂应使用药典规定的纯化水。

（2）甘油　为无色黏稠性澄明液体，有甜味，毒性小，能与水、乙醇、丙二醇等任意比例混溶。可用于内服药剂，更多的则是应用于外用药剂。可单独作溶剂，也可与水、乙醇等溶剂以一定的比例混合应用。甘油对苯酚、鞣酸、硼酸的溶解比水大，常作为这些药物的溶剂。在水溶剂中加入一定比例的甘油，可起到保湿、增稠和润滑的作用。

（3）二甲基亚砜　为无色澄明液体，具有大蒜臭味，能与水、乙醇、丙二醇、甘油等溶剂以任意比例混溶，且溶解范围广。本品能促进药物在皮肤和黏膜上的渗透，但有轻度刺激性。产品对孕妇禁用。

2. 半极性溶剂

（1）乙醇　为常用溶剂，可与水、甘油、丙二醇等溶剂任意比例混溶，能溶解多种有机药物和药材中的有效成分，如生物碱及其盐类、苷类、挥发油、树脂、鞣质、有机酸和色素等。含乙醇20％以上具有防腐作用。但有易挥发、易燃烧等缺点。

（2）丙二醇　药用丙二醇一般为1,2-丙二醇，毒性小，无刺激性。性质与甘油相似，但黏度较甘油小，可作为内服及肌内注射用药的溶剂。可与水、乙醇、甘油等溶剂任意比例混溶，能溶解多种药物，如磺胺类药物、局麻药、维生素A、维生素D及性激素等。丙二醇的水溶液能促进药物在皮肤和黏膜上的渗透。但丙二醇有辛辣味，口服应用受到限制。

（3）聚乙二醇（PEG）　液体药剂中常用的聚乙二醇分子量为300～600，为无色澄明黏性液体。有轻微的特殊臭味。能与水、乙醇、丙二醇、甘油等溶剂混溶。聚乙二醇的不同浓度水溶液是一种良好的溶剂，能溶解许多水溶性无机盐和水不溶性的有机药物。对易水解的药物有一定的稳定作用。在外用液体药剂中对皮肤无刺激性而具柔润性。

3. 非极性溶剂

（1）脂肪油　为多种精制植物油。能溶解油溶性药物如激素、挥发油、游离生物碱和许多芳香族药物。脂肪油可用作内服药剂的溶剂，如维生素A和维生素D溶液剂，也作外用药剂的溶剂，如洗剂、搽剂、滴鼻剂等。脂肪油易酸败，也易受碱性药物的影响而发生皂化反应。

（2）液体石蜡　为饱和烃类化合物的混合物，是无色透明的油状液体，有轻质和重质两种，轻质密度为0.828～0.860g/ml，重质密度为0.860～0.890g/ml。能与非极性溶剂混合。能溶解生物碱、挥发油及一些非极性药物等。液状石蜡在肠道中不分解也不吸收，有润肠通便作用，但多作外用药剂，如搽剂的溶剂。

（3）乙酸乙酯　为无色液体，有气味。可溶解甾体药物、挥发油及其他油溶性药物。可作外用液体药剂的溶剂。具有挥发性和可燃性，在空气中易被氧化，需加入抗氧剂。

（4）肉豆蔻酸异丙酯　本品为无色澄明、几乎无气味的流动性油状液体，不易氧化和水解，不易酸败，不溶于水、甘油、丙二醇，但溶于乙醇、丙酮、乙酸乙酯和矿物油中。能溶解甾体药物和挥发油。本品无刺激性和过敏性。可透过皮肤吸收，并能促进药物经皮吸收。常用作外用药剂的溶剂。

（三）增加药物溶解度所需的附加剂

药物制剂的分散度直接影响药物的吸收速率与疗效。液体制剂中的药物在液体介质的分散度越大，吸收越快，起效也越迅速。因此，一般来说，溶液型的制剂吸收最快，其次为胶体制剂，最慢为乳剂型及混悬型制剂。因为药物必须通过溶解或溶出成为分子态或离子态后才能被吸收，当吸收达到一定的浓度才能显示药效，所以控制药物的分散度而改变药物的溶解度是一种控制药物疗效的重要手段，也是制备速效或缓效制剂的一种方法。

液体制剂的吸收速率除与药物的分散度有关外，液体介质的性质对药物的吸收也有一定影响。例如将维生素 A 制成水溶液、乳剂、油溶液三种制剂内服后，其水溶液的吸收速率最快，其次为乳剂，油溶液最慢。

有些药物由于溶解度较小，即使制成饱和溶液也达不到治疗的有效浓度，因此，增加难溶性药物的溶解度是药剂工作的一个重要问题，增加难溶性药物溶解度所加的附加剂有如下。

1. 增溶剂

增溶剂系将药物分散于表面活性剂形成的胶团中而增加药物溶解度的方法，具有增溶能力的表面活性剂称为**增溶剂**，被增溶的药物称为**增溶质**，每 1g 增溶剂能增溶的药物的质量（g）称为**增容量**。以水为溶剂的制剂，增溶剂的最适 HLB 值为 15～18。

2. 助溶剂

在难溶性药物中加入第三种物质，在溶剂中形成可溶性的络合物、复盐或缔合物等，以增加药物在水中的溶解度。这第三种物质称为**助溶剂**，多为低分子化合物。如美洛昔康为疏水难溶性药物，而葡甲胺可以与美洛昔康以物质的量比 1：1 形成易溶于水的分子复合物；乙酰水杨酸与枸橼酸钠经复分解生成溶解度大的乙酰水杨酸钠和枸橼酸。

3. 潜溶剂

为提高难溶性药物的溶解度，常使用两种或多种混合溶剂。在混合溶剂中各溶剂达到某一比例时，药物的溶解度出现极大值，这种现象称为**潜溶**，这时的混合溶剂为**潜溶剂**。常用与水形成潜溶剂的有乙醇、甘油、丙二醇、聚乙二醇、二甲基亚砜等。如氯霉素在水中的溶解度仅 0.25％，若用水中含有 25％乙醇、55％甘油的混合溶剂，则可制成 12.5％氯霉素溶液。又如苯巴比妥难溶于水，若制成钠盐虽能溶于水，但水溶液极不稳定，可因水解而引起沉淀或分解后变色，故改为聚乙二醇与水的混合溶剂应用。

（四）防止微生物污染所需的附加剂——防腐剂

1. 防腐的重要性

液体制剂尤其是以水为溶剂的液体药剂，容易被微生物污染而变质。特别是含有营养成分如糖类、蛋白质等的液体药剂，更易引起微生物的滋长与繁殖。微生物的污染会导致药物理化性质发生变化而严重影响药剂的质量。《中国药典》规定了微生物限度标准：口服溶液剂、糖浆剂、混悬剂、乳剂、滴鼻剂、滴耳剂均为每毫升含细菌数不得超过 100cfu，而洗剂、搽剂则不得超过 10cfu；口服溶液剂、糖浆剂、混悬剂、乳剂、洗剂、搽剂等霉菌、酵母菌数不得超过 100cfu，而滴鼻剂、滴耳剂则不得超过 10cfu；口服溶液剂、糖浆剂、混悬剂、乳剂、滴鼻剂等不得检出大肠埃希菌；滴鼻剂、滴耳剂、洗剂、搽剂不得检出金黄色葡萄球菌、铜绿假单胞菌。药剂制备时必须严格控制微生物的污染和增长，并严格执行微生物限度标准，以确保药物的安全性。

防腐剂系抑制微生物生长、繁殖所加的附加剂。对微生物繁殖体有杀灭作用，对芽孢则使其不能发育为繁殖体而逐渐死亡。不同的防腐剂其作用机理不完全相同。如醇类能使病原微生物蛋白质变性；苯甲酸、尼泊金类能与病原微生物酶系统结合，影响和阻断其新陈代谢过程；阳离子型表面活性剂类有降低表面张力作用，增加菌体细胞膜的通透性，使细胞膜破裂、溶解。

优良防腐剂的条件：①在抑菌浓度范围内无毒性和刺激性，用于内服的防腐剂应无异味。②抑菌范围广，抑菌力强。③在水中的溶解度可达到所需的抑菌浓度。④不影响药剂中药物的理化性质和药效的发挥。⑤防腐剂也不受药剂中药物及其他附加剂的影响。⑥性质稳定，不易受热和药剂 pH 值的变化而影响其防腐效果，长期贮存不分解失效。

2. 防腐剂的分类

防腐剂通常可分为四类。

① 有机酸及其盐类，如苯酚、甲酚、氯甲酚、麝香草酚、羟苯酯类、苯甲酸及其盐类、山梨酸及其盐、硼酸及其盐类、丙酸、脱氢醋酸、甲醛、戊二醛等。

② 中性化合物类，如苯甲醇、苯乙醇、三氯叔丁醇、氯仿、氯己定、氯己定碘、聚维酮碘、挥发油等。

③ 有机汞类，如硫柳汞、醋酸苯汞、硝酸苯汞、硝甲酚汞等。

④ 季铵化合物类，如氯化苯甲烃铵、氯化十六烷基吡啶、溴化十六烷铵、度米芬等。

3. 常用的防腐剂

防腐剂品种较多，以下主要介绍药剂中常用的防腐剂。

① 羟苯酯类也称尼泊金类，是用对羟基苯甲酸与醇经酯化而得。此类系一类优良的防腐剂，无毒、无味、无臭，化学性质稳定，在 pH 3～8 的范围内能耐 100℃/2h 灭菌。常用的有尼泊金甲酯、乙酯、丙酯、丁酯等。在酸性溶液中作用较强。本类防腐剂配伍使用有协同作用。表面活性剂对本类防腐剂有增溶作用，能增大其在水中的溶解度，但不增加其抑菌效能，甚至会减弱其抗微生物活性。本类防腐剂用量一般不超过 0.05%。

② 苯甲酸及其盐，为白色结晶或粉末，无气味或微有气味。苯甲酸未解离的分子抑菌作用强，故在酸性溶液中抑菌效果较好，最适 pH 值为 4，用量一般为 0.1%～0.25%。苯甲酸钠和苯甲酸钾必须转变成苯甲酸后才有抑菌作用。苯甲酸和苯甲酸盐适用于微酸性和中性的内服与外用药剂。苯甲酸防霉作用较尼泊金类弱，而防发酵能力则较尼泊金类强，可与尼泊金类联合应用。

③ 山梨酸及其盐，为白色至黄白色结晶性粉末，无味，有微弱特殊气味。山梨酸的防腐作用是未解离的分子，故在 pH 值为 4 的水溶液中抑菌效果较好。常用浓度为 0.05%～0.2%。

山梨酸与其他防腐剂合用产生协同作用。本品稳定性差，易被氧化，在水溶液中尤其敏感，遇光时更甚，可加入适宜稳定剂。可被塑料吸附使抑菌活性降低。山梨酸钾、山梨酸钙作用与山梨酸相同，水中溶解度较大，需在酸性溶液中使用。

④ 苯扎溴铵，又称新洁尔灭，系阳离子型表面活性剂。为淡黄色黏稠液体，低温时成蜡状固体。味极苦，有特臭，无刺激性，溶于水和乙醇，水溶液呈碱性。本品在酸性、碱性溶液中稳定，耐热压。对金属、橡胶、塑料无腐蚀作用。只用于外用药剂中，使用浓度为 0.02%～0.2%。

⑤ 其他防腐剂，醋酸氯己定又称醋酸洗必泰，为广谱杀菌剂，用量为 0.02%～0.05%。邻苯基苯酚微溶于水，具杀菌和杀霉菌作用，用量为 0.005%～0.2%。桉叶油用量为 0.01%～0.05%，桂皮油为 0.01%，薄荷油 0.05%。

（五）增加药物制剂稳定性所加的附加剂

1. 防止氧化的附加剂

某些药物容易氧化而变质，致使溶液发生变色、分解、沉淀而失效。因此为防止其氧化，常采用以下方法。

（1）加抗氧剂　抗氧剂本身是还原剂，是一类比药物更易氧化的还原性物质。当抗氧剂与易氧化成分同时存在时，空气中的氧先与抗氧剂发生作用，而使药物保持稳定。选择抗氧剂应视药物的性质而定，同时还应考虑抗氧剂抗氧性的强弱、使用量的大小及是否影响药的效果等问题。常见的抗氧剂有以下几种：

① 水溶性抗氧剂，焦亚硫酸钠、亚硫酸氢钠用于偏酸性药液；亚硫酸钠、硫代硫酸钠用于偏碱性药液；其他如硫脲、抗坏血酸、硫代甘油、谷胱甘肽、丙氨酸、半胱氨酸。

② 油溶性抗氧剂，丁基羟基茴香醚（BHA）、没食子酸及其酯、二丁基羟基对甲酚、生育酚等。

（2）加金属离子络合剂 微量金属离子常是某些物质自动氧化反应的催化剂，如 Cu^{2+}、Fe^{3+}、Pb^{2+}、Mn^{2+} 存在时使溶液加速变色或分解。为防止药物的氧化，加入一些金属离子络合剂来消除金属离子的影响，常用的有依地酸钙钠或依地酸二钠（EDTA-Na_2）。

（3）惰性气体 为避免溶于水中和容器空间的氧对药物的氧化，除加入抗氧剂和金属离子络合剂外，必要时需通入惰性气体以驱除容器及水中的氧气。生产上常用的高纯度惰性气体有氮气和二氧化碳两种，使用较多的是氮气，因二氧化碳易溶于水，在水中显酸性，不宜用于强碱弱酸盐及钙盐中，否则会引起溶液 pH 的变化及沉淀现象。它们在配制溶液时可直接通入液体中，若在灌注时则可通入容器中以置换空气，以除去溶液和空气中的氧气。

所用的惰性气体必须是高纯度和经严格处理的，否则会污染溶液而影响制剂的质量。若使用 CO_2 则应先后通过浓硫酸、硫酸铜及高锰酸钾（1%）洗气瓶，以除去所含的硫化物、水分、氧和细菌、热原等杂质。若使用 N_2（含量为 99.5%），则需通过浓硫酸洗气瓶洗去水分，再经过碱性没食子酸洗气瓶除去氧，然后经 1% 高锰酸钾洗气瓶以除去有机物，最后经注射用水洗气瓶和测定压力导出使用。

2. pH 调节剂

液体制剂包括注射剂需调节 pH 在适宜范围，使药物稳定，保证用药安全。药物的氧化、水解、分解、变旋及脱羧等化学变化，多与溶液的 pH 有关。因此，在配制液体制剂、注射液时，将其溶液调整至反应速度最小的 pH（最稳定 pH）是保持制剂稳定性的首选措施。

调节 pH 时需考虑：①能减少制剂对机体的刺激性；②能加速机体组织对药物的吸收，由于 pH 能改变药物的溶解度；③能增加制剂的稳定性。

pH 调节剂有盐酸、枸橼酸及其盐，氢氧化钠、碳酸氢钠、磷酸氢二钠和磷酸二氢钠等。枸橼酸盐和磷酸盐均为缓冲溶液，使注射液具有一定的缓冲能力，以维持药液适宜的 pH。调节 pH 并非简单的加酸或加碱，应选择最佳的 pH 调节剂。例如，维生素 C 注射液用碳酸氢钠调节 pH，既可防止碱性过强而影响药液稳定性，又可产生 CO_2，驱除药液中的氧，有利于药物稳定。

（六）改善液体制剂的口感和外观的附加剂

1. 矫味剂

为掩盖和矫正药剂的不良臭味而加入制剂中的物质称为矫味剂、矫臭剂。味觉器官是舌上的味蕾，嗅觉器官是鼻腔中的嗅觉细胞，矫味、矫臭与人的味觉和嗅觉有密切关系，因此从生理学角度看，矫味也应能矫臭。

（1）甜味剂 能掩盖药物的咸、涩和苦味。甜味剂包括天然和合成两大类。

① 天然甜味剂中以蔗糖、单糖浆及芳香糖浆应用较广泛。芳香糖浆如橙皮糖浆、枸橼糖浆、樱桃糖浆、甘草糖浆及桂皮糖浆等不但能矫味，也具有矫臭的作用。

天然甜味剂甜菊苷，为微黄白色粉末，无臭、具有清凉甜味。其甜度约为蔗糖的 300 倍，甜味持久且不被吸收，为无热量甜味剂。pH 值为 4～10 时加热稳定。稍带苦味，故常与蔗糖或糖精钠合用。常用量为 0.025%～0.05%。

甘油、山梨醇、甘露醇亦可作甜味剂。

② 合成甜味剂糖精钠，甜度为蔗糖的 200～700 倍，易溶于水中，常用量为 0.03%，常

与其他甜味剂合用。

阿司帕坦亦称蛋白糖，化学名为天冬酰胺苯丙氨酸甲酯，系二肽类甜味剂，甜度为蔗糖的150～200倍，并具有清凉感。可用于低糖量、低热量的保健食品和药品中。

（2）芳香剂　在药剂中用以改善药剂的气味的香料和香精称为芳香剂。香料由于来源不同，分为天然香料和人造香料两类。天然香料有从植物中提取的芳香挥发性物质，如柠檬、茴香、薄荷油等，以及由此类挥发性物质制成的芳香水剂、酊剂、醑剂等。人造香料亦称香精，是在人工香料中添加适量溶剂调配而成，如苹果香精、橘子香精、香蕉香精等。

（3）胶浆剂　胶浆剂具有黏稠缓和的性质，可干扰味蕾的味觉而具有矫味的作用。常用的有海藻酸钠、阿拉伯胶、明胶、甲基纤维素、羧甲基纤维素钠等的胶浆。常于胶浆中加入甜味剂，增加其矫味作用。

（4）泡腾剂　利用有机酸（如枸橼酸、酒石酸）与碳酸氢钠混合，遇水后产生大量二氧化碳，由于二氧化碳溶于水呈酸性，能麻痹味蕾而矫味。

2. 着色剂

着色剂又称色素，可分为天然色素和人工合成色素两大类。应用着色剂可以改变药剂的外观颜色，用以识别药剂的浓度或区分应用方法，同时可改善药剂的外观。特别是选用的颜色与所加的矫味剂配合协调，更容易被患者所接受，如薄荷味用绿色，橙皮味用橙黄色。可供食用的色素称为食用色素，只有食用色素才可用作内服药剂的着色剂。

（1）天然色素　天然色素有植物性的与矿物性的。常用的无毒天然植物性色素有焦糖、叶绿素、胡萝卜素和甜菜红等；矿物性的有氧化铁（外用使药剂呈肤色）。

（2）合成色素　人工合成色素的特点是色泽鲜艳，价格低廉，但大多数毒性较大，用量不宜过多。我国准予使用的食用色素主要有以下几种：苋菜红、柠檬黄、胭脂红、胭脂蓝和日落黄，其用量不得超过万分之一。外用色素有伊红、品红、美蓝等。

使用着色剂时应注意溶剂和溶液的pH值对色调产生影响。大多数色素会受到光照、氧化剂和还原剂的影响而褪色。

三、 溶液型液体制剂

溶液型液体制剂，亦称为低分子溶液剂，系指小分子药物以分子或离子（直径1nm以下）的形式分散于液体分散介质中，供内服或外用的澄明溶液，亦称真溶液。溶液型液体制剂根据组分不同可分为溶液剂、糖浆剂、芳香水剂、醑剂、甘油剂。

（一）溶液剂

溶液剂（solution）系指药物溶解于适宜溶剂中制成的澄清溶液，可供内服或外用。其溶剂多为水，也可为乙醇或脂肪油，如硝酸甘油的乙醇溶液、维生素D的油溶液等。溶液剂应澄清，不得有沉淀、浑浊、异物等，在规定贮存期间保持稳定。根据需要在溶液剂中可加入助溶剂、抗氧剂、矫味剂、着色剂等附加剂。

药物制成溶液剂后，以量取替代了称取，使分剂量更方便，更准确，特别是对小剂量药物或毒性较大的药物更适宜；服用方便；且某些药物只能以溶液形式运输贮存，如过氧化氢溶液、氨溶液等。

溶液剂的制法有溶解法、稀释法、化学反应法。

1. 溶解法

制备过程：准备→称量→溶解→过滤→分装→质检→包装。

制备步骤：①准备，清洗所用的容器、用具，若使用非水溶剂，容器用具应干燥；②称量，调平天平、准确称取药物。量取液体药物，量器应干燥，黏稠液体要转移完全；③溶解，取处方量1/2～3/4量的溶剂，加入药物搅拌溶解。溶解顺序为先溶解溶解度小的药物及附加剂，挥发性药物最后加入；④过滤，选用滤纸、脱脂棉或其他适宜的滤器，将药液过滤，并自滤器上加溶剂至全量；⑤质检，按药品标准规定的要求测主药含量、pH值、澄明度等；⑥包装，将质检合格的药液灌入包装容器中，严密封口，并贴标签。

例　复方碘溶液

处方：碘　　　　　　　　　　50g　　　　纯化水　　　　　　　加至1000ml

　　　碘化钾　　　　　　　　100g

制法：取碘化钾加纯化水100ml溶解后，加入碘搅拌溶解，再加入足量纯化水使成1000ml，搅匀，即得。

注解：①本品具有调节甲状腺功能，主要用于甲状腺功能亢进的辅助治疗；外用可杀菌。②碘在水中溶解度为1：2950，加碘化钾作助溶剂生成络合物易溶于水，但需注意碘化钾应配成浓溶液，再加入碘完全溶解，方有助于加快碘的溶解速度。络合反应方程为：

$$KI + I_2 = KI \cdot I_2$$

2. 稀释法

制备过程：称量→稀释→分装→质检→包装

即将高浓度溶液稀释至所需浓度。应根据要求浓度和制备量，准确计算原料量。

例1　原料浓氨溶液含NH_3 30%（质量分数），医疗用氨溶液含NH_3 10%（g/ml），现需1000ml医疗用氨溶液，如何配制？

计算：浓氨溶液用量10%（g/ml）×1000ml÷30%（质量分数）=333.3g

配制：取约500ml水，加入浓氨溶液，搅拌均匀，加水至1000ml，即得。

注：氨溶液易挥发出NH_3，操作时应迅速，配制完毕立即分装，并严密封口。

例2　原料双氧水含H_2O_2 27%（质量分数），医疗上常用浓度为3%（g/ml），现需医疗用双氧水2000ml，如何配制？

计算：工业双氧水用量3%（g/ml）×2000ml÷27%（质量分数）=222.2g

配制：取约1200ml水，加入27%双氧水，搅拌均匀，加水至2000ml，即得。

注：操作应迅速，以免双氧水分解出新生态氧挥发。计算时注意单位换算。

3. 化学反应法

当原料缺乏或不符合医用要求时，可以用两种或两种以上药物，经化学反应生成医疗所需药物的溶液。

例　复方硼砂溶液

处方：硼砂　　　　　　　　　20g　　　　甘油　　　　　　　　　　35ml

　　　碳酸氢钠　　　　　　　15g　　　　纯化水　　　　　　　加至1000ml

　　　液化酚　　　　　　　　3ml

制法：取硼砂加入约500~700ml热水中，搅拌溶解，放冷后加入碳酸氢钠搅拌溶解，缓缓加入液化酚与甘油的混合液、搅拌均匀，放置0.5h至溶液中无气泡产生为止。过滤，自滤器加水至1000ml，即得。反应式如下：

$$Na_2B_4O_7 \cdot 10H_2O + 4C_3H_5(OH)_3 \longrightarrow 2C_3H_5(OH)NaBO_3 + 2C_3H_5(OH)HBO_3 + 13H_2O$$
$$C_3H_5(OH)HBO_3 + NaHCO_3 \longrightarrow C_3H_5(OH)NaBO_3 + CO_2 + H_2O$$

注：反应生成的甘油硼酸钠显碱性，可中和酸性分泌物，苯酚有抑菌作用。硼砂易溶于沸水或甘油，制备时用热水溶解可加快溶解速度。在上述反应中甘油是过量的，剩余甘油可减小苯酚的刺激性，并显甜味。

（二）其他溶液型液体制剂

1. 糖浆剂

糖浆剂（syrups）系指含有药物或芳香物质的浓蔗糖水溶液，供口服应用。含蔗糖量应不低于 45％（g/ml）。处方中含有蔗糖。单糖浆系指单纯蔗糖的饱和或近饱和水溶液，蔗糖浓度为 85％（g/ml），亦即 64.7％（质量分数），在处方中可用作矫味剂和助悬剂。

糖浆剂具有以下几个特点：蔗糖能掩盖某些药物的不良味道，易于服用，尤其受儿童欢迎；糖浆剂中少部分蔗糖转化为葡萄糖和果糖，具有还原性，能延缓糖浆剂中药物的氧化变质；单糖浆因含蔗糖浓度高，渗透压大，自身可抑制微生物的生长繁殖；低浓度的糖浆剂易因真菌、酵母菌和其他微生物的污染而变质，故应添加防腐剂。

糖浆剂质量要求：首先是含糖量应符合要求，不低于 45％（g/ml）。除另有规定外，糖浆剂均应澄清，在贮存过程中不得有酸败、异臭、产生气体或其他变质现象。如有必要可加入适量的乙醇、甘油或其他多元醇作稳定剂，以防止沉淀的产生。如需添加其他附加剂，如防腐剂、食用色素等，其品种和用量应符合国家有关部门的相关规定。常用防腐剂尼泊金类用量不得超过 0.05％，苯甲酸或苯甲酸钠不得超过 0.3％。微生物限度检查应符合每克或每毫升含细菌数不超 100cfu，含酵母菌、霉菌总数不超 100cfu，并不得检出大肠埃希菌。

糖浆剂宜密封，30℃以下保存。

糖浆剂按用途不同可分为矫味糖浆（如单糖浆、橙皮糖浆）和药用糖浆（如葡萄糖酸亚铁糖浆、磷酸可待因糖浆）。

《中国药典》规定：糖浆剂应在避菌的环境中配制，及时灌装于灭菌的洁净干燥容器中。除另有规定外，一般将药物用新沸过的水溶解后，加入单糖浆；如直接加入蔗糖配制，则需加水煮沸，必要时滤过，并自滤器上添加适量新沸过的水，使成处方规定量，搅拌均匀，即得。常见制法有热溶法、冷溶法和混合法。

（1）**热溶法**　将蔗糖加入沸纯化水中，加热溶解后，在适宜温度时再加入可溶性药物，搅拌、溶解，滤过，从滤器上加纯化水至全量，即得。

制备过程：化糖→冷却→过滤→加药→质检→灌装→封口→贴签。

制备步骤：①化糖，化糖罐中加适量水加热至沸，加入蔗糖搅拌溶解，继续加热至 100℃；②冷却，停止加热，通循环冷却水，降低温度至 90℃左右；③过滤，将单糖浆趁热加压过滤至配液罐中；④加入药物，将单糖浆降至适宜温度，加入药物及附加剂。可直接加入药物，也可用少量沸过的水将药物溶解过滤后再加入单糖浆中；⑤质量检查，根据要求测含量、pH 值；⑥灌装，将糖浆剂灌入洁净干燥的容器中，严密封口，贴标签。

蔗糖在加热，尤其是在酸性条件下加热，可发生水解反应，产生等分子的葡萄糖和果糖，亦称转化糖，具有还原性，可延缓易氧化药物的变质；但转化糖使制剂颜色变深，且微生物在单糖中更易生长繁殖。

加入蔗糖后，加热时间不宜过长。配液罐用前要消毒灭菌，一般采用蒸汽灭菌。现在生产上所用的配液罐、化糖罐等多用夹层罐，需要加热药液时，通入热蒸汽；需要将药液降温时，通入冷却水。加入药物时，耐热的药物可以在单糖浆温度较高时加入；对热敏感的药物在单糖浆温度降至 30℃以下时再加入。

生产上常采用热溶法制备糖浆剂，因为加热使蔗糖溶解速度快，蔗糖中所含高分子杂质如蛋白质受热凝固而被滤除，同时有杀灭微生物的作用；此外，温度高糖浆黏度小，易于过滤。但注意加热过久或超过 100℃时，使转化糖含量增加，糖浆剂颜色容易变深。

（2）**冷溶法**　在室温下将蔗糖溶解于纯化水中或含药物的溶液中，过滤即得。此法制得的糖浆剂转化糖少，颜色较浅，但生产周期长，配制环境的卫生条件要求严格，以免被微生物污染。

（3）**混合法**　将药物或药物溶液与单糖浆直接混合均匀而制成。

例 1　单糖浆

处方：蔗糖　　　　　　　　　　850g　　　　　　　　纯化水　　　　加至 1000ml

制法：取450ml水煮沸，加入蔗糖，搅拌溶解，继续加热至100℃，停止加热，然后趁热过滤（脱脂棉或几层纱布），自滤器上加水至1000ml，搅拌均匀，即得。

注：单糖浆也可以采用冷溶法制备，将蔗糖装在渗漉筒内，反复渗漉，至蔗糖全部溶解为止。

例2　葡萄糖酸亚铁糖浆

处方：
葡萄糖酸亚铁	25g	柠檬香精	适量
蔗糖	650g	纯化水	加至1000ml
羟苯乙酯	0.5g		

制法：取350ml水煮沸，加蔗糖溶解，继续加热至100℃，停止加热，趁热过滤得单糖浆。将葡萄糖酸亚铁溶于200ml热水中，必要时过滤；羟苯乙酯用5ml乙醇溶解，将以上两液与单糖浆混合。混合液放冷后加柠檬香精和适量的水至1000ml，即得。

例3　磷酸可待因糖浆

处方：
磷酸可待因	5g	单糖浆	适量
纯化水	15ml	共制	1000ml

制法：取磷酸可待因溶于热纯化水中，加单糖浆至全量，即得。

注：①本品为镇咳药，用于激烈咳嗽。口服，一次2～10ml，1日10～15ml。极量一次20ml，一日50ml。②本品系麻醉药，应按麻醉药品规定供应使用。③本品可致依赖性，不宜持续服用。小儿和老年人对磷酸可待因异常敏感，可产生呼吸抑制，应减量慎用。④本品在水中溶解度为1∶3，在热水中1∶0.5，故用热水溶解。

2. 芳香水剂

芳香水剂（aromatic water）系指芳香挥发性药物（多为挥发油）的饱和或近饱和澄明水溶液。挥发油含量较高时称为浓芳香水剂。芳香水剂一般作矫味、矫嗅和分散剂使用，少数有治疗作用。芳香水剂应澄明，具有与原药物相同的气味，不得有异臭、沉淀或杂质。因挥发性成分不稳定，易氧化、分解、挥发，故不宜久贮。

纯挥发油和化学药物可采用溶解法，浓芳香水剂采用稀释法，而以植物药材为原料则用蒸馏法。

例　薄荷水的制备

处方：
薄荷油	2ml	纯化水	至1000ml
滑石粉	15g		

制法：取薄荷油，加精制滑石粉15g，在研钵中研匀，加少量纯化水倒入细口瓶中，加入纯化水约900ml，加盖振摇10min后用润湿的滤纸过滤，初滤液如浑浊可再行过滤，待滤液澄明，由滤器上加纯化水至1000ml，即得。

注解：①滑石粉有帮助挥发油均匀分散在水中的作用，滑石粉不宜过细，以免透过滤纸，使溶液浑浊；②本品可散风或作矫味溶剂。

3. 甘油剂

甘油剂系指以甘油为分散介质专供外用的制剂，包括甘油溶液、胶状液和混悬液。甘油对硼酸、鞣质、苯酚有较大的溶解度，还可以减少碘、苯酚对皮肤、黏膜的刺激性。甘油的黏稠性和吸湿性使甘油剂外用时比相应的水性制剂发挥药效时间长，同时对皮肤、黏膜具有滋润和保护作用。甘油自身具有防腐性使甘油剂无需添加其他防腐剂。甘油剂常用于口腔、耳鼻喉科及皮肤疾患。

甘油吸湿性大，应密闭保存。常用的有硼酸甘油、苯酚甘油、碘甘油等。

甘油剂的制备常用溶解法和化学反应法。

例　碘甘油

处方：碘　　　　　　　　　　　10g　　　　纯化水　　　　　　　　　　10ml

　　　　碘化钾　　　　　　　　10g　　　　甘油　　　　　　　　加至 1000ml

制法：取碘化钾，加水溶解后，加碘，搅拌溶解后，再加甘油至 1000ml，搅匀，即得红棕色黏稠液体，有碘的臭味。

注：消毒防腐药，用于牙龈感染、咽炎等。

4. 醑剂、酊剂

醑剂（spirits）系指挥发性有机药物的乙醇溶液。乙醇浓度一般为 60%～90%。制备芳香水剂的原料如挥发油等一般都可以制成醑剂，但在醑剂中药物浓度较高。醑剂可直接用于医疗，或作为芳香矫味剂。

醑剂中的药物容易挥发和氧化，应贮于密闭容器中，置冷暗处保存。醑剂也不宜大量配制，长时间贮存，因挥发油易氧化、酯化或聚合而变色或因乙醇挥发而使其中的溶解物析出。

醑剂的制备方法常用溶解法或蒸馏法。

酊剂（tinctures）系指药物用规定浓度的乙醇浸出或者溶解而制得的澄清液体剂型，可供内服或外用。酊剂不得添加糖或蜂蜜矫味或着色。除另有规定外，含有毒性药的酊剂，每 100ml 应相当于原药材 10g；其他酊剂，每 100ml 相当于原药材 20g，但也有依习惯或医疗需要按成方配制者，如碘酊等。

酊剂应为澄清液体。酊剂久置后如产生沉淀，先测定乙醇含量并调整至规定浓度，若仍有沉淀，可将沉淀滤除，再测定有效成分，并调整至规定标准。酊剂均要求含乙醇量指标。此外，在生产上还可拟定出一些物理性的数据，如不挥发残渣、相对密度等以控制产品的质量。

酊剂的制备可用溶解法或稀释法、浸渍法、渗漉法等。

（1）溶解法或稀释法　取药物粉末或流浸膏，加规定浓度的乙醇适量，溶解或稀释，静置，必要时滤过，即得。

（2）浸渍法　取适当粉碎的药材，置有盖容器中，加入溶剂适量，密盖，搅拌或振摇，浸渍 3～5 天或规定的时间，倾取上清液，再加入溶剂适量，依法浸渍至有效成分充分浸出，合并浸出液，加溶剂至规定量后，静置 24h，滤过，即得。

（3）渗漉法　渗漉法是在药粉中添加浸出溶剂使其渗过药粉，自下部流出浸出液的一种浸出方法。当浸出溶剂渗过药粉时，由于重力作用而向下移动，上层的浸出溶剂或稀浸出液不断置换浓溶液，形成浓度阶梯，使扩散能较好的进行，故浸出效果优于浸渍法，是酊剂制备较常用的方法。

例 1　樟脑醑

处方：樟脑　　　　　　　　　100g　　　　乙醇（90%）　　　　加至 1000ml

制法：取乙醇 800ml，加樟脑搅拌溶解、再补加乙醇至 1000ml。

注：可外用于扭伤或各种瘙痒性皮肤病的止痒。

例 2　橙皮酊

处方：橙皮　　　　　　　　　100g　　　　共制　　　　　　　　　1000ml

　　　　乙醇（60%）　　　　适量

制法：取橙皮，加 60% 乙醇 900ml，浸渍 3～5 天，滤过，压榨残渣，合并滤液与压榨液，静置 24h，滤过，加溶媒至全量，搅匀即得。

注：干橙皮与鲜橙皮的含油量差异极大，本品规定用干橙皮。如用鲜品应取 250g，以 75% 乙醇作溶媒，制成 100ml。乙醇浓度不宜更高，以防橙皮中树脂、黏胶质过多浸出，久贮沉淀可滤除。本品亦可用两次浸渍或渗漉法制备。

5. 涂剂

涂剂系涂于局部皮肤的外用澄清液体制剂，多为抗霉菌，腐蚀或软化角质药物的醇溶液，也有用其他有机溶剂作溶剂的，常用的有如丙酮、丙二醇、氯仿、二甲亚砜等。主要用于灰指甲、癣症、脱色等，用时以棉签或软毛刷蘸取药液，涂于患处。仅用于局部患处，应勿沾染正常皮肤或黏膜。一般可直接将主药溶解于溶剂中制备。

例　复方苯甲酸涂剂

处方：苯甲酸　　　　　　　　　　6g　　　　　甘油　　　　　　　　　　　30ml

　　　水杨酸　　　　　　　　　　3g　　　　　乙醇（75％）　　　　　加至100ml

　　　复方安息香酊　　　　　　　10ml

制法：取苯甲酸和水杨酸，溶解于50ml乙醇中，加复方安息香酊和甘油，再添加适量乙醇，搅拌均匀，即得。

注：本品具有软化角质和抑制霉菌的作用，常用于手足癣和体腹癣。本品制备时避免接触铜铁器，以免水杨酸变色。本品中的甘油，除具有保护作用，减少水杨酸、苯甲酸对患部的刺激外，并能保持润湿及延长药物作用的时间。

四、 胶体溶液

高分子溶液剂和溶胶剂因其分散相大小均为1～100nm，所以都属于胶体分散体系。当以水为分散介质时，高分子溶液剂和溶胶剂分别被称为亲水胶体和疏水胶体。

（一）亲水胶体

亲水胶体即高分子化合物在水中均匀分散形成的液体，亦可称为胶浆剂。亲水胶体在药剂中应用非常广泛，可直接用作医疗（如甲紫溶液、胃蛋白酶合剂等），也可在处方中作助悬剂、乳化剂、黏合剂、包衣材料、包囊材料等。

1. 亲水胶体的性质

（1）带电性　高分子化合物在水中因某些基团发生解离而带电。有的带正电，如甲紫、亚甲蓝、血红素、壳聚糖等；有的带负电，如苋菜红、靛蓝、阿拉伯胶、羧甲基纤维素钠、淀粉等。另外，蛋白质分子在水溶液中随 pH 值不同而带正电或负电。当溶液的 pH 值小于等电点时，则—NH_3^+ 的数目多于—COO^- 的数目，蛋白质带正电荷；pH 值大于等电点，则—COO^- 的数目多于—NH_3^+ 的数目，蛋白质带负电荷；当溶液的 pH 值等于等电点时，高分子化合物不带电，此时溶液的黏度、渗透压、电导性、溶解度都变得最小。在生产中可利用这一特性，用于分离纯化或制备微囊。

（2）渗透压　高分子溶液具有一定的渗透压，这一性质对血浆代用液的生产非常重要。高分子溶液的渗透压可用式（5-1）表示：

$$\frac{\pi}{C_g} = \frac{RT}{M} + BC_g \qquad (5\text{-}1)$$

式 5-1 中，π 为渗透压；C_g 为溶质的浓度，单位 g/L；R 为气体常数；T 为热力学温度；M 为分子量；B 为特定常数（它是由溶质与溶剂相互间作用的大小来决定的）。

由上式可见，π/C_g 对 C_g 作图呈直线关系。

（3）稳定性　高分子溶液的稳定性，主要是依靠高分子化合物与水形成的水化膜，水化膜有效地阻止了高分子化合物之间的聚集；其次是高分子化合物所带的电荷。任何破坏水化膜或中和电荷现象的发生，都会使高分子聚集而从溶液中沉淀出来。

① 将脱水剂（如乙醇、丙酮）加入高分子溶液中，因脱水剂与水的亲和力很强，迅速进入水化层而破坏水化膜，使高分子化合物聚集沉淀。

② 将大量电解质加入高分子溶液中，因电解质的强烈水化作用，与水化膜中的水结合

而破坏水化膜，使高分子化合物聚集沉淀。这一现象也称为盐析。单凝聚法制备微囊就是利用这一原理，加入脱水剂或大量电解质使高分子化合物从溶液中析出而包裹在药物微粒的表面，形成微囊。

③ 将两种带有相反电荷的高分子溶液混合，因正负电荷中和，使高分子化合物聚集沉淀。这是复凝聚法制备微囊的原理。

另外，高分子溶液长时间放置也会出现聚集沉淀，这一现象称为陈化。溶液中的高分子化合物聚集成大粒子而产生沉淀的现象称为絮凝。

某些高分子溶液（如琼脂水溶液、明胶水溶液）在一定浓度以上，当温度降低至某一值时，高分子形成网状结构，水全部进入到网状结构内部，形成了不流动的半固体，称为凝胶。形成凝胶的过程称为胶凝。

2. 制备与举例

高分子溶液的制备包括有限溶胀和无限溶胀两个过程。首先是有限溶胀，水分子不断地渗入到高分子化合物的分子间空隙中，发生水化作用而使高分子体积膨胀。无限溶胀是指由水分子的渗入，高分子化合物的分子间隙中水的含量越来越多，降低了高分子化合物分子间引力，高分子开始向水中扩散，形成高分子溶液。在无限溶胀过程中，通常需搅拌或加热，不同的高分子化合物其溶胀的速度是不一样的。

（1）粉末状原料

① 取适量的水加到广口容器中，将粉末状原料撒在液面上，待其自然吸水溶胀后，搅拌形成高分子溶液。不可在粉末状原料撒在水面后，立即搅拌，否则形成黏团，阻碍水分子渗入，延长溶胀时间。如胃蛋白酶合剂的制备。

② 取少量乙醇置干燥容器中，将粉末状原料加到乙醇中，时时振摇，促使其润湿、分散，再加足量水搅拌溶解成高分子溶液。如羧甲基纤维素钠胶浆的制备。

（2）块状或条状原料　可先加水浸泡 20～40min 后，再水浴加热至分散均匀。如明胶、琼脂胶浆的制备。

例1　甲紫溶液

处方：甲紫　　　　　　　　　10g　　　　纯化水　　　　　加至 1000ml
　　　乙醇　　　　　　　　　适量

制法：取甲紫加少量乙醇使溶解，再加水至 1000ml，滤过，即得。

注：甲紫溶液用于消毒防腐。

例2　枸橼酸铁铵合剂的制备

处方：枸橼酸铁铵　　　　　　100g　　　　羟苯乙酯溶液（5%）　　10ml
　　　单糖浆　　　　　　　　200ml　　　纯化水　　　　　加至 1000ml
　　　食用香精　　　　　　　适量

制法：取羟苯乙酯溶液（5%）缓缓加入约 700ml 的纯化水中，随加随搅拌，取枸橼酸铁铵分次撒于上述液面，随即搅拌溶解，加食用香精，单糖浆搅匀，再加纯化水使成1000ml，搅匀，即得。

注：①枸橼酸铁铵为胶体化合物，配制时应将其分次撒于液面。任其自然溶解或略加搅拌以加速溶解。切勿直接加水搅拌溶解，以免结成团块而影响溶解。②本品配制时不宜加热促溶，亦不宜过滤。应新鲜配制，不宜久贮，以免枸橼酸铁铵分解。③本品遇光易变质，故应用遮光包装。

例3　羧甲基纤维素钠胶浆

处方：羧甲基纤维素钠　　　　5g　　　　单糖浆　　　　　　　　　100ml
　　　琼脂　　　　　　　　　5g　　　　羟苯乙酯　　　　　　　　1g

纯化水　　　　　　　　　　加至 1000ml

制法：取剪碎的琼脂加水 400ml 浸泡 20min 后，煮沸使琼脂溶解。取干燥容器加乙醇 10ml，将羧甲基纤维素钠在乙醇中润湿 8～10min（时时振摇），然后倾入 400ml 水，搅拌至溶解，与上述琼脂溶液合并，加单糖浆，羟苯乙酯（先用少量乙醇溶解），搅拌均匀，趁热过滤，加水至 1000ml，搅匀即得。

（二）疏水胶体

疏水胶体系指固体药物微粒（直径 1～100nm）分散在液体分散介质中而形成的非均相（或多相）液体药剂，亦称溶胶剂。这种固体药物微粒也称胶粒，当难溶性药物以胶粒状态分散时，药效将出现显著变化。

五、 粗分散系

混悬剂和乳剂（普通乳剂）的分散相大小均大于 100nm，所以均属于粗分散体系。不同之处在于混悬剂的分散相为固体，而乳剂的分散相为液体。

（一）混悬剂

混悬剂系指难溶性固体药物分散在液体介质中，形成的非均相分散体系。供口服或外用。也包括口服干混悬剂，即难溶性固体药物与适宜辅料制成粉状物或粒状物，临用时加水振摇即可分散成混悬液供口服的液体制剂。

混悬剂中药物微粒的直径一般为 0.5～10μm，最大可达 50μm 或更大。混悬液是不均匀的粗分散体系，质量上应符合以下要求：①制备混悬剂时，可以根据需要加入适宜的助悬剂、润湿剂、防腐剂、矫味剂等附加剂；②口服混悬剂分散介质常用纯化水，其混悬物应分散均匀，如有沉淀经振摇应易再分散，并应检查沉降体积比，在标签上应注明"服前摇匀"，为安全起见，毒剧药或剂量小的药物不宜制成混悬剂；③外用混悬剂易于摇匀容易涂布，其混悬微粒大小不得超过 50μm；④要符合液体制剂的其他质量要求（微生物限度、稳定性、有效成分含量等）。

1. 混悬剂的稳定剂

混悬剂容易出现颗粒沉降、结块、结晶增长等物理不稳定现象。为了增加混悬剂的稳定性，可加入适当的稳定剂。常用的稳定剂有助悬剂、润湿剂、絮凝剂与反絮凝剂。

（1）助悬剂　能增加分散介质的黏度以降低微粒的沉降速度；能被吸附在微粒表面，增加微粒的亲水性，形成保护膜，阻碍微粒合并和絮凝，并能防止结晶转型，使混悬剂稳定。助悬剂的种类有以下几类：

① 低分子助悬剂，常用的低分子助悬剂有甘油、糖浆等。

② 高分子助悬剂，包括以下几类：

a. 天然的高分子助悬剂，主要有阿拉伯胶、西黄蓍胶、桃胶、海藻酸钠、琼脂、脱乙酰甲壳素（壳聚糖）、预胶化淀粉、β-环糊精等。阿拉伯胶可用其粉末或胶浆，用量为 5%～15%。西黄蓍胶可用其粉末或胶浆，用量为 0.5%～1%。

b. 合成或半合成高分子助悬剂，主要有甲基纤维素、羧甲基纤维素钠、羟丙基纤维素、羟丙基甲基纤维素、羟乙基纤维素、卡波姆、聚维酮、葡聚糖、丙烯酸钠等。

c. 触变胶，某些胶体溶液在一定温度下静置时，逐渐变为凝胶，当搅拌或振摇时，又复变为溶胶。能发生这种等温互变胶体溶液为触变胶。如硅酸镁铝，黄原胶等，通过增加体系黏稠度起到助悬效果。

（2）润湿剂　常用的润湿剂是 HLB 值为 7～11 之间的表面活性剂，如聚山梨酯类、聚氧乙烯脂肪醇醚类、聚氧乙烯蓖麻油类、磷脂类、泊洛沙姆等，此外，可加入乙醇、甘油等作润湿剂。

（3）絮凝剂与反絮凝剂　可以是不同的电解质，也可以是同一电解质的不同用量而起到絮凝与反絮凝的效果，主要是根据引起微粒的ζ电位适当降低形成疏松状沉淀还是使微粒的ζ电位升高而增加排斥力，减少微粒的沉降。常用的有：酒石酸盐、枸橼酸盐、磷酸盐等。

2. 混悬液制备方法

（1）分散法　将固体药物粉碎成直径为0.5～10μm大小的微粒，再分散于分散介质中而制成混悬剂的方法为分散法。小量制备常用乳钵，大生产常用胶体磨、球磨机等。

① 亲水性药物，如氧化锌、炉甘石、碳酸镁等，一般先干法粉碎到一定细度，再加液研磨。通常一份药物加0.4～0.6份液体，研磨至微粒大小符合混悬液的要求，加助悬剂、絮凝剂及其他药物，调整浓度至规定的标准。

② 疏水性药物，如硫黄、某些磺胺类药物，先将药物加润湿剂，研磨润湿，然后再加入适量液体进行研磨，当微粒大小符合要求后，加其他稳定剂、分散介质等调整至规定标准。

对于一些贵重的、细度要求高的药物，可采用水飞法粉碎。即药物加水研磨一定时间后，再加适量的水，使细小的微粒悬浮在水中，倾出悬浮液，余下的粗大粒子继续加液研磨，最后合并倾出的悬浮液，即得。

例　复方硫洗剂

处方：

硫酸锌	30g	吐温80	2.5g
沉降硫	30g	西黄蓍胶	7.0g
樟脑醑	250ml	纯化水	加至1000ml
甘油	100ml		

制法：取西黄蓍胶置于干燥烧杯中，加少量乙醇润湿后，加水400ml制成胶浆备用。另取硫酸锌溶于50ml水中，制成硫酸锌水溶液备用。取沉降置乳钵中，加甘油、吐温80研磨成糊状，缓缓加入硫酸锌水溶液，研磨均匀后，缓缓以细流加入樟脑醑，并急速研磨或搅拌。加入备用的胶浆，搅拌均匀，加水至1000ml，搅拌均匀即得。

注：药用硫由于加工生产方法不同，而分为精制硫、沉降硫、升华硫。沉降硫的颗粒最细，易制得细腻混悬液，故本品采用沉降硫；硫为强疏水性药物，颗粒表面易吸附空气而形成气膜，故易聚集浮于液面，所以吐温80、甘油为润湿剂先进行研磨，西黄蓍胶为助悬剂。甘油还有助悬，滋润皮肤等作用。樟脑醑加入混悬液中因溶剂的改变会析出樟脑沉淀，所以要以细流缓缓加入并急速搅拌，以免析出樟脑的结晶颗粒太大，影响混悬液的稳定性。

本品有杀菌、收敛作用，可用于治疗痤疮、疥疮等症。

（2）凝聚法　利用化学反应或改变物理条件使溶解状态的药物在分散介质中聚集成新相。

① 化学凝聚法系两种或两种以上化合物发生化学反应，生成的不溶性药物微粒混悬于分散介质中而制成混悬液的方法。混悬微粒应均匀细小，所以在制备时，反应物的溶液为稀溶液，反应时应以细流慢慢倒入并急速搅拌。

② 物理凝聚法系将药物溶于适宜的溶剂中制成热饱和溶液，然后在急速搅拌下加入到另一种该药物难溶的冷溶剂中，这样通过变换溶剂使之析出结晶。所得结晶80%～90%为10μm以下，再将结晶混悬于分散介质中制成混悬液。

例　氢氧化铝凝胶

处方：

明矾	400g	糖精钠	0.3g
碳酸钠	180g	羟苯乙酯	1.5g
薄荷油	适量	纯化水	加至1000ml

制法：取热水将明矾和碳酸钠分别溶解，并配成浓度为10%和12%的水溶液，分别滤

过。在 50℃时将明矾溶液缓缓加到碳酸钠溶液中，并急速搅拌。待反应停止后，混合液 pH
为 7.0～8.5。用布袋过滤，用水反复洗涤所得沉淀物至无硫酸根离子。将沉淀分散于 500ml
水中，加入糖精钠、薄荷油、羟苯乙酯（薄荷油和羟苯乙酯先用少量乙醇溶解）搅拌溶解，
加水至 1000ml，搅拌均匀即得。

测定含量，含氢氧化铝按氧化铝（Al_2O_3）计算应为 3.60％～4.40％（质量分数）。

注：制备方法为化学反应法，反应式如下，

$$2KAl(SO_4)_2+3Na_2CO_3+3H_2O \longrightarrow 3Na_2SO_4+2Al(OH)_3\downarrow+K_2SO_4+3CO_2\uparrow$$

此处方碳酸钠是过量的，因反应生成的氢氧化铝能吸附溶液中的硫酸根离子，还可以形
成含硫酸根的复盐，必须有过量的碱才能将硫酸根置换出来，并洗除干净。400g 的明矾可
生成 65.8g 氢氧化铝，相当于 43g 氧化铝，符合药典规定的含量范围。

在反应时，必须将明矾溶液加到碳酸钠溶液中，不可颠倒，因为此反应要保证有过量的
氢氧根离子存在。反应温度不宜过高，温度高反应速度快，所得沉淀颗粒粗大，且易吸附硫
酸根离子，一般不宜超过 70℃。

用途：抗酸药，用于胃酸过多症。标签上应注明"服前摇匀"，密封，防冻保存。

3. 质量评价

混悬剂的质量要求，除含量测定、装量、微生物限度等需符合药典要求外，因其属于热
力学和动力学不稳定体系，所以还要进行物理稳定性方面的考查。

（1）沉降体积比　口服混悬剂（包括干混悬剂）沉降体积比应不低于 0.90。

检查方法：用具塞量筒盛供试品 50ml，密塞，用力振摇 1min，记下混悬物的开始高度
H_0，静置 3h，记下混悬物的最终高度 H，按式（5-2）计算沉降体积比 F：

$$F=\frac{H}{H_0} \tag{5-2}$$

干混悬剂按使用时的比例加水振摇，应均匀分散，并检查沉降体积比，应符合规定。

（2）干燥失重　干混悬剂照干燥失重测定法检查，减失重量不得超过 2.0％。

（3）微粒大小的测定　混悬微粒的大小影响着混悬剂的稳定性，影响药效的发挥。测定
方法有显微镜法、stoke's 沉降法、库尔特计数法。间隔一定时间后，再次测定微粒的大小
及分布，与开始测得结果相比较，可观察到放置过程中稳定性的变化情况。

（4）絮凝度的测定　絮凝度是比较混悬剂絮凝程度的重要参数：

$$\beta=\frac{F}{F_\infty}=\frac{H/H_0}{H_\infty/H_0}=\frac{H}{H_\infty} \tag{5-3}$$

式（5-3）中，F 为絮凝混悬剂的沉降体积比；F_∞ 为去絮凝混悬剂的沉降体积比，β 表
示由絮凝作用所引起的沉降容积增加的倍数。β 值愈大说明该絮凝剂絮凝效果愈好。

（5）重新分散试验　混悬剂在放置过程中，因受重力作用而沉降，沉降物经振摇后应能
很快重新分散，这才能保证服用时的均匀性和有效性。重新分散试验过程：将混悬剂置于带
塞的 100ml 量筒中，密塞，放置沉降，然后以 20r/min 的转速转动，经一定时间旋转，量筒
底部的沉降物应重新均匀分散。重新分散所需旋转次数愈少，表明混悬剂再分散性能愈好。

（6）其他　单剂量包装的口服混悬剂需进行装量差异检查，干混悬剂还需进行重量差异
检查。

（二）乳剂

乳剂亦称乳浊液，系指由两种互不相溶的液体组成的，其中一种液体以小液滴的形式分
散在另一种液体（分散介质）中形成的非均相分散体系。其中的小液滴被称为分散相、内相
或不连续相；分散介质被称为外相、连续相。互不相容的两种液体一种为水相、一种为油
相。乳剂除了水相、油相以外，还需要加入乳化剂。乳化剂为表面活性剂或其他一些高分子

化合物等，是形成稳定乳剂的重要因素。乳剂的应用很广，可内服、外用、注射及制成乳剂型软膏剂、气雾剂等。

乳剂常见的类型有：水包油型（O/W 型）和油包水型（W/O 型）。O/W 型乳剂的分散相为油，连续相为水；W/O 型乳剂的分散相为水，连续相为油，外观接近油的颜色。另外还有复乳，如 W/O/W 型和 O/W/O 型。前者分散相是 W/O 型乳剂，后者分散相是 O/W 型乳剂。乳剂类型鉴别方法见表 5-1。一般乳剂的分散相液滴直径一般大于 0.1μm，大多数为 0.25～25μm。当分散相液滴直径小于 100nm 时，称为微乳（或称纳米乳），肉眼观察是透明的，光照射时可产生丁达尔现象。

表 5-1　乳剂类型的鉴别

鉴别方法	O/W 型	W/O 型
外观	乳白色	与油颜色近似
CoCl₂ 试纸	粉红色	不变色
稀释法	被水稀释	被油稀释
导电法	导电	几乎不导电
加入水性染料	外相染色	内相染色
加入油性染料	内相染色	外相染色

将药物制成乳剂，具有以下优点：因乳滴直径小，分散度大，药物吸收快，生物利用度高；油溶性药物制成 O/W 型乳剂用于口服时，可掩盖油腻感，并有利于吸收；水溶性药物制成 W/O 型乳剂有延长药效的作用；外用乳剂能改善药物对皮肤、黏膜的渗透性和刺激性；油溶性药物还可制成 O/W 型乳剂用于静脉注射。

制备乳剂时应加入适宜的乳化剂，贮存过程中不得有发霉、酸败、变色、产气等变质现象。口服乳剂应呈均匀的乳白色，以半径为 10cm 的离心机，4000r/min 的转速离心 15min，不应观察到分层现象。

1. 乳化剂

为了使乳剂易于形成和稳定，必须加入的物质为乳化剂。乳化剂是乳剂的重要组成部分。

（1）乳化剂的基本要求　优良的乳化剂应具备以下基本条件：

① 乳化能力强，乳化能力是指能显著降低油水两相之间的界面张力，并能在液滴周围形成牢固的乳化膜。

② 乳化剂本身应稳定，对不同的 pH 值、电解质、温度的变化等应具有一定的耐受性。对微生物的稳定性也是考虑的因素。

③ 对人体无害，不应对机体产生近期和远期的毒副作用，无刺激性。

④ 来源广、价廉。

（2）乳化剂的种类

① 天然乳化剂，多为高分子化合物，它们来源于植物和动物。具有较强的亲水性，能形成 O/W 型乳剂，由于黏性较大，能增加乳剂的稳定性。但天然乳化剂容易被微生物所污染，故宜新鲜配制或加入防腐剂。

a. 阿拉伯胶，主要含阿拉伯胶酸的钾、钙、镁盐，可形成 O/W 型乳剂。适用于乳化植物油、挥发油，多用于制备内服乳剂。阿拉伯胶的常用浓度为 10%～15%。阿拉伯胶乳剂在 pH 值 2～10 都是稳定的，而且不易被电解质破坏。因内含氧化酶，使用前应在 80℃加热 30min 使之破坏。阿拉伯胶乳化能力较弱且黏度较低，常与其他乳化剂合用。

b. 西黄蓍胶，为 O/W 型乳化剂，其水溶液黏度大，pH 值 5 时黏度最大。由于西黄蓍胶乳化能力较差，一般不单独作乳化剂，而是与阿拉伯胶合并使用。

c. 明胶　为两性蛋白质，作 O/W 型乳化剂，用量为油相 1%～2%，常与阿拉伯胶合并使用。

d. 杏树胶，乳化能力和黏度都超过阿拉伯胶，可作为阿拉伯胶的代用品，其用量为2%~4%。

e. 磷脂，由卵黄提取的卵磷脂或由大豆提取的大豆磷脂，能显著降低油水界面的张力，乳化能力强，为O/W型乳化剂。可供内服或外用，精制品可供静脉注射用。常用量为1%~3%。

其他天然乳化剂还有：白芨胶、果胶、桃胶、海藻酸钠、琼脂、胆酸钠等。

② 表面活性剂，此类乳化剂具有较强的亲水性和亲油性，容易在乳滴周围形成单分子乳化膜，乳化能力强，性质稳定。

常见可作为乳化剂的表面活性剂见表5-2。其中非离子型表面活性剂作为乳化剂，如聚山梨酯和脂肪酸山梨坦类毒性、刺激性均较小，性质稳定，应用广泛。常用的HLB值为3~8者为W/O型乳化剂，而HLB值8~18者为O/W型乳化剂。表面活性剂类乳化剂混合使用效果更好。

表 5-2 表面活性剂作为乳化剂的种类及应用情况

种类	乳剂类型	应用
一价皂	O/W	外用制剂
二价皂	W/O	外用制剂
三乙醇胺皂	O/W	外用制剂
十二烷基硫酸钠	O/W	外用制剂（常与鲸蜡醇合用）
十六烷基硫酸钠	O/W	外用制剂（常与鲸蜡醇合用）
溴化十六烷基三甲胺	O/W	外用、内服、肌内注射
聚山梨酯类	O/W	外用、内服
山梨醇脂肪酸酯类	W/O	外用制剂
泊洛沙姆	O/W	泊洛沙姆188可用于静脉注射

③ 固体微粒乳化剂，这类乳化剂为不溶性固体微粉，可聚集于油水界面上形成固体微粒膜而起乳化作用。可分为两种类型，一类如氢氧化铝、二氧化硅、皂土等易被水润湿，可促进水滴的聚集成为连续相，故是O/W型的固体乳化剂；另一类如氢氧化钙、氢氧化锌、硬脂酸镁等易被油润湿，可促进油滴的聚集成为连续相，故是W/O型的固体乳化剂。固体微粒乳化剂不受电解质影响。与非离子表面活性剂或与增加黏度的高分子化合物合用效果更好。

④ 辅助乳化剂，一般是乳化能力很弱或无乳化能力，但能提高乳剂黏度，并能使乳化膜强度增加，防止乳剂合并，提高稳定性。

a. 增加水相黏度的辅助乳化剂。甲基纤维素、羧甲基纤维素钠、羟丙基纤维素、海藻酸钠、琼脂、西黄蓍胶、阿拉伯胶、果胶、黄原胶等。

b. 增加油相黏度的辅助乳化剂。鲸蜡醇、蜂蜡、单硬脂酸甘油酯、硬脂酸、硬脂醇等。

（3）乳化剂的选择　乳化剂的种类很多，制备乳剂时应综合考虑乳剂的给药途径、药物的性质、处方的组成、欲制备乳剂的类型、乳化方法等因素，并通过科学实验，做出最佳的选择。可将乳化剂进行混合，通过改变HLB值，使乳化剂的适应性增大，形成更为牢固的乳化膜，并增加乳剂的黏度，从而增加乳剂的稳定性。各种油的介电常数不同，形成稳定乳剂所需要的HLB值也不同。

① 根据乳剂的类型选择，要制备O/W型乳剂应选择O/W型乳化剂，W/O型乳剂则选择W/O型乳化剂。乳化剂的HLB值为选择乳化剂提供了依据。

② 根据乳剂的给药途径选择，主要考虑乳化剂的毒性、刺激性，如为口服乳剂应选择

无毒性的天然乳化剂或某些亲水性非离子型乳化剂。外用乳剂应选择无刺激性乳化剂，并要求长期应用无毒性。注射用乳剂则应选择磷脂、泊洛沙姆等乳化剂为宜。

③ 根据乳化剂性能选择，各种乳化剂的性能不同，应选择乳化能力强、性质稳定、受外界各种因素影响小、无毒、无刺激性的乳化剂。

2. 制备方法

（1）干胶法　将乳化剂与油相混合研磨均匀后，加入水相，急速研磨成初乳，再缓缓加水稀释至全量。此法可用于使用天然乳化剂制备乳剂时，当以阿拉伯胶或阿拉伯胶与西黄蓍胶为乳化剂，制备初乳时油、水、乳化剂的比例为有固定的经验值。乳化植物油，4∶2∶1；乳化液状石蜡 3∶2∶1；乳化挥发油，2∶2∶1。制备初乳时，油、水、乳化剂的量要准确；否则，不易形成初乳。

（2）湿胶法　将乳化剂分散到适量水中，研磨均匀后，缓缓加入油相，边加边研至初乳形成，缓缓加水稀释至全量。此法可用于使用天然乳化剂制备乳剂。若以阿拉伯胶为乳化剂，制备初乳时，油、水、乳化剂的比例与干胶法相同。

（3）新生皂法　将生成肥皂的原料分别溶解在油相和水相中，然后加热到70℃左右，将油、水两相混合，在油水界面上反应生成肥皂。经振摇或搅拌可制成乳剂。如植物油中含有多种脂肪酸，在水中溶解氢氧化钠、氢氧化钙或三乙醇胺等，分别加热到70℃左右，将植物油与碱液混合发生皂化反应，生成肥皂，同时肥皂吸附在油、水界面上而形成乳剂。此法制得的乳剂比直接用肥皂乳化的效果好。以氢氧化钠、氢氧化钾、三乙醇胺为原料可制成O/W 型乳剂；以氢氧化钙为原料可制成 W/O 型乳剂。

（4）直接乳化法　将油相、水相、乳化剂混合，经振摇或搅拌制成乳剂。使用乳化能力强的表面活性剂为乳化剂，或使用机械乳化时常采用此法。

药物加入方法：若药物溶于水或溶于油时，可先将药物分别溶解，然后再经乳化形成乳剂；不溶性药物，可先粉碎成粉末，再用少量与之有亲和力的液体或少量乳剂与之研磨成糊状，然后与乳剂混合均匀。

3. 常用制备设备

（1）电动搅拌器　转速一般为1000r/min，制得分散相液滴约 10μm 左右。

（2）胶体磨　利用其旋转的转子与定子之间的缝隙产生高速剪切力，使油、水两相乳化成乳剂。制得乳剂分散相大小约 5μm 左右。

（3）超声波乳化器　以超声波高频振荡（频率 16～50kHz）为能源分散乳滴，如常用的哨笛式乳化器，内有金属振动薄片，当乳剂粗品以细流高压喷射到金属薄片上，金属薄片迅速振动产生超声波，使液体受到激烈的振动而形成乳剂。制得液滴约 1μm 左右。

（4）高速搅拌器　如组织匀浆机，转速可达 1000～5000r/min，制得乳剂分散相液滴约 0.65μm。

（5）高压乳匀机　可先制成粗乳，再用高压乳匀机效果更好。粗乳在高压下强迫通过乳匀阀的狭缝，形成乳剂。制得乳剂分散相液滴约 0.3μm 左右。

例　鱼肝油乳

处方：

鱼肝油	500g	杏仁油	1ml
阿拉伯胶	125g	尼泊金乙酯	0.75g
西黄蓍胶	7g	尼泊金丙酯	0.75g
糖精钠	0.1g	纯化水	加至1000ml

制法：取 10ml 乙醇润湿西黄蓍胶，加水 150ml，搅拌均匀制成胶浆备用。将鱼肝油、阿拉伯胶置干燥乳钵中研匀，一次加水 250ml，迅速研磨成初乳，加入糖精钠（先用 5ml 水溶解）、杏仁油、尼泊金乙酯和尼泊金丙酯（先用 5ml 乙醇溶解），缓缓加入备用的西黄蓍

胶浆，加水至1000ml，搅拌均匀，即得。此法为干胶法。

注：该处方也可用湿胶法制备，附加剂及其用量与干胶法相同。用于维生素A、维生素D缺乏症。

4. 质量评价

乳剂属于热力学不稳定体系，对乳剂质量进行比较和判定，可进行以下几项检查。

（1）分层现象观察　乳剂的油相、水相因密度不同放置后分层，分层速度的快慢是评价乳剂质量的方法之一。用离心法加速分层，可以在短时间内观察其稳定性。将乳剂4000r/min的转速离心15min，不应观察到分层现象。若将乳剂置离心管中以3750r/min的转速离心5h观察，其结果相当于乳剂自然放置一年的分层效果。

（2）乳滴大小的测定　乳滴的大小是衡量乳剂的稳定性及治疗效果的重要指标。可用显微测定法，测乳滴数600个以上，计算乳滴平均直径。

（3）乳滴合并速度的测定　制成乳剂后，分散相总表面积增大，乳滴有自动合并的趋势。当乳滴的大小在一定范围内，其合并速度符合一级动力学方程：

$$\ln N = \ln N_0 - kt \tag{5-4}$$

式（5-4）中，N 为时间为时间 t 时的乳滴数；N_0 为时间为零时的乳滴数；k 为乳滴合并速度常数。在不同的时间分别测定单位体积的乳滴数，然后计算 k 值，k 值愈大，稳定性愈差。

拓展知识

一、 疏水胶体的性质和制法

（一）溶胶剂的性质

（1）丁达尔效应　一束光透过溶胶剂时，可以从侧面看到一个圆锥形光柱，此现象称为丁达尔效应。因胶粒直径比光的波长小而发生光的散射。可用这一特性鉴别溶胶剂。

（2）布朗运动　由于溶剂分子撞击胶粒，因而胶粒处于不断地无规则运动状态，称之为布朗运动。布朗运动是溶胶剂保持稳定，胶粒不下沉的重要原因。

（3）双电层与ξ电位　溶胶剂中的胶粒可因自身解离而带电荷，或因吸附溶液中某种离子而带电荷，根据异性电荷相吸原理，在胶粒的表面上会吸附部分带相反电荷的离子（反离子）。胶粒自身带有的电荷或吸附的电荷与反离子形成了吸附层。另一部分反离子分散在胶粒的周围，形成扩散层。离胶粒愈近，反离子浓度越大；离胶粒愈远，反离子浓度越小。吸附层与扩散层构成双电层结构，双电层之间的电位差称ξ电位。吸附层的反离子少，ξ电位高，胶粒间存在的斥力大，溶胶剂则稳定。当ξ电位降低至25mV以下时，胶粒易聚集而使溶胶剂不稳定。

（4）稳定性　溶胶剂属于热力学不稳定体系。胶粒分散度大，受表面自由能影响，有聚集趋势；因溶胶剂中胶粒周围的双电层结构所产生的ξ电位阻碍了胶粒聚集，胶粒周围电荷形成的水化膜也增加了溶胶剂的稳定性。胶粒受重力作用有下沉趋势，因胶粒的布朗运动使其不易下沉。

若向溶胶剂中加入带相反电荷的溶胶或加入一定量的电解质，都会破坏溶胶剂的稳定性，因此时吸附层的反离子增多，ξ电位下降，胶粒间的排斥力也随之下降，胶粒聚集；同时，吸附层反离子增多，会使扩散层变薄，则水化膜也变薄，胶粒易合并聚集。电解质对胶粒聚集的影响，主要是电解质中的反离子，反离子的价数高，聚集能力强。

为了制备稳定的溶胶剂，可以向溶胶剂中加入高分子溶液（亲水胶体），这样溶胶剂具有亲水胶体的性质，溶胶剂的稳定性增加，加入的这种高分子溶液可称为保护胶体。

（二）溶胶剂的制备

1. 分散法

系将粗分散物质分散成 1～100nm 大小的微粒，使其达到溶胶粒子的分散范围。

（1）机械分散法　生产上多采用胶体磨进行研磨，转速调到 10000r/min，可将药物粉碎成胶体粒子范围。研磨时，要将药物、分散介质、稳定剂（高分子溶液）放一起研磨，不应干粉研磨。

（2）胶溶法　所用原料不是粗粒，而是 1～100nm 大小的微粒。是将胶体微粒大小范围的物质重新进行分散的过程。在细小的沉淀中加入适宜的电解质，沉淀粒子吸附电荷后而组建分散。如新鲜的氯化银沉淀中加入硝酸银，可制成氯化银溶胶。

$$AgCl（新鲜沉淀）\xrightarrow{AgNO_3} AgCl（溶胶）$$

（3）超声波分散法　系利用超声波产生的高频振荡，使分散相分散而制成溶胶剂。

2. 凝聚法

利用化学反应或改变物理条件使均相分散的物质，结合成胶体粒子的方法。

（1）化学凝聚法　利用氧化、还原、水解或复分解等化学反应，生成细小的胶体粒子而制备溶胶剂。反应要在稀溶液中缓缓进行，并急速搅拌，以控制微粒的大小。

（2）物理凝聚法　通过改变溶剂或溶解温度使原均相分散的物质，析出细小的胶体粒子而制备溶胶剂。

二、 混悬剂的稳定性

混悬液中分散相粒子较大，溶剂分子的撞击难以使粒子产生布朗运动，因此，易受重力作用而产生沉淀。但分散相粒子仍有较大的比表面积，所以表面自由能较大，分散相粒子有聚集的趋势，因此混悬液既是动力学不稳定体系，又是热力学不稳定体系。

1. 混悬微粒沉降

混悬液中药物微粒的密度与分散介质的密度不同，当药物微粒密度大于分散介质密度时，药物微粒受重力作用而下沉；当药物微粒密度小于分散介质密度时，药物微粒受浮力作用而上浮。其下沉或上浮的速度和影响因素可用 stoke's 公式表示：

$$V=\frac{2r^2(\rho_1-\rho_2)}{9\eta}g \tag{5-5}$$

式（5-5）中，V 为微粒沉降速度，单位 cm/s；r 为微粒半径，单位 cm；$\rho_1\rho_2$ 分别为微粒和分散介质的密度，单位 g/ml；η 为分散介质的黏度，单位 P 即泊（1P＝0.1Pa·s）；g 为重力加速度常数，单位 cm/s^2。

根据式（5-5），可以看出，混悬微粒下沉的速度与微粒半径的平方、微粒与分散介质的密度差成正比，与分散介质的黏度成反比。在生产中为了增加混悬液的稳定性，应减小微粒下沉速度，可采取以下措施。

（1）减小微粒半径　尽量将药物粉碎得细些，当微粒直径小于 5μm 时，在适宜的黏度下，沉降速度很慢。

（2）减小微粒与分散介质的密度差　当微粒密度大于分散介质密度时，可采取增加分散介质密度的方法，如向水中加蔗糖、甘油等；也可采用降低微粒密度的方法，如将药物与密度小的固体分散介质制成固体分散体。

（3）增加分散介质的黏度　向混悬液加入胶浆剂等黏稠液体。

2. ξ电位、表面自由能与絮凝

混悬液中的微粒因自身解离，或因吸附溶液中某种离子而带电荷，与胶体微粒相似，也具有双电层结构和ξ电位，使微粒之间产生排斥作用，ξ电位愈高，排斥作用愈强；同时微粒带电荷可使微粒周围存在水化膜，均会阻止微粒间的相互聚集，使混悬剂稳定。

由于混悬微粒的分散度大，具有较高的表面自由能，所以，为使表面自由能降低，微粒有自发聚集合并的趋势。

由上述可知，混悬微粒之间同时受到两种力的作用，即因微粒具有双电层结构而产生的斥力作用和因表面自由能而使微粒聚集的引力作用。当ξ电位较高时，斥力大于引力，微粒间不聚集，单个存在，沉降很慢，但经一定时间沉积后，所得沉淀颗粒排列质密，使用时振摇不易再分散。反之，当ξ电位较低时，引力大于斥力，微粒间聚集、沉降快，且振摇后也不易分散。当ξ电位适中时，一般在 $20 \sim 25 \mathrm{mV}$，微粒间的引力、斥力保持一定的平衡，此时微粒间可形成疏松的絮状聚集体，这种现象称为混悬剂的絮凝。这种疏松的絮状聚集体沉降后，通过振摇易于重新分散均匀。

为增加混悬剂稳定，可以在混悬液中加入一定量的电解质，控制其电位在 $20 \sim 25 \mathrm{mV}$，而使混悬液絮凝，所加的这种电解质称为絮凝剂。电解质絮凝作用的效果与离子的价数有关，离子价数高，絮凝作用的效果强。

当混悬液处于絮凝状态时，若向其中加入一定量适宜的电解质，混悬液可由絮凝状态转为非絮凝状态，这一过程称为反絮凝，所加电解质为反絮凝剂。

3. 混悬微粒的润湿

固体药物的亲水性强弱，能否被水润湿，与混悬剂制备的易难、质量高低及稳定性大小关系密切。若为亲水性药物，制备时则易被水润湿，易于分散，并且制成的混悬剂较稳定。若为疏水性药物，不能为水润湿，较难分散，可加入润湿剂改善疏水性药物的润湿性，从而使混悬剂易于制备并增加其稳定性。如加入甘油研磨制得微粒，不仅能使微粒充分润湿，而且还易于均匀混悬于分散介质中。

4. 结晶的增长与晶型的转变

在混悬液中，存在着药物不断溶解和不断结晶的动态过程。混悬液大小不一的微粒在放置过程中，趋向于小粒子越来越少，大的粒子越来越多。这是因为共存的小微粒有更大的表面自由能，小微粒的溶解度比大微粒的溶解度大，在放置过程中小微粒会不断的溶解直至消失，大微粒则不断结晶逐渐增大。增大的微粒使沉降加速，混悬剂更不稳定。

此外，在结晶性药物中，许多药物都具有多晶型，如棕榈氯霉素。在一种药物的多种晶型中，只有一种是稳定型晶型，而其他亚稳定型、无定形在放置过程中会发生转变。但稳定型的溶解度最小，吸收最差，在混悬液中如果同时存在几种晶型，其他类型将不断溶解，转变成稳定型；稳定型逐渐增多，则影响混悬液稳定性及药效。

5. 分散相的浓度和混悬剂的温度

混悬液的分散相浓度增加，分散微粒彼此间碰撞的机会也增加，则促进其聚集合并，混悬液的稳定性降低。

若混悬液的温度升高，药物的溶解度增大，可能会促使一些混悬微粒溶解；但同时升温使微粒碰撞机会增加，促进微粒聚集合并；且升温使分散介质的黏度降低，促进微粒沉降。若混悬液温度下降，则重新析出结晶。故温度变化使混悬微粒经历了重新溶解、析出的过程，这一过程会导致结晶长大、转型等，所以，温度的变化会影响混悬液的稳定性，特别是那些溶解度受温度影响大的药物，在贮存和运输过程中，必须考虑温度问题。

三、 乳剂的形成条件及乳剂的稳定性

（一）乳剂形成的主要条件

乳剂是由水相、油相、乳化剂组成的液体制剂，要制成质量符合要求的乳剂必须提供乳剂形成和保持稳定的主要条件。

1. 提供乳化所需的能量

乳化包括两个过程，即分散过程和稳定过程。分散过程即液体分散相形成液滴均匀分散于分散介质中。此过程是借助乳化机械所做的功，使液体被切分成小液滴而增大表面积和界面自由能，其实质是将机械能部分地转化成液滴的界面自由能，故必须提供足够的能量，使分散相能够分散成微细的乳滴。乳滴愈细需要的能量愈多。

2. 加入适宜的乳化剂

乳化剂是乳剂的重要组成部分，是乳剂形成与稳定的必要条件，关于其作用机理有多种学说。

（1）界面张力降低学说　油水两相形成乳剂的过程，也是不相溶的两液相界面增大的过程。乳滴愈细，新增加的表面积就愈大，界面自由能也愈大。加入适宜的表面活性剂，使其吸附在乳滴的周围，有效地降低界面张力，使乳滴界面自由能降低，使体系稳定。同时在乳剂的制备过程中也不必消耗较大的能量，以至用简单的振摇或搅拌的方法就能制成稳定的乳剂。如肥皂、十二烷基硫酸钠、吐温类、司盘类等均可作乳化剂。

（2）界面吸附膜学说　当油、水中加入乳化剂制成乳剂后，乳化剂会吸附在分散相液滴的周围，形成定向排列的乳化剂膜，阻止分散相液滴的合并。乳化剂在液滴表面上排列越整齐，乳化膜就越牢固，乳剂也越稳定。形成的膜有三种类型。

① 单分子膜：表面活性剂类乳化剂被吸附在液滴表面，有规律地定向排列成单分子乳化剂层，亲水基团转向水，亲油基团转向油，形成阻碍液滴合并的屏障。如果使用的乳化剂为离子型表面活性剂，则形成的单分子乳化膜由于离子化而带电，电荷的互相排斥作用，阻止液滴的合并，使乳剂更稳定。

② 高分子膜：亲水性高分子化合物类乳化剂被吸附在液滴的表面，形成高分子膜。高分子膜虽不能有效降低界面张力，但能阻止液滴合并，且能增加分散介质的黏度，使乳剂更稳定。如阿拉伯胶作乳化剂时，通过形成高分子膜形成稳定乳剂。

③ 固体粉末膜：固体粉末被吸附在液滴表面排列成固体粉末膜，阻止液滴合并，增加乳剂稳定性。

3. 具有适当的相体积分数

相体积分数是指内相占乳剂总体积的分数。制备乳剂时分散相浓度一般在10%～50%之间，如分散相浓度超过50%，由于乳滴之间的距离很近，乳滴易发生碰撞而合并或引起转相，使乳剂不稳定。故制备乳剂时，应考虑油、水两相的相体积比，以利于乳剂的形成和稳定。

4. 确定形成乳剂的类型

决定乳剂类型的因素有多种，最主要的是乳化剂的性质和乳化剂的HLB值。乳化剂分子结构中有亲水基团和亲油基团，形成乳剂时，亲水基团伸向水相，亲油基团则伸向油相，如亲水基团大于亲油基团，乳化剂伸向水相的部分较大而使水的界面张力降低很大，可形成O/W型乳剂。如亲油基团大于亲水基团则恰好相反，形成W/O型乳剂。高分子乳化剂亲水基团特别大，降低水的界面张力故形成O/W型乳剂。固体微粒乳化剂若亲水性大，形成O/W型乳剂，若亲油性大，则形成W/O型乳剂。此外悬殊的相体积比也会影响乳剂初始类型。

（二）乳剂的稳定性

乳剂在放置过程中，其稳定性受自身的性质和外界条件的影响。如分散相所占体积比、乳化剂的 HLB 值、其他附加剂、贮存温度等对稳定性均有影响。

（1）分层　乳剂的分层亦称乳析，系指在乳剂贮存过程中分散相液滴上浮或下沉的现象。分层后因乳化剂膜完整存在，经适当振摇后，能恢复成乳剂原来状态，但长时间的分层时乳滴间的距离减小，有絮凝乃至乳滴合并的趋势。乳剂分层的主要原因是油相、水相密度不同造成的。在生产中，减小分散相液滴的直径、减小分散相与分散介质的密度差，增加分散介质的黏度等措施可降低分层的速度。如 O/W 型乳剂中加入胶浆剂西黄蓍胶、羧甲基纤维素钠等；W/O 型乳剂中加入蜂蜡、单硬脂酸甘油醋、硬脂酸等，均可提高介质的黏度。另外，相体积比对分层也有影响，分散相浓度低于 25％时，乳剂分层速度加快。

（2）絮凝　乳剂中分散相液滴之间发生可逆的聚集现象称为絮凝。絮凝后分散相液滴的乳化剂膜仍存在，乳剂经振摇后可恢复成原来状态，但絮凝使分散相液滴距离很近，是液滴合并、乳剂破裂的前提。乳剂絮凝的原因与混悬液相同，由于电解质的存在降低了液滴的 ξ 电位，液滴斥力减小，形成疏松的液滴聚集体。

（3）转型　乳剂的转型亦称转相，系指乳剂类型的改变，即由 O/W 型转为 W/O 型或 W/O 型转为 O/W 型。转型后乳剂的性质发生改变，不能再使用。转型常因为乳化剂性质改变或分散相体积过大所引起。如一价皂（钠、钾皂）作 O/W 乳化剂时，会因加入二价金属离子（钙、镁、锌等离子）的盐，转变为二价皂，则乳剂转为 W/O 型。若转变的二价皂的比例很小，也不会引起转型。转型过程有一个两种相反类型乳化剂比例的临界点，大于或小于临界点分别为两种不同类型的乳剂。又如，分散相浓度超过 60％，发生转型的可能性也较大。制备乳剂时，要考虑所加附加剂是否对乳化剂性质有影响；分散相浓度太低，易分层；分散相浓度太高，易转型；分散相浓度 50％左右，有利于乳剂的稳定。

（4）合并与破裂　系指乳剂中分散相液滴周围的乳化剂膜破裂，液滴逐步合并成油、水两相。经振摇也不能恢复成原状态。造成破裂的原因很多。液滴分层，液滴越大，分层速度越快，是乳剂破裂的前提；温度改变，高温使分散介质黏度下降，加快分层速度；蛋白质类乳化剂受热凝固变性；低温下水相凝固对乳化剂膜产生破坏作用；电解质能使高分子化合物从水溶液中析出，影响其乳化能力，并使介质的黏度降低；pH 值会影响某些乳化剂的溶解度或改变电荷（如明胶）；某些有机溶剂如丙酮，能溶解油、水两相而破坏乳剂；微生物可使乳化剂分解失效。

（5）败坏　乳剂受外界因素影响，发生化学或生物学变化称为败坏。如空气中的氧，可使植物油酸败或某些药物氧化；微生物污染后，微生物在乳剂中生长、繁殖，引起腐败等。

实践项目

胃蛋白酶合剂的制备

处方：

胃蛋白酶（3800IU/1g）	25.3g	单糖浆	100ml
稀盐酸	20ml	羟苯乙酯	0.5g
橙皮酊	20ml	纯化水	加至 1000ml

［拟定计划］胃蛋白酶合剂的规格为 100ml。该制剂为医院制剂，其制备过程类似于一般实验室操作。

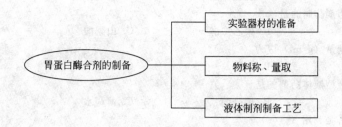

[实施方案]

1. 准备材料和器材。设备器皿：烧杯，量筒，普通天平，100ml 塑料瓶等。药品与材料：胃蛋白酶、稀盐酸、单糖浆、橙皮酊、羟苯乙酯、纯化水等。

2. 各器材按常规方法校正或者清洗完毕待用。

3. 按处方量准确称取胃蛋白酶、羟苯乙酯，准确量取橙皮酊，单糖浆和稀盐酸。

4. 制备流程：取约 700ml 纯化水，加稀盐酸和单糖浆，搅拌均匀后，将胃蛋白酶撒在液面上，待其自然溶解、分散。取少量乙醇溶解羟苯乙酯后，加到 100ml 水中。缓缓加到上述药液中，将橙皮酊缓缓加到药液中，加水至 1000ml，搅拌均匀，灌装于塑料瓶中密封即得。

5. 注意事项：

① 胃蛋白酶在 pH1.5～2.5 时活性最大，故处方中加稀酸调节 pH。但胃蛋白酶不得与稀盐酸直接混合，须将稀盐酸加适量纯化水稀释后配制，因含盐酸量超过 0.5％时，胃蛋白酶活性被破坏。

② 本品不宜用热水配制，不宜剧烈搅拌，以免影响活力，应将胃蛋白酶撒布在液面上，待其自然吸水膨胀而溶解，再轻轻搅拌混匀即得。宜新鲜配制。

③ 本品亦可加 10％～20％甘油以增加胃蛋白酶的稳定性和调味的作用；加橙皮酊作矫味剂，但酊剂的含醇量不宜超过 10％；单糖浆具矫味和保护作用，但以 10％～15％为宜，20％以上对蛋白消化力有影响。

④ 本品不宜过滤，如必须过滤时，滤材需先用相同浓度的稀盐酸润湿，以饱和滤材表面电荷，消除对胃蛋白酶活力的影响。最好采用不带电荷的滤器，以防凝聚。

自我测试

一、单选题

1. 溶液剂制备工艺过程为（   ）。
   A. 药物的称量→溶解→滤过→灌封→灭菌→质量检查→包装
   B. 药物的称量→溶解→滤过→质量检查→包装
   C. 药物的称量→溶解→滤过→灭菌→质量检查→包装
   D. 药物的称量→溶解→灭菌→滤过→质量检查→包装

2. 不能增加药物溶解度的是（   ）。
   A. 加入助悬剂   B. 加入非离子型表面活性剂
   C. 制成盐类   D. 应用潜溶剂

3. 可用作防腐剂的是（   ）。
   A. 氯化钠   B. 苯甲酸钠   C. 氢氧化钠   D. 亚硫酸钠

4. 处方：碘 50g，碘化钾 100g，纯化水适量，制成复方碘溶液 1000ml，其中碘化钾的作用是（   ）。

　　A. 助溶作用　　　　　　　　B. 脱色作用　　　　　C. 抗氧作用　　　　　D. 增溶作用

5. 能用于液体药剂防腐的是（　　）。

　　A. 甘露醇　　　　　　　　　B. 聚乙二醇　　　　　C. 山梨酸　　　　　　D. 甲基纤维素

6. 糖浆剂的含糖量（g/ml）应为（　　）。

　　A. 65%　　　　　　　　　　B. 70%　　　　　　　　C. 75%　　　　　　　　D. 45%

7. 不属于真溶液型液体药剂的是（　　）。

　　A. 碘甘油　　　　　　　　　B. 樟脑醋　　　　　　C. 薄荷水　　　　　　D. PVP 溶液

8. 煤酚皂的制备是利用（　　）。

　　A. 增溶作用　　　　　　　　B. 助溶作用　　　　　C. 改变溶剂　　　　　D. 制成盐类

9. 对糖浆剂说法错误的是（　　）。

　　A. 热熔法制备有溶解快、滤速快、可以杀死微生物等特点

　　B. 可作矫味剂、助悬剂

　　C. 蔗糖浓度高时渗透压大，微生物的繁殖受到抑制

　　D. 糖浆剂为高分子溶液

10. 吐温 60 能增加尼泊金类防腐剂的溶解度，但不能增加其抑菌力，其原因是（　　）

　　A. 两者之间形成复合物　　　　　　　　　　B. 前者形成胶团增溶

　　C. 前者不改变后者的活性　　　　　　　　　D. 前者使后者分解

11. 不能增加药物溶解度的是（　　）

　　A. 加助悬剂　　　　　　　　B. 加增溶剂　　　　　C. 成盐　　　　　　　D. 改变溶媒

12. 有关亲水胶体的叙述，正确的是（　　）。

　　A. 亲水胶体外观澄清　　　　　　　　　　　B. 加大量电介质会使其沉淀

　　C. 分散相为高分子化合物的分子聚集体　　　D. 亲水胶体可提高疏水胶体的稳定性

13. 可增加混悬液物理稳定性的物质是（　　）。

　　A. 疏水胶体　　　　　　　　B. 保护胶体　　　　　C. 触变胶　　　　　　D. 凝胶

14. 由难溶性固体药物以微粒状态分散在液体分散介质中形成的液体制剂是（　　）。

　　A. 低分子溶液剂　　　　　　B. 高分子溶液剂　　　C. 混悬剂　　　　　　D. 乳剂

15. 不能作混悬剂助悬剂的是（　　）。

　　A. 西黄蓍胶　　　　　　　　B. 海藻酸钠　　　　　C. 硬脂酸钠　　　　　D. 羧甲基纤维素

16. 根据 stoke's 定律，混悬微粒沉降速度与哪个因素成正比（　　）。

　　A. 混悬微粒半径　　　　　　　　　　　　　B. 分散介质的黏度

　　C. 混悬微粒半径的平方　　　　　　　　　　D. 混悬微粒直径

17. 不能用于评价混悬剂质量的是（　　）。

　　A. 再分散试验　　　　　　　　　　　　　　B. 微粒大小的测定

　　C. 沉降容积比的测定　　　　　　　　　　　D. 浊度的测度

18. 不宜制成混悬剂的药物是（　　）。

　　A. 毒药或剂量小的药物　　　　　　　　　　B. 难溶性药物

　　C. 需产生长效作用的药物　　　　　　　　　D. 为提高在水溶液中稳定性的药物

19. 混悬剂中增加分解介质黏度的附加剂是（　　）。

　　A. 润湿剂　　　　　　　　　B. 反絮凝剂　　　　　C. 絮凝剂　　　　　　D. 助悬剂

20. 混悬剂中使微粒 zeta 电位降低的电解质是（　　）。

　　A. 润湿剂　　　　　　　　　B. 反絮凝剂　　　　　C. 絮凝剂　　　　　　D. 助悬剂

21. 混悬剂中使微粒 zeta 电位增加的电解质是（　　）。

　　A. 润湿剂　　　　　　　　　B. 反絮凝剂　　　　　C. 絮凝剂　　　　　　D. 助悬剂

22. 制备 O/W 或 W/O 型乳剂的关键因素是（　　）。

　　A. 乳化剂的 HLB 值　　　　　　　　　　　B. 乳化剂的量

　　C. 乳化剂的 HLB 值和两相的量比　　　　　D. 制备工艺

23. 与乳剂形成条件无关的是（　　）。

A. 降低两相液体的表面张力　　　　　　　　B. 形成牢固的乳化膜

　　C. 加入反絮凝剂　　　　　　　　　　　　　D. 有适当的相比

24. 有关乳剂型药剂说法错误的有（　　　）。

　　A. 由水相、油相、乳化剂组成　　　　　　　B. 药物必须是液体

　　C. 乳剂特别适宜于油类药物　　　　　　　　D. 乳剂为热力学不稳定体系

二、多选题

1. 液体制剂按分散系统分类属于均相液体制剂的是（　　　）。

　　A. 低分子溶液剂　　　　　　B. 混悬剂　　　　　　　　　C. 乳剂

　　D. 高分子溶液剂　　　　　　E. 溶胶剂

2. 极性溶剂有（　　　）。

　　A. 水　　　　　　　　　　　B. 聚乙二醇　　　　　　　　C. 丙二醇

　　D. 甘油　　　　　　　　　　E. 油酸乙酯

3. 溶液剂的制备方法有（　　　）。

　　A. 物理凝聚法　　　　　　　B. 溶解法　　　　　　　　　C. 分解法

　　D. 稀释法　　　　　　　　　E. 中和法

4. 关于芳香水剂正确的表述是（　　　）。

　　A. 芳香水剂应澄明

　　B. 芳香水剂系指挥发性药物的饱和或近饱和水溶液

　　C. 含挥发性成分药材用蒸馏法制备

　　D. 由于含挥发性成分，宜大量配制和久贮

　　E. 浓芳香水剂系指用乙醇和水混合溶剂制成的含大量挥发油的溶液

5. 按分散系统可将液体药剂分为（　　　）。

　　A. 真溶液　　　　　　　　　B. 胶体溶液　　　　　　　　C. 混悬液

　　D. 乳浊液　　　　　　　　　E. 高分子溶液

6. 不易霉败的制剂有（　　　）。

　　A. 醋剂　　　　　　　　　　B. 甘油剂　　　　　　　　　C. 单糖剂

　　D. 明胶浆　　　　　　　　　E. 碘甘油

7. 制备糖浆剂的方法有（　　　）。

　　A. 溶解法　　　　　　　　　B. 稀释法　　　　　　　　　C. 化学反应法

　　D. 混合法　　　　　　　　　E. 聚集法

8. 液体药剂常用的矫味剂有（　　　）。

　　A. 蜂蜜　　　　　　　　　　B. 香精　　　　　　　　　　C. 薄荷油

　　D. 碳酸氢钠　　　　　　　　E、阿拉伯胶

9. 具有防腐作用的附加剂有（　　　）。

　　A. 尼泊金　　　　　　　　　B. 乙醇　　　　　　　　　　C. 甘露醇

　　D. 聚乙二醇　　　　　　　　E. 苯甲酸

10. 制备 CMC-Na 胶浆时，应注意（　　　）。

　　A. 先常温水溶胀，再加热溶解　　　　　　　B. 为加速溶解，加热时应不停搅拌

　　C. 加热温度至少 100℃　　　　　　　　　　D. 将 CMC-Na 分次撒入水中

　　E. 为促进溶胀，可先用乙醇润湿

11. 能破坏阿拉伯胶溶液稳定性，从而使沉淀析出的是（　　　）。

　　A. 甘油　　　　　　　　　　B. 乙醇　　　　　　　　　　C. 液体石蜡

　　D. 丙酮　　　　　　　　　　E. Na_2SO_4

12. 关于混悬剂的说法正确的有（　　　）。

　　A. 混悬剂可产生一定的长效作用

　　B. 沉降体积比小说明混悬剂稳定

　　C. 毒性或剂量小的药物应制成混悬剂

　　D. 干混悬剂有利于解决混悬剂在保存过程中的稳定性问题

E. 混悬剂中药物为固体难溶性药物

13. 为增加混悬液的稳定性，在制剂学上常用措施有（ ）。
    A. 减少粒径 　　　　　　　　　　　　B. 增加微粒与介质间密度差
    C. 减少微粒与介质间密度差 　　　　　D. 增加介质黏度
    E. 加入助悬剂

14. 可反映混悬液质量好坏的是（ ）。
    A. 分散相质点大小 　　　　B. 分散相分层与合并速度 　　　C. F 值
    D. β 值 　　　　　　　　　E. 沉降速度

15. 对混悬液的说法正确的是（ ）。
    A. 混悬剂中可加入一些高分子物质抑制结晶生长
    B. 沉降体积比小说明混悬剂稳定
    C. 干混悬剂可解决混悬剂在保存过程中的稳定性问题
    D. 助悬剂的加入可增加其稳定性
    E. 重新分散试验中，使混悬剂重新分散所需次数越多，混悬剂越稳定

16. 关于乳剂稳定性的叙述正确的是（ ）。
    A. 乳剂分层是由于分散相与分散介质存在密度差，属于可逆过程
    B. 絮凝是乳剂粒子呈现一定程度的合并，是不可逆过程
    C. 乳剂的稳定性与相比例、乳化剂及界面膜强度密切相关
    D. 外加物质使乳化剂性质发生改变或加入相反性质乳化剂可引起乳剂转相
    E. 乳剂的转型或转相是一种可逆过程

17. 用于 O/W 型乳剂的乳化剂有（ ）。
    A. 吐温 80 　　　　　　　B. 山梨醇脂肪酸酯 　　　　C. 豆磷脂
    D. 泊洛沙姆 188 　　　　　E. 一价皂

18. 静脉注射用乳剂的乳化剂是（ ）。
    A. 吐温 80 　　　　　　　B. 聚乙二醇 　　　　　　　C. 卵磷脂
    D. 泊洛沙姆 188 　　　　　E. 卡泊普 940

19. 常用的 O/W 型乳剂的乳化剂是（ ）。
    A. 吐温 80 　　　　　　　B. 聚乙二醇 　　　　　　　C. 卵磷脂
    D. 司盘 80 　　　　　　　E、卡泊普 940

20. 乳剂的变化可逆的是（ ）。
    A. 合并 　　　　　　　　B. 酸败 　　　　　　　　　C. 絮凝
    D. 分层 　　　　　　　　E. 破裂

三、问答题

1. 常用的液体分散媒有哪些？各有何特点？
2. 增加药物溶解度的方法有哪些？举例说明。
3. 什么是防腐剂？常用的有哪些？各有何特点？
4. 常用的矫味矫臭剂有哪些？可分别掩盖哪些不良味道？
5. 真溶液型液体药剂有哪些？哪些液体药剂本身具防腐作用？为什么？
6. 糖浆剂应符合哪些质量要求？生产中应注意什么问题？
7. 醑剂与芳香水剂有何不同？
8. 液体制剂的特点和质量要求有哪些？
9. 液体制剂的基本生产工艺流程是怎样的？
10. 溶液型液体制剂包含哪些？各有何特点？
11. 亲水胶体溶液在制备时和真溶液有何不同？
12. 亲水胶体制备时应注意什么？哪些因素会破坏亲水胶体的稳定性？怎样增加亲水胶体的稳定性？
13. 混悬剂的不稳定性主要表现在哪里？如何增加其稳定性？
14. 乳剂的基本组成有哪些？决定乳剂类型的因素是什么？

项目六　注射剂的工艺与制备

知识目标：　掌握注射剂的概念、特点和质量要求。

熟悉小容量注射剂的生产工艺流程。

熟悉输液剂的生产工艺流程。

熟悉粉针剂的生产工艺流程、目前存在的问题。

能力目标：　知道注射剂的基本概念、特点和质量要求。

能使用相应的设备制备合格的小容量注射剂。

能使用相应的设备制备合格的输液剂。

能使用相应的设备制备合格的粉针剂。

必备知识

一、概述

注射剂是随着 19 世纪灭菌法的发现和注射器的出现而形成的一种剂型。随着医疗事业不断发展，注射剂已成为医疗上不可缺少的制剂。发展至今，注射剂有小容量注射剂、大容量注射剂和注射用无菌粉末三种常见形式。《中国药典》（2010 版）收载的注射剂品种多达330 多种，且出现了乳浊型、混悬型注射液以及复方氨基酸大输液等。

（一）注射剂的定义与分类

注射剂（injection）系指药物和适宜的辅料制成的供注入体内的灭菌溶液、乳浊液、混悬液，以及供临用前配成溶液或混悬液的无菌粉末或浓溶液。注射剂俗称针剂，根据分散系统或给药途径的不同有以下类别。

1. 按分散系统分

（1）溶液型注射剂　对于易溶于水，且在水溶液中比较稳定的药物可制成水溶液型注射剂，如维生素 C 注射液、复方氨基酸注射液；不溶于水而溶于油的药物可制成油溶液型注射剂。溶液型注射剂以水为溶剂最常见，俗称水针剂，可用于各种途径注射。油溶液常采用肌内注射。

（2）混悬液型注射剂　水中溶解度小的药物或需要延长药效，可制成混悬液型注射剂。如鱼精蛋白胰岛素注射液。蛋白质多肽类药物的微球微囊等新剂型也多以混悬液型注射剂给药，如注射用醋酸亮丙瑞林微球（商品名：抑那通）。溶剂可以是水也可是油或其他非水溶剂，一般用于肌内注射。

（3）乳浊液型注射剂　对水不溶性或油性液体药物，根据临床需要可制成乳浊液型注射剂，如静脉脂肪乳剂。也有微乳注射剂，如注射用环孢素 A 微乳（商品名：山地明）。可用于静脉注射（O/W 型）、肌内注射、皮下注射。

（4）注射用无菌粉末　在水中不稳定的药物，常制成注射用无菌粉末，俗称粉针剂临用前用适宜的溶媒（一般为灭菌注射用水）溶解或混悬后使用的制剂，如注射用青霉素 G。

2. 按给药途径分类

（1）静脉注射剂（iv.）　药液直接注入血管，无吸收过程，起效最快。分静脉推注和静脉滴注，前者一次注射量在 50ml 以下，后者用量可达数千毫升。多为水溶液，油溶液和混悬液一般不能静脉注射。除另有规定外，静脉注射剂不得加抑菌剂。

（2）肌内注射剂（im.）　注射于肌肉组织中，药物扩散进入血管而被吸收。因肌肉组织血流丰富，故吸收较快。一次剂量一般在 5ml 以下，除水溶液外，油溶液、混悬液、乳浊液均可注射。

（3）皮下注射剂（ih.）　注射于真皮与肌肉之间的结缔组织，药物吸收较慢，具有延效作用。一般用量为 1~2ml。皮下注射剂主要是水溶液，刺激性药物不宜皮下注射。

（4）皮内注射剂（id.）　注射于表皮与真皮之间，一次注射量在 0.2ml 以下。用于过敏试验或疾病诊断，如青霉素皮试液、白喉诊断毒素等。

（5）椎管注射剂　药液注入脊椎四周蛛网膜下腔内。脊椎注射剂的一次剂量不得超过 10ml。由于此处神经组织比较敏感，且脊髓液缓冲容量小、循环慢，所以要求严格：只能是水溶液，pH 值应呈中性，等张溶液，不得加抑菌剂。

此外，还有穴位注射、关节腔注射、腹腔注射，心内注射、皮下输液、滑膜腔内注射、鞘内注射等。某些抗肿瘤药物还可动脉内注射，直接进入靶组织，提高疗效，降低毒副作用。如抗肿瘤药氨甲蝶呤采用动脉内给药。

（二）注射剂的特点与质量要求

1. 注射剂的特点

注射剂是药物应用最广泛的剂型之一，其主要优点有：

（1）药效迅速，作用可靠　因为药物不经过消化系统和肝脏而进入血液循环，不受消化液的破坏和肝脏的代谢，尤其是静脉注射，无吸收过程，作用快而迅速。故适于抢救危重病人或供给能量。

（2）适用于不宜口服的药物　某些药物易受消化液破坏，如青霉素、胰岛素受酸、酶的催化降解，链霉素口服不易吸收等均可制成注射剂而发挥作用。尤其适合于多肽、蛋白质、核酸等口服容易被胃肠酶及 pH 催化降解的生物药物。

（3）适用于不宜口服给药的病人　某些病人不能吞咽、昏迷或严重呕吐不能进食，均可注射给药并补充营养。

（4）产生局部的定位作用　如局部麻醉药注射、封闭疗法、穴位注射，药物可产生局部定位作用；某些药物通过注射给药延长作用时间，如激素进行关节内注射等。

（5）靶向作用　注射用微粒给药系统（脂质体、微乳等），药物可定向分布在肝、脾等器官，临床可用于治疗癌症。

但注射剂也存在一些缺点：

（1）使用不方便，产生疼痛　注射剂一般不能自己使用，应遵医嘱并经专门训练的护士注射，以保证用药安全。注射时局部刺激产生疼痛感，且某些药液本身也会引起刺激。

（2）易交叉污染，安全性较差　注射剂一经注入人体内，起效快，产生不良反应后果严重，需严格用药。

（3）生产过程复杂，质量要求高，成本高　注射剂设备条件、生产环境要求高，所以生产费用大，价格贵。

2. 注射剂的质量要求

为确保注射剂的用药安全有效，应保证注射剂符合下列要求。

（1）无菌　注射剂成品中不应有任何活的微生物，按药典无菌检查法检查，应符合规定。

（2）无热原 无热原是注射剂的重要质量指标，特别是供静脉注射及椎管注射的注射剂必须通过热原检查，应符合规定。

（3）可见异物 按可见异物检查法（包括灯检法和光散射法）检查，不得有肉眼可见的浑浊或异物。

（4）pH值 注射剂pH要求与血液相等或接近（血液的pH值约为7.4），一般应控制在pH4～9范围内。

（5）渗透压 注射剂要求具有一定的渗透压，应与血液的渗透压相等或接近。特别是静脉注射应尽量等张，椎管注射应严格等张。

（6）安全性 注射剂不能对人体细胞、组织、器官等引起刺激或产生毒副反应，尤其是非水溶剂或某些附加剂，必须经过动物实验验证。有些注射剂如复方氨基酸注射剂，其中的降压物质必须符合规定，以保证用药安全。

（7）稳定性 注射剂多以水为溶剂，易发生水解、氧化或霉变现象。必须保证具备一定的物理、化学、生物学稳定性，在贮存期内安全有效。

（8）不溶性微粒 静脉注射剂、注射用无菌粉末和注射用浓溶液还需通过不溶性微粒检查。如输液（装量≥100ml），规定每1ml中含10μm以上的不溶性微粒不得超过25粒，含25μm以上的不溶性微粒不得超过3粒。

（9）其他 有效成分含量、杂质限度和装量差异检查等均应符合药典及有关质量标准的规定。

3. 注射剂的处方组成

注射剂是由主药（一种或多种）、注射用溶剂以及能使其形成注射剂并达到注射剂质量要求的附加剂等组成。

对于大多数药物，处方中仅由主药与注射用溶剂混合很难达到上述注射剂的质量要求，因此需添加一些特殊附加剂。所有的附加剂均应符合药用规格，最好是注射用规格；用量较大时必须是注射用规格。

（1）注射用溶剂

① 注射用水。注射用水为纯化水经蒸馏制得的水，作为配制注射剂用的溶剂。灭菌注射用水为注射用水按照注射剂生产工艺制备所得，作为注射用灭菌粉末的溶剂或注射液的稀释剂或泌尿外科内腔镜手术冲洗剂。在注射剂生产中，注射用水用于无菌药品的配液和直接接触药品的设备、容器具的最后清洗；无菌原料药的精制及直接接触药品的设备、容器具的最后清洗。

注射用水的质量必须符合《中国药典》的规定，应为无色的澄明液体；无臭无味；pH为5.0～7.0；每1ml中细菌内毒素量应小于0.25EU；氨、氯化物、硫酸盐与钙盐、硝酸盐与亚硝酸盐、二氧化碳、易氧化物、不挥发物与重金属等均应符合药典规定。

② 注射用油。常用的有大豆油、芝麻油、茶油等，其质量应符合注射用油的要求：无异臭，无酸败味；色泽不得深于黄色6号标准比色液；10℃时应保持澄明；相对密度为0.916～0.922、折光率为1.472～1.476；酸值应不大于0.56、皂化值为185～200、碘值为79～128。并检查过氧化物、重金属、微生物限度等。

酸值、碘值、皂化值是评定注射用油的重要指标。酸值表示油中游离脂肪酸的多少，反映酸败的程度，酸值高质量差；碘值表示油中不饱和键的多少，碘值高，则不饱和键多，油易氧化，不适合供注射用；皂化值表示油中游离脂肪酸和结合成酯的脂肪酸的总量多少，可表示油的种类和纯度。油脂在氧化过程中，有生成过氧化物的可能性，因此应对注射用油中的过氧化物加以控制。

植物油是由各种脂肪酸的甘油酯所组成。在贮存时与空气、光线接触时间较长往往发生复杂的化学变化，产生特异的刺激性臭味，称为酸败。酸败的油脂产生低分子分解产物如醛类、酮类和脂肪酸，故均应精制，才可供注射用。通常使用的精制流程为：中和游离脂肪酸→油皂分离→脱色与除臭→灭菌。

③ 注射用其他溶剂。注射用溶剂除注射用水和注射用油外，常因药物特性的需要选用其他溶剂或采用复合溶剂。如乙醇、甘油、丙二醇、聚乙二醇等用于增加主药的溶解度，防止水解和增加溶液的稳定性。油酸乙酯、二甲基乙酰胺等与注射用油合用，以降低油溶液的黏滞度，或使油不冻结，易被机体吸收。其他注射用溶剂应注意其毒性即 LD_{50} 值，要符合注射剂溶剂的要求。

（2）注射剂的附加剂　根据需要注射剂处方中需加入的附加剂。

① 增加主药溶解度的附加剂。药物溶解度较小时，欲制成溶液型注射剂，可加入吐温80、聚氧乙烯蓖麻油（Cremophor EL）等增溶剂，或加入第三种物质（助溶剂）通过形成络合物来增加主药溶解度。

② 防止主药被氧化的附加剂。药物容易氧化时，处方中可添加抗氧剂用于消耗氧气，金属离子络合剂结合金属离子抑制其催化氧化作用。如维生素 C 注射剂，可添加亚硫酸氢钠（弱酸性抗氧剂），EDTA-Na_2（金属离子络合剂）防止被氧化。工艺中常采用在配液及灌封工序通入惰性气体（如氮气或二氧化碳）以排除注射用水溶解的氧气以及注射器容器空间的氧气，来防止药物被氧化。

③ 抑菌剂。在采用不彻底的灭菌方法或无灭菌程序时，注射剂处方中必需添加抑菌剂，如采用低温间歇灭菌、滤过除菌、无菌操作法制备的注射剂。还有多剂量装的注射剂，非一次性使用完，也应加入适宜的抑菌剂。加入量应以抑制注射液内微生物生长的最低浓度为准。一次用量超过5ml 的注射液应慎加抑菌剂。供静脉注射、椎管注射的注射剂则不得添加抑菌剂。常用者如苯酚、甲酚、苯甲醇、三氯叔丁醇等。加有抑菌剂的注射剂仍需采取适宜的方式灭菌，并在标签或说明书上注明抑菌剂的名称和用量。常用的抑菌剂浓度及应用见表6-1。

表 6-1　常用的抑菌剂浓度及应用范围

抑菌剂	使用浓度	应用范围
甲酚	0.3%	适用于偏酸性药液，常用于生物制品
苯酚	0.5%	适用于偏酸性药液
三氯叔丁醇	0.5%	适用于偏酸性药液，在高温下易分解，有局部止痛作用
羟苯酯类	0.01%~0.015%	在酸性药液中作用强，在微碱性药液中作用减弱

④ pH 调节剂。为使 pH 值在人体可适应范围，同时尽可能保证药物稳定，注射剂常需添加 pH 值调节剂。一般对于肌内或皮下注射剂及小剂量静脉注射剂，要求 pH 值 4~9 之间；大剂量静脉注射剂原则上要求尽可能接近血液的 pH 值。椎管注射液的 pH 应接近7.4，因脊髓液只有 60~80ml，且循环较慢，易受酸碱影响，故应严格控制。可加入酸（如盐酸、硫酸、枸橼酸），碱（氢氧化钠、氢氧化钾、碳酸氢钠）或缓冲对（如磷酸二氢钠-磷酸氢二钠）进行 pH 值调节。调节 pH 并非简单的加酸或加碱，应选择最佳的 pH 调节剂。例如，维生素 C 注射液用碳酸氢钠调节 pH，既可防止碱性过强而影响药液稳定性，又可产生 CO_2，驱除药液中的氧，有利于药物稳定。

⑤ 等渗调节剂。为使注射后不致产生红细胞皱缩或胀大（破裂）的现象，需调节渗透压与血浆相等或接近，通常采用氯化钠、葡萄糖等进行渗透压调节。

⑥ 止痛剂。有的注射剂在皮下和肌内注射时，产生刺激或疼痛。为避免刺激，提高顺应性，可加入局部止痛剂，如苯甲醇、三氯叔丁醇、盐酸普鲁卡因、利多卡因等。

⑦ 特殊附加剂。混悬型的注射剂中常用的助悬剂有羧甲基纤维素钠（CMC-Na）、羟丙基甲基纤维素（HPMC）。乳剂型的注射剂中常用的乳化剂有大豆磷脂、卵磷脂、泊洛沙姆

188（普流罗尼 F-68）等。

4. 热原

热原是指由微生物产生的能引起恒温动物体温异常升高的致热物质，注入人体时，可产生寒战、高热甚至休克等不良反应。因而注射剂需保证无热原。热原的主要来源是革兰阴性菌产生的细菌内毒素，由磷脂、脂多糖和蛋白质等组成，其中脂多糖具有特别强的致热性和耐热性。热原的分子量一般为 1×10^6 左右，分子量越大，致热作用越强。注入体内的输液中含热原量达 $1\mu g/kg$ 时就可引起热原反应。

（1）热原的性质

① 耐热性：热原在 100℃ 加热 1h 不被分解破坏，180℃ 3～4h、200℃ 60h、250℃ 30～45min 或 650℃ 1min 可使热原彻底破坏。

② 水溶性：热原能溶于水，似真溶液。但其浓缩液带有乳光，故带有乳光的水和药液，热原不合格。

③ 不挥发性：热原本身不挥发，但可随水蒸气雾滴带入蒸馏水中，故用蒸馏法制备注射用水时，蒸馏水器应有隔沫装置分离蒸汽和雾滴。

④ 可滤过性：热原体积小，直径约为 1～5nm，能通过一般滤器进入滤液中，即使是微孔滤膜也不能截留。但活性炭能吸附热原。

⑤ 不耐强酸、强碱、强氧化剂：热原能被盐酸、硫酸、氢氧化钠、高锰酸钾、重铬酸钾、过氧化氢等破坏。

⑥ 其他：超声波、某些表面活性剂（如去氧胆酸钠）或阴树脂也能一定程度上破坏或吸附热原。

（2）热原的污染途径

① 溶媒：最常用的为注射用水，是注射剂出现热原的主要原因。冷凝的水蒸气中带有非常小的水滴（称飞沫）则可将热原带入。制备注射用水时不严格或贮存过久均会污染热原。因此，生产的注射用水应定时进行细菌内毒素检查，药典规定供配制用的注射用水必须在制备后 12h 内使用，并用优质低碳不锈钢罐贮存，在 80℃ 以上保温或 70℃ 以上保持循环或 4℃ 冷藏，并至少每周全面检查一次。

② 原料：原料质量及包装不好均会产生热原，尤其生物技术制备的药物和辅料易存在微生物，从而产生热原，如抗生素、水解蛋白、右旋糖酐等。葡萄糖、乳糖等辅料也容易因包装损坏而被污染。

③ 容器、用具和管道：配制注射液用的器具等操作前应按规定严格处理，防止热原污染。

④ 生产过程：室内卫生条件不好、操作时间过长、装置不密闭、灭菌不完全、操作不符合要求或包装封口不严等，均会在增加细菌污染的机会而产生热原。

⑤ 输液器具：临床所用的输液器具被细菌污染而带入热原。

（3）热原的去除方法

① 活性炭吸附法：在配液时加入 0.05%～0.5%（W/V）的针用一级活性炭，可除去大部分热原，而且活性炭还有脱色、助滤、除臭作用。但需注意活性炭也会吸附部分药液，宜过量投料且小剂量药物不宜使用。

② 离子交换法：热原在水溶液中带负电，可被阴离子树脂所交换。但树脂需再生。

③ 凝胶过滤法：凝胶微观上呈分子筛状，利用热原与药物分子量的差异，将两者分开。但当两者分子量相差不大时，不宜使用。

④ 超滤法：超滤膜的膜孔为 3.0～15nm，可去除药液中的细菌与热原。

⑤ 酸碱法：玻璃容器、用具等均可使用重铬酸钾硫酸清洗液或稀氢氧化钠液浸泡以破坏热原。

⑥ 高温法：注射用针头、针筒及玻璃器皿等能耐受高温加热处理的器皿和用具，洗净后再在 180℃加热 2h 或 250℃加热 30min 以上处理破坏热原。

⑦ 蒸馏法：可采用蒸馏法加隔沫装置来制备注射用水，热原本身不挥发，但热原又具有水溶性可溶于飞沫，采用该法可去除溶剂中的热原。

⑧ 反渗透法：用醋酸纤维素膜和聚酰胺膜反渗透制备注射用水可除去热原，具有节约热能和冷却水的优点。

⑨ 其他：采用两次以上湿热灭菌法或适当提高灭菌温度和时间可除去热原。如葡萄糖注射液中含有热原采用上述方法处理。微波也能破坏热原。

（4）热原检查方法

① 家兔发热试验法（热原检查法）。家兔发热试验法是目前各国药典法定的热原检查法。它是将一定量的供试品，由静脉注入家兔体内，在规定时间内观察体温的变化情况，如家兔体温升高的温度超过规定限度即认为有热原反应。具体试验方法和结果判断标准见《中国药典》二部附录热原检查法。本法结果准确，但费时较长、操作繁琐，连续生产不适用。

② 鲎试剂法（细菌内毒素检查法）。鲎试剂法系利用动物鲎制成试剂与革兰阴性菌产生的细菌内毒素之间可产生的凝胶反应，从而定性或定量地测定内毒素的一种方法。具体试验方法和结果判断标准见《中国药典》二部附录细菌内毒素检查法。本法操作简单、结果迅速可得、灵敏度高，适合于生产过程中的热原控制，特别适合于某些不能用家兔进行热原检测的品种，如放射性制剂、肿瘤抑制剂等。但本法对革兰阴性以外的内毒素不敏感，故还不能完全代替家兔发热试验法。

二、 小容量注射剂工艺与制备

小容量注射剂即装量小于 50ml 的注射剂，又名针剂、小针剂，以水为溶剂称为水针剂。

（一）小容量注射剂车间设计与生产管理

按 GMP 的有关原则，针剂的生产环境应分为三个区域。

B级洁净区：经三更后进入，进行稀配液、灌封（灌封机局部层流 A 级洁净）；C级洁净区：经二更后进入，进行物料的称量、浓配液；安瓿的洗涤，烘干等；一般生产区：经一更后进入，进行安瓿外部清理；灌封后的灭菌检漏，灯检，印包等。

洁净级别高的区域相对于级别低的要保持 10Pa 的正压差。

在生产之前要检查并确保空气净化系统、动力系统、照明系统、供水排水系统等生产设施及各类生产设备运转正常，所用设备要达到净化要求。

（二）小容量注射剂的容器和处理办法

小容量注射剂其容器一般是由中性硬质玻璃制成小瓶，俗称安瓿。安瓿的式样采用有颈安瓿，其容量通常有 1ml、2ml、5ml、10ml、20ml 等几种规格。2002 年出现了新一代针剂和粉针剂的包装容器卡式瓶，其一端为胶塞加铝盖密封，另一端用活塞密封。一般与卡式注射笔配套使用，使用过程中药液不与注射器任何部件接触，避免安瓿使用过程中玻璃粉末混入药液或被微生物污染等。目前多应用于基因工程药物、生物酶制剂等技术含量较高的制剂领域。

以前使用的安瓿式样有直颈与曲颈两种，现国家食品药品监督管理局（SFDA）规定一律采用曲颈易折安瓿，可避免在折断安瓿瓶颈时，造成玻璃屑、微粒进入安瓿污染药液。曲颈易折安瓿有两种：色环易折安瓿和点刻痕易折安瓿。色环易折安瓿是将一种低熔点粉末熔固在安瓿颈部成环状，该粉末的膨胀系数高于安瓿玻璃二倍。待冷却后由于两种玻璃膨胀系数不同，在环状部位产生一圈永久应力，用力一折即平整断裂，不易产生玻璃屑。点刻痕易折安瓿是在曲颈部分刻有一微细的刻痕，在刻痕上方中心标有直径为 2mm 的色点，折断时施力于刻痕中间的背面，折断后，断面平整。

1. 安瓿的质量要求

安瓿用于灌装各种性质不同的药液，在制备过程中高温熔封，耐受高压灭菌，且要在不同环境下长期贮藏。故对安瓿有一定的质量要求。

① 应无色透明，便于可见异物及药液变质情况检查。

② 应具有优良的耐热性能和低的膨胀系数，避免洗涤、灭菌或冷藏中爆裂。

③ 要有一定的物理强度，避免生产、运输过程中破损。

④ 化学稳定性好，不易被药液所浸蚀，不改变药液的 pH 值。

⑤ 熔点低，易于熔封。

⑥ 不得有气泡、麻点、砂粒、粗细不匀及条纹等。

2. 安瓿的检查

为保证注射剂质量，安瓿经过一系列检查方可用于生产。首先进行检查的项目为安瓿外观、尺寸、应力、清洁度、热稳定性等，具体要求及检查方法可参照中华人民共和国国家标准（安瓿）；其次进行玻璃容器的耐酸性、耐碱性检查和中性检查；最后要进行装药试验，必要时特别当安瓿材料变更时，理化性能检查虽合格，尚需做装药试验，证明无影响后方可应用。

3. 安瓿的洗涤

领取合格批次的安瓿，除去外包装，在外清排瓶室（一般生产区）整理好。通过传递窗进入洗涤工序（C 级洁净区）。

（1）洗涤方法

① 甩水洗涤法。将安瓿经喷淋灌水机灌满滤净的纯化水，再用甩水机将水甩出，如此反复 3 次。此法洗涤 5ml 以下的安瓿，清洁度可达到要求。

② 加压气水喷射洗涤法。用事先滤过合格的洗涤用水和压缩空气，由针头交替喷入倒置的安瓿内进行洗涤，冲洗顺序为气→水→气→水→气。本法的关键是气，一是应有足够的压力（294.2～392.3kPa），二是一定要将空气净化。最后一次洗涤用水应是经微孔滤膜精滤的注射用水。

③ 超声波洗涤法。利用液体传播超声波能有效去除物体表面的污物。具有清洗洁净度高，清洗速度快等特点。

目前常采用超声波洗涤与气水喷射洗涤相结合的方法。超声波粗洗，再经气→水→气→水→气精洗。该法应基本或全部满足下列要求：外壁喷淋；容器灌满水后经超声波前处理；容器倒置，喷针插入，水、气多次交替冲洗，交替冲洗次数应满足工艺要求；使用清洗介质为净化压缩空气和注射用水（40～60℃）。

质量好的安瓿可直接洗涤，质量差的安瓿需先蒸瓶再清洗。向安瓿内灌入纯化水或 0.5%～1% 的盐酸或醋酸溶液，经 100℃/30min 蒸煮，可洗去附着的砂粒，溶解微量游离碱和金属离子，提高安瓿稳定性。经甩水后进行洗涤。

在实际生产中安瓿的洗涤，也有只采用洁净空气吹洗的方法，但要求安瓿质量高，在玻璃厂生产后应严密包装，不便污染，此法既省去了水洗这一步，又能保证安瓿洁净的质量，这为针剂的高速度自动化生产创造了有利条件。另外，还有一种密封安瓿，使用时在净化空气下用火焰开口，直接灌封，可以免去洗瓶、干燥、灭菌等工作。

（2）洗涤设备　常见的有喷淋式安瓿洗瓶机组、气水喷射式洗瓶机、超声波安瓿洗瓶机组。喷淋式安瓿洗瓶机组由安瓿喷淋机（见图6-2）和安瓿甩水机（见图6-3）组成，经喷淋后再甩水洗涤。气水喷射式安瓿洗瓶机组（见图6-4）由供水系统、压缩空气及过滤系统和洗瓶机构成，脚踏板控制速度。超声波安瓿洗瓶机组（见图6-5）自动化程度高，生产中已推广使用。

现药厂生产将超声波安瓿洗瓶机组与安瓿红外隧道灭菌机、安瓿灌封机组成洗-烘-灌-封联动机，气水洗涤的程序由机器自动完成，大大提高了生产效率。

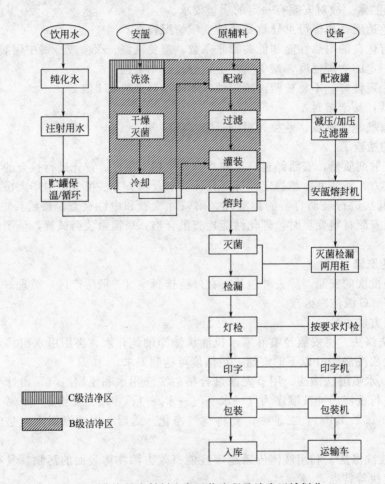

图 6-1　小容量注射剂生产工艺流程及洁净区域划分

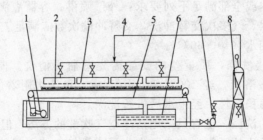

图 6-2　安瓿喷淋机

1—电机；2—安瓿盘；3—淋水喷嘴；4—进水管；5—传送带；
6—集水箱；7—泵；8—过滤器

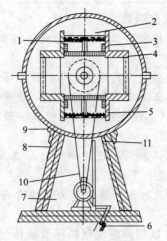

图 6-3　安瓿甩水机

1—安瓿；2—固定杆；3—铝盘；4—离心架框；5—丝网罩盘；6—踏板；

7—电机；8—机架；9—外壳；10—皮带；11—出水口

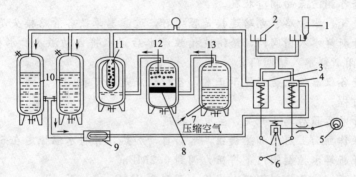

图 6-4　气水喷射式安瓿洗瓶机组工作原理示意图

1—安瓿；2—针头；3—喷气阀；4—喷水阀；5—偏心轮；6—脚踏板；7—压缩空气进口；

8—木炭层；9,11—双层涤纶袋滤器；10—水罐；12—瓷环层；13—洗气罐

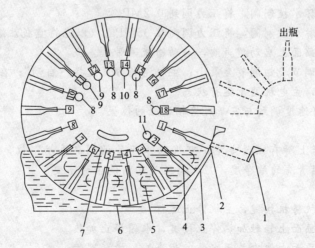

图 6-5　超声波安瓿洗瓶机组工作原理示意图

1—推瓶器；2—引导器；3—水箱；4—针管；5—超声波；6—瓶底座；7—液位；

8—吹气；9—冲循环水；10—冲新鲜水；11—注水

（一）安瓿洗涤干燥灭菌岗位职责

1. 严格执行《洗瓶岗位操作法》、《超声波洗瓶机标准操作规程》、《超声波洗瓶机的清洁保养操作规程》。

2. 负责洗瓶所用设备的安全使用及日常保养，防止事故发生。

3. 自觉遵守工艺纪律，保证洗瓶符合工艺要求，质量达到规定要求。

4. 做到岗位生产状态标识、设备所处状态标识、清洁状态标识清晰明了、准确无误。

5. 真实及时填好生产记录，做到字迹清晰、内容真实、数据完整，不得任意涂改和撕毁，做好交接记录，顺利进入下道工序。

6. 工作结束或更换品种应及时做好清洁卫生并按清场标准操作规程进行清场工作，认真填写相应记录。

（二）安瓿洗涤操作流程（以超声波洗瓶机标准操作过程为例）

1　准备过程

1.1　检查电源是否正常，超声波发生器是否完好，整机外罩是否罩好。

1.2　检查各润滑点的润滑状况。

1.3　检查气、水管路、电路连接是否完好，过滤器罩及各管路接头是否紧牢。

1.4　打开新鲜水入槽阀门，给清洗槽注满水后，水将自动溢入贮水槽内。贮水槽注满水后，关闭新鲜水入槽阀门。

1.5　检查各仪器仪表是否显示正常，各控制点是否可靠。

2　操作过程

2.1　打开电器箱后端主开关，主电源接通。

2.2　在操作画面上启动加热旋钮，水箱自动加热，并将水温恒定在 $50\sim60^{\circ}\text{C}$

2.3　打开新鲜水控制阀门，将压力调到 0.2MPa。

2.4　打开压缩空气控制阀门，将压力调到 0.2MPa。

2.5　在操作画面上启动水泵，同时将循环水过滤罩内的空气排尽。水泵启动时贮水槽内水位会下降，这时应打开新鲜水入槽阀门，将水槽注满水。

2.6　打开循环水控制阀，将压力调到 0.2MPa。

2.7　打开喷淋水控制阀，将压力调到 0.05MPa。（以能将空瓶注满水为准）

2.8　在操作画面上启动超声波，启动输瓶网带。

2.9　将速度调节旋钮调节至最小；主机运行方式选择"自动"；在操作画面上开启"主机启动"按键，主电机处于运行状态。

2.10　慢慢将速度调到与安瓿规格相适应的位置。

3　机器走空

如果要将机器上所有容器走空，可将选择开关调到"手动"位，在手动状态下完成。但为保证容器清洗的洁净度，应保持所有的清洗条件不变。

4　结束过程

4.1　按下主机停机按键，主机停止运行。

4.2　在操作画面上轻触加热停止按键，水箱停止加热。

4.3　在操作画面上依次关闭水泵、超声波、输瓶网带。

4.4　关闭压缩空气供给阀；关闭新鲜水供给阀。

4.5　关闭主电源开关，电源信号灯熄灭。

4.6　拉起清洗槽溢水插管，清洗槽内水排空；拉起贮水箱溢排管，贮水箱水排空。

4.7 用水将清洗槽冲洗干净。

4.8 清洗储水箱内过滤网，必要时清洗过滤器内的滤芯。

4.9 将机器外部的污迹水擦干净。

4. 安瓿的干燥灭菌

（1）烘箱灭菌 采用 120～140℃干燥，间歇式生产。用于盛装无菌操作的药液或低温灭菌制品的安瓿，须用干热灭菌 180℃/1.5h 或 160～170℃/2～4h。灭菌后的安瓿应在 24h 内使用，存放柜应有净化空气保护。

（2）隧道式烘箱 目前大量生产多采用隧道式烘箱可连续生产，有电热层流干热灭菌烘箱和红外线隧道式烘箱两种。隧道内为密封系统，附有局部层流装置。隧道内温度最高可达 350℃。一般 350℃ 5min 即可达到安瓿灭菌的目的，并可与灌封机组成洗灭灌封联合机组。它具有效率高、质量好、干燥速度快和节约能源等特点。

（一）干燥灭菌岗位职责

1. 严格执行《安瓿干燥灭菌岗位操作法》、《安瓿干燥灭菌设备标准操作规程》、《安瓿干燥灭菌设备清洁保养操作规程》。

2. 负责安瓿干燥灭菌所用设备的安全使用及日常保养，防止事故发生。

3. 自觉遵守工艺纪律，保证安瓿干燥灭菌符合工艺要求，质量达到规定要求。

4. 做到岗位生产状态标识、设备所处状态标识、清洁状态标识清晰明了、准确无误。

5. 真实及时填好生产记录，做到字迹清晰、内容真实、数据完整，不得任意涂改和撕毁，做好交接记录，顺利进入下道工序。

6. 工作结束或更换品种应及时做好清洁卫生并按清场标准操作规程进行清场工作，认真填写相应记录。

（二）干燥灭菌操作流程

1 准备过程

1.1 检查主机电源是否正常。

1.2 检查各润滑点的润滑情况。

1.3 检查所有必需的安全装置是否有效。

2 操作过程

2.1 打开电源开关，"电源指示"信号灯亮，电源开关柜风扇运转正常。

2.2 轻触"温度设定"按钮，进入温度设定画面，设定烘干灭菌温度。

2.3 轻触"操作画面"按键，进入操作画面，启动日间工作按钮，层流风机开始运转，加热管开始加热。

2.4 检查电热管加热情况，转动"电源开关"，观察"电流指示"表电流情况。

2.5 将走带控制选择"自动"方式。

2.6 轻触"日间启动"按键后，整个干燥机处于自动状态，温度自我调节到设定温度值，误差为±5℃。若电机过载、风压过高、风门没打开，立刻会弹出报警画面，并停止加热。

2.7 按下"夜间启动"按键后，输送带电机停止，加热停止，"前层流电机"、"热风电机"、"后层流电机"、"补风电机"、"排风电机"信号指示灯都亮，表示都在运行。当烘箱温度低于100℃，"热风电机"、"排风电机"停止，其他风机继续运行，保持烘干隧道内部处于层流屏蔽状态，以免外部空气进入隧道内。（注：一般紧急停机时间不宜超过半小时，以免高温高效过滤器因烘箱内热量不能及时排出，使得温度过高，损坏过滤器。）

2.8 空车运行，检查所有电机是否运转，有无异常响声。

2.9 测量风速和风压，中间烘箱风速0.6～0.8m/s，进出口层流风机风速0.45～0.65m/s。（注：不同的区域应保证有一定的正压差。）

2.10 安瓿进入干燥机时，将链条放置在清洗机的出料嘴的轨道上，挡住清洗机的出料嘴，以便安瓿洗完后在前面扶住瓶身进入输送网带上。安瓿排列聚集到一定程度后形成一定的压力，使限位弹片作用，从而接通接近开关，驱动减速电机开动，输送网带同时前移。（输送网带的移动是随清洗机的间断输送安瓿，从而也间断行进。）

2.11 清洗机停机后，在电源柜控制面板上轻触"手动走带"后，可以不断推动安瓿补充给下道工序的安瓿灌封机。

（三）小容量注射剂的生产流程

1. 配液与过滤

（1）配液的技术及设备 供注射用的原辅料，应符合"注射用"规格，并经《中国药典》所规定的各项杂质检查与含量限度检查，生产前还需做小样试制，检验合格后方能使用；辅料应符合药用标准，若有注射用规格，应选用注射用规格。注射用水为溶剂时，须在制备后12h内使用，并用优质低碳不锈钢罐贮存，在80℃以上保温或70℃以上保持循环或冷藏；以油为注射剂溶剂时，注射用油应在用前采用150～160℃/1～2h干热灭菌后冷却备用。

配液时应按处方规定和原辅料的含量测定结果计算出每种原辅料的投料量（注意含结晶水药物的换算）；若主药在灭菌后含量有所下降，可适当增加投料量。生产中改换原辅料的生产厂家时，甚至对于同一厂的不同批号的产品，在生产前均应做小样试制。溶液的浓度除另有规定外，均采用百分浓度（g/ml）表示。原辅料准确称量后，应由两人以上进行核对，对所用原辅料的来源、批号、用量和投料时间等均应严格记录，并签字负责。

① 注射液的配制方法。有稀配法和浓配法两种。稀配法即原料加入所需溶剂中，一次配成所需浓度。凡原料质量好，药液浓度不高或配液量不大时，常用稀配法。浓配法即将全部原料加入部分溶剂中配成浓溶液，经加热、冷藏、过滤等处理后，根据含量测定结果稀释至所需浓度。当原料质量较差时，常用浓配法。溶解度小的杂质在浓配时可以滤过除去；原料药质量差或药液不易滤清时，可加入配液量0.1%～0.3%针剂用一级活性炭，煮沸片刻，放冷至50℃再脱炭过滤。另需注意的是，活性炭在微酸性条件下吸附作用强，在碱性溶液中有时出现脱吸附，反而使药液中杂质增加。故活性炭使用时应进行酸处理并活化后使用。

② 配液用的器具。均应用性质稳定、耐腐蚀的材料制成，常用的有玻璃、不锈钢、耐酸碱搪瓷或无毒聚氯乙烯桶等。生产上一般采用装有搅拌桨的蒸汽夹层锅，或蛇管加热的不锈钢配液罐。

供配制用的所有器具使用前，要用洗涤剂或硫酸清洁液处理洗净，临用前再用新鲜注射用水荡洗或灭菌后备用。每次配液后应立即清洗，聚乙烯塑料管先用肥皂水浸泡并充分搓揉以除去管内的附着物，再用纯化水揉搓冲洗，洗去碱液，再用注射用水加热煮沸 15min，然后冲洗干净备用。再依次用纯化水、注射用水洗净备用。

（2）过滤的技术及设备　过滤设备一般通过过筛作用或深层滤过作用截留微粒。为提高滤过效率，可以加压或减压以提高压力差；升高药液温度以降低黏度；在滤渣较多时可先初滤以减少滤饼的厚度；设法使颗粒变粗以减少滤饼阻力；加入多孔性颗粒物质作助滤剂，可在滤材表面形成架桥，防止杂质堵塞滤过介质，以加快滤过。常见过滤器在项目四中已有讲述。

药液配好后，应进行半成品质量检查，包括 pH 值、含量等，合格后方可滤过灌封。

（一）配液与过滤岗位职责

1. 严格执行《注射剂称量配液岗位操作法》、《配料系统标准操作程序》。

2. 负责称量、配制、滤过所用设备的安全使用及日常保养，防止事故发生。

3. 严格执行生产指令，保证配制所用物料名称、数量、质量准确无误，如发现物料的包装不完整，需报告 QA 人员，停止使用。

4. 自觉遵守工艺纪律，保证配制、滤过岗位不发生混药、错药或对药品造成污染。

5. 认真填写生产记录，做到字迹清晰、内容真实、数据完整，不得任意涂改和撕毁。

6. 工作结束或更换品种时应及时按清场标准操作规程做好清场工作，认真填写相应记录。

7. 做到岗位生产状态标识、设备所处状态标识、清洁状态标识清晰明了、准确无误。

（二）配液与过滤操作流程

1 准备过程

1.1 接通总电源，液位器指示灯亮。

1.2 核对原辅料的名称、规格、重量。采用二人复核制。

1.3 设备空载运行正常。

1.4 对容器内及进出料管道、阀门等进行消毒处理。

1.5 关闭所有的阀门。

2 操作过程

2.1 按工艺的具体处方要求，将物料放入配料罐中。

2.2 按工艺要求，选择加热或不加热，若需加热打开蒸汽阀门。

2.3 启动搅拌桨，所配物料全部溶解后，按工艺要求打开阀门。

2.4 若"稀配法"，对所配物料进行初滤，启动输送泵1，经过钛棒过滤器1，精滤，经过一级过滤、二级过滤，关闭输送至高位槽的阀门，物料形成循环，取样检测，正确加入工艺要求物料量，待搅拌均匀，物料继续循环，打开输送至高位槽的阀门，同时打开高位槽输出阀门，放出少量物料后关闭。

2.5 若按工艺要求"浓配法"，对所配物料进行初滤，启动输送泵1，经过钛棒过滤器1，精滤，启动输送泵2，经过钛棒过滤2、一级过滤、二级过滤，关闭输送至高位槽的阀门，物料形成循环，取样检测，正确加入工艺要求物料量，待搅拌均匀，物料继续循环，打开输送至高位槽的阀门，同时打开高位槽输出阀门，放出少量物料后关闭。

3 结束过程

3.1 配料系统送料完毕应及时清洗、消毒。

3.2 及时关闭已启动的泵、马达。

3.3 切断总电源。

2. 小容量注射剂的灌封

灌封是将滤净的药液，定量地灌装到安瓿中并加以封闭的过程。包括灌注药液和封口两步，是注射剂生产中保证无菌的最关键操作，应在洁净度 A 级洁净环境下进行。

药液灌封要求做到剂量准确，药液不沾瓶口，以防熔封时发生焦头或爆裂，注入容器的量要比标示量稍多，以抵偿在给药时由于瓶壁粘附和注射器及针头的吸留而造成的损失，一般易流动液体可增加少些，黏稠性液体宜增加多些。具体可见表 6-2。

表 6-2 注射剂灌装增量表

标示装量/ml	增加量		标示装量/ml	增加量	
	易流动液/ml	黏稠液/ml		易流动液/ml	黏稠液/ml
0.5	0.1	0.12	10.0	0.50	0.70
1.0	0.1	0.15	20.0	0.60	0.90
2.0	0.15	0.25	50.0	1.00	1.50
5.0	0.3	0.50			

灌注时要求容量准确，每次灌注前必须先试灌若干支，按照药典规定的注射液的装量测定进行检查，符合规定后再进行灌注。灌注时还注意不使灌装针头与安瓿颈内壁碰撞，以防玻璃屑落入安瓿中。易氧化药物溶液灌装后，需向安瓿中通入惰性气体（N_2、CO_2），置换容器内的空气以防药物氧化。安瓿通入惰性气体的方法很多，一般认为两次通气较一次通气效果好。1～2ml 的安瓿常在灌装药液后通入惰性气体，而 5ml 以上的安瓿则在药液灌装前后各通一次。通气效果可用测氧仪进行残余氧气的测定。

已灌装好的安瓿应立即熔封。安瓿熔封应严密、不漏气，颈端应圆整光滑、无尖头和小泡。封口方法普遍采用旋转拉丝式封口。拉丝封口是指当旋转安瓿瓶颈在火焰加热下熔融时，采用机械方法将瓶颈顶端拉断，使熔融处闭口封合。该法封口严密，不易出现毛细孔。

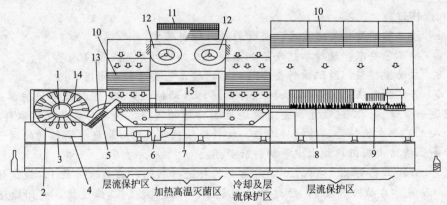

图 6-6 安瓿洗烘灌封整机结构示意图

1—转鼓；2—超声波清洗槽；3—电热；4—超声波发生器；5—进瓶斗；6—排风机；7—输送网带；
8—充气灌装；9—拉丝封口；10—高效过滤器；11—中效过滤器；12—风机；
13—出瓶口；14—水气喷头；15—加热元件

生产时采用安瓿自动灌封机，双针或多针灌装。一般带有自动止灌装置，作用是防止机器运转过程中，遇到个别缺瓶或安瓿用完尚未关车的情况，不致使药液注出而污损机器和浪费药液。活塞中心常有毛细孔，可使针头挂的水滴缩回以防止针头"挂水"。

我国现已有洗、烘、灌、封联动机（见图6-6）和割、洗、灌、封联动机，由超声波清洗机、干燥灭菌机和安瓿拉丝灌封机三个工作区组成，可完成淋水、超声波清洗、冲水、冲气、预热、烘干灭菌、冷却、充氮灌封等多道工序，不仅提高生产效率，而且提高成品质量。

灌封时常发生的问题有剂量不准、焦头、鼓泡、封口不严等，但最易出现的问题是产生焦头。产生焦头的主要原因有：①灌液速度太快，药液溅到安瓿内壁；②针头回药慢，针尖挂有液滴；③针头不正，针头碰安瓿内壁；④灌注与针头行程未配合好；⑤针头升降不灵等。应分析原因，进行调整。封口时火焰烧灼过度会引起鼓泡，烧灼不足则导致封口不严。

（一）灌封岗位职责

1. 严格执行《灌封岗位操作法》、《ALG安瓿拉丝灌封机标准操作规程》。

2. 负责灌封所用设备的安全使用及日常保养，防止事故发生。

3. 严格执行生产指令，保证灌封质量达到规定质量要求。

4. 自觉遵守工艺纪律，保证灌封装量及封口质量达到规定要求，避免药品污染。

5. 认真填写生产记录，做到字迹清晰、内容真实、数据完整，不得任意涂改和撕毁。

6. 工作结束或更换品种时应及时按清场标准操作规程做好清场工作，认真填写相应记录。

7. 做到岗位生产状态标识、设备所处状态标识、清洁状态标识清晰明了、准确无误。

（二）灌封操作流程（以ALG安瓿拉丝灌封机为例）

1　准备过程

1.1　接通设备的总电源，打开液化气、氧气和氮气的总阀门，供电、气至设备处。此时设备压力表显示0.08MPa。

1.2　每次开机前必须先用摇手柄按顺时针方向转动机器，察看其转动是否有异状，确实判明正常后，才可开车。

1.3　打开"缺并止灌开关"，"止灌开关信号"灯亮，设备电源已接通。

1.4　开通液化气、氧气和氮气的阀门，设备处于供气状态。使用时压力表显示0.05MPa。

1.5　试机：打开"电机开关"，电动机是否正常运转。判明正常，再推联合器，查看链条输送运转是否正常，添加机油，判明正常后推联合器停机。

1.6　用摇手柄按顺时针方向转动机子至最高点，为点火做准备。

1.7　检查输液系统是否完好。

2　操作过程

2.1　把安瓿瓶装入进料斗。

2.2　调节输液系统，若有空气泡，需排出。

2.3　点火：旋开"燃气"开关，点燃，调节燃气的火焰。旋开"助燃"开关，调节"燃气"及"助燃"开关火焰，开联合器，尝试安瓿瓶的封口效果，如果封口是次品，关联合器调整预热火焰或封口火焰，至封口最佳状态。

2.4　灌液、封口得到成品。

3 结束过程

3.1 关闭联合器。

3.2 先关"助燃"开关，燃一会儿，再关"燃气"。

3.3 切断电源、气源。

3.4 拆下灌药针头，用注射水清洗。对设备擦洗干净，待下次使用。

3. 小容量注射剂的灭菌和检漏

注射剂从配液到灭菌要求在12h内完成，所以灌封后应立即灭菌。灭菌方法有多种，主要根据药液中原辅料的性质，来选择不同的灭菌方法和时间。必要时，可采取几种灭菌方法联合使用。一般1～5ml安瓿注射剂采用流通蒸汽灭菌100℃/30min；10～20ml安瓿采用100℃/45min灭菌。对热不稳定的产品，可适当缩短灭菌时间；对热稳定的品种、输液，均应采用热压灭菌。灭菌效果 F_0 值要求大于8min。以油为溶剂的注射剂，选用干热灭菌。

安瓿如封口不严，有毛细孔或微小裂缝存在，在贮存过程中微生物或其他污染物可进入安瓿内引起药液变质，因此灭菌后的安瓿应立即进行漏气检查。

检漏可用灭菌检漏两用的灭菌器，一般于灭菌后进水管放进冷水淋洗安瓿使温度降低，然后关紧锅门，抽气至真空度达85.3～90.6kPa，再放入有色溶液及空气，由于漏气安瓿中的空气被抽出，当空气放入时，有色溶液即借大气压力压入漏气安瓿内而被检出。也可灭菌后，趁热于灭菌锅内放入有颜色溶液，安瓿遇冷内部压力收缩，漏气安瓿即被着色而被检出。

（一）灭菌检漏的岗位职责

1. 严格执行《灭菌检漏岗位操作法》、《安瓿灭菌器标准操作规程》。

2. 严格执行生产指令、及时灭菌，不得延误。

3. 负责灭菌所用设备的安全使用及日常保养，防止事故发生。

4. 自觉遵守工艺纪律，保证灭菌岗位不发生混药、错药或对药品造成污染。

5. 认真填写生产记录，做到字迹清晰、内容真实、数据完整，不得任意涂改和撕毁。

6. 工作结束或更换品种时应及时按清场标准操作规程做好清场工作，认真填写相应记录。

7. 做到岗位生产状态标识、设备所处状态标识、清洁状态标识清晰明了、准确无误。

（二）灭菌检漏的操作流程（以XG1.0安瓿灭菌器为例）

1 准备过程

1.1 供气、水、汽至设备处。

1.2 接通总电源。

1.3 打开压缩空气阀门，压力表显示的压力达到0.4MPa以上。

1.4 打开纯化水阀门。

1.5 打开蒸汽阀门，压力表显示的压力保持在0.3～0.5MPa。

1.6 打开自来水阀门。

1.7 将色水贮罐注满纯化水，并保证色水进入灭菌柜的通畅。

2　操作过程

2.1　打开电源开关

2.2　放入待灭菌产品，按药品生产工艺要求设定工作参数后关门。

2.3　按"启动"键，设备运行。（按程序设定进行灭菌、检漏。）

　　3　结束过程

3.1　灭菌结束，按"确认"。

3.2　打开，将搬运车与灭菌室固定，将消毒框拉出，抽去挡板，取出已灭菌的安瓿瓶，装回挡板，接着一手按下搬运车后部的定车板，另一手推动网筐至灭菌室内，然后拉动导向杆，拉出搬运车。

3.3　关闭电源。（前门及后门的电源都应在关闭状态。）

3.4　关闭压缩空气、蒸汽、纯化水及自来水的阀门。

3.5　切断灭菌柜的总电源。

4. 小容量注射剂的质量要求检查

（1）可见异物检查　可见异物检查可以保证用药安全，同时可以发现生产中的问题，加以改进。如注射剂中的白点多来源于原料或安瓿；纤维多因环境污染所致；玻屑常是由于封口不当造成的。

旧称澄明度检查已于 2005 版《中国药典》更名为可见异物检查法，要求注射剂必须完全澄明，不得有任何肉眼可见的不溶性物质（粒径或长度 >50μm）。

检查方法有灯检法和光散射法。一般常用灯检法，也可采用光散射法。对于灯检法不适用的品种（如用有色透明容器包装或液体色泽较深的品种）可采用光散射法检查。

① 灯检法检查应在暗室中进行，目视检查。灯座采用伞棚式装置，背景为不反光的黑色，背部右侧 1/3 处及底部为不反光的白色（供检查有色物质）。无色溶液注射剂检查，光照度 1000～1500lx；透明塑料容器或有色溶液注射剂，光照度 2000～3000lx；混悬型注射剂，光照度 4000lx，仅检查色块、纤毛等可见异物。

检查时取供试品 20 支（瓶）置检查灯下，距光源约 25cm 处（明视距离），先与黑色背景，与白色背景对照，用手持安瓿颈部，轻轻翻转容器，用目检视，应符合药典对可见异物检查判断标准的规定。

② 光散射法的原理是当一束单色激光照射溶液时，溶液中存在的不溶性物质使入射光发生散射，散射能量与不溶性物质的大小有关，通过测定光散射能量，并与规定阈值比较，以检查可见异物。目前已有光散射法原理制成的全自动可见异物检测仪，配有自动上下瓶、旋瓶、激光光源、图像采集器、数据处理系统和终端显示系统，分辨率和灵敏度都较高。

（2）热原检查　热原检查法有家兔发热试验法和鲎试剂法两种。

（3）无菌检查　注射剂灭菌操作完成后，必须抽出一定数量的样品进行无菌检查。无菌操作法制备的成品更应注意无菌检查的结果。具体检查法按药典附录"无菌检查法"项下的规定进行。

（4）降压物质的检查　比较组胺对照品与供试品引起麻醉猫血压下降的程度，判定供试品中所含降压物质的限度是否符合规定。由发酵提取而得的抗生素，如盐酸平阳霉素、硫酸庆大霉素、乳糖酸红霉素、两性霉素 B 等注射用原料，若质量不好时往往会混有少量组胺，其毒性很大，故药典规定对这些由发酵制得的原料，在制成注射剂后一定要进行降压物质检查，具体检查法见药典附录"降压物质检查法"项下的规定进行。

（5）其他　包括注射剂的装量检查、鉴别、含量测定、pH 值测定、毒性试验和刺激性试验等，应符合规定。

（四）小容量注射剂处方范例

例1　维生素 C 注射剂

处方：

维生素 C	104g	亚硫酸氢钠	2g
EDTA-Na$_2$	0.05g	注射用水加到	1000ml
碳酸氢钠	49g		

制法：在配制容器中，加配制量 80％的注射用水，通二氧化碳饱和，加维生素 C 溶解，分次缓缓加入碳酸氢钠，搅拌使完全溶解，至无二氧化碳产生时，加入预先配好的 EDTA-Na$_2$ 溶液和亚硫酸氢钠溶液，搅拌均匀，调节药液 pH 至 6.0～6.2，加二氧化碳饱和的注射用水至足量，用砂滤棒和微孔滤膜过滤至澄明，在二氧化碳气流下灌封，用流通蒸气 100℃/15min 灭菌。

注：

① 维生素 C 分子中有烯二醇式结构，显强酸性，注射时刺激性大，故加入碳酸氢钠部分中和维生素 C；同时碳酸氢钠调节药液 pH 至 6.0～6.2，增强维生素 C 的稳定性。

② 维生素 C 的水溶液极易氧化，自动氧化成脱氢抗坏血酸，后者再经水解生成 2,3-二古罗糖即失去治疗作用；若维生素 C 氧化水解成 5-羟甲基糠醛（或原料中带入），则在空气中氧化聚合成黄色聚合物。

③ 本品的质量好坏与原辅料的质量密切相关，如碳酸氢钠的质量；影响本品稳定性的因素还有空气中的氧、溶液的 pH 和金属离子，尤其是铜离子，故应避免接触金属容器。

④ 温度影响本品的稳定性，实验证明 100℃/30min 灭菌，含量减少 3％；100℃/15min 灭菌，含量减少 2％；同时灭菌结束，用冷却水冲淋成品以降低温度。

例2　氯霉素注射液

处方：

氯霉素	1250g	丙二醇	8000ml
焦亚硫酸钠	2g	注射用水	加至 10000ml
EDTA-Na$_2$	0.5g		

制法：取丙二醇（精制）置容器中，加氯霉素，于搅拌下加热 50～60℃，使全部溶解。另取焦亚硫酸钠及 EDTA-Na$_2$，加入 50～60℃注射用水中，搅拌溶解后，缓缓加入丙二醇溶液中，边加边搅，使全部混合均匀，调整总容量，控制溶液温度在 40～45℃，以 4 号垂熔玻璃滤棒滤净，分装入安瓿中，安瓿空间充填氮气后，即时封口，以 100℃流通蒸汽灭菌 10min 即得。

三、　大容量注射剂工艺与制备

（一）概述

大容量注射剂又名输液剂，大输液，系指由静脉滴注输入体内的大剂量（一般不小于 100ml）的注射剂，包括无菌的水溶液和 O/W 型无菌乳剂。可盛装于玻璃瓶、塑料袋或塑料瓶，一次性使用完毕，适用于急慢性病的抢救与治疗。由于其用量大且直接进入血液，故质量要求、生产工艺与设备、包装材料等与小容量注射剂均有所区别。

1. 输液剂的种类

根据临床用途的不同输液可分为以下几类。

（1）体液平衡类输液　如等渗氯化钠、复方氯化钠注射液、碳酸氢钠注射液等用以补充体内水分和电解质，调节酸碱平衡等。

（2）营养类输液　如葡萄糖注射液、甘露醇注射液等含有糖类及多元醇类输液可用于补充机体热量和补充体液，复方氨基酸注射液等氨基酸类输液用于维持危重病人的营养，静脉脂肪乳注射液等脂肪类输液可为不能口服食物而严重缺乏营养的病人提供大量热量和补充体内必需的脂肪酸。

（3）血浆代用品类输液 这类输液是一种与血浆等渗的胶体溶液，因高分子不易透过血管壁，使水分较长时间地保持在循环系统中，增加血容量和维持血压，防止病人休克，但不能代替全血应用。常用的如右旋糖酐注射液、聚乙烯吡咯烷酮（PVP）注射液等。

（4）人工透析液 如腹膜透析液含葡萄糖、氯化钠、氯化钙、氯化镁、乳酸钠等成分，通过溶质浓度梯度差可使血液中尿毒物质从透析液中清除，维持电解质平衡，代替肾脏部分功能。

（5）治疗性输液 如肝病用氨基酸输液，常见的有支链氨基酸 3H 注射液、14 氨基酸-800 注射液、6 氨基酸-520 注射液、6 合氨基酸注射液（肝醒灵）、肝安注射液、19 复合氨基酸注射液等。主要用于急性、亚急性、慢性重症肝炎等。

2. 输液的质量要求

输液剂注射量较大，除符合注射剂的一般要求外，对无菌、无热原及可见性异物等方面的要求更为严格，pH 值尽量与血浆（pH 值 7.4）接近，渗透压应等渗或偏高渗，含量、色泽也应合乎要求，不引起血象的异常变化，不得有产生过敏反应的异性蛋白及降压物质，不得添加任何抑菌剂。

乳状输液其分散相粒度绝大多数（80%）应不超过 1μm，不得有大于 5μm 的球粒，成品能耐受热压灭菌。

代血浆输液能暂时扩张血容量，升高血压，以利后期治疗，但不可在体内滞留。血容量扩张剂要求在一定时间内被集体分解代谢并排出体外，若不能代谢分解或在体内滞留过长时间，将产生不良后果。

（二）输液的车间设计与生产管理

输液是最终灭菌的大容量注射剂，按 GMP 的有关规定，大输液的生产环境应分为三个区域：一般生产区，人员经一更后进入，进行输液瓶的外洗，灌封后的灭菌、灯检、包装等；C 级洁净区，人员经二更后进入，进行物料称量、浓配液，输液瓶的粗洗、轧盖等；B 级洁净区，人员经三更后进入，进行稀配液、滤过、输液瓶清洗、灌装、加塞等（其中输液瓶精洗、药液精滤、灌装、加塞等暴露工序需 A 级层流保护）。

在生产前，首先检查空气净化系统、动力系统、照明系统、给排水系统等生产设施，其次检查电渗析器、树脂柱、蒸馏水器（机）等制水设备，滚筒洗瓶机、微孔滤膜过滤器、输液泵、灌装机、翻帽机、轧盖机、灭菌柜等生产设备。所有生产设施和设备运转正常，特别是输液自动生产线上的设备应完好，保证产品质量。

大容量灭菌注射剂生产工艺流程及洁净区域划分见图 6-7。

（三）输液的生产工艺

1. 输液的容器及包装材料和处理方法

（1）输液的容器、洗涤方法及设备 输液容器有玻璃瓶（材质以硬质中性玻璃为主）、聚丙烯塑料瓶和软体聚氯乙烯塑料袋三种。玻璃制输液瓶应无色透明，瓶口光滑圆整，无条纹气泡、内径必须符合要求，大小合适以利密封，其质量要求应符合国家标准。聚丙烯塑料制成的输液瓶耐水耐腐蚀，具有无毒、质轻、耐热性好、机械强度高、化学稳定性强的特点，可以热压灭菌。聚氯乙烯的塑料袋作为输液容器，具有重量轻、体积小、运输方便、抗压抗摔力较强等优点。目前普遍认为聚丙烯塑料袋较聚氯乙烯塑料袋质量优越，前者不含增塑剂，透明性接近于玻璃瓶，在规定亮度的灯光下，有利于可见异物检查。输液的容器仍以玻璃瓶应用较多，本节重点讨论玻璃瓶包装的输液。

① 洗涤方法：一般有直接水洗、酸洗、碱洗等方法。酸洗是用硫酸重铬酸钾清洁液浸

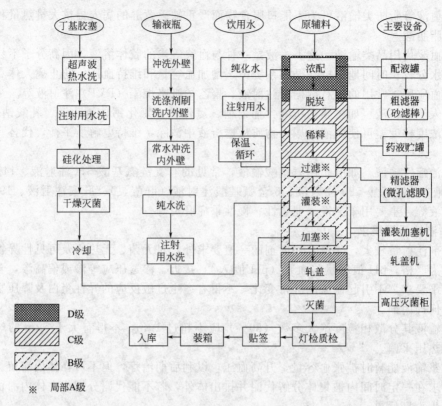

图 6-7 大容量灭菌注射剂生产工艺流程及洁净区域划分

洗，洗涤效果较好，并有消灭微生物及热原的作用，还能对瓶壁游离碱起中和作用。其主要缺点是对设备腐蚀性大、消耗酸量大。碱洗法是用 2% 氢氧化钠溶液（50～60℃）冲洗，也可用 1%～3% 的碳酸钠溶液冲洗，由于碱性对玻璃有腐蚀作用，故接触时间不宜过长（数秒钟内）。碱洗法操作方便，可进行流水线生产，也能消除细菌与热原。之后均用纯化水、注射用水冲洗干净。

在药液灌装前，必须用微孔滤膜滤过的注射用水倒置冲洗。输液瓶如制瓶车间洁净度较高，瓶子出炉后立即密封，只要用滤过注射用水冲洗即可。

塑料制输液袋（瓶）用 1% 氢氧化钠溶液振荡清洗袋内壁，用粗滤的常水冲洗，灌入 1% 的盐酸液，浸泡 15～30min，粗滤常水冲洗，再用纯化水冲洗袋（瓶）内壁，直至洗出液无氯离子反应。再用微孔滤膜滤过的注射用水冲洗袋（瓶）内壁，便可灌装。塑料袋如用无菌材料直接压制，可不用清洗。

② 洗涤设备：常见的有滚动式洗瓶机和箱式洗瓶机。滚动式洗瓶机分为粗洗段和精洗段，在不同洁净区，无交叉污染，主要特点结构简单、易于操作、维修方便。箱式洗瓶机在洗涤时输液瓶倒置进入各洗涤工位，洗后瓶内不挂水，箱体密闭，其特点是变频调速、程序控制、自动停车报警，洗瓶量大。

（2）其他内包装材料、洗涤方法和设备 除输液瓶外，其他内包装材料还有橡胶塞、隔离膜、铝盖。

橡胶塞要求如下：①富于弹性及柔曲性，针头易刺入，拔出后应立即闭合，能耐受多次穿刺而无碎屑脱落；②可耐受高温、高压灭菌；③不改变药液性质，不增加杂质；④有高度化学稳定性；⑤对药液中药物或附加剂的吸附作用小；⑥无毒性，无溶血作用。胶塞下衬隔离膜，可防止胶塞直接接触药液及由于针头刺入带入的污染。常用的为涤纶薄膜，质量上要求无通透性、理化性质稳定、抗水、抗张力强，弹性好，并有一定的耐热性和机械强度。

国家已在 2004 年底以前一律停止使用天然橡胶塞，而使用合成橡胶塞。硅橡胶塞质量较好，但成本贵，目前最常使用丁基橡胶塞，国外还有氯丁橡胶塞、聚异戊二烯橡胶塞。采用丁基橡胶时，可不使用涤纶薄膜，灌注后直接塞胶塞。

① 洗涤方法：胶塞用注射用水漂洗，硅油处理，125℃干热灭菌 2.5h 即可。铝盖一般采用 0.5%～1%碳酸钠溶液浸泡 5～15min，并轻轻翻动，防止变形，用常水冲洗，至洗液中性，捞出铝盖，沥干水分，备用。

② 洗涤设备：胶塞清洗机种类较多，如容器型胶塞清洗机和水平多室圆筒形胶塞清洗机等。铝盖常用超声波清洗机。目前有超声波胶塞铝盖清洗烘干机对胶塞进行超声波清洗、硅化、预烘、干燥、灭菌在封闭箱体内一次完成。其优点为：体积小、功能全、减少中间环节，避免交叉污染。灭菌后可直接用于生产。

2. 输液的配制与过滤

输液应根据处方按品种进行配制，必须严格核对原辅料的品名、规格、批号生产厂及数量，并应具有检验报告单。药物的原料及辅料必须为优质注射用原料，符合药典质量标准；配液溶剂必须用新鲜注射用水，并严格控制热原、pH 值和铵盐。配制时通常加入 0.01%～0.5%的针用一级活性炭，以吸附热原、杂质和色素，也有助滤作用，注意活性炭使用时应进行酸处理并活化后使用。

配制方法多用浓配法，原料药物加入部分溶剂中配成较高浓度溶液经加热过滤处理后再行稀释至所需浓度，此法有利于除去杂质。药液需经过含量和 pH 值检验。配制用具多用带夹层的不锈钢配液罐，有浓配罐和稀配罐两个配液罐。

输液的过滤过程中，采用三级过滤，即粗滤、精滤和终端过滤，以使输液完全达到注射剂可见异物和不溶性微粒检查要求。

输液的配液与过滤具体生产操作方法要求与小容量注射剂基本相同。有些品种过滤后的药液还需进行超滤，以确保无热原。

3. 输液的灌封

输液的灌封分为灌注药液、塞胶塞、轧铝盖三步，灌注药液和塞胶塞需在 B 级洁净室采用局部层流 A 级，轧铝盖则在 C 级洁净区域内进行即可。洗净的输液瓶随输送带进入灌装机，灌入药液，胶塞加入胶塞振荡器，随轨道落在瓶口，到轧盖机处轧上铝盖。塑料制输液袋灌封时，将最后一次洗涤水倒空，以常压灌装至所需量，经检查合格后，排尽袋内空气，电热熔合封口即可。灌封完成后，应进行检查，对于轧口不严的输液剂应剔除，以免灭菌时冒塞或贮存时变质。

输液的灌装设备常用的有量杯式负压灌装机、计量泵注射式灌装机、恒压式灌装机。目前生产多采用回转式自动灌装加塞机和自动落铝盖机等完成整个灌封过程。

4. 输液的灭菌

灌封后的输液应及时灭菌，从配液到灭菌以不超过 4h 为宜。根据药液中原辅料的性质，选择适宜的灭菌方法和时间，一般采用 115℃/30min 热压灭菌。灭菌完成后，待柜内压力下降到零，放出柜内蒸汽，当柜内压力与大气相等后，才可缓慢打开灭菌柜门，否则易造成严重人身安全事故。塑料袋装的输液用 109℃/45min 灭菌，因灭菌温度较低，生产过程更应注意防止污染。

输液灭菌的常用设备有热压灭菌柜和水浴式灭菌柜。热压灭菌柜同水针剂灭菌所用设备。水浴式灭菌柜是利用循环的热去离子水通过水浴式来达到灭菌目的。其特点是采用密闭的循环去离子水灭菌，温度均匀、可靠、无死角，输液生产中广泛使用。

5. 质量检查

输液灭菌完成后，逐柜取样进行检查，包括装量、热原、无菌等。逐瓶目检可见异物和漏气。将输液瓶倒置，不得有连珠状气泡产生。输液还需进行不溶性微粒检查（包括光阻法和显微计数法）。

不溶性微粒检查结果判定依据（光阻法）如下：对于输液（标示装量≥100ml）规定为每1ml中含10μm以上的不溶性微粒不得超过25粒，含25μm以上的不溶性微粒不得超过3粒；对于其他静脉用注射液（标示装量＜100ml）、静脉用无菌粉末及注射用浓溶液，每个供试品容器中含10μm以上的微粒不得超过6000粒，含25μm以上的微粒不得超过600粒。

6. 包装

经质量检查合格的产品，贴上印有品名、规格、批号的标签进行包装，装箱时应装严装紧，便于运输。包装箱上亦印上品名、规格、生产厂家等项目。

（四）输液存在的问题及解决方法

注射剂生产尤其是输液生产，可能存在因药液被细菌污染而出现热原反应以及澄明度问题。

1. 可见异物问题

可见异物不合格主要由微粒引起，微粒包括炭黑、碳酸钙、氧化锌、纤维素、纸屑、黏土、玻璃屑、细菌、真菌等。微粒可引起肉芽肿，引发过敏反应和热原反应，造成局部栓塞引发其他不良反应。产生危害的微粒不仅包括肉眼可见的微粒，还有50μm以下肉眼看不见的微粒。

微粒的产生原因是多方面的。工艺操作中车间空气洁净度差，输液瓶、胶塞、隔离膜洗涤不干净，滤器选择不当，滤过方法不好，灌封操作不合要求，工序安排不合理等，均可能造成可见异物或不溶性微粒不合格。橡胶塞与输液瓶（袋）质量不好也容易产生微粒，胶塞目前推广使用丁基橡胶，可不用衬垫薄膜，不易带入微粒。原辅料质量欠佳也会造成微粒，生产进料时一定要严把质量关，选择注射用规格，合格品中挑选优级品进行生产。在大输液使用过程中，输液器、输液环境、操作规范与否也是影响澄明度的重要因素。注射时要有洁净环境，严格遵守输液器和注射器消毒，操作人员坚持无菌观念操作规范，可避免使用过程中微粒的污染。现多采用一次性输液器和一次性注射器，且在输液器针头前有终端过滤器，减少微粒进入体内。

2. 染菌热原反应

注射剂生产尤其是大输液生产最容易被细菌污染。染菌后出现云雾团、浑浊、冒泡等现象，一旦用于人体，轻者发冷发烧、寒战发抖、恶心呕吐、体温上升等热原反应，重者引起脓毒症、败血病、内毒素中毒甚至死亡等严重后果。

原因主要在于生产环境被污染、灭菌不彻底、瓶塞不严、漏气等。为此生产时要尽量减少制备过程中的污染，打扫好环境卫生，喷洒消毒液，对环境和空气实施灭菌；切实遵守注射剂灭菌尤其是大输液灭菌的温度和时间；灭菌后要做检漏实验，剔除漏气液瓶（袋）；容器、器具刷洗干净，用过滤的纯化水冲洗洁净待用；生产人员注意个人卫生，严格遵守生产操作规程。

（五）大容量注射剂处方范例

复方氨基酸输液（amino acid compound infusion）

处方：
L-赖氨酸盐酸盐	19.2g	L-缬氨酸	6.4g
L-精氨酸盐酸盐	10.9g	L-苯丙氨酸	8.6g
L-组氨酸盐酸盐	4.7g	L-苏氨酸	7.0g
L-半胱氨酸盐酸盐	1.0g	L-色氨酸	3.0g

L-异亮氨酸	6.6g	L-蛋氨酸	6.8g
L-亮氨酸	10.0g	甘氨酸	6.0g
亚硫酸氢钠（抗氧剂）	0.5g	注射用水加至 1000ml	

制法：取约 800ml 热注射用水，按处方量投入各种氨基酸，搅拌使全溶，加抗氧剂，并用 10％氢氧化钠调 pH 至 6.0 左右，加注射用水适量，再加 0.15％的活性炭脱色，过滤至澄明，灌封于 200ml 输液瓶内，充氮气，加塞，轧盖，于 100℃灭菌 30min 即可。

注：

① 氨基酸是构成蛋白质的成分，也是生物合成激素和酶的原料，在生命体内具有重要而特殊的生理功能。由于蛋白质水解液中氨基酸的组成比例不符合治疗需要，同时常有酸中毒、高血氨症、变态反应等不良反应，近年来均被复方氨基酸输液所取代。经研究只有 L 型氨基酸才能被人体利用，选用原料时应加以注意。

② 产品质量问题主要为澄明度问题，其关键是原料的纯度，一般需反复精制，并要严格控制质量；其次是稳定性，表现为含量下降，色泽变深，其中以变色最为明显。含量下降以色氨酸最多，赖氨酸、组氨酸、蛋氨酸也有少量下降。色泽变深通常是由色氨酸、苯丙氨酸、异亮氨酸氧化所致，而抗氧剂的选择应通过实验进行，有些抗氧剂能使产品变浑。影响稳定的因素有：氧、光、温度、金属离子、pH 值等，故输液还应通氮气，调节 pH 值，加入抗氧剂，避免金属离子混入，避光保存。

③ 本产品用于大型手术前改善患者的营养，补充创伤、烧伤等蛋白质严重损失的患者所需的氨基酸；纠正肝硬化和肝病所致的蛋白紊乱，治疗肝昏迷；提供慢性、消耗性疾病、急性传染病、恶性肿瘤患者的静脉营养。

四、 注射用无菌粉末工艺与制备

（一）概述

注射用无菌粉末简称粉针剂，系用无菌操作法将无菌精制的药物粉末直接分装于容器中，或将无菌的药物水溶液灌装于容器中经冷冻干燥得到的固体制剂，临用前再用灭菌的注射用水溶解或混悬而使用的注射剂。药物在固体剂型中稳定性比溶液或悬浮液中稳定性更高，同时采用无菌操作法，一般不需进行最终灭菌，所以粉针剂适合于遇水不稳定的药物或对热敏感的药物，如某些抗生素（青霉素 G、头孢菌素类）及酶制剂（辅酶 A、胰蛋白酶）等均需制成粉针剂供临床使用。

根据生产工艺和药物性质不同，粉针剂可分为注射用无菌分装产品（粉末型）和注射用冷冻干燥制品（冻干型）两类。粉末型是将原料经制成无菌粉末，在无菌条件下直接进行分装；冻干型则是将药物制成无菌水溶液，进行无菌灌装，再经冷冻干燥，在无菌条件下密封制成。

粉针的质量要求除应符合药典对注射用原料药物的各项规定外，还应符合下列要求：粉末型应无菌、无热原、无异物，配成溶液或混悬液后可见异物检查合格，细度或结晶应适宜，便于分装；冻干型应为完整的块状物或海绵状物，外形饱满不萎缩，色泽均一，疏松易溶。

（二）注射用无菌粉末的车间设计与生产管理

粉针是非最终灭菌的无菌制剂，生产操作必须在无菌操作室内进行，特别是容器与胶塞干燥灭菌、干净瓶塞存放、粉末型的药粉分装、冻干型的药液过滤、灌装和冻干、压塞等关键工序，应采用 A 级或 B 级背景下的局部 A 级层流洁净措施，进入 A 级区域的人员必须经严格净化后穿戴无菌工作服，以保证操作环境的洁净度。

注射用无菌粉末，尤其是冻干型，吸湿性较强，在生产过程中，特别强调房间、用具、容器干燥的重要性和成品的严密性。粉末型采用容积定量分装，原料的比容、流动性、晶形各有不同，装量差异变化很大，需要经常调整装量，使之符合规定。

对于强致敏性药物（如青霉素）分装车间，应与其他车间严格分开，不得混杂，车间门口设置空气过滤装置的风幕，并设置浸渍1%碳酸钠的净鞋垫。分装室保持相对负压。所用容器、用具、废瓶、废胶塞等，用0.5%～1%的氢氧化钠浸泡、刷洗、冲净后，方可送出分装车间。

注射用无菌粉末生产工艺流程及洁净区域划分见图6-8。

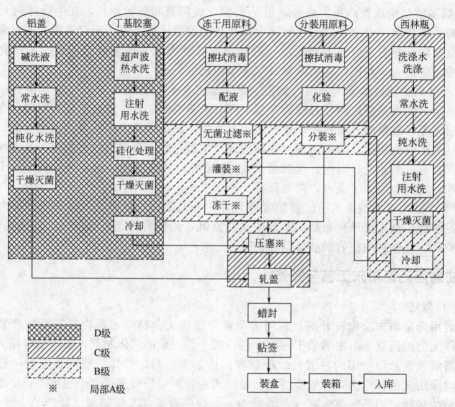

图 6-8　注射用无菌粉末生产工艺流程及洁净区域划分

（三）注射用无菌粉末的容器和处理方法

注射用无菌粉末的容器有模制瓶、管制瓶和安瓿，规格从1ml至50ml不等，均为玻璃制瓶，需符合药用玻璃要求。模制瓶和管制瓶可统称为西林瓶，二者的区别主要在于制法不同：模制瓶是直接模具制成，瓶壁较厚，外观粗糙；管制瓶是先拉成玻璃管，再用玻璃管做成瓶子，瓶壁薄，外观光亮。粉针剂的容器约70%使用模制瓶，其余大多用管制瓶，安瓿用于粉针剂已不多见。管制瓶也常用于口服液，安瓿主要用于小容量注射剂。

1. 洗涤方法

将西林瓶刷洗冲净后，先用纯化水冲洗，最后用 $0.45\mu m$ 微孔滤膜滤过的注射用水冲洗。现主要采用超声波洗瓶机清洗，避免毛刷掉毛现象。洗净的西林瓶应在4h内干燥灭菌，可采用 $180℃/2.5h$ 干热灭菌或 $350℃/5min$ 红外线隧道灭菌。

封口用胶塞，用1%氢氧化钠或2%碳酸钠溶液煮沸30min，用常水冲洗，浸泡于1%盐酸中 $15\sim30min$。再用粗滤常水冲洗，再用纯化水洗涤，直至洗液中无氯离子反应止，最后用滤过的注射用水漂洗。洗净后的胶塞，需经硅化处理（所用硅油应加热至 $180℃$，维持 $1.5h$）。其后存放在有盖的不锈钢容器中，标明批次和日期，按顺序在8h之内灭菌，灭菌方法采用 125℃/2.5h 干热灭菌或热压灭菌后 120℃烘干。

灭菌后的胶塞和西林瓶应在 24h 内使用。

2. 洗涤设备

西林瓶的洗涤设备与安瓿的洗涤设备基本相同。目前生产上较为常用的为超声波洗瓶机（图 6-9），立式转鼓结构，采用机械手夹翻转和喷管做往复跟踪的方式，利用超声波和水气交替冲洗，能自动完成进瓶，超声波清洗，外洗，内洗，出瓶的

图 6-9　QCL 型超声波洗瓶机

全过程，整体传递过程模拟齿轮外齿啮合原理。该机特点为：破瓶率低，通用性广，运行平稳，水、气管路不会交叉污染。

（四）注射用冷冻干燥制品

注射用冷冻干燥制品即冻干型粉针，是将药物制成无菌水溶液，进行无菌灌装，再经冷冻干燥，在无菌条件下封口制成的固体状制剂。

1. 注射用冻干制品的优点

冷冻干燥法制备的冻干型粉针，具有以下优点：①处理条件温和，在低压低温下干燥，可避免药物因高温高压条件而分解变质，从而保证产品中的药物不会变性；②所得产品外观优良，冻干品质地疏松，干燥后能保持原形，形成多孔结构而且颜色基本不变，加水后，冻干品迅速溶解，恢复药液原有的特性；③含水量低，冻干品含水量一般在 1%～3% 范围内，同时由于在真空中进行干燥，产品不易氧化，有利于长途运输和长期贮存；④减少产品污染，因为污染机会相对减少，冻干品中的微粒物质比用其他干燥方法生产的量要少，同时因为缺氧而起到灭菌或抑制某些细菌活力的作用；⑤产品剂量准确，药液在冻结前分装，剂量准确。不足之处在于溶剂不能随意选择，某些冻干品重新配制溶液出现浑浊，且生产需特殊设备，成本高。

冻干制品的制备特殊之处在于采用冷冻干燥方法除去水。冷冻干燥是将药物溶液先在冻结成固体，然后再在一定的低温与真空条件下，将水分从冻结状态直接升华除去的一种干燥方法。其原理和设备详见项目四。

冻干制剂处方中需加入特殊的辅料即冻干保护剂，以利于药物溶液的冻干，且于蛋白质药物而言保证其不变性。冻干保护剂可改善冻干产品的溶解性和稳定性，或使冻干产品有美观的外形。优良的保护剂应在整个冻干过程中以及成品贮藏期间保护蛋白质类药物的稳定性。常用的保护剂有如下几类：①糖类、多元醇，如蔗糖、海藻糖、乳糖、葡萄糖、麦芽糖、甘露醇等；②聚合物，如聚维酮（PVP）、聚乙二醇（PEG）、右旋糖酐等；③无水溶剂，如乙烯乙二醇、甘油、二甲亚砜（DMSO）、二甲基甲酰胺（DMF）等；④表面活性剂，如吐温 80 等；⑤氨基酸，如脯氨酸、L-色氨酸、谷氨酸钠、丙氨酸、甘氨酸、肌氨酸等；⑥盐类，如磷酸盐、醋酸盐、柠檬酸盐等。

2. 注射用冻干制品的生产工艺

冷冻干燥制品在冷冻干燥前的处理与溶液型注射剂相同，但药液的配制、过滤与分装均应在无菌室内，严格按无菌操作法进行（分装时应注意控制溶液层的厚度不宜太厚，以利于水分的升华）。分装好的样品开口送入冷冻干燥机的干燥箱中，进行预冻、升华、干燥，最后取出封口即可。对于新产品则必须通过试制来确定冻干的工艺条件，这对保证产品的质量至关重要。

由于冷冻干燥是生产注射用灭菌粉末产品的关键工艺，且冻干时间较长，所以应合理地制定冻干工艺，以便在保证产品质量的同时，减少生产周期，这是生物药物注射用灭菌粉末研制的关键。冷冻干燥过程主要分为预冻、升华干燥和再干燥等过程。在预冻前还要进行共熔点的测定。冻干过程详见项目四。

通过记录冻干过程中搁板温度与制品温度随时间的变化，得到冻干曲线。冻干曲线需设定以下参数：预冻速率、预冻温度、预冻时间、水汽凝结器的降温时间和温度、升华温度和干燥时间。确定了正确的冻干曲线才能保证产品质量。

3. 冻干的操作

（一）冻干岗位职责

1. 严格执行《西林瓶冻干岗位操作法》、《西林瓶冻干设备标准操作规程》、《西林瓶冻干设备清洁保养操作规程》。

2. 负责西林瓶冻干所用设备的安全使用及日常保养，防止事故发生。

3. 自觉遵守工艺纪律，保证西林瓶冻干符合工艺要求，质量达到规定要求。

4. 做到岗位生产状态标识、设备所处状态标识、清洁状态标识清晰明了、准确无误。

5. 真实及时填好生产记录，做到字迹清晰、内容真实、数据完整，不得任意涂改和撕毁，做好交接记录，顺利进入下道工序。

6. 工作结束或更换品种应及时做好清洁卫生并按清场标准操作规程进行清场工作，认真填写相应记录。

（二）冻干岗位操作流程

1 准备工作

1.1 检查干燥箱底部放气阀、蝶阀，冷凝器上侧水阀、中间溢水阀、底部放水阀，热风机管路蝶阀及真空管路放气阀，均应处于关闭位置。

1.2 检查制冷机组和真空泵油位是否正常，检查制冷机中的氟利昂是否正常。

1.3 检查蓄水池中潜水泵是否完全浸在水中，如果没有则立即加水。

1.4 检查保险丝及接线螺钉是否有松动。

2 操作过程

预冷与预冻：

2.1 接通总电源闸门，开水泵开关。

2.2 开"总电源"钥匙及仪表电源按钮。

2.3 按"干燥箱制冷"按钮，再打开"干燥箱电磁阀"，逐渐开启输液总阀，待隔板温度符合制品温度要求（−30℃以下）时，将制品迅速装入箱内，并将各电阻温度计分别插入各层指定位置的样品内，关上门即行预冻结。（一般隔板温度可维持在−30℃以下稳定后，时间为2～3h即可冻结转入干燥。）

干燥：

2.4 按"冷凝器制冷"按钮开启制冷机组，拨通"冷凝器电磁阀"开关，逐渐开启低压手阀，低压表的压力不能大于2Pa，再开启高压手阀，看压力表不能大于2Pa。

2.5 待冷凝器温度低达−50℃以下稳定30～60min。开真空泵前先把"干燥箱输液总阀"、"电磁阀"关掉，干燥箱制冷按钮也关掉。

2.6 在冷凝器和真空管路上进行系统检查，然后插上电磁阀电源，开启真空泵，将干燥箱与冷凝器之间的大蝶阀缓缓打开，以避免大量排气，再开启真空泵组与冷凝器之间的蝶阀，等真空压力升至760mmHg再隔1～2min开真空泵组的2个阀门，拔掉电源，开启罗茨泵。

2.7　当箱内真空度符合制品加温时，真空度在6以上，制品的水分也抽干后，逐渐开启循环泵，观察真空是否下降，再开油箱加热。

2.8　制品温度达到32～35℃稳定后，保温干燥2～3h。

3　结束过程

3.1　停机放气。

3.2　关闭油箱加热，循环油泵、罗茨泵、真空泵。

3.3　关闭冷凝器电磁阀、高压手阀，使机器运转10min，关闭低压手阀，关闭冷凝器按钮。

3.4　关闭冷凝器与泵组之间的泵阀门；开启冷凝器放水阀门放气；开罗茨泵前边进气阀，真空泵放气；取出制品。

3.5　化霜时，必须先开通冷凝器上的溢水阀、放水阀，一般采用自来水，从进水阀流入冷凝器进行冲洒，化霜完毕，待水放尽后打开风机蝶阀，再加热风机，吹干水分，完毕后，将总电源切断。

注：操作台上的按钮，按绿色接通，按红色断开；小型开关向上拔是通，向下是断开。

例　注射用盐酸阿糖胞苷

处方：盐酸阿糖胞苷　　　　　　　500g　　　　注射用水　　　　加至1000ml
　　　5%氢氧化钠溶液　　　　　　适量

制法：在无菌操作室内称取阿糖胞苷500g，置于适当无菌容器中，加无菌注射用水至950ml，搅拌使溶，加5%氢氧化钠溶液调节pH值至6.3～6.7，补加灭菌注射用水至全量；然后加配制量的0.02%活性炭，搅拌5～10min，用无菌抽滤漏斗铺二层灭菌滤纸滤过，再用灭菌的G6垂熔玻璃漏斗精滤，滤液检查合格后，灌装于2ml西林瓶中，低温冷冻干燥约26h后塞上胶塞，即得。

（五）注射用无菌分装产品的生产工艺

注射用无菌分装产品即粉末状粉针，系将精制的无菌药物粉末在无菌条件下直接分装于洁净灭菌的玻璃小瓶或安瓿中密封而成。

1. 原材料准备

无菌原料一般在无菌条件下采用重结晶法或喷雾干燥法制备。

重结晶法系将药物用适宜的溶剂溶解，加活性炭除杂质，除炭后，以除菌滤器过滤，再使结晶析出，滤取结晶，用适宜的温度干燥，过筛后，供分装。该法利用了药物和杂质在不同溶剂中和不同温度下溶解度的差异，选用适当的溶剂、溶解条件和结晶条件进行重结晶精制。其晶粒的大小与药物的稳定性有关，水分也应严格控制。如注射用苯巴比妥钠即采用该法精制。

喷雾干燥法系将被干燥的液体药物浓缩到一定浓度，经喷嘴喷成细小雾滴，当小雾滴与干燥热空气相遇时进行交换，在数秒钟内完成水分的蒸发，使液体药物被干燥成粉状或颗粒状。该法干燥速度快，产品质量高，粉末细，溶解度好，大生产较常用。

粉末的吸湿性较强，故无菌室的相对湿度不可过高。

2. 分装

分装必须在高度洁净的A级无菌室中或超净工作台，按照无菌操作法进行。分装时易受粉末的比容、流动性、晶型等影响，应注意经常检验与调整装量。分装后小瓶即加塞并用铝盖密封。分装、压塞需在局部A级层流下进行。此外，青霉素等强致敏性药物的分装车间不得与其他抗生素分装车间轮换生产，以防止交叉污染。

分装设备常见的有插管式自动分装机、螺旋自动分装机、真空吸粉式分装机等，分装原理主要采用容量法分装。

3. 灭菌和异物检查

较耐热的品种如青霉素，一般可进行补充灭菌，以确保安全。对不耐热品种，必须严格无菌操作，产品不再灭菌。异物检查一般在传送带上，用目检视。

4. 印字包装

贴上印有药物名称、规格、批号、用法等的标签，并装盒。

（一）分装岗位职责

1. 严格执行《西林瓶分装岗位操作法》、《西林瓶分装设备标准操作规程》、《西林瓶分装设备清洁保养操作规程》。

2. 负责西林瓶分装所用设备的安全使用及日常保养，防止事故发生。

3. 自觉遵守工艺纪律，保证西林瓶分装符合工艺要求，质量达到规定要求。

4. 做到岗位生产状态标识、设备所处状态标识、清洁状态标识清晰明了、准确无误。

5. 真实及时填好生产记录，做到字迹清晰、内容真实、数据完整，不得任意涂改和撕毁，做好交接记录，顺利进入下道工序。

6. 工作结束或更换品种应及时做好清洁卫生并按清场标准操作规程进行清场工作，认真填写相应记录。

（二）分装岗位操作流序（以 XFL 西林瓶螺杆分装机为例）

1 准备过程

1.1 检查工作台面是否有与生产无关的杂物。

1.2 检查各转动部位润滑状况。

1.3 电源、数控系统显示是否正常。

2 操作过程

2.1 扭动控制箱上的旋转开关使整机通电。

2.2 将药粉装入料斗内按下"送粉"手动按钮，药粉经螺旋推进器送入分装桶内，并按下搅拌手动按钮，将药粉搅拌均匀并达到一定高度，然后再按一下送粉和搅拌按钮，使其停止转动以备分装。

2.3 按人机界面操作系统的方法将螺杆步数、主机的转数、送粉的送粉时间、间隔瓶数设定好，然后按下联动按钮，整机便进入分装工作。

2.4 开机前故障灯正常点亮，开机后，故障灯熄灭，若某部分出现故障时，故障灯就开始闪烁，此时操作人员可按下急停按钮整机使可停止，待故障排除后，按下联动按钮可继续上次设定的程序进行分装工作。

3 结束过程

3.1 关闭电源。

3.2 切断总电源。

（六）生产过程中存在问题

1. 注射用冻干制品存在的问题

（1）含水量偏高　通常冻干制剂的水分含量要求控制在 1‰～3‰，以保持稳定。但装液量过多、干燥时热量供应不足、真空度不够、冷冻温度偏高、冷冻后放入干燥箱的空气潮湿、出箱时制品温度低于室温等，均可造成含水量偏高。采用旋转冻干机提高冻干效率或用其他相应措施解决。

（2）喷瓶　预冻温度偏高，产品冷冻不结实；升华时供热过快，局部过热，部分熔化成液体，在高真空时少量液体喷出而形成"喷瓶"。因此，必须控制预冻温度在共熔点以下10～20℃，加热升华时，升温应缓慢，且温度最高不超过共熔点。

（3）产品外观不饱满或萎缩成团粒　药液浓度太高，内部升华的水蒸气不能及时抽去，与表面已干层接触时间较长使其逐渐潮解，体积萎缩，致外形不饱满。可在处方中加入填充剂如氯化钠、甘露醇，或生产工艺上采用反复冷冻升华法，改善结晶状态与制品的通气性，使水蒸气顺利逸出，改善产品外观。

（4）蛋白质变性　冻干过程中保证蛋白质分子表面的单层分子没有冻结，蛋白质就不会变性，因此需加入保护剂。对于干燥过程中加热温度对蛋白质失水率和活性的影响；如何控制在一次升华干燥过程中，加热温度低于解链温度，并减少加热时间；真空室压力的变化是否会引起蛋白质变性；不同的保护剂，对蛋白质的保护作用；冻干蛋白质的复水率，以及复水后蛋白质的渗透压、结构和功能的变化；优化冷冻干燥程序，减少蛋白质的变性，提高冻干品的质量等几个方面的研究还需深入。

（5）瓶破及脱底　冻干过程中尤其是升华干燥期玻璃瓶瓶底与瓶体受热不均匀导致温度差异，质量较差的玻璃瓶就会脱底和碎裂，其碎裂数量、破碎程度均与温度及形成温差的速率呈正相关。在升华过程中保证样品温度和冷热板温度之间的温差小于20℃可解决冷冻干燥过程中玻璃瓶碎裂和脱底的问题，并能有效缩短冷冻干燥的周期。

（6）澄明度问题　由于无菌室洁净度不够或粉末原料的质量差异以及冻干前处理存在问题造成。应加强人力、物流与工艺的管理，严格控制环境污染。

2. 注射用无菌分装产品存在的问题

（1）装量差异　分装车间内的相对湿度、粉末含水量、粉末的物理形状，均影响粉末的流动性，从而造成装量差异。

（2）澄明度问题　粉末污染机会较多，从原料处理开始到轧口或封口过程，均应严格控制生产环境，防止污染。

（3）无菌问题　最终产品一般不进行灭菌，无菌操作稍作不慎就可能受到污染，微生物在固体粉末中繁殖较慢，危险性更大。

（4）吸潮现象　无菌室的相对湿度较高，或胶塞透气及铝盖松动而引起产品吸潮变质。

为减少以上问题，应严格控制无菌操作的条件，无菌室的相对湿度控制在药物的临界相对湿度以下，在原有的净化条件下，再应用层流净化技术。

拓展知识

渗透压调节剂

溶剂通过半透膜由低浓度向高浓度一侧扩散的现象称为渗透，阻止渗透所需施加的压力即渗透压。生物膜如人体的细胞膜或毛细血管壁具有半透膜的性质，在制备注射剂或用于黏膜组织的药液如滴眼剂、洗眼剂、滴鼻剂等时，应维持等渗以保证细胞正常生命活动。

常用的等渗调节剂有氯化钠、葡萄糖等。

根据物理化学原理，可通过以下计算方法来调节等渗。

(1) 渗透压摩尔浓度法 《中国药典》规定对静脉输液、营养液、电解质或渗透利尿药（如甘露醇注射液）等制剂，应在药品说明书上注明溶液的渗透压摩尔浓度，以便临床医生根据实际需要对所用制剂进行适当的处置（如稀释）。

渗透压摩尔浓度（Osmolality）的单位，通常以每千克溶剂中溶质的毫渗透压摩尔来表示。可按下列公式计算毫渗透压摩尔浓度（mOsmol/kg）：

$$毫渗透压摩尔浓度（mOsmol/kg）= \frac{每千克溶剂中溶解溶质的质量（g）}{分子量} \times n \times 1000$$

式中，n 为一个溶质分子溶解或解离时形成的粒子数。在理想溶液中，如葡萄糖 $n=1$，氯化钠或硫酸镁 $n=2$，氯化钙 $n=3$，枸橼酸钠 $n=4$。

在生理范围及很稀的溶液中，渗透压摩尔浓度与理想状态下计算值偏差较小，随着溶液浓度的增加，与计算值比较，实际渗透压摩尔浓度下降。

例如 0.9% 氯化钠注射液，按上式计算，毫渗透压摩尔浓度是 $9 \div 58.4 \times 2 \times 1000 = 308 mOsmol/kg$，而实际上在此浓度时氯化钠溶液的 n 稍小于 2，其实际测得值是 286 mOsmol/kg；复杂混合物如水解蛋白注射液的理想渗透压摩尔浓度不容易计算，因此通常采用实际测定值表示。有关渗透压摩尔浓度测定法参见《中国药典》二部附录。

(2) 冰点下降数据法 是依据冰点相同的稀溶液具有相等的渗透压。人的血浆和泪液的冰点均为 −0.52℃。根据物理化学原理，任何溶液只要将其冰点调整为 −0.52℃ 时，即与血浆等渗，成为等渗溶液。

根据表 6-2 所列举的一些药物的 1% 水溶液冰点降低值，可以计算出该药物配成等渗溶液时的浓度。当低渗溶液需加等渗调节剂调整渗透压时，其用量可按下列公式计算。

$$W = \frac{0.52 - a}{b} \tag{6-1}$$

式（6-1）中 W 为配制 100ml 等渗溶液需加等渗调节剂的质量，单位为 g；a 为未调节的药物溶液冰点降低值。若溶液中含有两种或两种以上的物质时，则 a 为各物质冰点降低值的总和；b 为 1%（g/ml）等渗调节剂溶液的冰点降低值。

制剂学上的等渗溶液是指与血浆、泪液等体液具有相等渗透压的溶液。维持血浆渗透压关系到红细胞的生存和保持体内水分的平衡。若血液中注入大量低渗溶液，水分子可迅速通过红细胞膜（半透膜）进入红细胞内，使之膨胀乃至破裂，产生溶血，可危及生命。反之，如注入大量的高渗溶液时，红细胞内的水分会大量渗出，而使红细胞呈现萎缩，引起原生质分离，有形成血栓的可能。故注射液的渗透压最好与血浆相等。

药物的等渗溶液是通过物理化学实验方法计算出来的，但人体生物膜与物理化学的理想半透膜是有区别的，故有人提出生物学等张的概念。等张溶液是指与红细胞张力相等的溶液。当红细胞置于某一溶液中时，无论药物是否进出红细胞，均不干扰红细胞内外水分的正常平衡，不影响红细胞膜的张力及细胞形态、结构和正常功能，这种溶液即称为等张溶液。大多数药物的等渗溶液可视为等张溶液，不会破坏或影响红细胞的生物活性。但某些药物的等渗溶液与红细胞实际接触时，会破坏或影响红细胞的生物活性，呈现不同程度的溶血现象，表现为低张或高张，如尿素、维生素C、盐酸普鲁卡因、甘油、丙二醇等。

例 1 配制 2% 盐酸普鲁卡因注射液 100ml，使其成等渗溶液需要加多少克氯化钠？

解：查表 6-3 可知 1% 盐酸普鲁卡因冰点降低值为 −0.12℃，1% 氯化钠 $b = 0.58$，代入式（6-1）得

$$W = \frac{0.52 - (2 \times 0.12)}{0.58} = 0.48g$$

表6-3 一些药物水溶液的冰点降低值与氯化钠等渗当量

名称	1%(g/ml)水溶液冰点降低值/℃	1g 氯化钠等渗当量	名称	1%(g/ml)水溶液冰点降低值/℃	1g 氯化钠等渗当量
硼酸	0.28	0.47	氢溴酸后马托品	0.097	0.17
盐酸乙基吗啡	0.19	0.15	盐酸吗啡	0.086	0.15
硫酸阿托品	0.08	0.1	碳酸氢钠	0.381	0.65
盐酸可卡因	0.09	0.14	氯化钠	0.58	—
氯霉素	0.06	—	青霉素 G 钾	—	0.16
依地酸钙钠	0.12	0.21	硝酸毛果芸香碱	0.133	0.22
盐酸麻黄碱	0.16	0.28	聚山梨酯80	0.01	0.02
无水葡萄糖	0.10	0.18	盐酸普鲁卡因	0.12	0.18
葡萄糖·H$_2$O	0.091	0.16	盐酸狄卡因	0.109	0.18

答：需加入0.48g的氯化钠，可使2%的盐酸普鲁卡因注射液100ml成为等渗溶液。

（3）氯化钠等渗当量 氯化钠等渗当量系指能与1g药物呈现等渗效应的氯化钠的质量，一般用E表示。例如从表6-3查出硼酸的氯化钠等渗当量为0.47，即1g硼酸在溶液中能产生与0.47g氯化钠相等的质点，即同等渗透压效应。因此，查出药物的氧化钠等渗当量后，可计算出等渗调节剂的用量。公式如下：

$$X=0.009V-EW \tag{6-2}$$

式（6-2）中 X 为配成 Vml 等渗溶液需加入的氯化钠克数；E 为药物的氯化钠等渗当量；W 为药物的质量（g）；0.009 为每1ml 等渗氯化钠溶液中所含氯化钠质量（g）。

例2 欲配制2%盐酸普鲁卡因注射液150ml，应加入多少克氯化钠，使其成为等渗溶液？

解 查表6-3可知 E=0.18，W=2%×150，代入式6-2得，

$$X=0.009×150-0.18×2\%×150=0.81g$$

答：配制2%盐酸普鲁卡因注射液150ml，加入0.81g氯化钠可成为等渗溶液。

由于溶液的渗透压、冰点、蒸气压降低值均取决于溶液中溶质数的总量。因此，用1%药物水溶液冰点降低值计算较浓溶液冰点降低值时，会出现一定偏差，这对一般注射剂和滴眼剂是允许的。但对椎管内用的注射剂应加以注意。

实践项目

实践项目一 维生素 C 注射液的制备

一、实践目的

1. 能按操作规程制备注射剂。

2. 会使用配液罐、钛滤器、微孔滤膜滤器、安瓿灌封机、灭菌检漏箱、灯检机完成配液、过滤、灌封、灭菌、检漏、灯检操作

3. 会使用安瓿洗涤机、干燥灭菌机进行安瓿洗涤灭菌操作。

4. 会进行注射剂的质量控制，能解决生产操作中遇到的质量问题。

5. 能按清场规程进行清场工作。

二、实践场地

实训车间。

三、实践仪器与设备

配液罐、钛滤器、微孔滤膜滤器、安瓿灌封机、灭菌检漏箱、灯检机、安瓿洗涤剂、干

燥灭菌机。

四、实践材料

维生素C、依地酸二钠（EDTA-Na₂）、碳酸氢钠、亚硫酸氢钠、注射用水、安瓿瓶等。

五、实践步骤

处方：维生素C　　　　　　　104g　　　亚硫酸氢钠　　　　　　　　　2g

　　　EDTA-Na₂　　　　　　0.05g　　　注射用水　　　　　　加至1000ml

　　　碳酸氢钠　　　　　　　49g

制法：在配制容器中，加配制量80％的注射用水，通二氧化碳饱和，加维生素C溶解，分次缓缓加入碳酸氢钠，搅拌使完全溶解，至无二氧化碳产生时，加入预先配好的EDTA-Na₂溶液和亚硫酸氢钠溶液，搅拌均匀，调节药液pH至6.0～6.2，加二氧化碳饱和的注射用水至足量，用钛滤棒和微孔滤膜过滤至澄明，在二氧化碳气流下灌封，用流通蒸气100℃/15min灭菌。

［拟定计划］

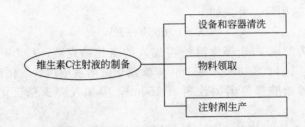

1. 设备和容器的清洗：包括房间清洗、配液缸清洗、管道清洗、滤器清洗、安瓿处理。

2. 物料领取：领取经检验合格的注射用规格的维生素C原料。

3. 注射剂生产流程：配液→过滤→灌封→灭菌→检漏→质检→印包。

［实施方案］

1. 各设备按常规方法清洗完毕待用。

2. 物料验收后领取，2ml规格安瓿11000支，维生素C原料2400g。检验报告得出维生素C原料实际含量99％。

3. 制备流程

（1）称量

① 进行投料量计算。

实际灌注数＝(2ml＋0.15ml)×10000＝21500ml

实际配液数＝21500ml＋(21500ml×5％)＝22575ml（5％为实际灌装损耗数）

原料理论用量＝22575ml×10.4％＝2347.8g

原料实际含量＝$\dfrac{2347.8g×100％}{99％}$＝2371.5g（主药含量应控制在标示量的99.0％～101.0％）

故维生素C实际投料量为2371.5g。

② 操作人员按生产指令和处方在C级洁净区内准确称量维生素C，并核对物料的检验报告单。量取时应两人量取，两人复核确保无误，量取后的物料置洁净容器内备用。将剩余原料封严保管好。

（2）配制和过滤　人员按照C级洁净区更衣规程进入岗位，在配液罐中加入适量注射用水，搅拌下加入维生素C，充分搅拌溶解后，加入注射用水至处方中全量，密闭罐体，混匀。并在与钛滤器和膜滤器连接的高位槽内进行循环。

化验室取样进行半成品检查（中间体检验）：快速分析，测定含量。如不合格项目应重新调整，调整后重新测定。

（3）洗瓶　人员按照 D 级洁净区更衣规程进入岗位，将安瓿脱外包装后经传递窗传入洗瓶室，放入洗瓶机进瓶槽内，经循环水、压缩空气，注射用水冲洗后，进入安瓿灭菌干燥机内，设置温度为 300℃，灭菌后安瓿经传送带进入灌封室。

（4）灌封　人员按照 B 级洁净区更衣规程进入岗位，领取药液，核对品名、批号、数量、检验报告单，确认装量，调整装量为 2.15ml，空瓶调整火焰温度，达到要求后，接入药液，合格后连续生产。灌封工位应在 B 级背景下的 A 级洁净区内进行。每隔 10min 检查一次装量，随时观察熔封情况，挑出不合格品，有异常情况应随时停机处理。

灌封后的半成品放入不锈钢盘中，并放入传递小卡，标明品名、批号、规格、顺序号、灌封时间、操作者。每批药液应在配制后 4h 内灌封完毕。

（5）灭菌检漏　核对所需灭菌药品的品名、批号、规格、数量、无误后，将药品整齐摆放于灭菌检漏器内，流通蒸汽 100℃灭菌 15min。

（6）灯检　在灯检台下目视检查是否有肉眼可见混浊或异物，挑出封漏、泡头、钩、尖、炭化及内含色点、玻璃屑、纤维、黑点、白点等不合格品。并观察装量应基本一致。检后药品应在每盘填好品名、规格、批号、日期、数量、个人编号、和灭菌柜号。不合格品集中放置并注明品名、规格、批号、数量，移交专人处理并做好记录。

（7）检验　样品送质检部门进行性状、pH 值、鉴别与含量测定，无菌试验，热原试验，装量差异等检查项目。

（8）印字、包装　操作者按生产指令领取外包装材料，并由二人以上核对包装物的品名、规格、数量、检验报告单。核对待包装品的品名、规格、批号、数量检验单，审核无误后，在瓶身印品名、批号、规格，在说明书套盒及大箱的规定处印上产品批号、有效期截止日期、生产日期。

（9）入库　包装后的成品登记品名、数量、批号，缴入仓库指定地点，并标明状态，不同品种药品或同品种不同批号的药品不得混放。

4. 操作步骤

① 领取批生产指令。

② 按各岗位不同洁净室要求进入生产现场。

③ 检查生产文件：工艺查证记录、工艺质量监控记录、领料单、清场合格证、各工序操作记录、清场记录、半成品请验单、半成品交接单。

④ 核对物料、生产场所、设备状态，并作相关记录。

⑤ 按生产操作规程进行生产，并填写相关操作记录。

⑥ 清场，并填写清场记录。

⑦ 按各岗位不同洁净室操作规程出场。

实践项目二　注射用辅酶 A 的制备

一、实践目的

1. 能按操作规程制备注射用冻干粉针。

2. 会使用配液罐、钛滤器、微孔滤膜滤器、西林瓶灌装机、冻干机、轧盖机完成配液、过滤、灌装、冻干、轧盖操作。

3. 会使用西林瓶洗涤机、干燥灭菌机、胶塞清洗机、铝盖清洗机进行西林瓶洗涤灭菌、胶塞处理、铝盖处理操作。

4. 会进行冻干粉针的质量控制，能解决生产操作中遇到的质量问题。

5. 能按清场规程进行清场工作。

二、实践场地

实训车间。

三、实践仪器与设备

配液罐、钛滤器、微孔滤膜滤器、西林瓶灌装机、冻干机、轧盖机、西林瓶洗涤机、干燥灭菌机。

四、实践材料

辅酶A、甘露醇、乳糖、盐酸半胱氨酸、注射用水、西林瓶、胶塞、铝盖等。

五、实践步骤

处方：辅酶A　　　　　　　56.1U　　　乳糖　　　　　　　　2.5mg
　　　甘露醇　　　　　　　10mg　　　盐酸半胱氨酸　　　　0.5mg

制法：将辅酶A、甘露醇、乳糖、盐酸半胱氨酸用适量水溶解后，分装于洁净灭菌完毕的西林瓶内，制成每瓶50U。冻干机冻干后即得。

需制成规格为50U/瓶共20000瓶，拟定具体的实施方案。

［拟定计划］

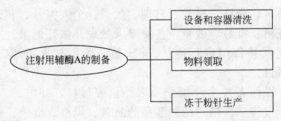

1. 设备和容器的清洗

包括房间清洗、配液罐清洗、管道清洗、滤器清洗、西林瓶、胶塞、铝盖的处理。

2. 物料领取

领取经检验合格的注射用规格的辅酶A、甘露醇、乳糖、盐酸半胱氨酸原料。

3. 冻干粉针生产流程

配液→过滤→灌装→冷冻干燥→压胶塞→轧铝盖→灯检质检→印包

［实施方案］

1. 各设备和内包装材料按常规方法清洗完毕待用；

2. 物料验收后领取，2ml规格西林瓶20200瓶，辅酶A、甘露醇、乳糖、盐酸半胱氨酸原料。

3. 制备流程

(1) 配液　将半胱氨酸、甘露醇、乳糖加适量注射用水溶解后，加入辅酶A完全溶解，加注射用水至全量。G6垂熔玻璃漏斗过滤，分装于安瓿中，每支0.5ml，冷冻干燥后封口，漏气检查即得。

半成品检查：快速分析，测定含量，95.0%～105.0%合格后方可进入下一步骤。根据需要补水或补料。（将剩余原料封严保管好，将器具整理洁净，放归原处。）

(2) 过滤　加压过滤装置连接完毕，最后一道滤过器采用G6垂熔玻璃漏斗无菌滤过。注射用水试验，冲洗管道。加压泵运转正常，即可过滤药液，初滤液弃去，之后的滤液可以灌装。所有药液应在一个班次用完。

(3) 灌装　在局部层流A级下进行，并调整自动灌装机的灌装速度与进瓶速度同步匹配。灌装后用戴上灭菌橡胶手套的手取出胶塞，迅速盖在瓶上（未压实）。

（4）冷冻干燥　将未压实胶塞的西林瓶放入冻干机内。开启冻干程序，进行冷冻干燥。完成后，在冻干机内压胶塞。

（5）轧盖　取出冻干完毕且压好胶塞的西林瓶，进入盖铝盖机位置，铝盖在电磁振动下，口朝下排列，落下时正好盖在瓶口的胶塞上。当带铝盖的西林瓶进入轧盖机位置，机器臂下降将铝盖轧平，锁口轮从斜上方落下，不断转动下，将铝盖边缘向瓶一侧压紧，固定住铝盖和胶塞。

（6）澄明度检查　灯检法检查是否有肉眼可见浑浊或异物。不溶性微粒检查仪检查不溶性微粒。

（7）检验　样品送质检部门进行鉴别与含量测定，无菌试验，热原试验，毒性试验，溶血试验，刺激试验，半数致死量试验等检查项目。其余产品放入暂存间贮存。

（8）印字　检验合格后，在西林瓶上贴上标签，标明名称、装量、浓度、规格、批号、有效期、用法用量、注册商标、批准文号、生产单位等。

（9）包装　装入纸盒内，再用大纸箱包装，放入装箱单和合格证，打包封固。

4. 操作步骤

① 领取批生产指令。

② 按各岗位不同洁净室要求进入生产现场。

③ 检查生产文件，包括：工艺查证记录、工艺质量监控记录、领料单、清场合格证、各工序操作记录、清场记录、半成品请验单、半成品交接单。

④ 核对物料、生产场所、设备状态，并做相关记录。

⑤ 按生产操作规程进行生产，并填写相关操作记录。

⑥ 清场，并填写清场记录。

按各岗位不同洁净室操作规程出场。

自我测试

一、单选题

1. 配制属于最终灭菌产品的注射剂的环境区域划分正确的是（　　）。

　　A. 灌封、灭菌为 C 级洁净区　　　　　　B. 配液、灌装为 C 级洁净区

　　C. 灭菌、灯检为 D 级洁净区　　　　　　D. 安瓿洗涤、灌封为 D 级区

2. 静脉脂肪乳注射液中含有甘油 2.25%（g/ml），它的作用是（　　）。

　　A. 溶剂　　　　　　B. 乳化剂　　　　　　C. 保湿剂　　　　　　D. 等张调节剂

3. 维生素 C 注射液中可应用的抗氧剂是（　　）。

　　A. 维生素 E 或亚硫酸钠　　　　　　　　B. 焦亚硫酸钠或亚硫酸氢钠

　　C. 亚硫酸氢钠或硫代硫酸钠　　　　　　D. 焦亚硫酸钠或亚硫酸钠

4. 有关注射剂的叙述错误的是（　　）。

　　A. 注射剂车间设计要符合 GMP 的要求

　　B. 注射剂按分散系统可分为溶液型、混悬型、乳浊型和注射用无菌粉末或浓缩液四类

　　C. 配制注射液用的水应是蒸馏水，符合药典蒸馏水的质量标准

　　D. 注射液都应达到药典规定的无菌检查要求

5. 关于输液剂的叙述错误的是（　　）。

　　A. 输液从配制到灭菌以不超过 12h 为宜　　B. 输液灭菌时一般应预热 20～30min

　　C. 输液澄明度合格后还要检查不溶性微粒　D. 输液灭菌时间应在药液达到灭菌温度后计算

6. 将青霉素钾制成粉针剂的目的是（　　）。

A. 防止光照降解　　　　　　　　　　　　B. 防止水解

C. 防止氧化分解　　　　　　　　　　　　D. 免除微生物污染

7. 可加入抑菌剂的制剂是（　　）。

A. 肌内注射剂　　　　B. 输液　　　　C. 眼用注射溶液　　　　D. 手术用滴眼剂

8. 与葡萄糖注射液变黄无关的原因是（　　）。

A. pH 偏高　　　　B. 温度过高　　　　C. 加热时间过长　　　　D. 活性炭用量少

9. 对生产注射剂使用的滤过器表述错误的是（　　）。

A. 板框式压滤机多用于中草药注射剂的预滤

B. 垂熔玻璃滤器化学性质稳定，但易吸附药物

C. 垂熔玻璃滤器 3 号多用于常压滤过，4 号可用于减压或加压滤过

D. 砂滤棒易于脱砂，难于清洗，有改变药液 pH 的情况

10. 注射剂的制备中，洁净度要求最高的工序为（　　）。

A. 配液　　　　B. 过滤　　　　C. 灌封　　　　D. 灭菌

11. 常用于注射液的最后精滤的是（　　）。

A. 砂滤棒　　　　B. 垂熔玻璃漏斗　　　　C. 微孔滤膜　　　　D. 布氏漏斗

12. 注射剂最常用的抑菌剂为（　　）。

A. 尼泊金类　　　　B. 三氯叔丁醇　　　　C. 碘仿　　　　D. 醋酸苯汞

13. 调节盐酸普鲁卡因注射液 pH 宜用（　　）。

A. 盐酸　　　　　　　　　　　　　　　　B. 硫酸

C. 醋酸　　　　　　　　　　　　　　　　D. 磷酸盐缓冲溶液

14. NaCl 作等渗调节剂时，若利用等渗当量法计算，其用量的计算公式为（　　）。

A. $X=0.9\%V-EW$　　　　　　　　　　B. $X=0.9\%V+EW$

C. $X=0.9V-EW$　　　　　　　　　　　D. $X=0.09\%V-EW$

15. 冷冻干燥工艺流程正确的为（　　）。

A. 测共熔点→预冻→升华→干燥　　　　B. 测共熔点→预冻→干燥→升华

C. 预冻→测共熔点→升华→干燥　　　　D. 预冻→测共熔点→干燥→升华

16. 注射剂质量要求的叙述中错误的是（　　）。

A. 各类注射剂都应做可见异物检查　　　B. 调节 pH 应兼顾注射剂的稳定性及溶解性

C. 应与血浆的渗透压相等或接近　　　　D. 不含任何活的微生物

17. 某试制的注射剂（输液）使用后造成溶血，应（　　）。

A. 适当增加水的用量　　　　　　　　　B. 酌情加入抑菌剂

C. 适当增大一些酸性　　　　　　　　　D. 适当增加 NaCl 的量

18. 输液的灭菌应采用的灭菌法是（　　）。

A. 辐射灭菌法　　　　B. 紫外线灭菌法　　　　C. 热压灭菌法　　　　D. 干热灭菌法

二、多选题

1. 关于注射剂配制正确的叙述是（　　）。

A. 可采用加压三级滤过　　　B. 采用注射用原辅料　　　C. 采用活性炭除热原

D. 可采用浓配法或稀配法　　　E. 可采用湿热灭菌法灭菌

2. 既能做抑菌剂又能做止痛剂的是（　　）。

A. 苯甲醇　　　　　　　　B. 苯氧乙醇　　　　　　　C. 乙醇

D. 三氯叔丁醇　　　　　　E. 甘油

3. 将药物制成注射用无菌粉末的目的是（　　）。

A. 防止药物潮解　　　　　B. 防止药物挥发　　　　　C. 防止药物水解

D. 防止药物遇热分解　　　E. 防止药物氧化

4. 注射剂中污染微粒的主要途径是（　　）。

A. 原辅料　　　　　　　　B. 容器　　　　　　　　　C. 使用过程

D. 环境空气　　　　　　　E. 生产用具

5. 生产注射剂时常加入适量的活性炭，其作用是（　　　）。
   A. 脱色　　　　　　　　　B. 助滤　　　　　　　　C. 吸附热原　　　　　　　D. 吸附杂质
   E. 增加主药稳定性

6. 关于注射剂质量要求的叙述正确的是（　　　）。
   A. 注射剂必须等渗
   B. 用于静脉滴注的注射剂需进行热原检查
   C. 注射剂不应含有任何活的微生物
   D. 注射剂一般应具有与血液相等或相近的 pH 值
   E、注射剂不能含有任何肉眼可见的杂质

7. 关于注射用无菌粉末的叙述正确的是（　　　）。
   A. 对水不稳定药物可制成粉针剂
   B. 粉针剂为非最终灭菌药品
   C. 粉针剂可采用冷冻干燥法制备
   D. 粉针剂的原料必须无菌
   E. 对热敏感的药物可制成粉针剂

8. 注射用冷冻干燥制品的特点是（　　　）。
   A. 可避免药品因高热而分解变质　　　　　　B. 可随意选择溶剂以制备某种特殊药品
   C. 含水量低　　　　　　　　　　　　　　　D. 所得产品质地疏松
   E. 加水后迅速溶解恢复药液原有特性

9. 输液的质量要求与一般注射剂相比，更应注意（　　　）。
   A. 无菌　　　　　　　　　B. 无热原　　　　　　　　　C. 可见异物
   D. pH 值　　　　　　　　E. 渗透压

10. 注射液机械灌封中可能出现的问题是（　　　）。
    A. 药液蒸发　　　　　　　B. 出现鼓泡　　　　　　　　C. 焦头
    D. 装量不正确　　　　　　E. 尖头

11. 输液的灭菌应注意（　　　）。
    A. 从配液到灭菌在 4h 内完成　　　　　　　B. 经 115.5℃/30min 热压灭菌
    C. 从配液到灭菌在 12h 内完成　　　　　　　D. 经 100℃/30min 流通蒸汽灭菌
    E. 经 100℃/30min 热压灭菌

12. 注射剂配制时要求（　　　）。
    A. 注射用水应用前经热压灭菌
    B. 配制方法有浓配法和稀配法，易产生澄明度问题的原料应用稀配法
    C. 对于不易滤清的药液，可加活性炭起吸附和助滤作用
    D. 所用原料必须用注射用规格，辅料应符合药典规定的药用标准
    E. 过滤的时候先粗滤再精滤

13. 有关注射剂灭菌的叙述中，错误的是（　　　）。
    A. 从配液到灭菌在 12h 内完成
    B. 灌封后的注射剂必须在 12h 内进行灭菌
    C. 滤过除菌法是最常用的灭菌方法
    D. 微生物耐热性在中性溶液中最大，酸性溶液中最小
    E. 在达到灭菌完全的前提下，可适当降低灭菌的温度和缩短灭菌的时间

14. 需制成粉针的药物是（　　　）。
    A. 遇热不稳定　　　　　　B. 遇水不稳定　　　　　　　C. 遇光不稳定
    D. 遇氧气不稳定　　　　　E. 遇冷不稳定

15. 可以加入抑菌剂的制剂为（　　　）。
    A. 滴眼剂　　　　　　　　B. 脊椎注射剂　　　　　　　C. 静脉注射剂
    D. 肌内注射剂　　　　　　E. 注射用无菌粉末

三、问答题（综合题）

1. 注射剂应符合哪些质量要求？按分散系统可分为哪几类？举例说明。

2. 注射剂的溶媒有哪几类？质量标准如何？

3. 注射剂的附加剂有哪些？举例说明。

4. 注射剂的生产工艺流程怎样？输液的生产工艺流程怎样？比较两者异同。

5. 安瓿应符合哪些质量要求？安瓿按玻璃化学组成分为哪几类？各自适用性怎样？如何处理？

6. 注射液配制方法有几种？各自适用性怎样？

7. 注射剂的灌封包括哪几个步骤？灌封时应注意哪些问题？

8. 输液可分为哪几类？举例说明。目前存在哪些问题？怎样解决？

9. 输液的包装材料有哪些？应分别符合哪些质量要求？使用前应怎样处理？

10. 输液在质量要求、制备工艺上与安瓿注射剂有何不同？

11. 分析葡萄糖注射液有时产生云雾状沉淀的原因。

12. 哪些药物宜制成粉针？举例说明。制备粉针的方法有哪些？有何特点？

项目七 眼用液体制剂工艺与制备

知识目标： 掌握眼用液体制剂的概念、特点和质量要求。

熟悉眼用液体制剂的生产工艺流程。

能力目标： 知道眼用液体制剂的基本概念、特点和质量要求。

能使用相应的设备制备合格的眼用液体制剂。

必备知识

一、概述

（一）概念及质量要求

眼用液体制剂是指供洗眼、滴眼或眼内注射用以治疗或诊断眼部疾病的液体制剂。按其用法可分为滴眼剂、洗眼剂和眼用注射剂三类。洗眼剂系指供临床眼部冲洗、清洁用的灭菌液体制剂。如生理氯化钠溶液，2%硼酸溶液等。眼用注射剂系指直接用于眼部注射用的无菌制剂，可用于结膜下、球后、前房及玻璃体内注射等局部给药，以提高眼内的药物浓度，增加疗效。滴眼剂是最为常用的眼用液体制剂，本节重点介绍滴眼剂。

滴眼剂系指直接用于眼部的外用液体制剂，包括水性、油性澄明溶液和水性混悬液。滴眼剂常用作消炎杀菌、散瞳缩瞳、降低眼压、麻醉或诊断，也可用作润滑或代替泪液等。

滴眼剂的质量要求如下。

（1）无菌 眼部有无外伤是无菌要求严格程度的界限。用于眼外伤的滴眼剂要求绝对无菌，包括手术后用药在内，而且不得添加抑菌剂，采用单剂量包装。一般滴眼剂要求无致病菌，尤其不得含有铜绿假单胞杆菌和金黄色葡萄球菌，可加抑菌剂。

（2）pH 滴眼剂的pH调节应兼顾药物的溶解度和稳定性的要求，滴眼剂的用量较小，由于泪液的稀释和缓冲作用，刺激时间较短。正常眼睛可耐受的pH为5～9，pH为6～8无不适感，小于5或大于11.4则对眼有明显刺激性，甚至损伤眼角膜。

（3）渗透压 除另有规定外，滴眼剂与泪液等渗。眼球能适应的渗透压范围相当于浓度为0.6%～1.5%的氯化钠溶液，超过2%时就有明显的不适感。

（4）不溶性微粒 溶液型滴眼剂应澄明，不得含有不溶性异物。混悬型滴眼剂应均匀、细腻、沉降物经振摇容易再分散，按《中国药典》附录粒度测定法测定。

（5）黏度 适当增大滴眼剂的黏度可延长药物在眼内停留时间，从而增强药物的作用，减少刺激性。合适的黏度为 4.2～5.0cPa·s。

（二）滴眼剂的处方组成

滴眼剂的处方中除主药外，还需加入滴眼剂的溶剂和附加剂。

1. 主药

滴眼剂的主药应无杂质、纯度高，最好用注射用原料，或在使用前进行精制，使所用原料应符合注射用标准。

2. 溶剂

滴眼剂的溶剂必须符合注射用要求，即选用注射用水、注射用非水溶剂等。

3. 附加剂

滴眼剂的处方应考虑达到滴眼剂的最佳疗效，同时减少滴眼剂的刺激性，因此考虑添加附加剂。

① pH值调整剂。为避免过强的刺激性和使药物稳定，常用缓冲溶液来稳定药液的pH值。常用的缓冲溶液有三种：硼酸缓冲液，以1.9g硼酸溶于100ml纯化水中制成，pH值为5，可直接用作眼用溶媒，适用于盐酸可卡因、盐酸普鲁卡因、硫酸锌等；磷酸盐缓冲液，以无水磷酸二氢钠8g配成1000ml溶液，无水磷酸氢二钠9.437g配成1000ml溶液，pH5.9～8.0，适用的药物有阿托品、毛果芸香碱等；硼酸盐缓冲液：pH6.7～9.1，可用于磺胺类药物。

② 等渗调整剂。常用的渗透压调整剂有氯化钠、葡萄糖、硼酸、硼砂等。如因治疗目的需要，必须使用高渗溶液，如30%的磺胺醋酰钠滴眼剂可不进行调整。

③ 抑菌剂。滴眼剂一般为多剂量包装，故必须加入抑菌剂。作为滴眼剂的抑菌剂，不仅要求有效，还要求迅速，在2h内发挥作用，即在病人两次用药的间隔时间内达到抑菌。能符合这些要求的抑菌剂不多。硝酸苯汞、醋酸苯汞、硫柳汞、苯扎氯铵、三氯叔丁醇、对羟基苯甲酸酯类以及山梨酸等均可使用，但要注意配伍禁忌。

单一的抑菌剂常因处方的pH值不适合，或与其他成分有配伍禁忌，不能达到速效的目的，故采用复合抑菌剂发挥协同作用，提高杀菌效能。

④ 黏度调节剂　可起到增稠剂、助悬剂的作用。常用的有甲基纤维素（MC）、羟丙甲纤维素（HPMC）、聚乙烯醇（PVA）羧甲基纤维素钠（CMC-Na）等，使用时还需注意黏度调节剂与药物或抑菌剂之间的配伍禁忌。

二、滴眼剂的生产技术

滴眼剂的制备与注射剂基本相同。分为以下两种情况：①用于眼部手术或眼外伤的滴眼剂，按小容量注射剂生产工艺进行，制成单剂量剂型，保证完全无菌，不加抑菌剂。洗眼液按输液生产工艺制备，用输液瓶包装。②一般滴眼剂，在无菌环境中配制、滤过除菌，无菌分装，可加抑菌剂。包装容器为直接滴药的滴眼瓶。若药物性质稳定，可在分装前大瓶装后灭菌，再在无菌条件下分装。因此滴眼剂的过滤、灌封应在B级的洁净环境中完成。以下主要介绍一般滴眼剂的制备。

1. 容器的处理

滴眼剂的包装有塑料瓶和玻璃瓶包装。玻璃瓶包装的滴眼剂主要用于眼部手术或眼外伤，与小容量注射剂的容器的洗涤灭菌相同。大多数滴眼剂均采用塑料瓶包装。塑料滴眼瓶采用聚烯烃塑料经吹塑制成，当时封口，不易污染。

塑料瓶的洗涤可按下法进行：切开封口，按安瓿洗涤法处理，最后用环氧乙烷灭菌，保存备用。为减轻容器清洗、干燥、灭菌等处理工序的负担，有些药厂在同一洁净度环境中自己生产塑料瓶。

2. 配制

眼用溶液剂的配制多采用浓配法，即将药物、附加剂依次加入适量溶剂中溶解，配成浓溶液，必要时可加0.05%～0.3%的针用活性炭加热过滤，然后再稀释至所需浓度，此法适用于需加热助溶的滴眼剂。也可采用稀配法，即将药物与附加剂加入所需的溶剂中，依次配成所需的浓度。

眼用混悬剂的配制，可先将药物微粉化处理后灭菌，另取表面活性剂（如 Tween 80）、助悬剂（如甲基纤维素）加适量注射用水配成黏稠液，再与主药用乳匀机搅匀，添加注射用水至全量。

配制完成后，要进行半成品检验，包括 pH、含量等，合格后才能过滤、灭菌、分装。

3. 过滤

滴眼剂的过滤与注射剂的过滤操作相同，经滤棒、垂熔玻璃滤器、膜滤器三级过滤至澄明。如工艺要求仅除去异物时，滤膜可选用 $0.8\mu m$ 孔径，如需除菌滤过，滤膜宜选用 $0.22\mu m$ 的孔径。

4. 无菌灌装

目前生产上均采用减压灌装设备。将已洗净灭菌的滴眼空瓶，瓶口向下，排列在一平底盘中，将盘放入真空箱内，由管道将药液从储液瓶定量地放入盘中（稍多于实际灌装量），密闭箱门，抽气并调节真空度，即可调节灌装量，瓶中空气从液面下的小口逸出，然后通入洁净空气，恢复常压，药液即灌入滴眼瓶中，取出盘子，立刻封口即可。一般滴眼剂，每一容器的装量，除另有规定外应为 5～8ml，不应超过 10ml。

5. 滴眼剂的质量检查

滴眼剂需进行澄明度、主药含量检查，并抽样检查铜绿假单胞杆菌及金黄色葡萄球菌。

拓展知识

滴眼剂的作用机理与吸收途径

滴眼剂系眼用溶液，要求其主药透入患者眼球内发挥治疗作用。

眼由眼球和眼附属器两部分组成。眼球前面最外层分角膜与巩膜两部分。巩膜色白在周围，即白眼球，角膜透明在正中。当滴用滴眼液时，溶液只能缓慢地透过巩膜，主要由角膜透入，由角膜和结膜两条途径吸收。角膜吸收主要用于眼局部疾病的治疗，药物与角膜接触后透过角膜进入房水，经前房到达虹膜和睫状肌，被局部血光网摄取而分布至整个眼组织，如睫状体、晶状体、玻璃体、脉络膜和视网膜等，发挥眼局部疾病的治疗作用。药物经结膜吸收，可经巩膜转运至眼球后部。结膜和巩膜的渗透性比角膜大，而且结膜内的血管丰富，药物通过结膜血管网可以直接进入体循环，发挥全身治疗作用。由于结膜吸收不利于药物进入房水，影响眼部疾病的治疗效果，相反增加全身性的副作用，对于眼部疾病治疗药物，应该设法减少结膜吸收。因此，大多数的滴眼剂均应考虑配制成与泪液易混合，并能散布在角膜与结膜的表面，使用时药物大部分滴入结膜的下穹窿中，借助毛细管力、扩散力和眨目泛反射等，使药物进入角膜前的薄膜层，再渗入到角膜中，发挥药效。因此，具有两亲性质的滴眼液均能相容而达到治疗作用。眼泪对药物在眼部的吸收亦有影响，如药物对眼有刺激性，使眼泪分泌增多，将药物很快冲洗掉，药物就不能发挥作用。正常情况下，滴眼后药物与角膜接触时间能维持 5～6min。此外，泪水的缓冲作用，能使滴眼液 pH 值发生改变。如许多为弱碱性的滴眼液，经泪液改变 pH 值至 7.4 附近，形成了较多亲脂性的游离碱，透过角膜的能力增强，同时也消除了刺激性。但眼泪的缓冲容量不大，如滴眼液的酸碱性稍强便不能纠正其 pH 值。为此除兼顾药物溶解度的个别滴眼液外，对于滴眼剂的制备均应考虑最佳的 pH 值控制点，以保证药品质量。

自我测试

一、单选题

1. 对滴眼剂叙述错误的是（　　　）。

　A. 正常眼可耐受的 pH 值为 5.0～9.0

　B. 混悬型滴眼剂 15μm 以下的颗粒不得少于 90%

　C. 药液刺激性大，可使泪液分泌增加而使药液流失，不利于药物被吸收

　D. 增加滴眼剂的黏度，可以阻止药物向角膜的扩散，不利于药物的吸收

2. 不能添加抑菌剂的是（　　　）。

　A. 常用滴眼剂　　　　　B. 肌内注射剂　　　　　C. 皮下注射剂　　　　　D. 输液

3. 滴眼液中用到 MC 其作用是（　　　）。

　A. 调节等渗　　　　　B. 抑菌　　　　　C. 调节黏度　　　　　D. 医疗作用

二、问答题（综合题）

滴眼剂应符合哪些质量要求？常用的附加剂有哪些？举例说明。

项目八　散剂、颗粒剂工艺与制备

知识目标： 熟悉口服固体药物体内吸收过程。

掌握散剂的概念、特点、种类、制备、质量控制、包装与贮藏。

掌握颗粒剂的概念、特点、种类、制备、质量控制、包装与贮藏。

能力目标： 知道散剂、颗粒剂的基本概念、特点和质量要求。

能生产出合格的散剂和颗粒剂，并进行质量检查。

必备知识

一、　固体制剂的概述

常用的固体剂型有散剂、颗粒剂、片剂、胶囊剂、滴丸剂、膜剂等，在药物制剂中约占70％。固体制剂的共同特点是：①与液体制剂相比，物理、化学稳定性好，生产制造成本较低，服用与携带方便；②制备过程的前处理经历相同的单元操作，以保证药物的均匀混合与准确剂量，而且剂型之间有着密切的联系；③药物在体内首先溶解后才能透过生物膜、被吸收入血液循环中。

固体剂型的主要制备工艺可用图 8-1 表示。

在固体剂型的制备过程中，首先将药物进行粉碎与过筛后才能加工成各种剂型。如与其他组分均匀混合后直接分装，可获得散剂；如将混合均匀的物料进行造粒、干燥后分装，即可得到颗粒剂；如将制备的颗粒压缩成型，可制备成片剂；如将混合的粉末或颗粒分装入胶囊中，可制备成胶囊剂等。对于固体制剂来说物料的混合度、流动性、充填性显得非常重要，如粉碎、过筛、混合是保证药物的含量均匀度的主要单元操作，几乎所有的固体制剂都要经历。固体物料的良好流动性、充填性可以保证产品的准确剂量，制粒或助流剂的加入是改善流动性、充填性的主要措施之一。

二、　散剂的工艺与制备

（一）概述

散剂（powders）系指药物或与适宜的辅料经粉碎、均匀混合制成的干燥粉末状制剂，又称为"粉剂"。可供内服或外用。

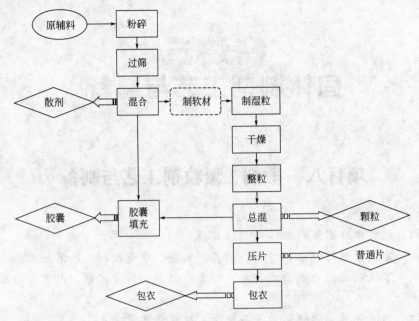

图 8-1 固体剂型的制备工艺流程图

1. 散剂的特点

① 散剂的比表面积大，易于分散，内服散剂药物溶出速度快，奏效迅速。外用散剂有保护和收敛等作用。

② 剂量易于调整，便于婴幼儿应用。

③ 制备工艺简单。

④ 贮存、运输、携带方便。

⑤ 散剂分散度大，药物的嗅味、刺激性、吸湿性、挥散性及化学活性也相应增大。故一些刺激性强、具挥发性或易吸潮变质的药物不宜直接制成散剂。

⑥ 剂量大的散剂，不如胶囊剂、片剂等便于服用。

散剂不仅是药物一种常用的剂型，也是制备其他药物剂型如胶囊剂、颗粒剂、片剂的基础。

2. 散剂的分类

散剂有三种分类方法：①按组成多少可分为单散剂（由一种药物组成）和复方散剂（由两种或两种以上药物组成）；②按用途可分为内服散、溶液散、外用散、吹散、撒布散等；③按包装形式可分为分剂量散剂（以单剂量形式进行包装的散剂）和不分剂量散剂（以多个剂量形式进行包装的散剂）。

（二）制备

散剂的制备工艺流程如下：

物料前处理→粉碎→过筛→混合→分剂量→质量检查→包装贮存

1. 物料前处理

固体制剂中的物料包括原料和辅料。所谓物料的前处理是将物料加工成符合粉碎机所要求的程度，如粒度要求和干燥程度等。辅料应充分干燥以满足粉碎要求。

2. 粉碎、筛分、混合

详见项目四。

3. 分剂量

（1）分剂量岗位职责

① 操作人员上岗前按规定着装，做好操作前的一切准备工作。

② 严格执行《分剂量岗位操作法》、《分剂量设备标准操作规程》，保证岗位不发生差错和污染，发现问题及时上报。

③ 根据生产指令按规程程序领取原辅料，核对所分剂量物料的品名、规格、产品批号、数量、生产企业名称、物理外观、检验合格等，应准确无误，分剂量产品应均匀，符合要求。

④ 严格按工艺规程及分剂量标准操作规程进行原辅料处理。

⑤ 生产完毕，按规定进行物料移交，并认真填写工序记录及生产记录。

⑥ 生产过程中注意设备保养，经常检查设备运转情况，操作时发现故障及时排除，自己不能排除的通知维修人员维修正常后方可使用。

⑦ 工作结束或更换品种，严格按本岗位清场 SOP 进行清场，经检查合格后，挂标识牌。

（2）分剂量技术　分剂量是将均匀混合的散剂，按需要的剂量进行分装的过程。分剂量常用的技术有目测法、重量法、容量法三种，机械化生产多用容量法分剂量。

① 目测法：是将一定重量的散剂，根据目测分成所需的若干等份。此法操作简便，但误差大，常用于药房小量调配。

② 重量法：是用天平准确称取每个单剂量进行分装。此法的特点是分剂量准确但操作麻烦、效率低，常用于含有细料或剧毒药物的散剂分剂量。

③ 容量法：是将制得的散剂填入一定容积的容器中进行分剂量，容器的容积相当于一个剂量的散剂的体积。这种方法的优点是分剂量快捷，可以实现连续操作，常用于大生产。其缺点是分剂量的准确性会受到散剂的物理性质（如松密度、流动性等）、分剂量速度等的影响。

4. 包装与贮藏

散剂的分散度大，易吸湿或风化，故防湿是保证散剂质量的关键。选用适宜的包装材料与贮藏条件可延缓散剂的吸湿。

散剂的包装材料常采用塑料袋、玻璃管、玻璃瓶等。复方散剂多剂量包装时，应装满、压紧，以免运输过程中分层。

散剂包装形式有单剂量和多剂量两种，多剂量型式包装者应附有分剂量用具。

散剂在贮存过程中，温度、湿度、微生物及光线等对散剂质量均有一定影响，其中防潮是关键。一般散剂应避光密闭贮存，含挥发性药物或易吸潮药物的散剂应密封贮存。

（三）质量检查

散剂的质量检查项目主要如下。

1. 混合均匀度

（1）外观检查　散剂应干燥、疏松、混合均匀、色泽一致。

检查方法：取供试品适量，置光滑纸上，平铺约 $5cm^2$，将其表面压平，在亮处观察，应呈现均匀的色泽，无花纹与色斑等异常现象。

（2）含量测定法　从散剂的不同部位取相同量的若干个样品对某个药物进行含量测定，与规定的含量相比较，应符合规定的要求。

2. 干燥失重

除另有规定外，取供试品在 105℃ 干燥至恒重，减失重量不得过 2.0%。

3. 装量或装量差异

多剂量包装散剂，最低装量应符合要求。

单剂量包装的散剂，装量差异限度应符合表 8-1 规定。

表 8-1 散剂装量差异限度

平均重量或标示装量	装量差异限度	平均重量或标示装量	装量差异限度
0.1g 及 0.1g 以下	±15%	1.5g 以上至 6.0g	±7%
0.1g 以上至 0.5g	±10%	6.0g 以上	±5%
0.5g 以上至 1.5g	±8%		

检查法：取散剂 10 包（瓶），除去包装，分别精密称定每包（瓶）内容物的重量，求出内容物的装量与平均装量。每包装量与平均装量（凡无含量测定的散剂，每包装量应与标示装量比较）相比应符合规定，超出装量差异限度的散剂不得多于 2 包（瓶），并不得有 1 包（瓶）超出装量差异限度 1 倍。

凡规定检查含量均匀度的散剂，不再检查装量差异限度。

4. 粒度

粉末粒度的测定依颗粒大小而采用不同的方法，粗大颗粒用过筛法，微小颗粒则用光学显微镜法。

5. 微生物限度

除另有规定外，照微生物限度检查法检查，应符合规定。

6. 主药含量

按主药含量测定法测定，应符合规定。

（四）举例

1. 硫酸阿托品散剂的制备

处方：硫酸阿托品 0.0005g 乳糖 适量

制法：取乳糖 0.5g，置于玻璃乳钵中研磨，再称取 1∶100 硫酸阿托品倍散 0.5g 与乳糖研磨至混合均匀，分成 10 包即得。

注：① 称微量药物应选用 1% 感量的天平。由于主药属于毒性药品，剂量要求严格，故需用重量法分剂量。

② 用玻璃纸称取。

③ 用玻璃乳钵研和，先用少许赋形剂饱和乳钵表面自由能，再将其科赋形剂与主药按等量递加稀释法加研和均匀。

④ 用放大镜检查，要求色泽均匀。

⑤ 乳钵用后，充分洗净，以免残留污染其他药品。

2. 痱子粉的制备

处方：薄荷脑 6.0g 樟脑 6.0g

麝香草酚 6.0mL 薄荷油 6.0mL

水杨酸 11.4g 硼酸 85.0g

升华硫 40.0g 氧化锌 60.0g

淀粉 100.0g 滑石粉 加至 1000.0g

制法：取薄荷脑、樟脑、麝香草酚研磨至全部液化，并与薄荷油混合。另将升华硫、水杨酸、硼酸、氧化锌、淀粉、滑石粉研磨混合均匀，过 120 目筛。然后将共熔混合物与混合的细粉研磨混匀或将共熔混合物喷入细粉中，过筛，即得。将 25g 痱子粉用目测法分成 10 包，用四角包包装。

注：① 处方中成分较多，应按处方药品顺序将药品称好。

② 处方中麝香草酚、薄荷脑、樟脑为共熔组分，研磨混合时形成共熔混合物并产生液化现象。共熔成分在全部液化后，再用混合粉末或滑石粉吸收，并通过筛 2～3 次，检查均

匀度。

③ 局部用散剂应为极细粉，一般以能通过八号至九号筛为宜。敷于创面及黏膜的散剂应经灭菌处理。

三、颗粒剂的工艺与制备

（一）概述

颗粒剂（granules）系指药物与适宜的辅料制成具有一定粒度的干燥颗粒状制剂。颗粒剂主要供内服，可直接吞服，也可分散或溶解在水中服用。

颗粒剂根据在水中溶解情况可分为可溶性颗粒剂、混悬性颗粒剂和泡腾性颗粒剂。2005年版药典开始引入了采用缓控释技术制成的缓控释颗粒、肠溶颗粒。

颗粒剂是近年来发展较快的剂型之一，具有以下特点：

① 保持了液体制剂起效快的特点。

② 飞散性、附着性、聚集性、吸湿性等均较散剂小；流动性较散剂好，易分剂量。

③ 性质稳定，运输、携带、贮存方便。

④ 含有蔗糖等矫味剂，以掩盖成分的不良嗅味，便于服用。

⑤ 必要时对颗粒包衣，根据包衣材料的性质可制成缓、控释颗粒剂或肠溶颗粒剂，也可使颗粒具防潮性。

⑥ 颗粒剂因含糖较多，贮存、包装不当时，易引湿受潮，软化结块，影响质量。

⑦ 多种颗粒的颗粒剂可能因各种颗粒大小以及密度差异产生离析现象，使分剂量不易准确。

（二）制备

颗粒剂的制备方法与片剂生产中的制粒基本相同。传统的制备工艺流程如下：

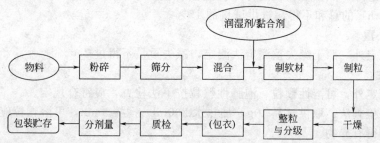

1. 粉碎、筛分、混合

主药的辅料在混合前均需经过粉碎、过筛或干燥等处理。其细度以通过 80～100 目筛为宜。毒剧药、贵重药及有色的原辅料宜更细些，易于混匀，使含量准确（详见项目四）。

2. 制软材

系将药物与稀释剂（常用淀粉、乳糖、蔗糖等）、崩解剂（常用淀粉、纤维素衍生物等）等辅料混合后，加入湿润剂或黏合剂进行混合，制成软材。

3. 制粒

常用挤出制粒法，即将软材挤压过筛（12～14 目）（摇摆式颗粒机，参见项目四）制得颗粒。由于制粒后不能再加入崩解剂，所以选用的黏合剂应不影响颗粒的崩解，由于淀粉和纤维素的衍生物兼有崩解和黏合作用，所以常作颗粒剂的黏合剂。

泡腾性颗粒剂含有泡腾剂（碳酸氢钠和有机酸），制备时须将泡腾剂的两种组分分别与药物制成颗粒，再混合均匀，分剂量。

近年来开发多种新的制粒方法和设备应用于生产实践，其中最典型的是流化（沸腾）制粒，喷雾制粒等。

4. 干燥

常用有箱式干燥法、流化床干燥法等。颗粒的干燥程度，以颗粒中的水分控制在2%以内为宜。

5. 整粒与分级

颗粒在干燥过程中，可能发生粘连甚至结块的现象，因此，需通过解碎或整粒以制成一定粒度的均匀颗粒。一般应按粒度规格的上限，过一号筛，把不能通过筛孔的部分进行适当解碎，然后按粒度的下限，过五号筛，进行分级，除去粉末部分。

芳香性成分或香料一般溶于95%的乙醇中，雾化喷洒在干燥在颗粒上，混匀后密闭放置规定时间后再进行分装。

6. 包衣

为使颗粒达到矫味、矫臭、稳定、缓释或肠溶等目的，可对其进行包衣，一般常用薄膜包衣。

7. 分剂量、包装与贮存

颗粒剂分剂量基本与散剂相同，但要注意均匀性，防止分层。颗粒剂的包装通常用复合塑料袋包装，其优点是轻便、不透湿、不透气、颗粒不易出现潮湿溶化的现象。包装可采用单剂量包装或多剂量包装。除另有规定外，颗粒剂应密封、干燥处保存，防止受潮。

（三）质量检查

颗粒剂的质量检查，除主药含量外，还应检查以下项目。

1. 外观

颗粒剂应干燥、色泽均匀一致；无吸潮、软化、结块、潮解等现象。

2. 粒度

除另有规定外，照粒度和粒度分布测定法检查，不能通过一号筛（2000μm）与能通过五号筛（180μm）的总和不得超过供试量的15%。

3. 干燥失重

除另有规定外，照干燥失重测定法测定，减失重量不得过2.0%。

4. 溶化性

除另有规定外，可溶性颗粒、泡腾性颗粒按下法检查，应符合规定。

可溶颗粒检查法：取供试品10g，加热水200ml，搅拌5min，可溶颗粒应全部溶化或轻微浑浊，但不得有异物。

泡腾颗粒检查法：取单剂量包装的泡腾颗粒6袋，分别置盛有200ml水的烧杯中，水温为15～25℃，应迅速产生气体成泡腾状，5min内6袋颗粒均应完全分散或溶解在水中。

混悬性颗粒或已规定检查溶出度或释放度的颗粒剂，可不进行溶化性检查。

5. 装量差异

单剂量包装的颗粒剂的装量差异限度应符合表8-2规定。

表 8-2　颗粒剂装量差异限度

平均重量	重量差异限度	平均重量	重量差异限度
1.0g 及 1.0g 以下	±10%	1.5g 以上至 6.0g	±7%
1.0g 以上至 1.5g	±8%	6.0g 以上	±5%

检查法：取供试品10袋（瓶），除去包装，分别精密称定每袋（瓶）内容物的重量，求出每袋（瓶）内容物的装量与平均装量。每袋（瓶）装量与平均装量相比较，超出装量差异限度的颗粒剂不得多于2袋（瓶），并不得有1袋（瓶）超出装量差异限度1倍。

凡规定检查含量均匀度的颗粒剂，可不进行装量差异的检查。

6. 装量

多剂量包装的颗粒剂，照最低装量检查法检查，应符合规定。

检查法：取供试品 5 个（50g 以上者 3 个），除去外盖和标签，容器外壁用适宜的方法清洁并干燥，分别精密称定重量，除去内容物，容器用适宜的溶剂洗净并干燥，再分别精密称定空容器的重量，求出每个容器内容物的装量与平均装量，均应符合表 8-3 的有关规定。如有 1 个容器装量不符合规定，则另取 5 个（或 3 个）复试，应全部符合规定。

表 8-3　多剂量颗粒剂装量标准

标示装量	固体、半固体、液体	
	平均装量	每个容器装量
20g 以下	不少于标示量	不少于标示装量的 93%
20g 至 50g	不少于标示量	不少于标示装量的 95%
50g 至 500g	不少于标示量	不少于标示装量的 97%

7. 其他

含量均匀度、微生物限度等应符合要求。缓控释颗粒剂需测定释放度。必要时，薄膜包衣颗粒应检查残留溶剂。

（四）举例

维生素 C 泡腾颗粒剂的制备。

处方：维生素 C 1%～2%、枸橼酸 8%～10%、碳酸氢钠 6%～10%、糖粉 70%～90%、柠檬黄适量、甜味剂适量、食用香精适量。

制法：①将枸橼酸磨成细粉，干燥，取维生素 C 与枸橼酸混合均匀，加入柠檬黄稀乙醇溶液，混合均匀，制粒，干燥成酸性料；②分别取糖粉、碳酸氢钠混合均匀，加入柠檬黄、甜味剂、糖精钠水溶液及食用香精，混合均匀，制粒，干燥成碱性料；③将干燥的酸、碱料混合；④质检，分装。

拓展知识

固体剂型的体内吸收

固体制剂共同的吸收路径是将固体制剂口服给药后，须经过药物的溶解过程，才能经胃肠道上皮细胞膜吸收进入血液循环中而发挥其治疗作用。特别是对一些难溶性药物来说，药物的溶出过程将成为药物吸收的限速过程。若溶出速度小，吸收慢，则血药浓度就难以达到治疗的有效浓度。不同剂型在口服后的过程有所不一，具体可见表 8-4。

表 8-4　不同剂型在体内的吸收路径

剂型	崩解或分散	溶解过程	吸收
片剂	○	○	○
胶囊剂	○	○	○
颗粒剂	×	○	○
散剂	×	○	○
混悬剂	×	○	○
溶液剂	×	×	○

注：○——需要此过程；×——不需要此过程。

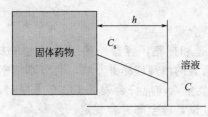

图 8-2　固体表面边界层示意图

如片剂和胶囊剂口服后首先崩解成细颗粒状，然后药物分子从颗粒中溶出，药物通过胃肠黏膜吸收进入血液循环中。颗粒剂或散剂口服后没有崩解过程，迅速分散后具有较大的比表面积，因此药物的溶出、吸收和奏效较快。混悬剂的颗粒较小，因此药物的溶解与吸收过程更快，而溶液剂口服后没有崩解与溶解过程，药物可直接被吸收入血液循环当中，从而使药物的起效时间更短。口服制剂吸收的快慢顺序一般是：溶液剂＞混悬剂＞散剂＞颗粒剂＞胶囊剂＞片剂。

固体制剂在体内首先分散成细颗粒是提高溶解速度，以加快吸收速度的有效措施之一。

对于多数固体剂型来说，药物的溶出速度直接影响药物的吸收速度。假设固体表面药物的浓度为饱和浓度 C_s，溶液主体中药物的浓度为 C，药物从固体表面通过边界层扩散进入溶液主体（图 8-2）。

此时药物的溶出速度（$\mathrm{d}C/\mathrm{d}t$）可用 Noyes-Whitney 方程描述：

$$\mathrm{d}C/\mathrm{d}t = KS(C_s - C) \tag{8-1}$$

$$K = \frac{D}{V\delta}$$

式中，K 为溶出速度常数；D 为药物的扩散系数；δ 为扩散边界层厚；V 为溶出介质的量；S 为溶出界面积。

在漏槽条件下，$C \to 0$：

$$\mathrm{d}C/\mathrm{d}t = KSC_s \tag{8-2}$$

Noyes-Whitney 方程解释影响药物溶出速率的诸因素，表明药物从固体剂型中的溶出速度与溶出速度常数 K、药物粒子的表面积 S、药物的溶解度 C_s 成正比。故可采取以下措施来加以改善药物的溶出速度：①增大药物的溶出面积——通过粉碎减小粒径，加快崩解等措施；②增大溶解速度常数——加强搅拌，以减少药物扩散边界层厚度或提高药物的扩散系数；③提高药物的溶解度——提高温度，改变晶型，制成固体分散物等。

对于固体制剂在体内的吸收，提高溶出速度的有效方法是增大药物的溶出表面积或提高药物的溶解度。粉碎技术、药物的固体分散技术、药物的包合技术等可以有效地提高药物的溶解度或溶出表面积。

实践项目

复合维生素 B 颗粒

一、实践目的

1. 能熟练操作粉碎、制粒、混合及干燥等仪器，并按处方生产出合格的颗粒剂产品。

2. 识记颗粒剂的工艺流程。

3. 学会解决颗粒剂制备过程中的常见问题。

4. 识记《中国药典》中颗粒剂的质量检查项目并会在实际操作中应用。

5. 严格按照现行版《药品生产质量管理规范》（GMP）的要求规范操作。

二、实践场地

实训车间。

三、实践步骤

处方：盐酸硫胺　　　1.20g　　　维生素 B_2　　　0.24g

　　　盐酸吡多辛　　0.36g　　　烟酰胺　　　　1.20g

　　　泛酸钙　　　　0.24g　　　枸橼酸　　　　2.0g

　　　蔗糖粉　　　　995g　　　共制成　　　　1000g

需制成规格：2g/袋

【拟定计划】

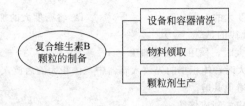

【实施方案】

一、生产准备阶段

1. 生产指令下达。

2. 领料。凭生产指令领取经检验合格的维生素 B_2、盐酸硫胺、枸橼酸等原料及辅料。

3. 存放。确认合格的原辅料按物料清洁程序从物料通道进入生产区配料室。

二、生产操作阶段

1. 生产操作前须做好生产场地、仪器、设备的准备和物料的准备。

2. 生产操作：按颗粒剂的生产工艺流程来进行操作：物料→粉碎→筛分→混合→制软材→制湿颗粒→干燥→整粒、分级→质检→分剂量→包装。

（1）物料的前处理　将物料经万能粉碎机进行粉碎后过 100 目筛，按处方量准确称量各成分。将核黄素分次用蔗糖粉稀释后混合，再加入盐酸硫胺、烟酰胺混合均匀。

（2）制软材　将盐酸吡多辛、泛酸钙、枸橼酸溶于适量纯化水中，加入上述混合药粉中制软材，使其达到"握之成团，轻压即散"。

（3）制湿颗粒　将制成的软材经 YK-160 型摇摆式颗粒机制粒，具体的操作过程如下：

① 将清洁干燥的刮粉轴装入机器，装上刮粉轴前端固定压盖，拧紧螺母。

② 将卷网轴装到机器上，装上 16 目筛网。

③ 检查机器润滑油，油位不得低于前侧油位视板的红线，过低则需补充。

④ 接通电源，打开开关，观察机器的运转情况，无异常声音，刮粉轴转动平稳则可投入使用。

⑤ 将物料均匀倒入料斗内，根据物料性质控制加料速度，物料在料斗中应保持一定的高度。

⑥ 制粒完成后，清理颗粒机和筛网上的余料，并注意余料中有无异物，经适当处理后加入颗粒中。

⑦ 按《YK-160 型摇摆式颗粒机清洁规程》对设备进行清洁保养。

（4）干燥　将制得的湿颗粒转移至热风循环烘箱中，于 60～65℃干燥。

（5）整粒、分级　将干燥好的颗粒进行整粒与分级，剔除过粗和过细的颗粒，使不能通过一号筛和能通过五号筛的颗粒总和不超过供试量的 15%。

（6）质量检查　根据颗粒剂项下的各项检查项目进行检查。

（7）分剂量与包装　将各项质量检查符合要求的颗粒按剂量装入适宜的分装材料中进行包装，颗粒剂的分装材料为复合条形膜，经颗粒包装机完成制袋、计量、填充、封合、分切、计数、热压批号等过程。

自我测试

一、单选题

1. 密度不同的药物在制备散剂时，最好的混合方法是（　　）。
   A. 等量递加法　　　　　　　　　　　　　B. 多次过筛
   C. 将密度小的加到密度大的上面　　　　　D. 将密度大的加到密度小的上面

2. 不符合散剂制法一般规律的是（　　）。
   A. 各组分比例量差异大时，采用等量递加法
   B. 各组分比例量差异大时，体积小的先放入容器中，体积大的后放入容器中
   C. 含低共熔成分，应避免共熔
   D. 剂量小的毒剧药，应先制成倍散

3. 泡腾颗粒剂遇水产生大量气泡，是由于颗粒剂中酸与碱发生反应，所放出的气体是（　　）。
   A. 氢气　　　　　　　B. 二氧化碳　　　　　　C. 氧气　　　　　　　D. 氮气

4. 服用后起效最快的是（　　）。
   A. 颗粒剂　　　　　　B. 散剂　　　　　　　　C. 胶囊剂　　　　　　D. 片剂

5. 散剂特点的叙述错误的是（　　）。
   A. 易分散，奏效快　　　　　　　　　　　B. 制法简单，剂量可随意加减
   C. 挥发性药物可制成散剂　　　　　　　　D. 制成散剂后化学活性也相应增加

6. 一般应制成倍散的是（　　）。
   A. 含毒性药品散剂　　　　　　　　　　　B. 眼用散剂
   C. 含液体成分散剂　　　　　　　　　　　D. 含共熔成分散剂

7. 颗粒剂中，不能通过一号筛和能通过五号筛总和不得超过供试量的（　　）。
   A. 15%　　　　　　　B. 8%　　　　　　　　C. 6%　　　　　　　　D. 7%

8. 对散剂特点的错误表述是（　　）。
   A. 比表面积大、易分散、奏效快　　　　　B. 便于小儿服用
   C. 制备简单、剂量易控制　　　　　　　　D. 外用覆盖面大，但不具保护、收敛作用

9. 对颗粒剂表述错误的是（　　）。
   A. 飞散性和附着性较小　　　　　　　　　B. 吸湿性和聚集性较小
   C. 颗粒剂可包衣或制成缓释制剂　　　　　D. 颗粒剂的含水量不得超过3%

10. 不影响散剂混合质量的因素是（　　）。
    A. 组分的比例　　　　　　　　　　　　　B. 各组分的色泽
    C. 组分的堆密度　　　　　　　　　　　　D. 成分的吸湿性

11. 对固体剂型表述错误的是（　　）。
    A. 药物从颗粒中的溶出速率小于药物从细粉中溶出速率
    B. 固体剂型的吸收速度比溶液剂慢
    C. 固体制剂要经过崩解、溶出后才能被吸收
    D. 固体剂型药物溶出方程为 $dC/dt = -KS(C_s - C)$

12. 溶出速度主要受哪一因素控制（　　）。
    A. 药物溶解度　　　　B. 崩解速度　　　　　C. 扩散速度　　　　　D. 吸收速度

13. 颗粒剂贮存的关键为（　　）。
    A. 防潮　　　　　　　B. 防热　　　　　　　C. 防冷　　　　　　　D. 防虫

14. 散剂的制备过程为（　　）。
    A. 粉碎→过筛→混合→分剂量→质量检查→包装
    B. 粉碎→混合→过筛→分剂量→质量检查→包装
    C. 粉碎→混合→分剂量→质量检查→包装

D. 粉碎→过筛→分剂量→质量检查→包装

二、多选题

1. 颗粒剂的正确叙述是（　　）。
   A. 药物和适宜的辅料制成的干燥颗粒状制剂　　B. 可分为可溶性颗粒剂、混悬性颗粒剂
   C. 服用携带比较方便　　D. 可直接吞服，也可溶于溶剂中服用
   E. 保持了液体药剂起效快的特点

2. 颗粒剂不需检查的项目有（　　）。
   A. 外观　　　　　　　　B. 粒度　　　　　　　　C. 干燥失重
   D. 融变时限　　　　　　E. 崩解度

3. 在散剂的制备过程中，目前常用的混合方法有（　　）。
   A. 搅拌混合　　　　　　B. 对流混合　　　　　　C. 过筛混合
   D. 扩散混合　　　　　　E. 层流混合

4. 颗粒剂溶化性检查时，结果合格的是（　　）。
   A. 可溶性颗粒应全部溶化，允许有轻微浑浊，但不得有异物
   B. 泡腾颗粒应迅速产生气体而呈泡腾状，5min内6袋颗粒应完全分散或溶解在水中
   C. 混悬性颗粒应混悬均匀
   D. 可溶性颗粒应全部溶化，允许有轻微浑浊，有少量的焦屑等异物
   E. 混悬性颗粒可以混悬不均匀

5. 散剂混合时，产生润湿与液化现象的相关条件是（　　）。
   A. 药物结构性质　　　　B. 低共熔点的大小　　　C. 药物组成比例
   D. 药物粉碎度　　　　　E. 药物的外观

6. 颗粒剂按溶解性常分为（　　）。
   A. 可溶性颗粒剂　　　　B. 混悬性颗粒剂　　　　C. 乳浊性颗粒剂
   D. 泡腾颗粒剂　　　　　E. 胶体性颗粒剂

7. 颗粒剂具有的特点是（　　）。
   A. 保持了液体药剂奏效快的特点　　B. 分剂量比散剂等易控制
   C. 性质稳定，运输、携带、贮存方便　　D. 根据需要可加入适宜矫味剂
   E. 可以直接吞服，也可以冲入水中饮用

8. 关于散剂的特点，正确的是（　　）。
   A. 保持了液体药剂起效快的特点　　B. 剂量可随症增减
   C. 制法简便　　D. 剂量大时不易服用
   E. 是常用口服固体制剂中起效最快的剂型

9. 散剂必须进行的质量检查项目是（　　）。
   A. 外观均匀度　　　　　B. 粒度　　　　　　　　C. 干燥失重
   D. 装量差异　　　　　　E. 溶化性

10. 颗粒剂必须进行的质量检查项目是（　　）。
    A. 溶化性　　　　　　　B. 粒度　　　　　　　　C. 干燥失重
    D. 装量差异　　　　　　E. 外观

11. 颗粒剂与散剂比较，具有的特点是（　　）。
    A. 保持了液体药剂起效快的特点　　B. 分剂量比散剂容易
    C. 复方制剂易分层　　D. 可掩盖药物的不良嗅味
    E. 起效更快

三、问答题（综合题）

1. 试用 Noyes-Whitney 方程分析影响固体制剂中药物溶出速率的因素，可通过哪些方式进行改善？
2. 散剂有何特点？按用途分为哪几类？生产工艺流程是怎样的？应符合哪些质量要求？
3. 颗粒剂有何特点？生产工艺流程怎样？应符合哪些质量要求？
4. 举例分析在散剂处方配制过程中、混合时可能遇到的问题及应采取的相应措施。
5. 硫酸阿托品散的制备。

处方：硫酸阿托品　　　　1.00g　　　　　1%胭脂红乳糖　　　0.5g
　　　乳糖　　　　　　　998.5g

问：该处方在制备的过程中主要存在的问题的是什么，如何解决？

6. 布洛芬颗粒剂的制备。

处方：布洛芬　　　　　　60g　　　　微晶纤维素　　　　15g
　　　交联 CMC-Na　　　3g　　　　蔗糖细粉　　　　　350g
　　　聚维酮　　　　　　1g　　　　苹果酸　　　　　　165g
　　　糖精钠　　　　　　2.5g　　　碳酸氢钠　　　　　50g
　　　无水碳酸钠　　　　15g　　　十二烷基硫酸钠　　0.3g
　　　橘型香料　　　　　14g　　　异丙醇　　　　　　适量

问：① 试分析是何种类型的颗粒剂，为什么？
② 处方中的十二烷基硫酸钠作为一种表面活性剂，主要的作用是什么？
③ 制备工艺应该是怎样的？

项目九 胶囊剂工艺与制备

知识目标： 掌握胶囊剂的概念、特点、种类。

掌握胶囊剂的工艺流程与制备技术。

熟悉空胶囊的规格、囊壳组成及质量控制项目。

了解胶囊填充机的结构、工作原理。

能力目标： 能按生产指令进行胶囊填充的操作。

能进行胶囊填充剂的清洁和维护。

必备知识

一、 概述

胶囊剂系指药物或加适宜的辅料充填于空心胶囊或密封于软质囊材中而制成的固体制剂。胶囊剂多为口服给药，也有供腔道用胶囊剂、吸入用胶囊剂等。

胶囊剂是从改善药剂用药方法而发展起来的。19世纪中叶，先后提出使用硬胶囊剂和软胶囊剂。随着电子及机械工业的发展，自动胶囊填充机的问世，使胶囊剂的生产有了很大的发展，在世界各国药典收载的品种仅次于片剂和注射剂，居于第三位。

（一）胶囊剂特点

1. 可掩盖药物的苦味及臭味，减少药物的刺激性。

2. 药物的生物利用度优于片剂。胶囊剂与片剂相比，在制备时多不加黏合剂和加压，故在胃肠道中分散、溶出快，一般口服后 3～10min 即可崩解释药，有较高的生物利用度。

3. 提高药物的稳定性。对光敏感或遇湿、热不稳定的药物，如维生素可装入不透光的胶囊中，保护药物不受湿气、氧气、光线的作用。

4. 弥补其他固体制剂的不足。含油量高或液态的药物难以制成丸、片剂时，可制成胶囊剂，如鱼肝油胶丸；服用剂量小、难溶于水、胃肠道内不易吸收的药物，可使其溶于适当的油中，再制成胶囊剂，以利吸收。

5. 可延缓药物释放。将药物制成颗粒或小丸，用不同释药速度的材料包衣，按需要比例混合装入空胶囊中，起到缓释长效作用。

6. 可定位释药。可在胶囊外面涂上肠溶性材料或将肠溶性材料包衣的颗粒或小丸装入胶囊，使其在肠道起作用。

7. 外表整洁、美观，较散剂易吞服，携带、使用方便。

但下列情况不宜制成胶囊剂：

1. 药物的水溶液或稀乙醇溶液，因其可使胶囊壁溶化。

2. 易溶性刺激性强的药物，因在胃中极易溶解，溶解后局部药物浓度过高而刺激胃黏膜。

3. 风化性药物，可使囊壁软化。

4. 吸湿性药物，可使囊壁干燥而变脆。

此外，小儿不宜服用胶囊剂。

（二）分类

胶囊剂按外观特性分为硬胶囊剂（通称为胶囊）、软胶囊剂（胶丸）两大类。按作用特性分为胃溶胶囊剂、肠溶胶囊剂、缓释胶囊剂、泡腾胶囊剂等。

硬胶囊剂是将药物或加适宜的辅料制成粉末、颗粒、小片或小丸等充填于空心胶囊中而制成的胶囊剂。外形呈圆筒状。

软胶囊剂是将一定量的液体药物或将固体药物和适宜的辅料溶解或分散在适宜的液体介质中制成的溶液、混悬液密封于软质胶皮中的胶囊剂。外形呈圆球状或椭圆状。

缓释胶囊剂是指将药物与缓释材料制成骨架型的颗粒或小丸，或将药物制成包有缓释材料，在胃肠液中能缓慢释药的微孔型包衣小丸，再装入空心胶囊中所成的胶囊剂。具有缓释长效的特点。

肠溶胶囊剂是指硬胶囊或软胶囊用适宜的肠溶材料制备而得，或经肠溶材料包衣的颗粒或小丸充填于胶囊而制成的胶囊剂。适用于一些具辛嗅味、对胃有刺激性、遇酸不稳定或需在肠中释药的药物制备。

泡腾胶囊剂是将药物与辅料混合后制成泡腾颗粒，应用时胶壳迅速溶解，药物经泡腾作用而溶出和吸收，具有快速吸收特点的胶囊剂。

二、硬胶囊剂工艺与制备

硬胶囊剂的制备一般分空胶囊和囊心物的制备、填充、封口等工序。

（一）空胶囊的组成与制备

1. 空胶囊的组成

空胶囊组成有成囊材料和辅料两类，成囊材料多用明胶，也可采用甲基纤维素（MC）、海藻酸盐类、聚乙烯醇（PVA）等高分子化合物。

明胶来源于动物的皮、骨、腱与韧带。以骨为原料的明胶，质地坚硬，性脆且透明度较差；以猪皮为原料的明胶，可塑性与透明度好。以酸法水解制得的为 A 型明胶，等电点为 pH7～9；以碱法水解制得的为 B 型明胶，等电点 pH4.7～5.2。

空胶囊可以根据需要加入适宜的辅料。为增加囊壳的坚韧性和可塑性，一般加入增塑剂，如甘油、山梨醇等；为减少流动性、增加胶冻力，可加入增稠剂琼脂等；对光敏感的药物，可加入遮光剂二氧化钛（2%～3%）；为产品美观，便于鉴别，加食用色素等着色剂；为防止霉变，可加防腐剂尼泊金酯类等；为改善囊壳的机械强度、抗湿性、抗酶作用，可加入硅油，此外，加入适量表面活性剂，可作为模柱的润滑剂，使胶液表面张力降低，制得的囊壳较厚；增加囊壳的光泽。

2. 空胶囊的制备工艺

空胶囊由囊体和囊帽组成，其制备流程如下：

溶胶→蘸胶（制坯）→干燥→拔壳→截割→整理

一般由自动化生产线完成。生产环境洁净度应达 B 级，温度 10～25℃，相对湿度35%～45%，为便于识别，空胶囊上还可用食用油墨印字，在食用油墨中添加 8%～12% PEG 等高分子材料，能防止所印字迹磨损。

按照国家的生产标准，将空心胶囊划分为 3 个等级，即：优等品（指机制空胶囊）、一等品（指适用于机装的空胶囊）、合格品（指仅适用于手工填充的空胶囊）。每个级别均有相应的标准及允许偏差值。

3. 空胶囊的种类、规格与质量

市售空胶囊有普通型和锁口型两类。空胶囊由囊帽和囊体组成，普通型为平口胶囊，套合后易松开或出现漏粉，锁口型的囊帽和囊体有闭合用的槽圈，套合后不易松开，运输、贮存时不易漏粉。

空胶囊有八种规格，即 000 号、00 号、0 号、1 号、2 号、3 号、4 号、5 号共 8 种，其容积（ml±10%）依次为 1.42、0.95、0.67、0.48、0.37、0.27、0.20、0.13。常用 0～3 号。

空胶囊的质量检查项目主要有：①外观、弹性（手压胶囊口不碎）；②溶解时间（37℃/10min）③水分（12%～15%）；④厚度（0.1mm）、均匀度、微生物等。

（二）囊心物的制备

硬胶囊剂的囊心物通常是固态，形式有粉末、颗粒、小片或小丸三种。

若纯药物能满足填充要求，一般将药物粉碎至适宜细度即可；小剂量药物应先用适宜的稀释剂稀释；流动性差的针晶或引湿性粉末，可加适量辅料如稀释剂、润滑剂、助流剂等或加入辅料制成颗粒后填充。常用稀释剂有淀粉、微晶纤维素（MCC）、蔗糖、乳糖等，常用润滑剂有硬脂酸、硬脂酸镁、滑石粉、微粉硅胶等；疏水性药物应加惰性亲水性辅料，改善其分散性与润湿性，也可将药物制成包合物、固体分散体、微囊或微球等。

有时为了延缓或控制的药物释放速度，可将药物制成小片或小丸后再填充。常将普通小丸、速释小丸、缓释小丸、控释小丸或肠溶小丸单独填充或混合填充，必要时加入适量空白小丸作填充剂。

（三）胶囊的填充

1. 空胶囊的选择

应根据药物的填充量来选择空胶囊的规格，一般按药物的规定剂量所占的容积来选用最小的空胶囊。可凭经验试装后决定，但常用方法是先测定其堆密度，再根据应装剂量计算该物料的容积。

2. 填充方法

手工填充：用于小量制备，仅用于药粉。

机械填充：用于大量生产，常用胶囊自动填充机，此时要求粉末有良好的流动性或将粉末制成颗粒或微丸。

3. 填充设备

胶囊填充机型号很多，具体应根据物料的性质而定。填充方式有四种类型（如图 9-1）。a 型是由螺旋钻将物料压进囊壳中；b 型是依靠柱塞上下往复将物料压进囊壳中；c 型是完全依靠物料本身的流动性自由流入囊壳中；d 型是先在填充管内将药物压成单位量粉块，再填充于胶囊中。a、b 型对物料要求不高，只要物料不易分层即可；c 型适用于流动性好的物料；d 型适用于流动性差的但混合均匀的物料，如聚集性强的针状结晶或易吸湿的药物。

4. 胶囊填充岗位职责

① 进岗前按规定着装，进岗后做好厂房、设备清洁卫生，并做好操作前的一切准备工作。

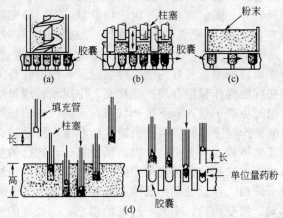

图 9-1　硬胶囊剂填充机的类型

② 根据生产指令按规定程序领取物料及胶囊壳。

③ 严格按工艺规程和胶囊填充标准操作程序进行胶囊填充。

④ 按规定时间严格检查胶囊装量差异及锁囊情况，确保产品质量。

⑤ 胶囊填充完毕按规定进行抛光、打蜡，并检查外观质量，挑出不合格品。

⑥ 生产完毕，按规定办理物料移交，余料按规定退至中间站。

⑦ 按要求认真填写各项记录。

⑧ 工作期间严禁脱岗、串岗，不做与岗位工作无关之事。

⑨ 工作结束或更换品种时，严格按本岗位清场 SOP 清场，经质监员检查合格后，挂标示牌。

⑩ 经常检查设备运转情况，注意设备保养，操作时发现故障应及时上报。

5. 填充的操作过程

对于胶囊填充岗位，在填充前应按生产指令认真复核需填充物料的品名、规格、批号、数量、检查所选用的模具是否符合生产要求。胶囊填充岗位基本操作如下：

（1）生产前准备　①关紫外线灯（车间工艺员生产前一天下班时开紫外线灯）。②检查工房、设备的清洁状况，检查清场合格证，核对其有效期，取下标示牌，按生产部门标识管理规定定置管理。③配制班长按生产指令填写工作状态，挂生产标示牌于指定位置。④按工艺要求安装好模具，用 75% 乙醇对胶囊填充机的加料斗、上下模板、设备内外表面、所用容器具进行清洁、消毒，并擦干。⑤将胶囊填充机各零附件逐个装好，检查机上不得遗留工具和零件，检查正常无误，方可开机，运转部位适量加油。⑥调整电子天平零点，检查其灵敏度。⑦由中间站领取需填充的中间产品及空胶囊，按产品递交单逐桶核对填充物品名、规格、批号和重量等，检查空胶囊型号及外观质量等，确认无误后，按程序办理交接。

（2）胶囊填充　严格按产品工艺规程和半自动胶囊填充机标准操作规程进行操作。

正式填充前需进行机器的调试，试填充合格后方可进入正式填充。填充过程包括：①装空胶囊：从内包材贮料区取出装有空胶囊的包装箱，检查包装箱是否贴好标签，标明产品名称、批号、数量。在机房内打开包装箱，用清洁的专用塑料铲将空胶囊加入胶囊料斗中。启动，使空胶囊充满下料管，并进入模块中，运行几圈，检查胶囊的开启和闭合动作是否良好。②试填充：从贮料区领取装有充填物的周转桶，检查周转桶是否贴好标签，标明产品的名称、批号、重量、桶数，打开物料桶，用清洁的专用勺子将颗粒或细粉加入到料斗中。设定机器的转速，开动机器转动 1～2 圈，按生产指令的要求，调整胶囊的装量，取大约 50 粒样品送到中间控制室，由质检员或工段长进行装量测试，认可后方可开机。若生产指令上指明填充速度，则要调整转速至规定的范围。③开始生产：检查接收胶囊的容器是否贴有标签，并已标明有关产品的名称、批号。按颗粒桶顺序号的先后取料，料桶运入填充室之前先检查产品品名、批号及封签号。随时注意料斗内的物料量，及时补充物料，并定期检查机器的运转情况。QA 人员应随时检查胶囊的外观质量、胶囊重量差异等，使符合要求。每 20min 应检查一次囊重，每小时检查一次装量差异。④生产结束：生产完毕，将抛光好的胶囊装入内衬塑料袋的洁净周转桶中，扎好内袋，称重记录，桶内外各附产物标签一张，盖好桶盖，按中间站产品交接标准操作程序办理产品移交。中间站管理员填写请检单，送质监科请检。⑤记录、清场：填写生产记录，取下生产状态标示牌，挂清场牌，按清场标准操作程序，D 级洁净区清洁标准操作程序，胶囊填充机清洁标准操作程序进行清场、清洁，清场完毕，填写清场记录，报质监员检查，合格后，发清场合格证，挂已清场牌。

全自动胶囊填充机的工作过程：①胶囊的供给、整理与分离：由进料斗送入的胶囊，在定向整理排列后被送进套筒内，在此处利用真空把囊帽和囊体分开；②在囊体中填充药料：装有囊体的套筒向外移动，接受药粉、小丸、片剂的填充；③胶囊的筛选：损坏或不能分离的胶囊，在筛选工位被排除，由一个特制的推杆把它送回收容器中；④帽体重新套合：装有囊体的套筒向内移动，与囊体对准，顶杆顶住囊体上移，使帽体闭合并紧扣；⑤胶囊成品排出机外：相应的推杆把套合好的胶囊顶出，经滑槽送至成品桶；⑥套桶的清洁：用压缩空气喷头，吹出胶囊帽套筒和囊体套筒里残余的药粉，这些药粉由吸气管收集。

6. 封口

填充后的胶囊，为防止物料泄漏，应将囊帽和囊体套合并封口。使用普通胶囊时需封口，封口材料常用不同浓度的明胶液，如明胶 20%、水 40%、乙醇 40% 的混合液等。目前多使用锁口胶囊，封闭性良好，不必封口。

例 1　头孢氨苄胶囊

处方：[1000 粒用量（g）]

	规格	0.125g/粒	0.25g/粒
头孢氨苄	原粉	125	250
淀粉	100 目	50	100
羟丙基纤维素	100 目	10	20
淀粉浆	10%	适量	适量
硬脂酸镁	80 目	2	4

制法：准确称取头孢氨苄、淀粉、羟丙基纤维素混匀，加淀粉浆适量，制成均匀软材，20 目尼龙筛制粒，80℃干燥，20 目筛整粒，加入硬脂酸镁，混匀，装入 1 号胶囊。

例 2　速效伤风胶囊

处方：

对乙酰氨基酚	100 目	2500g	滑石粉	100 目	20g
氯苯那敏	100 目	30g	糊精	100 目	60g
咖啡因	100 目	150g	70%乙醇		适量
人工牛黄	100 目	100g			

制法：按处方量称取对乙酰氨基酚、氯苯那敏、咖啡因、糊精、滑石粉于混合机中 30min，混匀，倒入包衣锅内，用 70%乙醇间歇喷洒在细粉上，使成小颗粒丸，选出合格的白色颗粒丸，50～60℃干燥。

牛黄颗粒制法：称取 10g 牛黄粉，10g 混匀的白料粉，加入锅内、混匀，间歇喷入 70% 乙醇，使成黄色颗粒小丸。

色素颗粒的制法：将制得的白色颗粒，称取两等份，分别装入包衣锅内，一份间歇喷入红色乙醇液（70%），一份间歇喷绿色的乙醇液（70%）滚成小丸，烘干，混合均匀，测半成品含量，计算胶囊重，最后按比例将四种颜色的颗粒装入胶囊中。白色颗粒：牛黄颗粒：绿色颗粒：红色颗粒＝368g：20g：10g：10g。

工艺要点：① 原辅料均需过 100 目筛，使得到均匀的微粒，以保证母粒及泛粒的质量。

② 制成颗粒后，应立即干燥，注意铺筛厚度不要太厚，以免丸剂变形。

③ 为防止颗粒抛光和上色后，影响崩解时限，可酌情加入适量的羧甲基纤维素钠或其他崩解剂。

三、 软胶囊剂工艺与制备

软胶囊剂俗称胶丸，系指将一定量的液体药物直接包封，或将固体药物溶解或分散在适宜的赋形剂中制备成溶液、混悬液、乳浊液或半固体，密封于软质胶囊中的胶囊剂，外形呈圆球形或椭圆形，其空胶囊柔软、有弹性，故又称弹性胶囊剂。

（一）胶皮和囊心物的组成

软胶囊的胶皮通常由明胶：甘油：水 [1：(0.4～0.6)：1] 组成。也可根据需要加入其他的辅料，如防腐剂、香料、遮光剂、色素等。

软胶囊剂的囊心物通常为液体，如各种油类或油溶液；不溶解明胶的液体药物（pH2.5～7.0），油混悬液或非油性液体介质（PEG400 等）混悬液（小于 100μm）；也可以是固体药物（过五号筛）。但填充乳剂时会使乳剂失水破坏；含水量超过 5% 的溶液或水溶性、挥发性、小分子有机物（乙醇、酸、胺、酯等），均能使囊材软化或溶解；醛类可使明胶变性，这些均不宜制成软胶囊。

（二）软胶囊的制备技术

要制备出合格的软胶囊，首先必须对软胶囊的处方工艺、生产设备、制备方法和生产条件全面了解，通过处方筛选、设备和工艺验证以及生产环境的验证确定一个完整的生产工艺流程。常用的制备方法有滴制法和压制法。滴制法制备的软胶囊呈球形且无缝；压制法制备的软胶囊有压缝，可根据模具的形状来确定软胶囊的外形，常见的有橄榄形、椭圆形、球形、鱼形等。软胶囊的生产工艺流程如图 9-2 所示。

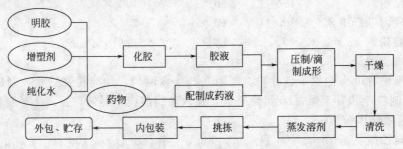

图 9-2　软胶囊的生产工艺流程

1. 滴制法

由具双层滴头的滴丸机（图 9-3）完成。将胶液和囊心物溶液分别在双层滴头的外层和内层以不同的速度从双层滴头流出，使定量的胶液将定量的囊心物溶液包裹后，滴入与胶液不相混溶的冷却液中，由于表面张力作用使之收缩成球形，并冷凝而成软胶囊。

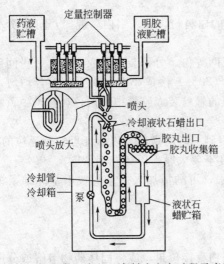

图 9-3　软胶囊（胶丸）滴制法生产过程示意图

图 9-4　软胶囊滴丸机

滴制法制备软胶囊剂的生产工艺流程是：①胶液的制备。取明胶量 1.2 倍量的水及胶、水总量 25%～30% 的甘油，加热至 70～80℃，混匀，加入明胶搅拌，熔融，保温，滤过待用。②囊心物溶液制备。按原料不同采用不同方法提炼制油，或将药物溶于或混悬于油或非油性液体介质（PEG400）中。③制丸。将胶液和囊心物溶液经滴丸机制丸。④整丸与干燥。

将制得的胶丸先用纱布拭去附着的冷却液，在室温（20～30℃）冷风干燥，再经石油醚洗涤两次，95％乙醇洗涤一次后于30～35℃烘干，直至水分达到12％～15％为止。⑤检查与包装。检查剔除废品后包装。

影响软胶囊质量的因素主要有：

① 胶皮的处方比例。以明胶∶甘油∶水＝1∶（0.4～0.6）∶1为宜，否则胶丸壁过软或过硬。

② 药液、胶液、冷却液三者的密度。以既能保证胶囊在冷却液中有一定的沉降速度，又有足够时间使之成型为宜。

③ 温度。胶液与囊心物溶液应保持60℃，喷头处应为75～80℃，冷却液应为13～17℃，软胶囊干燥温度应为20～30℃，并加以通风条件。

2. 压制法

压制法是将明胶、甘油、水溶解后制成厚薄均匀、半透明的胶片，再将囊心物溶液置于两块胶片之间，用钢板模（图9-5）或旋转模（图9-6）压制而成软胶囊的方法。目前生产上常用旋转模压法，生产设备为自动旋转轧囊机（图9-7）。

图9-5 软胶囊平模压丸机

图9-6 滚模式软胶囊机

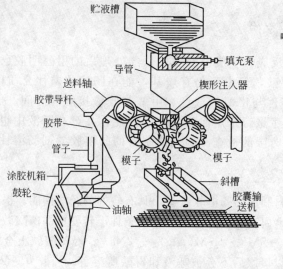

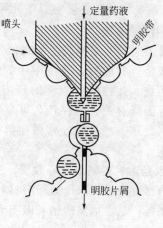

图9-7 自动旋转轧囊机旋转模压示意图

此法特点是可连续化自动生产，产量高，成品率高，成品重量差异小。

模压法制备软胶囊剂生产工艺流程是：①配制囊材胶液。根据囊材配方，将明胶放入纯化水中浸泡使其膨胀，待明胶溶化后把其他物料一并加入，搅拌混合均匀。②制胶片。取出配制好的囊材胶液，涂在平板表面上，使厚薄均匀，然后用90℃左右的温度加热，使部分水分蒸发，成为有一定韧性、有一定弹性的软胶片。③压制软胶囊。小批量生产时，用压丸模手工压制；大批量生产时，采用自动旋转轧囊机进行生产。④整丸与干燥。用石油醚洗去胶丸外油质后，在20～30℃，相对湿度40％条件下干燥。⑤检查与包装（同滴制法）。

实例：维生素 AD 胶囊

处方：
维生素 A	3000U	甘油	55～66 份
维生素 D	300U	水	120 份
明胶	100 份	鱼肝油或精制食用植物油	适量

制法：①取维生素 A 与维生素 D，加鱼肝油或精制食用植物油（在0℃左右脱去固体脂肪）溶解，并调整浓度至每丸含维生素 A 标示量的90.0％～120.0％，含维生素 D 为标示量的85.0％以上，作为药液。②取甘油及水加热至70～80℃，加入明胶搅拌溶化，保温1～2h，等泡沫上浮，除去、滤过，维持温度。③用滴制法制备，以液体石蜡为冷却剂。④收集冷凝胶丸，用纱布拭去粘附的冷凝剂，室温下冷风吹4h后，于25～35℃下烘4h，再经石油醚洗两次（每次3～5min）除去胶丸外层液体石蜡，用95％乙醇洗一次，最后经30～35℃烘约2h，筛选，检查质量，包装，即得。

注：①本品主要用于防治夜色盲、角膜软化、眼干燥、表皮角化等以及佝偻病的软骨病。②用药典规定的维生素 A、维生素 D 混合药液，取代了传统的从鲨鱼肝中提取的鱼肝油，从而使维生素 A、维生素 D 含量易于控制。

四、肠溶胶囊剂工艺与制备

凡是药物具有刺激性或嗅味，或遇酸不稳定及需要在肠内溶解而发挥药效的，均可制成在胃内不溶而在肠道内崩解、溶化的肠溶胶囊。

（一）囊壳的肠溶处理

囊壳的肠溶处理主要有以下几种方法。

1. 甲醛浸渍法

即利用明胶与甲醛发生胺缩醛反应，生成甲醛明胶。经处理后的甲醛明胶已无氨基，失去与酸结合的能力，故不溶于胃酸，但由于仍有羧基，能在肠液的碱性介质中溶解并释放出药物。此种肠溶胶囊的肠溶性与甲醛的浓度、甲醛与胶囊接触的时间、成品贮存的时间等因素有关。贮存较久可发生聚合作用而改变溶解性能，甚至在肠液中也不崩解、溶化，因此这类产品应经常做崩解时限的检查。因此法制备的肠溶胶囊剂肠溶性不稳定，现已不用。

2. 以肠溶材料制成空心胶囊

国内已有将褐藻胶作为肠溶材料制成的肠溶软胶囊，具有较好的肠溶性能。褐藻胶肠溶胶丸的制备，是将褐藻酸钠与碱土金属离子作用，在一定的条件下转变成褐藻酸碱土金属盐 $M(Alg)_2$。其反应式如下：$2NaAlg + M^{2+} \longrightarrow M(Alg)_2 + 2Na^+$。褐藻酸碱土金属盐不溶于水，也不会受消化酶的影响，所以口服后不会被唾液和胃酸所溶解。当胶丸进入小肠后，在肠液（肠液中含有 OH^- 和 CO_3^{2-}）的作用下，转变为可溶性的褐藻酸盐，胶丸溶解，药物释放出来。

3. 用肠溶材料作外层包衣

即先制成普通胶囊剂，再在胶壳表面涂上肠溶材料，如邻苯二甲酸醋酸纤维素（CAP）、丙烯酸树脂Ⅱ号等。

实例：在胃溶胶囊外包肠溶衣。

材料：丙烯酸Ⅱ号树脂，吐温80，苯二甲酸二乙酯，药用乙醇、蓖麻油。

设备：GBJ-150型高效包衣机。

操作：包衣液的配制，于适宜容器中，按处方投料，一次加入85％乙醇、吐温80、苯二甲酸二乙酯及蓖麻油，充分搅拌均匀，加入丙烯酸Ⅱ号树脂，搅匀，使树脂全部湿润，放置24h，待完全溶解后变成稀稠透明的乙醇树脂液。用时过滤除去杂质。

选择1号胃溶空胶囊，使用胶囊填充剂装入药料后，密封，将此胶囊适量置高效包衣锅中，在旋转（3～5r/min）中吹入45～50℃的热风约20min，待胶囊升温至40℃以上时，经高压无气泵喷入雾状丙烯酸Ⅱ号树脂乙醇液，并调节树脂喷入量至无胶囊黏结为度，升高转速（5～6r/min），喷完定量树脂乙醇液，吹入热风20min，使胶囊表面干透，关闭喷雾阀门，改为吹常温冷风，至胶囊冷却至室温即可。经崩解时限等检查，应符合《中国药典》附录肠溶胶囊项下规定。

本法与片剂薄膜包衣基本相同，但因硬胶囊粗细不一，囊帽直径大于囊体，在工艺上不宜掌握，且胶囊表面光亮较喷涂前稍差，有待于进一步改进。

（二）囊心物的肠溶处理

将药物制成适宜的颗粒或小丸，包上肠溶衣，再填充于普通空胶囊。包衣通常可采用喷雾流化床颗粒包衣。流化床制粒已在制粒技术中进行介绍，通常采取的是顶喷的方式，而流化床底喷工艺，被广泛应用于微丸、颗粒，甚至粒径小于50μm粉末的包衣。

底喷装置的物料槽中央有一个隔圈，底部有一块开有很多圆形小孔的空气分配盘，由于隔圈内外对应部分的底盘开孔率不同，因此形成隔圈内外的不同进风气流强度，使颗粒形成在隔圈内外有规则的循环运动。喷枪安装在隔圈内部，喷液方向与物料的运动方向相同，因此隔圈内是主要包衣区域，隔圈外则是主要干燥区域。颗粒每隔几秒钟通过一次包衣区域，完成一次包衣-干燥循环。所有颗粒经过包衣区域的几率相似，因此形成的衣膜均匀致密。此法肠溶性好，重现性好，操作简便，目前应用较普遍。

五、 胶囊剂的质量检查与包装贮存

（一）质量检查

1. 外观

胶囊剂应整洁，不得有粘结、变形、渗漏或囊壳破裂现象，并应无异臭。

硬胶囊剂的内容物应干燥（除另有规定外，水分不得超过9.0％）、松散、混合均匀。

2. 装量差异

胶囊剂的装量差异限度，应符合下列规定：

平均装量	装量差异限度
0.30g以下	±10％
0.30g及0.30g以上	±7.5％

检查法：除另有规定外，取供试品20粒，分别精密称定重量后，倾出内容物（不得损失囊壳）；硬胶囊剂囊壳用小刷或其他适宜用具拭净，软胶囊用乙醚等易挥发性溶剂洗净，

置通风处使溶剂自然挥尽；再分别精密称定囊壳重量，求出每粒内容物的装量与平均装量。每粒的装量与平均装量相比较，超出装量差异限度的胶囊不得多于 2 粒，并不得有 1 粒超出限度 1 倍。

规定检查含量均匀度的胶囊剂可不进行装量差异检查。

3. 崩解时限

硬胶囊剂或软胶囊剂：除另有规定外，取供试品 6 粒，按片剂的装置与方法检查（如胶囊漂浮于液面，可加挡板）。硬胶囊应在 30min 内全部崩解，软胶囊应在 1h 内全部崩解。软胶囊可改在人工胃液中进行检查。如有 1 粒不能完全崩解，应另取 6 粒，按上述方法复试，均应符合规定。

肠溶胶囊剂：取供试品 6 粒，先在盐酸溶液（9→1000）中检查 2h，每粒的囊壳均不得有裂缝或崩解现象；将吊篮取出，用少量水洗涤后，每管各加入挡板，再按上述方法，改在人工肠液中进行检查，1h 内应全部崩解。如有 1 粒不能完全崩解，应另取 6 粒，均应符合规定。

凡规定检查溶出度或释放度的胶囊剂，不再进行崩解时限的检查。

4. 溶出度、释放度、含量均匀度、微生物限度等

均应符合规定要求。

内容物包衣的胶囊剂应检查残留溶剂。

（二）包装与贮藏

胶囊剂易受温度与湿度的影响，包装宜用密封玻璃容器或铝塑包装，最佳贮存条件为 25℃，相对湿度不大于 45％。相对湿度过高环境下，包装不良的胶囊剂易吸湿、变软、黏连，并易滋长微生物。过分干燥的贮存环境可使胶囊水分失去而脆裂，在高温、高湿条件下贮存的胶囊其崩解时限会延长，药物溶出和吸收受影响。

拓展知识

空心胶囊的质量要求和贮存

1. 空心胶囊的质量要求

（1）外观　应光洁、切口平整、无异臭和变形，并且无破损、砂眼、气泡、毛缺等。

（2）干燥失重　取样 1.0g，帽、体分开，在 105℃ 干燥 6h，干燥失重应在 12.5％～17.5％ 之间。

（3）脆碎度　取空心胶囊 50 颗，置干燥器易 25℃ 恒温 24h，按相关规定方法操作，破裂胶囊不能超过 15 颗。

（4）崩解时限　应在 10min 内完全熔化或崩解。

（5）炽灼残渣　透明胶囊壳不得超过 2.0％、半透明或只一节透明的胶囊壳不得超过 3.0％、一节半透明的胶囊壳不得超过 4.0％，不透明的胶囊壳不得超过 5.0％。

（6）其他项目　如松紧度、亚硫酸盐、氯乙醇、重金属、黏度、微生物限度等应符合规定。

2. 空心胶囊的贮存

空心硬胶囊最理想的贮存条件为相对湿度 50％，温度 21℃。如果包装未打开，而环境条件为相对湿度 35％～65％、温度 15～25℃，空心硬胶囊出厂后可保质 9 个月。假若环境条件超过上述条件，则空心胶囊易变形。变软时，帽体难分离；变脆时，易穿孔、破损。

　　如果贮存得当，空心硬胶囊可贮存较长时间而不变形。

实践项目

实践项目一　　布洛芬胶囊的制备

【实践目的】

1. 掌握硬胶囊的工艺流程和制备技术。

2. 能按操作规程操作全自动胶囊填充机生产胶囊。

3. 能进行胶囊填充机的清洁与维护。

4. 能解决填充过程中出现的问题。

【实践内容】

处方（万粒量）：

　　　　　布洛芬　　　2kg　　　　　　　淀粉　　　250g

制法：先将布洛芬、淀粉粉碎分别过100目筛，再分别称取，按等量递加法混合均匀。

1. 手工填充胶囊

（1）空胶囊的规格与选择　　空胶囊有八种规格。由于药物填充多用容积控制，而各种药物的密度、晶型、细度以及剂量不同，所占的体积也不同，故必须选用适宜大小的空胶囊。根据布洛芬胶囊的规格0.2g，选择2号硬胶囊。

（2）手工填充药物　　先将固体药物的粉末置于纸或玻璃板上，厚度约为下节胶囊高度的1/4～1/3，然后手持下节胶囊，口向下插入粉末，使粉末嵌入胶囊内，如此压装数次至胶囊被填满，使达到规定重量，将上节胶囊套上。在填装过程中所施压力应均匀，并应随时称重，使每一胶囊装量准确。

注意事项：

① 一般采用试装掌握装量差异程度，使接近药典规定的范围内。

② 制备过程中必须保持清洁，玻璃板、药匙、指套等使用前须用酒精消毒。

③ 为了上下节封严粘密，可在囊口蘸少许40％乙醇套上封口。

2. 胶囊填充岗位的操作

用全自动胶囊填充机进行充填。（具体操作见上文）

实践项目二　维生素 E 软胶囊的制备

【实践目的】

熟悉压制法制备软胶囊的工艺流程。

【实践内容】

1. 处方：（1000 粒量）

　　　　　维生素 E　　　50g　　　　　大豆油　　　100g

处方依据：《中华人民共和国药典》2010 年版第二部。

本品每粒含合成型或天然型维生素 $E(C_{31}H_{52}O_3)$ 应为标示量的 90.0％～110.0％。

2. 工艺流程

见下图。

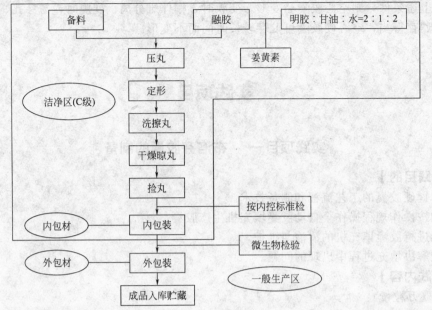

3. 操作过程及条件

（1）配料　称量处方量的维生素 E 溶于等量的大豆油中，搅拌使其充分混匀，加入剩余的处方量的大豆油混合均匀，通过胶体磨研磨三次，真空脱气泡；在真空度 0.10MPa 以下和温度 90～100℃左右进行 2h 脱气。

配料间保持室温 18～25℃，相对湿度 50％以下。

（2）融胶　按明胶：甘油：水＝2∶1∶2 的量称取明胶、甘油、水，和甘油、明胶、水总量的 0.4％的姜黄素；明胶先用约 80％水浸泡使其充分溶胀后；将剩余水与甘油混合，置煮胶锅中加热至 70℃，加入明胶液，搅拌使之完全熔融均匀约 1～1.5h，加入姜黄素，搅拌使混合均匀，放冷，保温 60℃静置，除去上浮的泡沫，滤过，测定胶液黏度，试验方法依据《中国药典》2010 年版二部附录Ⅵ G，使胶液黏度约为 40mPa·s 左右。

（3）制片压丸　将上述胶液放入保温箱内，温度保持在 80～90℃压制胶片；将制成合格的胶片及内容物药液通过自动旋转制囊机压制成软胶囊。自动旋转制囊机生产过程中，控制压丸温度 35～40℃，滚模转速 3r/min 左右，控制室内温度在 20～25℃，空气相对湿度 40％以下。

（4）定形及整形　将压制成的软胶囊在网机内 20℃下吹风定形，待定形 4h 后整形。

（5）洗擦丸　用乙醇在洗擦丸机中洗去胶囊表面油层，吹干洗液。

（6）干燥晾丸　将已经乙醇洗涤后的软胶囊于网机内吹干约 6h。

自我测试

一、单选题

1. 最宜制成胶囊剂的药物为（　　）。

　　A. 风化性药物　　　　　　　　　　　　B. 易溶性药物

　　C. 吸湿性药物　　　　　　　　　　　　D. 具有苦味及臭味药物

2. 对胶囊剂的叙述，错误的是（　　）。

　　A. 可掩盖药物的不良臭味　　　　　　　B. 可提高药物稳定性

C. 可改善制剂外观　　　　　　　　　　　D. 生物利用度比散剂高

3. 已检查溶出度的胶囊剂，不必再检查（　　　）。

    A. 硬度　　　　　　　　　B. 脆碎度　　　　　　　C. 崩解度　　　　　　　D. 重量差异

4.《中国药典》规定，软胶囊剂的崩解时间为（　　　）。

    A. 15min　　　　　　　　B. 30min　　　　　　　C. 45min　　　　　　　D. 60min

5. 硬胶囊剂的崩解时间要求为（　　　）。

    A. 15min　　　　　　　　B. 30min　　　　　　　C. 45min　　　　　　　D. 60min

6. 当胶囊剂囊心物的平均装量为 0.4g 时，其装量差异限度为（　　　）。

    A. ±10.0%　　　　　　　B. ±7.5%　　　　　　　C. ±5.0%　　　　　　　D. ±2.0%

7. 药物装硬胶囊时，易风化的药物易使胶囊壳（　　　）。

    A. 变形　　　　　　　　　B. 变色　　　　　　　　C. 变脆　　　　　　　　D. 软化

8. 不宜制成胶囊的药物是（　　　）。

    A. 酸性药物　　　　　　　　　　　　　　　　B. 难溶性药物

    C. 贵重药物　　　　　　　　　　　　　　　　D. 小剂量极易溶的刺激性药物

9. 软胶囊剂又称（　　　）。

    A. 滴丸　　　　　　　　　B. 微囊　　　　　　　　C. 微丸　　　　　　　　D. 胶丸

10. 软胶囊的胶皮处方中，增塑剂：明胶：水较适宜的重量比是为（　　　）。

    A. (0.4～0.6)∶1∶1　　　　　　　　　　　B. 1∶(0.4～0.6)∶1

    C. 1∶1∶1　　　　　　　　　　　　　　　　D. 0.5∶1∶1

11. 空胶囊壳的主要原料为（　　　）。

    A. 淀粉　　　　　　　　　B. 蔗糖　　　　　　　　C. 糊精　　　　　　　　D. 明胶

12. 硬胶囊规格有（　　　）。

    A. 5 种　　　　　　　　　B. 6 种　　　　　　　　C. 7 种　　　　　　　　D. 8 种

13. 可作为软胶囊囊心物的是（　　　）。

    A. 药物的水溶液　　　　　B. 药物的水混悬液　　　C. O/W 型乳剂　　　　　D. 药物的油溶液

14. 胶囊剂与片剂最主要的不同在于：胶囊剂（　　　）。

    A. 掩盖药物的不良嗅味　　　　　　　　　　B. 药物的生物利用度较高

    C. 提高药物的稳定性　　　　　　　　　　　D. 定位定时释放药物

15. 不是胶囊剂的质量评价项目的是（　　　）。

    A. 崩解度　　　　　　　　B. 溶出度　　　　　　　C. 装量差异　　　　　　D. 硬度

16. 硬胶囊的囊心物中，生物利用度最好的是（　　　）。

    A. 粉末　　　　　　　　　B. 颗粒　　　　　　　　C. 微丸　　　　　　　　D. 微囊

17. 胶囊剂按外形可分为（　　　）。

    A. 硬胶囊、软胶囊、肠溶胶囊　　　　　　　B. 硬胶囊、软胶囊、直肠胶囊

    C. 硬胶囊、软胶囊　　　　　　　　　　　　D. 软胶囊、胶丸、直肠胶囊

18. 制备肠溶胶囊时，用甲醛处理的目的是（　　　）。

    A. 杀灭微生物　　　　　　B. 增加弹性　　　　　　C. 改变溶解性　　　　　D. 增加稳定性

19. 有关胶囊剂的表述，不正确的是（　　　）。

    A. 硬胶囊是由囊体和囊帽组成

    B. 常用硬胶囊的容积以 5 号为最大，0 号为最小

    C. 软胶囊中的液体介质可以使用植物油

    D. 软胶囊的囊壁由明胶、增塑剂、水三者构成

20. 胶囊剂崩解时限的叙述中错误的为（　　　）。

    A. 肠溶胶囊在盐酸溶液（9→1000）中检查 2h，不崩解，在人工肠液中，1h 内应全部崩解

    B. 硬胶囊剂应在 15min 内全部崩解

    C. 硬胶囊剂应在 30min 内全部崩解

    D. 软胶囊剂应在 60min 内全部崩解

21. 不是硬胶囊剂组成的是（　　　）。

A. 甘油   B. 明胶   C. 琼脂   D. 异丙醇

22. 宜制成胶囊剂的是（　　）。

     A. 维生素 E   B. 甲醛

     C. O/W 乳剂   D. 药物的稀乙醇溶液

23. 空胶囊制备的流程为（　　）。

     A. 溶胶—蘸胶—干燥—拔壳—切割—整理   B. 溶胶—蘸胶—干燥—拔壳—整理

     C. 溶胶—蘸胶—拔壳—切割—干燥—整理   D. 溶胶—干燥—蘸胶—拔壳—切割—整理

24. 滴制法制备软胶囊的大小取决于（　　）。

     A. 基质吸附率   B. 喷头大小和温度及滴制速度

     C. 药液的温度和黏度   D. 以上均有

二、多选题

1. 硬胶囊的囊心物有（　　）。

     A. 粉末   B. 颗粒   C. 微丸

     D. 微囊   E. 小片

2. 软胶囊的胶皮处方组成为（　　）。

     A. 明胶   B. 甘油   C. 水

     D. 乙醇   E. 琼脂

3. 胶囊剂按形态及应用特点分为（　　）。

     A. 硬胶囊   B. 软胶囊   C. 肠溶胶囊

     D. 胃溶胶囊   E. 缓释胶囊

4. 用滴制法制备软胶囊的关键在于（　　）。

     A. 控制好胶液黏度   B. 控制好明胶、甘油、水三者的比例

     C. 控制明胶的来源   D. 注意药液、胶液及冷却液三者的密度

     E. 控制好胶液、药液、喷头、冷却液及胶丸的干燥温度

5. 软胶囊的制备方法有（　　）。

     A. 滴制法   B. 压制法   C. 熔融法

     D. 乳化法   E. 搓捏法

6. 不宜制成胶囊剂的药物是（　　）。

     A. 药物的水溶液或稀乙醇溶液   B. 易溶性药物

     C. 药物油溶液   D. 小剂量的刺激性剧药

     E. 易风化易吸湿药物

7. 关于胶囊壳的说法错误的是（　　）。

     A. 胶囊壳主要由明胶组成   B. 含水量高的硬胶囊壳可用于软胶囊的制备

     C. 加入二氧化钛作增塑剂   D. 囊壳号数越大，其容量越大

     E. 加入琼脂作为遮光剂

8. 关于胶囊剂质量检查的表述正确的是（　　）。

     A. 软胶囊的崩解时限为 1h   B. 肠溶胶囊在人工肠液中的崩解时限为 1h

     C. 硬胶囊的崩解时限为 1h   D. 0.3g 以下的胶囊，装量差异限度为 ±10%

     E. 凡规定检查溶出度或释放度的胶囊剂，不再进行崩解时限检查

9. 胶囊剂的特点有（　　）。

     A. 与片剂相比，生物利用度高   B. 某些胶囊剂可延缓药物释放

     C. 可掩盖药物的不良嗅味   D. 可保护药物不受湿气、氧、光线的影响

     E. 生物利用度在固体制剂中是最好的

10. 胶囊剂的质量检查包括（　　）。

     A. 外观   B. 水分   C. 崩解度

     D. 装量差异   E. 溶出度

11. 胶囊剂、片剂都必须进行检查的项目是（　　）。

A. 外观　　　　　　　　　　B. 崩解时限　　　　　　　　　　C. 溶出度

D. 硬度　　　　　　　　　　E. 装量差异限度

12. 软胶囊的囊心物可以是（　　）。

A. 油溶液　　　　　　　　　B. 水溶液　　　　　　　　　　C. 水混悬液

D. 油混悬液　　　　　　　　E. O/W 溶液

13. 有关硬胶囊剂的正确表述是（　　）。

A. 可掩盖药物的苦味及臭味

B. 药物的水溶液盛装于明胶胶囊内，以提高其生物利用度

C. 空胶囊的填充物只能是药物粉末

D. 空胶囊常用规格为 0～5 号

E. 胶囊可用 CAP 等材料包衣制成肠溶胶囊

14. 易风化药物可使胶囊壳（　　）。

A. 变脆　　　　　　　　　　B. 变软　　　　　　　　　　C. 变色

D. 相互粘连　　　　　　　　E. 溶解

15. 易吸湿药物可使胶囊壳（　　）。

A. 变脆　　　　　　　　　　B. 变软　　　　　　　　　　C. 变色

D. 干裂　　　　　　　　　　E. 潮解

16. 肠溶胶囊的一般制备方法有（　　）。

A. 甲醛浸渍法　　　　　　　　　　　　B. 把普通硬胶囊外涂上 CAP

C. 把普通硬胶囊外涂上 PEG　　　　　　D. 把普通硬胶囊外涂上 PVP

E. 把溶解好的肠溶材料直接加到明胶液中，然后加工制成肠溶空胶囊

17. 硬胶囊剂制备工艺包括（　　）。

A. 空胶囊的制备　　　　　　B. 填充物料的制备　　　　　　C. 测求基质吸附率

D. 填充　　　　　　　　　　E. 锁口

18. 关于硬胶囊壳的错误叙述是（　　）。

A. 胶囊壳主要由明胶组成　　　　　　　B. 加入山梨醇作抑菌剂

C. 加入甘油作增塑剂　　　　　　　　　D. 加入二氧化钛使囊壳易于识别

E. 加入琼脂作增稠剂

三、问答题（综合题）

1. 胶囊剂有何特点？可分为哪几类？哪些药物不宜制备胶囊剂？应符合哪些质量要求？

2. 空胶囊有几种规格？硬胶囊的囊心物有哪几种形式？

3. 软胶囊常用何法制备？用滴制法制备软胶囊的关键是什么？

4. 速效感冒胶囊处方分析。

处方：对乙酰氨基酚　　　300g　　　　维生素 C　　　　100g

　　　猪胆汁粉　　　　　100g　　　　咖啡因　　　　　3g

　　　扑尔敏　　　　　　3g　　　　　10% 淀粉浆　　　适量

　　　食用色素　　　　　适量　　　　共制成硬胶囊　　1000 粒

① 试分析各成分在处方中的作用。

② 写出制备方法。

项目十 片剂工艺与制备

知识目标： 掌握片剂的概念、特点、种类、质量要求。

熟悉片剂的处方组成。

掌握片剂的制备方法，熟悉片剂生产中的质量问题。

熟悉片剂包衣的目的、种类、衣料、包衣方法、质量问题。

能力目标： 能生产出不同类型的片剂，并进行质检。

必备知识

一、概述

片剂（tablets）系指药物与适宜的辅料混合均匀，通过制剂技术压制而成的圆片状或异形片状的固体制剂。

片剂是在丸剂基础上发展的，已有悠久的历史，在 10 世纪后叶的阿拉伯人手抄本中就有模印片的记载，1872 年有了压片机，并出现了压制片。20 世纪 50 年代初，Higuchi 等人研究并科学地阐明了片剂制备过程中的规律和机制，20 世纪 60 年代创立的生物药剂学，对片剂及其他固体制剂提出了更科学的标准，保证了片剂应用的安全性与有效性。同时片剂的生产技术、机械设备也有很大发展，片剂现已成为临床上应用最为广泛的剂型之一。

（一）特点

① 片剂给药途径广泛，能适应医疗预防的多种要求；

② 剂量准确，只要处方设计、工艺合理，片剂的药物含量差异较小；

③ 片剂为固体制剂，经过压制，片面孔隙小，受外界空气、光线、水分等因素影响小，质量稳定；

④ 机械化程度高，产量大，成本低；

⑤ 运输、携带、贮存、使用方便；

⑥ 片面上可压出药物的名称或使具有不同颜色，便于识别。

⑦ 片剂中加辅料较多，并经压制成型，生物利用度较低；

⑧ 婴幼儿、昏迷病人不易服用；

⑨ 挥发性药物的片剂贮存较久时含量可能下降；

⑩ 缓释、控释片剂不能分开服用，剂量不易控制。

（二）分类

按制备特点结合给药途径，片剂可分为以下几类。

1. 口服片

口服片是指通过口腔吞咽，经胃肠道吸收而发挥全身作用或在胃肠道发挥局部作用的片剂。

（1）普通压制片 药物与辅料直接混合，经制粒或不经制粒再用压片机压制而成的片剂。一般未包衣的片剂多属此类，应用广泛。

（2）包衣片　包衣片系指在片心（压制片）外包衣膜的片剂，具有保护、美观或控制药物释放等作用。根据包衣物料不同，包衣片又可分为糖衣片、薄膜衣片、肠溶衣片等。

（3）多层片　多层片系指由两层或多层组成的片剂。分为上、下两层或内外两层。各层可含不同的药物，也可含相同的药物不同的辅料。

多层片可以避免复方制剂中不同药物之间的配伍变化或使片剂兼有长效、速效作用。

（4）咀嚼片　咀嚼片系指于口腔中咀嚼或吮服使片剂溶化后吞服，在胃肠道中发挥作用或经胃肠道吸收发挥全身作用的片剂。特别适合于小儿或吞咽困难者应用。多用于治疗胃部疾病和补钙制剂。咀嚼片要求口感、外观均应良好，按需要可加入矫味剂、芳香剂和着色剂，但不需加入崩解剂，硬度宜小于普通片。

（5）泡腾片　泡腾片系指含有泡腾崩解剂（碳酸氢钠和有机酸）的片剂，遇水可产生气体而呈泡腾状的片剂。

泡腾片可供口服或外用，多用于可溶性药物。

（6）分散片　分散片系指在水中能迅速崩解并均匀分散的片剂。

分散片可加水分散后口服，也可将分散片含于口中吮服或吞服。特点是吸收快、生物利用度高。应用于难溶性药物的制备。分散片分散后得到均匀的混悬液，制备时可按需要可加入矫味剂、芳香剂和着色剂。分散片按崩解时限检查法检查，应在 3min 内全部崩解分散。

（7）缓释片　缓释片系指在水中或规定的释放介质中缓慢地非恒速释放药物的片剂。如复合维生素 C 缓释片。缓释片能使药物缓慢释放、吸收而延长药效。

（8）控释片　控释片系指在水中或规定的释放介质中缓慢地恒速或接近恒速释放药物的片剂。控释片能控制药物从片剂中的释放速度并延长药效。

2. 口腔片

（1）含片　含片系指含于口腔中，药物缓慢溶解产生持久局部作用的片剂。含片要求药物是易溶性的，片重、直径和硬度均大于普通片。按需要，含片可加入矫味剂、芳香剂和着色剂。

（2）舌下片　舌下片系指置于舌下能迅速溶化，药物经舌下黏膜吸收发挥全身作用的片剂。舌下片的特点是药物不经胃肠道吸收，直接经黏膜快速吸收而呈速效，并可避免肝脏的首过作用。舌下片要求药物和辅料应是易溶性的。

（3）口腔贴片　口腔贴片系指粘贴于口腔，经黏膜吸收后起局部或全身作用的速释或缓释片剂。按需要可加入矫味剂、芳香剂和着色剂。口腔贴片应进行释放度检查。

3. 外用片

（1）阴道片　阴道片系指供置于阴道内产生局部作用的片剂。起杀菌、消炎、杀精子及收敛等局部作用。常制成泡腾片应用。

（2）溶液片　溶液片又称调剂用片，系指临用前加水溶解形成一定浓度溶液的非包衣片或薄膜包衣片剂。可溶片所用药物与辅料均应可溶性的。可供外用、含漱、口服等。

（3）植入片　植入片系指为灭菌的、用特殊注射器或手术埋植于皮下产生持久药效的片剂。适用于剂量小并需长期应用的药物，如激素类避孕药。制备时，一般由纯净的药物结晶，在无菌条件下压制而成或对制成片剂进行灭菌而得。

近年来还有具有速效作用特点的口服速崩片、速溶片，药物经微囊化处理的微囊片等新型片剂的出现。

（三）质量要求

片剂应符合下列要求：

① 含量准确，重量差异小。

② 外观完整光洁，色泽均匀。

③ 有适宜的硬度和耐磨性，对于非包衣片，应符合片剂脆碎度检查法的要求，防止包装贮运过程中发生磨损或碎片。

④ 崩解时限、溶出度、释放度等应符合规定。

⑤ 小剂量药物片剂应符合含量均匀度检查要求。

⑥ 微生物限度应符合要求。

⑦ 必要时，薄膜衣片应检查残留溶剂，并符合要求。

⑧ 分散片应检查分散均匀性，并符合要求。

（四）片剂的处方组成

制备片剂所用的物料必须具备两种基本性质，即流动性和可压性。良好的流动性是为了使物料均匀地填入模孔，使剂量准确；良好的可压性则使物料受压时易于成型，得到硬度适宜的片剂；良好流动性、润滑性，使片剂压制成型后能顺利脱离冲模，表面美观光洁；片剂遇体液要能迅速崩解并溶出药物，以发挥应有的疗效；还应有一定的硬度。然而药物本身大多并不完全具备这些特性，加入辅料的目的是为了使药物具有一定的黏合性、流动性、润滑性、崩解性及硬度，以使压制的片剂获得满意的效果。

1. 填充剂（稀释剂与吸收剂）

填充剂包括稀释剂和吸收剂，稀释剂是指用来增加物料的体积和重量以便于压片的辅料。在片剂的生产过程中，由于工艺、设备等因素的限制，片重一般都要求在 100mg 以上，片剂的直径在 6mm 以上，当药物的剂量过小（100mg 以下）而难以压片时，应加入稀释剂来增大物料的体积和重量，以利于片剂压制成型。

吸收剂是指用来吸收挥发油或液体组分的辅料。片剂处方中如含挥发油或液体成分，不利于压片，应用吸收剂将其吸收后，再与其他固体成分混合，可解决压片的困难。常用的填充剂有以下几种。

（1）淀粉　为片剂最常用的辅料，生产中常用玉米淀粉，外观色泽好，性质稳定，与大多数药物不起作用，不溶于水和乙醇，吸湿性小，遇水膨胀而不潮解，且价廉易得，是常用的稀释剂和吸收剂。但应注意单独使用时，因可压性差，制成的片剂较疏松，常与适量糖粉或糊精合用以增加其黏合性。

（2）预胶化淀粉　又称可压性淀粉，是将普通淀粉经物理方法进行加工处理所得到的产品，为新型的多功能药用辅料。本品性质稳定，与主药不起作用，能稳定药物的功能；吸湿性与淀粉相似；具有良好的流动性、可压性、自身润滑性和崩解性，还具有干黏合作用。制成的片剂有较好的硬度，且崩解性好、释药速度快，是性能优良的稀释剂，常用于粉末直接压片。

（3）糊精　为淀粉水解的中间产物。在冷水中溶解缓慢，较易溶于热水，具有较强的黏结性，对不能用淀粉的药物可加糊精作稀释剂。使用时应控制用量，用量过多会使颗粒过硬，使片剂的表面出现麻点、水印、松散等现象，还可使片剂的崩解迟缓，往往会影响某些药物含量测定结果的准确性和重现性，所以极少单独用作片剂的稀释剂，常与淀粉、糖粉等混合使用。

（4）微晶纤维素　系纤维素部分水解而得到的聚合度较小的结晶性纤维素。不溶于水，有一定的吸湿性；压缩时，粒子间有较强的结合力，有良好的可压性；且具有良好的流动性并兼有崩解作用及润滑性，多用于粉末直接压片。除用作稀释剂外，还具有其他多种用途。采用本品压片时一般不需加入润滑剂。

（5）乳糖　乳糖是由等分子葡萄糖及半乳糖组成。易溶于水，性质稳定，与大多数药物不起化学反应，无吸湿性，故特别适于引湿性药物。制成的片剂表面光亮美观，释放药物快，溶出度好，是优良的稀释剂。用喷雾干燥法制得的乳糖有良好的流动性，但可压性较差，如加入微晶纤维素合用，可用于粉末直接压片。

（6）糖粉 糖粉是由结晶性蔗糖经低温干燥后粉碎得到的微细粉末。味甜，有矫味和黏合作用，为可溶性药物片剂的良好稀释剂，多用于含片和咀嚼片的制备。由于有黏合作用，用作稀释剂时，容易制粒，制得的片剂外观和硬度均好，亦常用于中草药或其他疏松药物制片时的稀释剂或黏合剂。但因其易受潮结块，如用量过多，片剂在贮藏过程中会逐渐变硬，影响药物的溶出速率。

（7）甘露醇 化学性质稳定，与多数药物无反应；无吸湿性，用于吸湿性药物，便于颗粒的干燥，所制片剂表面光滑美观；有一定甜味，无沙砾感；易溶于水，在口腔中溶解时吸热，因而有清凉感，适于作咀嚼片的稀释剂。

（8）无机化合物

① 硫酸钙。化学性质稳定，与多种药物配伍不起变化，防潮性能好。制成的片剂外观光洁，硬度、崩解度均好。可作片剂的稀释剂和挥发油的吸收剂，适于多种药物片剂的制备。使用时应控制湿颗粒干燥时的温度，以免失去结晶水后遇水产生固化现象。

② 磷酸氢钙。不溶于水，无引湿性，性质类似于硫酸钙，有良好的流动性和稳定性，但可压性较差，仅用于制湿颗粒。为中草药浸出物、膏剂及油类药物的良好吸收剂。

③ 氢氧化铝。用其干燥品，不溶于水及醇，常作挥发油的吸收剂，亦可用于粉末直接压片的干黏合剂和助流剂。

2. 润湿剂与黏合剂

药物本身往往黏结性比较差，不利于形成颗粒，也不利于片剂的成型，所以常需要加入一定量的润湿剂或黏合剂，两者在使用中应根据药物的性质加以选择。

润湿剂是指能润湿物料，诱发物料产生黏性的液体辅料。润湿剂本身是没有黏性的，故只适用于具有黏性的药物。

黏合剂是指能使物料黏结聚集形成颗粒并能压缩成型的辅料。黏合剂可以是液体或是固体粉末，其本身具有黏性，故适用于无黏性或黏性较小的药物。

（1）常用的润湿剂

① 水。生产中用纯化水，是常用的润湿剂。其本身无黏性，当物料中含有遇水能产生黏性的成分时，加水润湿诱发其黏性，即可制成适宜的颗粒。但对遇湿、热不稳定或易溶于水的药物不宜使用，且水容易被物料迅速吸收，难以分散均匀，容易造成结块现象，制成的颗粒松紧不一，因此很少单独使用，制粒时往往采用低浓度淀粉浆或乙醇。

② 乙醇。亦为常用的润湿剂，可诱发物料的黏性，当药物遇水能引起变质；物料润湿后黏性过强或制成的颗粒干后变硬时，可选用适宜浓度的乙醇作润湿剂。一般使用浓度为30%～70%，乙醇的浓度越高，物料润湿后所产生的黏性越低，因此乙醇的使用浓度应视药物的性质和环境温度而定，若药物的水溶性大、黏性强或环境温度高时，乙醇的浓度应高一些，反之则浓度可稍低。加入乙醇后应迅速搅拌，立即制粒，以免挥发。

（2）常用的黏合剂

① 淀粉浆。具有良好的黏合作用，是制备片剂最常用的黏合剂。淀粉不溶于水，将其制成水混悬液在一定温度下使之糊化变成黏稠糊状物，即具有适宜的黏性。

适于对湿热较稳定的药物压片时的黏合剂，常用浓度为8%～15%，但以10%为最常用，亦可低至5%或高达30%，应根据物料的性质做适当调节。淀粉浆黏性适宜，且淀粉价廉易得，所以生产中使用得最多。

② 聚维酮（PVP）。性质稳定，易溶于水和乙醇，溶解后成为黏稠胶状液体，为一良好的黏合剂。其水溶液、醇溶液或固体粉末都可作为黏合剂应用，对疏水性药物，用其水溶液

作黏合剂，不但使药物均匀润湿易于制粒，还能改善颗粒的亲水性，有利于片剂的崩解和药物的溶出；对湿热敏感的药物，用其乙醇溶液制粒，既可避免水分的影响，又可在较低温度下干燥；其干燥的固体粉末则可用作直接压片的干黏合剂。本品亦是用于咀嚼片、泡腾片、溶液片的优良黏合剂。

（3）微晶纤维素　通常作片剂的干黏合剂，具有良好的可压性，压缩时粒子间有较强的结合力，片剂硬度较大。

（4）纤维素衍生物

① 甲基纤维素（MC）、羧甲基纤维素钠（CMC-Na）、羟丙甲基纤维素（HPMC）：三者均可在水中溶胀形成黏稠的胶体溶液，多用作片剂的黏合剂。羟丙甲基纤维素应用较广，制成的片剂崩解迅速、溶出率高，且外观及硬度均好。

② 乙基纤维素（EC）不溶于水可溶于乙醇中，黏性较强，用于对水敏感的药物片剂作黏合剂，使用时将其细粉掺入辅料中，然后加乙醇制粒，或用其5％的乙醇溶液喷雾混合。但因为其疏水性，对片剂的崩解和药物释放可产生阻滞作用，主要用于缓释和控释制剂。

（5）糖粉与糖浆　糖粉为干黏合剂，糖浆为蔗糖的水溶液，其黏性随浓度不同而变化，常用浓度为10％～70％（质量分数）。两者都具有很强的黏合能力。可将纤维性、质地疏松、弹性较强药物的粉末制成坚实片剂，亦适于易失去结晶水的化学药物。强酸性或强碱性药物能引起蔗糖的转化而产生引湿性，不宜采用此类辅料。

（6）糊精　一般作干黏合剂使用，亦有配成10％糊精浆与10％淀粉浆合用。黏性较糖粉弱，不适于纤维性和弹性大的药物。

（7）胶浆　常用胶浆有10％～20％的明胶溶液和10％～25％的阿拉伯胶溶液等。胶浆黏性强，制成的片剂硬度较大，故只适用于容易松散及不能用淀粉浆制粒的药物，特别适于口含片的制备。

3. 崩解剂

崩解剂是指能促使片剂口服后在胃肠道中迅速碎裂成细小颗粒的辅料。在片剂的制备过程中，由于黏合剂的黏结和机械加压的作用，片剂内部的结合力强，孔隙率低，导致片剂应用后不能迅速崩解或溶出药物，而影响其治疗作用。为此，除了缓释片、控释片及某些特殊要求的片剂（如含片）外，一般片剂都应加入崩解剂。

崩解剂的作用机理各不相同，有些崩解剂能在片剂的成型过程中形成无数孔隙，孔隙连接形成亲水的毛细管通道，促进水分的吸收使片剂发生润湿；有些崩解剂吸收水分发生膨胀或产生气体等，这些作用可解除由于黏合剂的黏结和机械加压所形成的结合力，使片剂裂解成细小的颗粒而达到崩解。

崩解剂有以下几种加入方法。

（1）内加法　是将全部崩解剂与处方中其他物料混匀后制粒的方法。由于崩解剂存在于颗粒内部，崩解速度较慢，但崩解后的颗粒细小，有利于药物的溶出。

（2）外加法　是将全部崩解剂加入干颗粒中混匀的方法。由于崩解剂存在于颗粒外面，故崩解发生在颗粒之间，崩解速度迅速，但由于颗粒内不存在崩解剂，故崩解后不易形成细颗粒，药物的溶出稍差。

（3）内、外加法　是将崩解剂分为两份，一份按内加法加入，另一份按外加法加入的方法。通常内加崩解剂占总量的50％～75％，外加崩解剂占总量的25％～50％。此方法集中了前述两种方法的优点，由于颗粒内外均存在有崩解剂，使片剂的崩解既发生在颗粒内部又发生在颗粒之间，片剂使用后能很快地崩解且具有很好的溶出速率。

常用的崩解剂有以下几种。

（1）干淀粉　是应用最为广泛的崩解剂，为亲水性物质，且可在片剂成型后留下许多亲水性的毛细管，使其易于吸收水分而崩解。适于水不溶性药物或微溶性药物的片剂，对易溶性药物片剂的崩解作用较差。淀粉用前应在 100～105℃ 条件下干燥 1h，控制含水量在 8% 以下，用量一般为干颗粒的 5%～20%。

（2）淀粉衍生物

① 羧甲基淀粉钠（CMS-Na）。本品具有良好的吸水性和吸水膨胀性，充分膨胀后体积可至原体积的 300 倍，是一种性能优良的崩解剂。还具有良好的流动性和可压性，可改善片剂的成型性，增加片剂的硬度，但不影响片剂的崩解，因而本品既适于不溶性药物，也适于水溶性药物，既可用于直接压片，又可用于湿法制粒压片。

② 羟丙基淀粉。具有良好的压缩性和崩解性，是新型的崩解剂。其优点是崩解迅速，润滑性好，不吸湿，将本品与微晶纤维素及硅酸铝以 3∶1∶1 的比例混合后用于压片，可得到光洁美观、硬度大、耐磨性好、崩解快、溶出迅速的优良片剂。

（3）纤维素衍生物

① 交联羧甲基纤维素钠（CMC-Na）。由于其分子为交联结构而不溶于水，但具有很强的吸水膨胀作用，为良好的片剂崩解剂。

② 低取代羟丙基纤维素（L-HPC）。在水和乙醇中均不溶，但可吸水溶胀，由于具有很大的表面积和孔隙度，所以有较大的吸水速度和吸水量，膨胀性强，崩解性好，崩解后的颗粒较细，有利于药物的溶出，是近年来应用较多的新型崩解剂，可用于湿法制粒压片，也可加入干颗粒中应用。

（4）交联聚维酮（PVPP） 在水和有机溶剂中均不溶，但在水中能迅速吸水溶胀，体积可增加 150%～200%，促使片剂崩解，还具有良好的流动性，为优良的崩解剂。

（5）泡腾崩解剂 通常由枸橼酸或酒石酸与碳酸氢钠或碳酸钠组成，遇水能产生二氧化碳气体而起崩解作用，作用很强，遇水后几分钟片剂即迅速崩解。一般在压片时临时加入或将两种成分分别加于两部分颗粒中，临压片时混匀。

另外，表面活性剂因能增加片剂的润湿性，也可用于疏水性或不溶性药物作崩解剂。

4. 润滑剂

润滑剂是指能使压片时颗粒顺利流动、减少黏冲并降低颗粒与颗粒、药片与模孔壁之间摩擦力的辅料。压片前在颗粒中加入润滑剂，可使压出的片剂片重差异小、剂量准确，片面光滑美观。

润滑剂应该具有或者兼有三种作用：

（1）助流作用 即能降低颗粒之间的摩擦力，增加颗粒流动性的作用。

（2）抗黏附作用 即能减轻物料黏附冲模的作用。

（3）润滑作用 即能降低颗粒间、颗粒与冲头及模孔壁之间的摩擦力的作用。

目前还没有一种润滑剂全部具备这三种作用，所以一般按照习惯的分类方法，将具有上述任何一种作用的辅料都称为润滑剂。

润滑剂的加入方法有：①将润滑剂的细粉直接加入到待压片的颗粒中；②用 60 目筛筛出干颗粒中的部分细粉，将润滑剂与细粉充分混合均匀后再加到干颗粒中进行混合；③液体润滑剂采用喷雾的方法加入到颗粒中。

润滑剂可分为水不溶性润滑剂、水溶性润滑剂和助流剂三类。

（1）水不溶性润滑剂

① 硬脂酸、硬脂酸钙和硬脂酸镁。为白色粉末，较细腻，有良好的附着性，与颗粒混合后分布均匀而不易分离，较少用量即能显示良好的润滑作用，压片后片面光滑美观，为广泛应用的润滑剂。硬脂酸碱金属盐呈碱性反应，可降低某些维生素及多数有机碱盐的稳定性，故不宜使用。因其为疏水性物质，用量过大片剂不易崩解或产生裂片，用量一般为 0.3%～1%。

② 滑石粉。为白色结晶性粉末，有较好的滑动性，可减少物料对冲头的黏附，且能增加颗粒的润滑性和流动性。但本品粉粒细而密度大，附着力较差，在压片过程中可因振动而与颗粒分离并沉在底部，往往出现上冲黏附现象；而且其在颗粒中常常分布不匀，可能影响片剂的色泽和含量均匀度。常用量一般为 $1\%\sim3\%$。

③ 氢化植物油。系由氢化植物油经过精制、以喷雾干燥制得的粉末。为优良的润滑剂，润滑性能好，能大大减少模壁的摩擦和黏冲。应用时将其溶于热的轻质液体石蜡或己烷中，喷于颗粒表面，有利于分布均匀。

（2）水溶性润滑剂

① 聚乙二醇（PEG）。聚乙二醇 4000 及 6000，为水溶性，溶解后可得到澄明溶液，制得片剂崩解溶出不受影响。与其他润滑剂相比，粉粒较小，制成 $50\mu m$ 以下的颗粒压片时可达到良好的润滑效果。当可溶性片剂中不溶性残渣发生溶解困难时，为提高其水溶性往往也使用此类高分子聚合物。

② 十二烷基硫酸镁。为水溶性表面活性剂，具有良好的润滑作用，亦可用钠盐。能增强片剂的机械强度，并能促进片剂的崩解和药物的溶出。实验证明，在相同条件下压片，十二烷基硫酸镁的润滑作用较滑石粉、PEG 及十二烷基硫酸钠都好。片剂中加入硬脂酸镁，往往使崩解延长，如加入适量十二烷基硫酸镁可加速崩解，但如果用量过多，则因过分降低介质表面张力，反而不利于崩解。

（3）助流剂

① 胶态二氧化硅（微粉硅胶）。本品为轻质的白色粉末，无臭无味，不溶于水及酸，而溶于氢氟酸及热碱溶液中。化学性质很稳定，与绝大多数药物不发生反应，比表面积大，有良好的流动性，对药物有较大的吸附力。其亲水性较强，用量在 1% 以上时可加速片剂的崩解，有利于药物的吸收。一般用量仅为 $0.15\%\sim3\%$。

一般助流作用较好的辅料，其润滑作用往往较差，压片时往往既需在颗粒中加入润滑剂，又需加入助流剂。国内经常将滑石粉与硬脂酸镁配合应用，滑石粉能减轻硬脂酸镁疏水性的不良影响但也能削弱硬脂酸镁的润滑作用。

② 滑石粉具有良好的润滑性和流动性，与硬脂酸镁合用兼具助流、抗黏作用。

由于润滑剂或助流剂的作用效果与其比表面积有关，所以固体润滑剂的粒度越细越好，润滑剂的用量在达到润滑作用的前提下，原则上用量越少越好，一般在 $1\%\sim2\%$，必要时可增到 5%。

5. 其他辅料

（1）着色剂　片剂中常加入着色剂以改善外观和便于识别。着色剂以轻淡美观的颜色为最好，色深易出现色斑。使用的色素包括天然色素和合成染料，均应无毒、稳定，必须是药用级或食用级。可溶性色素虽能形成均衡的色泽，但在干燥过程中，某些染料有向颗粒表面迁移的倾向，致使片剂带有色斑，以使用不溶性色素较好。色淀又称铝色淀，是将色素吸附于某些惰性吸附剂上（常用氧化铝）制成的不溶性着色剂。可直接混合于片剂中。目前使用色淀的趋势有所增加。

（2）芳香剂和甜味剂　主要用于口含片及咀嚼片。常用的芳香剂有芳香油等，可将其醇溶液喷入颗粒中或先与滑石粉等混匀后再加入。甜味剂一般不需另加，可在稀释剂选择时一并考虑，必要时可加入甜菊苷或阿斯巴坦甜味剂等。

二、 片剂的生产技术

（一）概述

物料压片通常需要三个基本条件：即流动性、可压性和润滑性。流动性指的是在压片过程中，物料能顺利流入模孔，保证片剂片重一致。可压性是指物料在受压过程中可塑性的大小，可塑性大即可压性好，亦即易于成型，在适度的压力下，即可压成硬度符合要求的片剂；润滑性是保证在压片过程中片剂不黏冲，使制得片剂完整、光洁。片剂应按物料的性能不同选用不同的制法。

片剂的制法有直接压片法和制粒压片法两大类，其中前者根据物料特性不同又分为结晶直接压片法和粉末直接压片法；后者根据制粒方法不同分为湿法制粒压片法和干法制粒压片法。生产中以湿法制粒压片法为最常用。

（二）湿法制粒压片的生产技术

1. 制粒的目的

① 改善物料流动性，减少片重差异；

② 改善物料的可压性，便于成型，减少裂片现象；

③ 对小剂量药物，通过制粒易于达到含量准确、分散良好、色泽均匀；

④ 防止由于粒度、密度的差异而引起的分离现象；避免粉尘飞扬和细粉黏冲现象。

2. 湿法制粒压片工艺流程

见图 10-1。

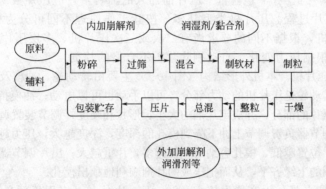

图 10-1 湿法制粒压片工艺流程图

3. 湿法制粒压片过程

（1）原辅料处理 包括粉碎、过筛和混合。供压片的原辅料细度要求一般为 80～100 目，贵重及有色药物则宜更细些，以便于混合均匀，含量准确；对难溶性药物，必要时经微粉化处理（<5μm）。处方中各组分量差异大时或药物含量小的片剂，宜适用等量递增法使药物分散均匀；挥发性或对光、热不稳定的药物应避光、避热，以避免药物损失或失效。

（2）制粒、干燥（详见项目四）

干颗粒的质量要求：①良好的流动性和可压性；②药物含量符合规定；③细粉含量控制在 20％～40％左右；④含水量控制在 1％～3％；⑤硬度适中。

（3）整粒与总混 由于湿颗粒干燥过程中受挤压和黏结等因素影响，可使部分颗粒结块（流化干燥则可能产生细粉），所以在压片前必须过筛（摇摆式颗粒机）整粒，使颗粒大小一致，以利压片。由于干燥后体积缩小，故整粒用的筛网孔径比制粒时用的筛小些，选用时应根据颗粒特性灵活掌握，如颗粒较松时宜用较粗筛网，反之，则用较细筛网。整粒用筛网一般为 12～20 目。

整粒后的颗粒加入外加崩解剂、润滑剂、不耐热的药物及挥发油等置混合筒内进行"总混"，挥发油可先溶于乙醇中用喷雾法加入，混匀后密闭数小时，以利充分渗入颗粒中，或先用整粒出的细粉吸收，再与干粒混匀。近年来有将挥发油微囊化后或制成 β-环糊精包合物加入，不仅可将挥发油包合成粉，便于制粒压片，也可减少挥发油在贮存中的挥散损失。

（4）压片 片前需经片重计算，然后选择适宜冲模安装于压片机中进行压片。片重、筛目和冲头直径的关系见表 10-1。

表 10-1　片重、筛目和冲头直径的关系

片重/mg	筛目数		冲头直径/mm
	湿颗粒	干颗粒	
50	18	16~20	5~5.5
100	16	14~20	6~6.5
150	16	14~20	7~8
200	14	12~16	8~8.5
300	12	10~16	9~10.5
500	10	10~12	12

① 片重的计算。经一系列处理的颗粒，原辅料有一定损失，故压片时应对其中的主要药物进行含量测定，再计算片重。

每片颗粒重＝每片药物含量/测得颗粒中药物百分含量

片重＝每片颗粒重＋压片前加入的辅料重

大生产时，由于投料时已计入损耗量，片重可用下式计算：

片重＝(干颗粒重＋压片前加入的辅料重)/应压片数

② 压片机和压片过程。压片机类型甚多，按其工作原理不同可分为单冲撞击式压片机和多冲旋转式压片机，根据不同的要求尚有二次或三次压片机、多层压片机、压缩包衣机和半自动压片机（可根据压力变化，自动剔除片重不合格的片剂）。

a. 单冲撞击式压片机。本机外形结构（图 10-2）主要由转动轮、冲模及其调节装置、饲料器三个部分组成。转动轮是压片机的动力部分，可以手动也可以电动；冲模指的是上冲、下冲和模圈，是直接实施压片的部分，并决定片剂的大小、形状和硬度；调节装置调节的是上下冲的位移幅度，其中压力调节器负责调节上冲下降到模孔的深度，深度越大，压力越大；片重调节器调节下冲下降的位置，位置越低，模孔容纳的颗粒越多，片重越大；出片调节器调节下冲抬起的高度，使之恰好与模圈的上缘齐平，从而把压成的片剂顺利地顶出模孔。

单冲压片机的特点是：生产能力较小，80~100 片/min，多用于新产品的试制；单侧加压，受力不均匀；饲料不合理（来回移动），片重差异大；噪声大。

单冲压片机的压片过程如图 10-3：（a）上冲抬起来，饲粉器移动到模孔之上。（b）上冲下降到适宜的深度（根据片重调节，使容纳的颗粒重恰等于片重），饲粉器在模孔上面摆动，颗粒填满模孔。（c）饲粉器由模孔上移开，使模孔中的颗粒与模孔的上缘相平。（d）上冲下降并将颗粒压缩成片。（e）上冲抬起，下冲随之上升到模孔缘相平时，饲粉器再移到模孔之上，将压成之片剂推开，并进行第二次饲粉，如此反复进行。

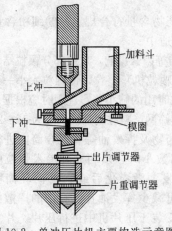

图 10-2　单冲压片机主要构造示意图

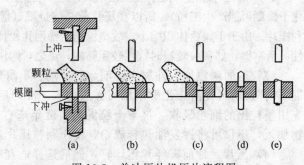

图 10-3　单冲压片机压片流程图

b. 多冲旋转式压片机。多冲旋转式压片机是目前生产中广泛应用的一类压片机，有多种型号，按冲数不同分为 16 冲、19 冲、27 冲、33 冲、55 冲等多种。其主要由动力部分、传动部分、工作部分三大部分构成如（图 10-4）。工作部分由机台（上层装上冲，中层装模圈，下层装下冲）；上、下压轮；片重调节器、压力调节器、出片调节器；饲料器、刮粉器；吸尘器、防护等装置。

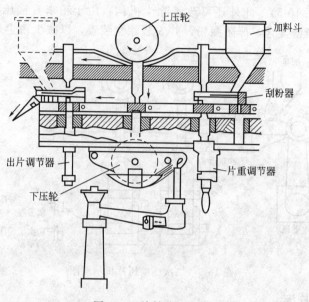

图 10-4　旋转式压片机

压力调节器是通过调节下压轮的高度，从而调节压缩时下冲升起的高度，高则两冲间距离近，压力大。片重调节器是装于下冲轨道上，用调节下冲经过刮粉器时高度以调节模孔的容积。出片调节器同单冲压片机。

多冲旋转式压片机压片过程与单冲压片机相同，亦为饲料、压片、出片三个步骤。

多冲旋转式压片机的特点是饲粉方式合理（不移动），片重差异小；上、下两侧加压，压力分布均匀；生产率高，十几万片/小时；噪声小，封闭式，减少粉尘污染。

（三）干法制片法

干法制片法包括结晶直接压片法、粉末直接压片法和干法制粒压片法。其优点是生产工序少、设备简单，有利于自动化连续生产，适用于对湿、热不稳定的药物。

1. 结晶直接压片法

结晶性药物如无机盐、维生素 C 等具有较好的流动性和可压性，只需经过适当筛选成适宜大小颗粒，加入适宜的辅料混匀后即可直接压片。

2. 粉末直接压片法

系指药物细粉与适宜辅料混合后，不经制粒直接压片的方法。粉末直接压片法有工艺简单，节能省时，崩解和溶出快等特点，国外约有 40% 的片剂采用此种工艺。

但由于粉末的流动性和可压性较差，压片将有一定困难，改善的措施有以下几点。

① 改善压片物料的性能：对于大剂量片剂，主要由药物本身的性状影响压片过程和片剂的质量，一般可用重结晶法、喷雾干燥法改变药物粒子大小及分布或改变粒子形态来改善药物的流动性和可压性。而小剂量片剂（药物含量小于 25mg），则可选用流动性、可压性好的辅料，以弥补药物性能的不足。

粉末直压片的辅料应具有良好的流动性和可压性，并需要对药物有较大的容纳量。填充剂常用有微晶纤维素、喷雾干燥乳糖、可压性淀粉、磷酸氢钙二水物；黏合剂均为干燥黏合剂，常用的有蔗糖粉、微晶纤维素；助流剂常用微粉硅胶和氢氧化铝凝胶干粉。

② 压片机械的改进。为适应粉末直接压片的需要，对压片机可从三个方面加以改进。一方面改善饲粉装置：加振荡装置或强制饲粉装置。另外一方面增加预压机构：第一次先初步压缩，第二步最终压成片。增加压缩时间，有利于排出空气，减少裂片，增加硬度。如二次压缩压片机（见图10-5）。此外还可改善除尘机构：由于粉末直接压片时产生粉尘较多，要求刮粉器与模台紧密接合，严防漏粉，并安装除尘装置，以减少粉尘飞扬。

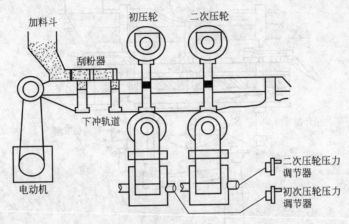

图 10-5　二次压缩压片机示意图

3. 干法制粒压片法

在药物对水、热不稳定，有吸湿性或用直接压片法流动性差的情况下，多采用干法制粒压片，即将药物与适宜的辅料混合后，用适宜的设备压成块或大片，再将其粉碎成适宜大小的颗粒进行压片。此法特点是片剂易崩解（颗粒中的粉末黏结力弱）；片剂润湿时可溶性药物易溶解；但粉尘飞扬大，易交叉污染。干法制粒压片法可分为重压法和滚压法。

（四）压片操作

（一）压片岗位职责

1. 进岗前按规定着装，进岗后做好厂房、设备清洁卫生，按工艺要求装好压片机冲模，并做好其他一切生产前准备工作。

2. 据生产指令，按规定程序从中间站领取物料。

3. 严格按工艺规程和压片标准操作程序进行压片，并按规定时间检查片子的质量（包括片重、硬度和外观等）。

4. 压片过程中发现质量问题必须向工序负责人、工艺员及时反映。

5. 压片结束，按规定进行物料衡算，偏差必须符合规定限度，否则，按偏差处理程序处理。

6. 按规定办理物料移交，余料按规定退中间站。按要求认真填写各项记录。

7. 工作期间严禁脱岗、串岗，不做与岗位工作无关之事。

8. 工作结束或更换品种时，严格按本岗位清场 SOP 清场，经质监员检查合格后，挂标示牌。

9. 经常检查设备运转情况，注意设备保养，操作时发现故障应及时上报。

（二）压片岗位操作流程

1. 压片前准备

① 检查工房、设备及容器的清洁状况，检查清场合格证，核对有效期，取下标示牌，按生产部门标识管理规程定置管理。

② 按生产指令填写工作状态，挂生产标示牌于指定位置。

③ 作业前再次对压片机台进行全面清洁，将压片机与物料接触部分及所用的盛片容器、模具、洁具用 75％乙醇擦拭、消毒。

④ 将压片机安装好所需规格的洁净的冲模以及粉格、粉斗和吸尘装置，并进行空转试机。

⑤ 按照生产指令，从中间站领取颗粒，并与中间站管理员按中间产品交接程序进行交接，填写交接记录。

⑥ 调节好测片重用的天平零点。

2. 压片操作（以 ZPS008 旋转式压片机为例）

（1）准备过程 ①检查生产现场、设备、容器的清洁状态，检查《清场合格证》，并核对其有效期。取下"已清洁"标示牌，挂上生产状态标志，按岗位工艺指令填写工作状态。②检查设备各部件、配件及模具是否齐全，紧固件有无松动，如发现异常，及时排除或报告有关人员。③检查机器润滑情况是否良好。④检查电器控制面板各仪表及按钮、开关是否完好。⑤按岗位工艺指令核对物料品名、规格、批号、数量等。

（2）操作过程

① 冲模的安装与调整。

a. 在使用前须重复检查冲模的质量，冲模需经严格探伤试验和外形检查，要求无裂缝、无变形、无缺边、硬度适宜和尺寸准确，如不合格切勿使用，以免机器遭受严重损坏。冲模安装前，首先拆下下冲装卸轨，拆下料斗，出料嘴，加料器，打开右下侧门把手轮柄扳出，然后将转台工作面，模孔和安装用的冲模逐件擦干净，将片厚调至 5mm 以上位置（操作面板有显示），预压也调至 6mm 以上位置（操作面板有显示）。

b. 中模的安装。将转台上中模紧定螺钉逐件旋出转台外圆 2mm 左右，勿使中模安装入时与紧定螺钉的头部碰为宜。中模放置时要平稳，将打棒穿入上冲孔，上下锤击中模轻轻打入。中模进入模孔后，其平面不高出转台平面为合格，然后将紧定螺钉固紧。

c. 上冲的安装。首先将上平行盖板Ⅱ和嵌边拆下，然后将上冲杆插入孔内，用大拇指和食指旋转冲杆，检验头部进入中模，上下滑动灵活，无卡阻现象为合格。再转动手轮至冲杆颈部接触平行轨。上冲杆全部装毕，将嵌轨、平行盖板Ⅱ装上。

d. 下冲的安装。按上冲安装的方法安装，装毕将下冲装卸轨装上。

e. 全套冲模装毕，装好防护罩、安全盖等。转动手轮，使转台旋转 2 周，观察上下冲杆进入中模孔及在轨道上的运行情况。无碰撞和卡阻现象为合格。把手轮柄扳入，关闭右下侧门。

② 安装好加料器、出料嘴、料斗。

③ 转动手轮，使转台转动 1～2 圈，确认无异常后，合上手柄，关闭玻璃门，将适量颗粒送入料斗，手动试压，试压过程中调节充填调节按钮，片厚调节旋钮，检查片重及片重差异、崩解时限、硬度、检查结果符合要求，并经 QA 人员确认合格。

④ 开机正常压片，在出片槽下方放置洁净中转桶接收片剂。压片过程中每隔 15min 测一次片重，确保片重差异在规定范围内，并随时观察片剂外观，做好记录。

⑤ 料斗内所剩颗粒较少时，应降低压片速度，及时调整充填装置，以保证压出合格的片子。料斗内接近无颗粒时，把变频电位器调至零位，然后关闭主电机。待机器完全停下后，把料斗内余料放出，盛入规定容器内。

　　⑥ 压片完毕，关闭总电源，关闭吸尘器，并清理吸尘器内的粉尘。

　　⑦ 按《压片机清洁标准操作规程》进行清洁，经实训员检查合格后，挂上"已清洁"状态标志。按《压片机维护与保养标准操作规程》保养压片机。

（五）片剂制备实例

　　根据下列典型例子了解片剂的处方与制备工艺对片剂质量的影响，充分认识各种辅料在片剂制备过程中的重要作用，以提高片剂的处方设计与制备的能力。

1. 性质稳定、易成型药物的片剂

　　例　复方磺胺甲基异噁唑片（复方新诺明片）

处方：磺胺甲基异噁唑（SMZ）　　　 400g　　　三甲氧苄氨嘧啶（TMP）　　　　80g

　　　　淀粉　　　　　　　　　　　 40g　　　10%淀粉浆　　　　　　　　　24g

　　　　干淀粉　　　　　　　　　　 23g　　　硬脂酸镁　　　　　　　　　　3g

　　　　制成 1000 片（每片含 SMZ 0.4g）

　　制备：将 SMZ、TMP 过 80 目筛，与淀粉混匀，加淀粉浆制成软材，以 14 目筛制粒后，置 70～80℃干燥后于 12 目筛整粒，加入干淀粉（4%左右）及硬脂酸镁（约 0.5%）混匀后，压片，即得。

　　注：这是最一般的湿法制粒压片的实例，处方中 SMZ 为主药，TMP 为抗菌增效剂，常与磺胺类药物联合应用以使药物对革兰阴性杆菌（如痢疾杆菌、大肠杆菌等）有更强的抑菌作用。淀粉主要作为填充剂，同时也兼有内加崩解剂的作用；干淀粉为外加崩解剂；淀粉浆为黏合剂；硬脂酸镁为润滑剂。

2. 不稳定药物的片剂

　　例　复方乙酰水杨酸片

处方：乙酰水杨酸（阿司匹林）　　　 268g　　　对乙酰氨基酚（扑热息痛）　　136g

　　　　咖啡因　　　　　　　　　　 33.4g　　　淀粉　　　　　　　　　　　266g

　　　　淀粉浆（15%～17%）　　　　 85g　　　滑石粉　　　　　　　　　　25g

　　　　轻质液体石蜡　　　　　　　 2.5g　　　酒石酸　　　　　　　　　　2.7g

　　　　制成 1000 片

　　制备：将咖啡因、对乙酰氨基酚与 1/3 量的淀粉混匀，加淀粉浆（15%～17%）制软材 10～15min，过 14 目或 16 目尼龙筛制湿颗粒，于 70℃干燥，干颗粒过 12 目尼龙筛整粒，然后将此颗粒与乙酰水杨酸混合均匀，最后加剩余的淀粉（预先在 100～105℃干燥）及吸附有液体石蜡的滑石粉，共同混匀后，再过 12 目尼龙筛，颗粒经含量测定合格后，用 12mm 冲压片，即得。

　　注：处方中的液体石蜡为滑石粉的 10%，可使滑石粉更易于黏附在颗粒的表面上，在压片振动时不易脱落。车间中的湿度亦不宜过高，以免乙酰水杨酸发生水解。淀粉的剩余部分作为崩解剂而加入，但要注意混合均匀。在本品中加其他辅料的原因及制备时应注意的问题如下：①乙酰水杨酸遇水易水解成对胃黏膜有较强刺激性的水杨酸和醋酸，长期应用会导致胃溃疡。因此，本品中加入相当于乙酰水杨酸量 1%的酒石酸，可在湿法制粒过程中有效地减少乙酰水杨酸的水解；②本品中三种主药混合制粒及干燥时易产生低共熔现象，所以采用分别制粒的方法，并且避免乙酰水杨酸与水直接接触，从而保证了制剂的稳定性；③乙酰

水杨酸的水解受金属离子的催化，因此必须采用尼龙筛网制粒，同时不得使用硬脂酸镁，因而采用 5％的滑石粉作为润滑剂；④乙酰水杨酸的可压性极差，因而采用了较高浓度的淀粉浆（15％～17％）作为黏合剂；⑤乙酰水杨酸具有一定的疏水性（接触角 $\theta=73°～75°$），因此必要时可加入适宜的表面活性剂，如吐温 80 等，加快其崩解和溶出（一般加入 0.1％即可有显著的改善）；⑥为了防止乙酰水杨酸与咖啡因等的颗粒混合不匀，可采用滚压法或重压法将乙酰水杨酸制成干颗粒，然后再与咖啡因等的颗粒混合。总之，当遇到像乙酰水杨酸这样理化性质不稳定的药物时，要从多方面综合考虑其处方组成和制备方法，从而保证用药的安全性、稳定性和有效性。

3. 小剂量药物的片剂

例　硝酸甘油片

处方：乳糖　　　　　　　88.8g　　糖粉　　　　　　　　　　38.0g
　　　淀粉浆（17％）　　适量　　10％硝酸甘油乙醇溶液　　0.6g（硝酸甘油量）
　　　硬脂酸镁　　　　　1.0g　　制成 1000 片（每片含硝酸甘油 0.5mg）

制备：首先制备空白颗粒，然后将硝酸甘油制成 10％的乙醇溶液（按 120％投料）拌于空白颗粒的细粉中（30 目以下），过 10 目筛二次后，于 40℃ 以下干燥 50～60min，再与事先制成的空白颗粒及硬脂酸镁混匀，压片，即得。

注：这是一种通过舌下吸收治疗心绞痛的小剂量药物的片剂，不宜加入不溶性的辅料（除微量的硬脂酸镁作为润滑剂以外）；为防止混合不匀造成含量均匀度不合格，采用主药溶于乙醇再加入（当然也可喷入）空白颗粒中的方法。在制备中还应注意防止振动、受热和人员吸入，以免造成爆炸以及操作者的剧烈头痛。另外，本品属于急救药，片剂不宜过硬，以免影响其舌下的速溶性。

三、　片剂制备中的质量问题及影响因素

在片剂制备过程中常出现的质量问题有松片、裂片、黏冲、崩解迟缓、片重差异超限、花斑等多种情况，必须及时找出问题的原因，并采取措施得以解决，以保证片剂的质量。

1. 松片

松片是由于片剂硬度不够，受振动易松散成粉末的现象。

检查方法：将片剂置中指和食指之间，用拇指轻轻加压看其是否碎裂。

松片的主要原因是药物弹性回复大，可压性差。为克服药物弹性，增加可塑性，可加入易塑性形变的成分，如黏性强的辅料，特别是一些渗透性的黏性强的液体如糖浆。原料粒子大小及分布也与松片有关。粒子小，比表面积大，接触面大，所以结合力强，压出的片剂硬度较大。压力大小与硬度密切相关，压力过小易产生松片，压缩的时间也有重要意义，塑性变形需要一定时间，如压缩过快，也易于松片。其他影响松片原因尚有润滑剂和黏合剂、水分等具体参见拓展知识中片剂成型因素。

2. 裂片

裂片是指片剂受到振动或经放置后，从腰间开裂或顶部脱落一层的现象。

检查方法：取数片置小瓶中振摇，应不产生裂片；或取 20～30 片放在手掌中，两手相合，用力振摇数次，检查是否有裂片。

裂片的重要原因是片剂的弹性回复以及压力分布不均匀或压力过大（弹性回复率大）。调整处方中辅料用量或品种，适当减少压力，增加压缩时间可增大塑性变形的趋势，颗粒含有适量的水分可增强颗粒的塑性，加入优质的润滑剂和助流剂以改善压力分布均匀是克服裂片的有效手段。

此外，冲模磨损而变形、颗粒中细粉过多而压片时来不及排除等，有时也引起裂片但不

是主要的原因。

3. 黏冲

黏冲是指片剂的表面被冲头粘去一薄层或一小部分，造成片面粗糙不平或有凹陷，或片剂边缘粗糙的现象。刻有文字或横线的冲头更易发生黏冲现象。

黏冲的原因主要有：①物料性质因素如颗粒干燥不够，药物易吸湿，原、辅料熔点低等；②机械方面因素如冲模表面不光滑，空气中湿度高使冲模受潮等。

4. 崩解迟缓或溶出度不合格

崩解迟缓是指片剂崩解时限超过药典规定的要求，影响片剂溶出、吸收。溶出度不合格是指片剂在规定时间内未能溶出规定量的药物，影响药物吸收，使之不能充分发挥药效。

影响崩解和溶出的因素主要有以下两点。

① 辅料的性质：原辅料的亲水性或疏水性及它们在水中的溶解度，与片剂的崩解与溶出关系很大，疏水性原辅料表面与水性介质间的接触角大，毛细管作用力弱，不易使水分渗入片剂内部，使难以发生崩解溶出。疏水性物料中以疏水性润滑剂最为常见。若药物疏水或难溶而辅料亲水或可溶，则可改善片剂的崩解或溶出。表面活性剂的加入可改善片剂的润湿性，某些表面活性剂对药物的增溶作用等，均有助于片剂的崩解和溶出。

原辅料在压缩过程中，塑性变形的强弱和粒子的大小，对崩解溶出也有影响。塑性变形强和原辅料粒子小的，在相同压力下，孔隙率和孔径均小，从而影响水分渗入，致使不易崩解和溶出。

崩解剂的品种、用量和加入方法等的影响也显而易见。崩解剂的用量越多，崩解越快；崩解剂在颗粒内外同时加入则崩解效果好，且有利于溶出。

② 制剂工艺：包括压力、药物与辅料混合方法等。压力愈大，孔隙率和孔径变小，崩解时间延长，溶出变慢。但压力与溶出的关系并不总是随压力的增大而变慢。

药物与辅料的混合方法影响药物在辅料中分散面积而影响其溶出。如量小的药物溶于适宜的溶剂中再与辅料混匀，然后挥去溶剂，干燥后药物形成微小的结晶；难溶性药物可采用与亲水性辅料研磨粉碎的方法以减小粉碎过程中药物小粒子重新聚结或将药物制成固体分散体等均可改善药物的溶出。

5. 片重差异超限

片重差异超限是指片剂超出药典规定的片重差异限度的允许范围。

引起片重差异超限颗粒方面的因素主要是颗粒相差悬殊或颗粒流动性差。机械和操作方面的因素有下冲上下不灵活；饲料器与平台未贴紧；多冲模时，冲模精度不够；加料斗内颗粒时多时少影响颗粒流速等。

6. 含量均匀度超限

含量均匀度超限是指片剂含量偏离标示量的程度超出规定要求的限度范围。对小剂量药物片剂来说，药物与辅料间分散的均匀性比片重差异要求更严格，因为重量合格并非等于含量合格，而含量合格才是保证制剂剂量的根本。

影响片剂含量均匀度的因素主要是混合不匀或可溶性成分的迁移两个方面。

造成混合不匀的因素主要是成分重量比对混合均匀度的影响，小量药物与其他药物或辅料混合时，宜用等量递增法或用溶剂分散法。

影响可溶性成分迁移的因素主要有干燥的方法，当用固定床干燥时，水分由表层颗粒的表面气化，因而下层颗粒中的可溶性成分可迁移到上层的颗粒中，造成成分在颗粒之间的差异，而使片剂的均匀度变差。采用微波干燥，水分可能从颗粒内气化，有可能减少成分的迁移；流化床干燥时，颗粒被流化，颗粒处于相互脱离状态，因此不发生粒子间的成分迁移，从而减少含量不均匀的可能性。

7. 色斑

色斑是指片剂表面出现色泽不一的斑点。引起的原因主要是有色成分的迁移，物料混合不匀，颗粒干湿不匀，颗粒松紧不匀或颗粒过硬，机械部分如饲粉器与台面太紧，冲头与模圈摩擦而引起金属屑混入，压片机机油污染等。

四、片剂的包衣技术

（一）概述

1. 包衣目的

片剂的包衣是指在片芯（或素片）的外周均匀地包上一定厚度的衣膜的操作。包上的衣膜物料称为包衣材料或衣料，包衣后的片剂称包衣片。

包衣的目的如下：

① 掩盖药物的不良嗅味；

② 防潮、避光、隔绝空气等，以增加药物的稳定性；

③ 改善片剂的外观，便于识别和服用；

④ 防止药物对胃黏膜的刺激性；防止胃液对药物的破坏；

⑤ 可将有配伍变化的药物成分分别置于片心和衣层，以免发生化学变化；

⑥ 控制药物在胃肠道一定部位释放或缓慢释放。

2. 包衣类型

根据衣料的组成特性、溶出特性和包衣材料不同，常见的包衣类型有糖衣、薄膜衣和肠溶衣三种。

3. 包衣的要求

（1）包衣质量要求

① 衣层厚薄均匀，牢固；

②"衣料"与"片芯"不起任何作用；

③ 崩解时限符合要求；

④ 在长期保存过程中，仍保持光洁、美观、色泽一致和无裂片。

（2）片芯要求

① 应有适宜的弧度，常用深弧度片芯；

② 硬度比一般片剂稍大（脆碎压力 6～7kg）；

③ 吸湿性小、脆性小，不含细粉。

（二）包衣方法与设备

包衣方法有滚转包衣法（锅包衣法）、流化包衣法、压制包衣法（干法包衣）。片剂包衣最常用的方法是滚转包衣法。

1. 滚转包衣法

此法包衣过程在包衣锅内完成，故也称锅包衣法。锅包衣机（图 10-6、图 10-7）主要结构包括包衣锅、动力部分和加热鼓风及吸粉装置三大部分。

包衣锅的中轴与水平面一般呈 30°～45°夹角，以便片剂在锅内呈最大程度的翻动，能与包衣物料充分混合。包衣锅的转速应适宜，以能使片剂在锅中能随着锅的转动而上升到一定高度，随后做弧线运动而落下为度，使包衣材料能在片剂表面均匀地分布，片与片之间又有适宜的摩擦力。在生产实践中也常加挡板的方法来改善片剂的运动状态，以达最佳的包衣效果。

动力部分主要由电机和调速装置组成，通过皮带轮驱动包衣锅的转动。

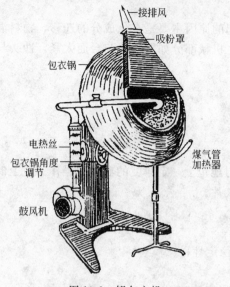

图 10-6 锅包衣机

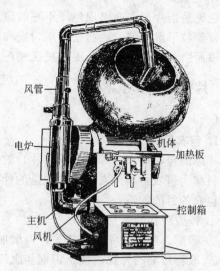

图 10-7 BY 系列锅包衣机

加热鼓风及吸粉装置中的加热方式有两种，一种是采用鼓风机鼓热风，另一种是采用对锅体直接电加热，后者加热快，但不均匀，可能对片剂包衣产生不利影响。鼓风机也可鼓冷风以调节锅内物料的干燥速度。吸粉装置在锅的上方，用于防止粉尘飞扬。

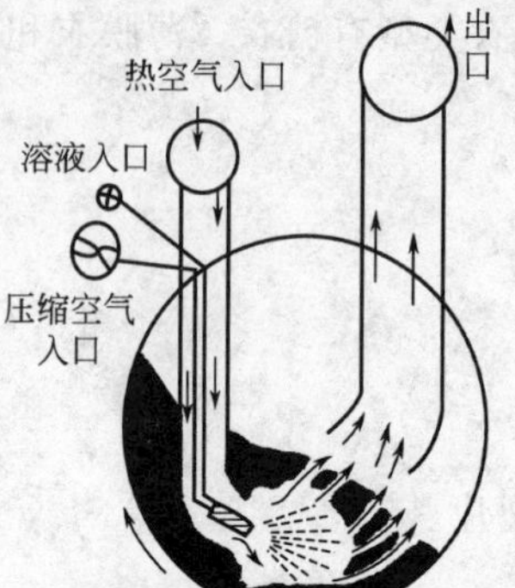

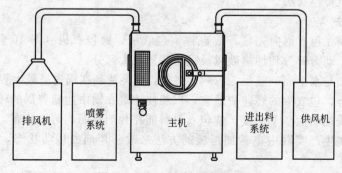

图 10-8 埋管包衣锅

锅包衣法的改进方法有埋管包衣法和高效包衣法，可以加速包衣、干燥过程，减轻劳动强度，提高生产效率。

埋管包衣法（图 10-8）是在普通包衣锅底部装有通入包衣溶液、压缩空气和热空气的埋管。包衣时，该管插入包衣锅中翻动着的片床内，包衣材料的浆液由泵打出经气流式喷头连续地雾化、直接喷洒在片剂上，干热压缩空气也伴随雾化过程同时从埋管吹出，穿透整个片床进行干燥，湿空气从排出口引出，经集尘滤过器滤过后排出。此法既可包薄膜衣也可包糖衣，可用有机溶剂溶解衣料，也可用水性混悬浆液的衣料。由于雾化过程是连续进行的，故可缩短包衣时间，且可避免包衣时粉尘飞扬，适用于大生产。

高效包衣法（图 10-9）具有密闭、防爆、防尘、热交换效率高的特点，并可根据不同类型片剂的不同包衣工艺，将参数一次性地输入计算机，实现包衣过程的程序化、自动化、

图 10-9 YBJ 系统片剂包衣机

科学化，特别适合于薄膜包衣。

2. 流化包衣法

流化包衣法（图 10-10）与流化制粒相似，即将片芯置于流化床中，通入气流，借急速上升的空气流使片剂悬浮于包衣室的空间上下翻动处于流化（沸腾）状态时，另将包衣材料的溶液或混悬液输入流化床并雾化，使片芯的表面黏附一层包衣材料，继续通入热空气使干燥，如上述方法包若干层，至达到规定要求。

流化包衣法的特点是粒子的运动主要靠气流运动，因此干燥能力强，包衣时间短；装置为密闭容器，卫生安全可靠，缺点是依靠气流的粒子运动较缓慢，因此较大粒子运动较难，小颗粒包衣易产生黏连。

3. 压制包衣法

常用的压制包衣机（图 10-11）是将两台旋转式压片机用单传动轴配成一套。包衣时，先用压片机压成片芯后，由专门设计的传递机构将片芯传递到另一台压片机的模孔中，在传递过程中需用吸气泵将片外的细粉除去，在片芯到达第二

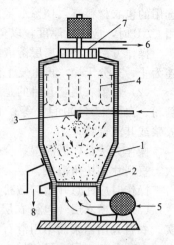

图 10-10　流化床包衣示意图
1—容器；2—筛板；3—喷嘴；
4—袋滤器；5—空气进口；
6—空气排除口；7—排风机；
8—物料出口

台压片机之前，模孔中已填入部分包衣物料作为底层，然后片芯置于其上，再加入包衣物料填满模孔并第二次压制成包衣片。该设备还采用了一种自动控制装置，可以检查出不含片芯的空白片并自动将其抛出，如果片芯在传递过程中被粘住不能置于模孔中时，则装置也可将它抛出。另外，还附有一种分路装置，能将不符合要求的片子与大量合格的片子分开。

本法的特点是可以避免水分、高温对药物的不良影响，生产流程短，自动化程度高、劳动条件好，但对压片机械的精度要求高，目前在国内尚未广泛使用。

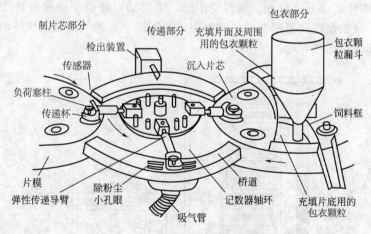

图 10-11　压制包衣机的主要结构

（三）包衣材料与工艺

无论何种包衣均离不开包衣材料，而包衣材料的不同又决定了包衣工艺的不同。

1. 糖衣材料与工艺

糖衣以糖浆为主要包衣材料。特点是有比较好的口感；对片剂崩解影响小；包糖衣层次多、工艺流程长，片重增加多（约增加 50%～100%），辅料用量大。包糖衣的工艺如下：

片芯→包隔离层→包粉衣层→包糖衣层→包色衣层→打光

（1）包隔离层　其目的是为了形成一层不透水的屏障，防止糖浆中的水分渗入片芯。可

选用的包衣材料有：10％玉米朊乙醇溶液、15％～20％的虫胶乙醇溶液、10％CAP等；选用CAP时，应注意厚度，以免影响崩解和溶出。

操作方法是将隔离层溶液加入滚转的片剂中，吹风，加适量撒粉（滑石粉）到恰好不黏连为止，充分干燥，再重复上述操作，一般包3～5层。

（2）包粉衣层　其目的是消除片剂的棱角，使片面平整。材料有填充粉料如滑石粉、蔗糖粉、白陶土（100目）等；润湿黏合剂如高浓度（65％～75％）（质量分数）的糖浆、明胶浆或其混合物。

操作方法是先洒润湿黏合剂于片剂中，再撒粉适量，吹风干燥，重复上述操作15～18次，直到片剂棱角消失。

操作时应注意开始时撒粉量大，到基本包平后，撒粉量逐渐减少，最后全用糖浆。

（3）包糖衣层　包糖衣层的目的是增加衣层牢固性和甜味，使片面光洁平整、细腻坚实。衣料只用糖浆而不用滑石粉等撒粉。具体操作与包粉衣层基本相同。一般包10～15层。

（4）包色衣层　目的是为了增加片剂的美观，便于识别，并有一定的遮光作用。具体操作与包糖衣层完全相同。区别在于包衣物料为有色糖浆。每次加入的有色糖浆中色素的浓度应由浅到深，以免产生花斑，一般需包8～15层。

为防止色素在干燥过程中迁移致花斑，可选用不溶性食用色素-色淀（由吸附剂吸附色素制成的不溶性着色剂）。

（5）打光　其目的是使糖衣片表面光亮美观，兼有防潮作用。材料一般四川产的米心蜡（川蜡）。虫蜡用前需精制，即加热80～100℃熔化后过100目筛，并掺入2％硅油（称保光剂）混匀，冷却后粉碎成80目细粉使用，每万片用量约3～5kg。

打光操作在室温下进行，将川蜡细粉加入包完色衣的片剂中，转动包衣锅，由于片剂间和片剂与锅壁间的摩擦作用，使糖衣表面产生光泽。

打光后将片剂取出，移至石灰干燥橱放置12～24h，或于硅胶干燥器干燥10h（图10-12），除去衣层中少量水分。硅胶干燥器使用时，先启动电动机使硅胶盘转动，将包衣片置室内进行干燥，硅胶盘内硅胶吸湿后，随时由电热器烘干，湿气由排风机排出室外。调节控制阀，使热风在室内循环。

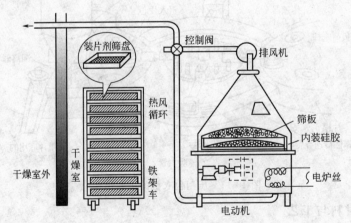

图 10-12　糖衣硅胶干燥示意图

包糖衣存在的主要质量问题：

① 吸潮。主要原因是隔离层，应适当选择隔离层材料，控制适宜包制条件。

② 龟裂。原因是衣层脆性太大，过分干燥，低温等。可通过加入适宜增塑剂；控制干燥温度；北方严寒地区适当升高贮存温度等方式改善。

③ 色斑。原因是可溶性色素迁移；色素分布不均匀；功效成分影响色素稳定性，使色素变色。可选用不溶性色素；确保加料均匀；严格配方等。

2. 薄膜包衣材料与工艺

薄膜包衣是指在片芯之外包一层薄的高分子聚合物衣，形成薄膜。薄膜衣的特点是可防止水分、空气、潮气的侵入；操作简便，节约材料；片重增加少（2%～4%）；对崩解及溶出影响小；片面上的标志（名称、剂量等）仍清晰可见。但其外观不如糖衣片。

（1）薄膜衣材料　薄膜包衣材料通常由成膜材料、增塑剂、释放速度调节剂、填充物料、色料和溶剂等组成。

① 成膜材料。成膜材料按溶解特性不同分为胃溶型、肠溶型和不溶型三大类。

a. 胃溶型。主要用于改善吸潮和防止粉尘污染，如 HPMC、HPC、CMC-Na、PVP、丙烯酸树脂 IV 号、PEG 等，其中 HPMC 应用最广泛，可溶于有机溶剂和水；胃中易溶，对崩解和溶出影响小；形成的膜强度适宜，不易脆裂；低黏度者用于薄膜包衣。

b. 缓释型。常用中性的甲基丙烯酸酯共聚物和乙基纤维素（EC），甲基丙烯酸酯共聚物具有溶胀性，对水及水溶性物质有通透性，因此可作为调节释放速度的包衣材料。EC 通常与 HPMC 和 PEG 混合使用，产生致孔作用，使成分容易扩散。

c. 肠溶型。常用醋酸纤维素酞酸酯（CAP）、丙烯酸树脂 II、III 号、聚乙烯醇酞酸酯（PVAP）、羟丙甲纤维素酞酸酯（HPMCP）、醋酸羟丙基甲基纤维素琥珀酸酯（HPMCAS）等。

② 增塑剂。增塑剂改变高分子薄膜的物理力学性质，使其更具柔韧性，避免衣膜在低温下脆裂。聚合物与增塑剂应具有化学相似性，如甘油、丙二醇、PEG 等含羟基，可作为某些水溶性纤维素衣材的增塑剂；蓖麻油、乙酰单甘油酸酯等可作脂肪族非极性聚合物的增塑剂。

③ 释放速度调节剂。又称释放速度促进剂或致孔剂。常用有蔗糖、氯化钠、表面活性剂、PEG 等水溶性物质。

④ 填充物料及色料。在包衣过程中有时由于聚合物黏度过大，适当加入固体粉末以防止颗粒或片剂黏连。常用有滑石粉、硬脂酸镁、二氧化硅等。

色料的应用主要是为了便于鉴别，满足产品美观要求，也有遮光作用，但色料的加入可能降低薄膜的拉伸强度、柔韧性。

⑤ 溶剂。溶剂的作用是溶解成膜材料和增塑剂并将其均匀地分散到片剂的表面。溶剂的蒸发和干燥速度对衣膜的质量有很大影响，速度太快，成膜材料在片面上不能均匀分布，致使片面粗糙。干燥太慢可能使已包在片面的衣层再被溶解或脱落。溶剂与成膜材料的亲和力对溶剂的除净有影响。两者亲和力强，不利于溶剂的除净。此外，还应注意溶剂的毒性、易燃性和价格等。

常用的溶剂有乙醇、甲醇、异丙醇、丙酮、氯仿等。必要时可用混合溶剂，对有毒性的溶剂产品应做残留量检查。

有机溶剂多有生理作用和易燃性且回收麻烦，故力求用水作成膜材料的溶剂，如 HPC 可溶于水，可用其水溶液包薄膜衣。为了减少水对片芯的不良影响并加快干燥速度，宜用高浓度的水溶液。此外，还可利用高分子材料在水中的分散体（成膜材料以小于 1μm 粒子分散于水中）进行包衣。国外开发的 CAP 水分散体与其有机溶液相比，可避免有毒蒸气的损害；黏度比同浓度的有机溶液低，喷雾包衣时在片面上分布快而均匀；片剂有更好的抗胃酸及在小肠上端被吸收的作用；片面美观。

（2）薄膜包衣工艺　薄膜包衣可以用锅包衣法，也可用流化包衣法。锅包衣法包薄膜衣的工艺如下：

$$片芯 \rightarrow 喷包衣液 \rightarrow 缓慢干燥 \rightarrow 固化 \rightarrow 缓慢干燥 \rightarrow 薄膜衣片$$

① 将片芯放入包衣锅内，喷入一定量有薄膜衣料的溶液，使片面均匀湿润。②吹入缓和的热风使溶剂挥发（温度不超过 40℃，以免蒸发过快，出现"皱皮"或"起泡"现象；也不能过慢，否则出现"黏连"或"剥落"现象）。重复操作数次，至达厚度要求为止。③在室温下或略高于室温下自然放置 6～8h 使之固化完全。④在 50℃ 下干燥 12～24h，除尽残余有机溶剂。

为使衣料分布均匀，可在包衣锅中加挡板；包衣液用喷雾法加入。为改善薄膜衣不能掩盖片剂原有外观的缺点，或为避免衣层磨损而失去应有效果（如肠衣片），可采用包半薄膜衣的方法，即先在片芯上包几层粉衣层和糖衣层，再包肠溶衣，或在肠溶衣外包几层包糖衣层。

（3）包衣的操作

（一）片剂包衣岗位职责

① 进岗前按规定着装，进岗后做好厂房、设备清洁卫生，并做好操作前的一切准备工作。

② 根据生产指令，按规定程序领取物料及包衣材料。

③ 严格按薄膜衣配制工艺处方及其标准操作程序配制包衣液。

④ 按处方工艺要求和高效包衣标准操作程序进行包衣。

⑤ 包衣过程中严格检查包衣片外观、色泽及片子增重，确保包衣片符合质量要求。

⑥ 包衣完毕，按规定进行干燥处理。

⑦ 认真填写各种原始操作记录。

⑧ 工作期间严禁脱岗、串岗，不做与岗位工作无关之事。

⑨ 工作结束或更换品种时，严格按本岗位清场 SOP 清场，经质监员检查合格后，挂标识牌。

⑩ 经常检查设备运转情况，注意设备保养，操作时发现故障应及时上报。

（二）片剂包衣岗位操作流程

1. 包衣液配制

①根据产品工艺规程中包衣液配制处方配制包衣液。②按处方用量，称取包衣液应用的包衣材料、溶媒（二人核对），并按工艺规程配制要求将各包衣材料置不同配制桶内分别配制。③将溶媒加入各配制桶内，搅拌使包衣材料溶解，混匀。难溶的包衣材料应用溶媒浸泡过夜，以使彻底溶解、混匀。④按工艺规程要求，将各配制好的包衣液依次加入恒温搅拌桶内，开搅拌混匀并保温备包衣之用。⑤配制完毕，填写生产记录。⑥操作完毕，按《清场标准操作规程》、《30 万级洁净区容器具清洁标准操作规程》进行清洁、清场。

2. 生产前准备

① 检查工序、设备及容器的清洁状况，检查清场合格证，核对有效期，取下标识牌，按生产部门标识管理规定定置管理。

② 按生产指令填写工作状态，挂生产标识牌于指定位置。

③ 按照生产指令，从中间站领取片芯，按中间产品交接程序办理交接。

④ 将所需用到的设备、容器具用 75％乙醇清洁消毒。

3. 包衣

① 打开电源开关，开启压缩空气总阀及各压缩空气分阀，确定可编程序控制器 (PLC) 显示正常。

② 在显示屏上关闭 PLC 信息框，点击"系统监控"，进入"系统监控"画面。点击"手动"，进入手动生产画面。

③ 打开视灯；点击"温控"，设定温度，并开启。返回原画面；打开"热风"，热风机运转；再打开"匀浆"，主机运转。

④ 确认正常后，打开"排风"，负压显示表指针偏向负压。接着打开"喷浆"，确定运转后立即关闭。然后关闭"热风"，观察热风温度是否已有下降倾向。

⑤ 待温度冷却后，关闭"匀浆"，关闭"排风"，打开包衣滚筒门，加入片芯。

⑥ 开启"热风"，让片芯预热，同时打开"匀浆"，转一圈后关闭。（若片芯质量较好，可低转速一直转动主机，并开着"排风"。）预热完毕，关闭"热风"，关闭"匀浆"，开启"排风"。

⑦ 开启喷枪减压阀，打开包衣滚筒门移出喷枪，一手捏紧喷枪气管，时放时捏，打开喷枪气开关，同时，检测喷枪通气情况，再开启"喷浆"。待包衣液快流至喷枪口处，捏紧包衣液管，时松时捏，看流出情况是否顺畅。确认喷枪喷雾，流畅后，关闭喷枪气开关，关闭"喷浆"，关上包衣滚筒门，并将喷枪外调节旋钮调小。

⑧ 调整主机转速 10.0r/min 后，打开"主机"、"热风"、"排风"，开启喷枪气阀门，打开"喷浆"，调节喷枪外调节旋钮，逐渐加大（调节时要左右旋转，逐渐增大），至适宜喷雾度。包衣过程中不断调整喷枪喷量，并注意控制片芯受热温度，直至片芯包衣完成。

⑨ 包衣结束，首先关闭"温控"开关，返回，再关闭喷浆，等喷枪喷出量减少了，降低主机转速，然后关闭喷枪气开关，待冷却后关闭"热风"、"排风"、"匀浆"。

⑩ 打开喷枪滚筒；移出喷枪，将内外出料斗固定在滚筒上，连接好盛装药片容器，开启"匀浆"开关，筒内药片将自动落入外接容器中。

⑪ 包衣操作完毕，取出包好的薄膜衣片，置托盘中平铺，放晾片架上晾片，待温度降至室温，装入内衬布袋的带盖周转桶中，称量、记录，桶内外各附产物品标签一张，送中间站，按中间产品交接程序办理交接。中间站管理员填写请检单，送质监科请检。

4. 生产完毕，填写生产记录。

5. 清场

取下生产标识牌，挂清场牌，按《清场标准操作规程》、《D 级洁净区清洁标准操作规程》、《高效包衣清洁标准操作规程》及《生产用容器具清洁标准操作规程》进行清场、清洁。清场结束，填写清场记录。经 QA 检查合格后挂已清场牌。

6. 记录

操作完工后填写原始记录、批记录。

（4）薄膜包衣存在的主要质量问题

① 起泡。即衣膜或片芯间有气泡，主要原因是固化不恰当，干燥过快等。可以改进成膜条件，降低干燥温度与速度。

② 表面粗糙。主要原因是喷浆不当，包衣溶液在片面分布不均匀；干燥温度高，溶剂

蒸发快；包衣混入杂质等。应改正喷浆方式；降低干燥温度，防止液滴未到片剂表面或刚到片面还未铺展即干燥的现象；使用合格的包衣膜材料。

③ 衣层剥落。主要原因是衣层与片芯表面黏附力不足；两次包衣时间的间隔太短。可采取更换衣料；延长包衣间隔时间；调节干燥温度；降低包衣液浓度。

④ 肠衣在胃液中溶解或在肠液中仍不溶解。选择衣料不当或衣层太薄（胃内溶解）、衣层太厚（肠内不溶解）或贮存时变质，应针对原因解决。

五、 片剂的质量评价与包装贮存

(一) 片剂的质量评价

片剂的质量评价主要有物理、化学和微生物三个方面。

1. 物理方面

(1) 外观　应片形一致、表面完整光洁，色泽均匀，字迹清晰。

检查法：一般抽取 100 片平铺于白底板上，置于 75W 光源下 60cm 处，在距离片剂 30cm 处以肉眼观察 30s，检查结果应符合如下规定：完整光洁，色泽均匀，0.15～0.18mm 杂色点应<5%；麻面<5%；并不得有严重花斑及特殊异物；包衣片有畸形的不得>0.3%。

(2) 重量差异　应符合药典对片重差异限度的要求：

平均重量	重量差异限度
0.30g 以下	±7.5%
0.30g 及 0.30g 以上	±5%

检查法：取药片 20 片，精密称定总重量，求得平均重后，再分别精密称定各片的重量。每片重量与平均片重比较（凡无含量测定的片剂，每片重量应与标示量片重比较），超出重量差异限度的药片不得多于 2 片，并不得有 1 片超出限度 1 倍。

糖衣片的片芯应检查重量差异并符合规定，包糖衣后不再检查重量差异。

薄膜衣片应在包薄膜衣后检查重量差异并符合规定。

凡规定检查含量均匀度的片剂，可不进行重量差异的检查。

(3) 硬度与脆碎度　片剂应有适宜的硬度和耐磨性，以免在包装、运输等过程中破碎或磨损。另外，片剂的硬度与片剂的崩解和溶出有密切关系。

① 硬度：指破碎强度。常用的测定仪有孟山都硬度计（图 10-13），通过螺旋对弹簧加压，由弹簧推动压板并对片剂加压，由弹簧的长度变化反映压力的大小。一般片剂能承受 29.4～39.2N 即为合格。

生产中经常将药片置于食指与中指之间，用拇指加压使折断来估计片剂的硬度。也可用片剂四用测定仪测定硬度。

② 脆碎度：指磨损或破碎程度。片剂因磨损和震动常引起碎片、细粉、顶裂或破裂等，称为脆碎。用于检查非包衣片的脆碎情况及其他物理强度，如压碎强度等。脆碎度可用罗许氏脆碎仪测定（图 10-14）。

检查法：片重为 0.65g 或以下者取若干片，使其总重约为 6.5g；片重大于 0.65g 者取 10 片。用吹风机吹去脱落的粉末，精密称重，置圆筒中，转动 100 次〔转速为（25±1)r/min〕。取出，同法除去粉末，精密称重，减失重量不得过 1%，且不得检出断裂、龟裂及粉碎的片剂。

对易吸水的片剂，测定环境相对湿度应小于 40%。

对于形状或大小在圆筒中形成严重不规则滚动或特殊工艺生产的片剂，不适于本法检查，可不进行脆碎度检查。

图 10-13 孟山都硬度计

图 10-14 罗许氏脆碎仪

（4）崩解时限 崩解时限系指口服固体制剂在规定的条件下全部崩解溶散或成碎粒，除不溶性包衣材料或破碎的胶囊壳外，全部通过筛网所需的时间。如有少量不能通过筛网，但已软化或轻质上漂且无硬心者，可作符合规定论。

检查法：将吊篮通过上端的不锈钢轴悬挂于金属支架上，浸入 1000ml 烧杯中，并调节吊篮位置使其下降时筛网距烧杯底部 25mm，烧杯内盛有温度为 37℃±1℃ 的水，调节水位高度使吊篮上升时筛网在水面下 15mm 处。

除另有规定外，取药片 6 片，分别置吊篮各玻璃管内，启动崩解仪进行检查，各片应在规定时间内全部崩解；如有 1 片崩解不完全，应另取 6 片复试，均应符合规定。各类片剂的崩解时限见表 10-2。

表 10-2 各类片剂的崩解时限

片剂类型	崩解时限
普通压制片	15min
薄膜衣片	30min 在盐酸溶液(9→1000)中
糖衣片	1h
肠溶衣片	先在盐酸溶液(9→1000)中检查 2h，每片均不得有裂缝、崩解或软化现象；将吊篮取出，用少量水洗涤后，每管各加入挡板一块，在磷酸盐缓冲液(pH6.8)中进行检查，1h 内应全部崩解
口含片	30min
舌下片	5min
溶液片	3min(水温为 15～25℃)
结肠定位肠溶片	先在盐酸溶液(9→1000)及 pH6.8 以下的磷酸盐缓冲液中均应不释放或不崩解，而在 pH6.8～8.0 的磷酸盐缓冲液中 1h 内应全部释放或崩解，片芯也应崩解
泡腾片	取 1 片，置 250ml 杯中(200ml，15～25℃)，有许多气泡放出，当片剂或碎片周围的气体停止逸出时，片剂应崩解或分散在水中，无聚集的颗粒剩留。各片均应在 5min 内崩解

咀嚼片不需做崩解时限检查。

凡规定检查溶出度、释放度的片剂，可不进行崩解时限检查。

（5）分散均匀性 分散片应检查分散均匀性，并符合规定。

检查法：取供试品 2 片，置于 20℃±1℃ 的 100ml 水中，振摇 3min，应全部崩解并通过二号筛。

2. 化学方面

（1）定性检查 取一定数量片剂，按所含药物的特殊反应进行检查，以确定片剂的品种。

（2）含量测定　取 10～20 片，混合研细，精密称取一定量测定，算出主药含量，与标示量比较，求得含量百分率，应符合规定。

（3）含量均匀度　含量均匀度系指小剂量药物在每片中的含量偏离标示量的程度。

检查法：取供试品 10 片，分别测定每片以标示量为 100 的相对含量 X，求其均值和标准差 S 及标示量与均值之差的绝对值 A：如 $A+1.80S \leqslant 15.0$，则供试品的含量均匀度符合规定；若 $A+S>15.0$，则不符合规定；若 $A+1.80S>15.0$，且 $A+S \leqslant 15.0$，则应另取 20 片复试。根据初、复试结果，计算 30 片的均值、标准差 S 和标示量与均值之差的绝对值 A：如 $A+1.45S \leqslant 15.0$，则符合规定；若 $A+1.45S>15.0$，则不符合规定。

（4）溶出度　溶出度是指药物从片剂、胶囊剂或颗粒剂等固体制剂在规定的条件（规定的介质和温度）下溶出的速率和程度。

片剂等固体制剂口服后需经崩解，药物溶出后才能被吸收而发挥药效。片剂的崩解与体内吸收并不都存在平行关系，而生物利用度的测定又不可能作为质量检查的常规方法。实验证明，很多药物的片剂体外溶出与体内吸收有相关性，因此溶出度的测定可作为反映或模拟体内吸收情况的一种试验方法。

通常在片剂中除规定崩解时限外，以下几种情况必须测定溶出度控制其质量：在消化液中难溶的药物；与其他成分容易发生相互作用的药物；久贮后溶解度下降的药物；剂量小，作用强的药物。

（5）释放度　缓释片、控释片应检查释放度，并符合要求。凡规定检查溶出度、释放度的片剂，不再进行崩解时限的检查。

3. 微生物方面

片剂不得检出大肠杆菌、致病菌、活螨及螨卵；细菌数每克不得超过 1000 个；真菌数每克不得超过 100 个。

（二）包衣片的质量评价

包衣片在质量评价方面较压制片至少补充考虑三个方面：衣膜的物理性质、包衣片的稳定性及作用效果评价。

1. 衣膜的物理性质评价

（1）测定直径、厚度、重量及硬度　在包衣前后进行对比，以检查包衣操作的均匀性。

（2）残存溶剂检查　包衣时采用非水溶剂，必须进行有机溶剂残留量检查；以水为分散介质，应检查水分含量。

（3）冲击强度实验　即衣膜对冲击的抵抗程度，可用测定片剂脆碎度和硬度的方法来测定。

（4）衣膜强度　即衣膜耐受来自片剂内部压力的程度。借压入计将压缩空气通入片内，以片剂破碎时的压力表示衣膜强度。

（5）耐湿耐水性实验　将包衣片置恒温、恒湿装置中，经一定时间后，以片剂增重为指标表示其耐湿性。将包衣片放入纯化水中浸渍 5min 后，比较他们干燥后的失重，或测定由浸渍后增加水分的方法，比较其耐水性。

（6）外观检查　检查包衣片面的外形圆整、表面缺陷、表面粗度、光泽度等。一般用肉眼检查，有条件时，可用片剂粗度记录仪和反射光度计等来测定。

2. 稳定性试验

可将包衣片于室温长期保存或进行加热（40～60℃）、加湿（相对湿度 40%、80%）、热冷（－5～45℃）及光照试验等，观察片剂内部、外观变化，测定主要药物含量及崩解、溶出性质的改变，以作为包衣片的稳定性、预测包衣片质量及操作优劣的依据。

3. 药物作用效果评价

由于包衣片增加了一层衣膜，且片芯较硬，崩解时间一般较素片延长，如果包衣不当会严重影响其药物的作用效果，甚至造成排片现象。因此必须重视崩解时限和溶出度测定。

（三）片剂的包装与贮存

适宜的包装与贮存是保证片剂质量的重要措施。片剂的包装不仅应讲究美观、使用方便，更应注意防潮、遮光、密封和卫生等条件。

片剂的包装通常采用两种形式，即多剂量包装和单剂量包装。

多剂量包装即将几十片或几百片包装在一个容器内，容器多为玻璃瓶和塑料瓶，瓶口一般用金属盖或胶木盖，盖内软木塞烫蜡，内加纸片、药棉等。对吸湿性特别强的片剂，往往在瓶内加硅胶防潮。

单剂量包装即将片剂单个分开包装，每片处于密封状态，有利于片剂的稳定，且易于携带，目前应用广泛。单剂量包装通常采用泡罩式包装和窄条式包装两种形式。单剂量包装均用机械化操作，包装效率较高，但片剂的包装尚有许多问题有待改进。首先应从密封、防潮、轻便及美观等方面着手，这不仅利于提高片剂质量，且对片剂产品的销售与国际市场接轨有关。其次是要从机械自动化和联动化方面着手，加快包装速度、减轻劳动强度，提高包装质量。

片剂的贮存，按药典规定宜密封贮存、防止受潮、发霉、变质。故包装好的片剂应放在阴凉、通风、干燥处贮存。对光敏感的药物片剂，应避光保存（采用棕色瓶包装）。受潮后易分解变质的药物片剂，应在包装容器内放干燥剂。

拓展知识

一、 片剂成型理论及影响成型和片剂质量的因素

（一）片剂成型理论

片剂成型是药物颗粒或粉末和辅料在压片机冲模间受压产生内聚力和辅料的黏结作用而紧密结合的结果。

1. 压缩成型机理

片剂压缩成型的机理虽有很多研究报道，但还不完善，归纳起来有以下几个方面。

（1）机械力的作用 又称齿合力。颗粒的形态不规则，表面粗糙或因压缩而变形等，使被压缩的粒子相互嵌合，从而对成型发挥作用。

（2）粒间力的作用 压缩时因颗粒破碎或由塑性变形等，使粒子间距离高度接近而且接触面增大，使粒间力如范德华力起作用。表面能在成型中也起作用，陈旧的表面因已吸附了空气、水分等表面能降低，但在压缩过程中因颗粒破碎而产生新表面，未被污染，其结合力强。

（3）压缩致片剂组分熔融形成固体桥 颗粒压缩可产生热，产生热量的大小与压力大小等有关。由于颗粒形态不规则，粒间实际接触面积很小，又由于药物与辅料的导热性很差，所以接触点的局部温度可以升得很高，可以达到一些药物的熔点，使熔融并在粒间形成固体桥而利于成型。

（4）可溶性成分重结晶形成固体桥 制片的原料或辅料可溶于水，常用黏合剂一般为水溶性材料。压片时颗粒中一般含有适量的水分，水溶性成分溶于此少量的水分中

并成饱和溶液，压缩时，水（饱和水溶液）被挤到粒子间，失水并在粒子间结晶而形成固体桥。

片剂成型可能是以上多种因素作用的结果。

2. 压缩成型过程中颗粒物理性状的变化

（1）压力与比表面积的关系　此处的表面积是指片剂的外表面及片剂孔隙表面的总面积。在受压过程中，比表面的变化并不总是随着压力增大而缩小。有的药物颗粒在受压过程中，先是压力增大，表面积增大（颗粒受压破碎之故），但达一定限度后，表面积又随压力增大而减小。如阿司匹林、乳糖以及乳糖和阿司匹林的混合物等。而塑性很强药物，上述现象不明显。因主要发生塑性变形，很少发生颗粒的破碎现象。

（2）压力和相对体积的关系　颗粒加压时，由于破碎及发生变形，粒子间距离缩短，体积变小，但片剂中仍有一定的孔隙；用很大压力压缩成的片剂，已基本无孔隙，其密度已接近物质的真密度。相对体积是指压成的片的体积与高压下压制成已无孔隙片的体积的比值。相对体积可作为衡量压缩程度的参数。

（3）片剂的弹性复原率　片剂的弹性复原是指压片过程结束时，片剂由模孔中推出，由于内应力的作用，使片剂体积膨胀而增大的现象。原、辅料被压缩时，既发生塑性变形，又有一定程度的弹性变形，因此在压成的片内聚集了一定的弹性内应力，其大小与压片力相关，方向与压片力相反。当压力解除后，弹性内应力趋向松弛和恢复原状，使片剂膨胀。

$$片剂的弹性复原率 = \frac{片剂膨胀后高度 - 片剂加压时高度}{片剂加压时高度} \times 100\%$$

片剂膨胀后的高度可在药片推出并放置适宜时间后用千分尺测量，片剂加压时（压力最大）的高度则需用位移传感器测定。

弹性复原率可以定量地衡量颗粒的弹性，弹性过强，不能压制成合格的片剂，可为处方筛选等提供依据。

（二）影响片剂成型的因素

1. 药物性状

药物的可压性和结晶形状对片剂的成型难易有直接影响。所谓可压性是指药物颗粒在受压过程中可塑性的大小。一般塑性形变大的物料，受压后能形成稳固的片剂，不需要加辅助黏合剂即可成型。药物弹性形变较大时，当解除压力时，有时会发生弹性回复现象，因而产生裂片或松片。为克服弹性回复，则必须加黏合剂。

药物的结晶形状决定能否直接压片，属立方晶系者，对称性较高，表面积较大，压缩较易排列紧密；树状结晶系者，压缩时可相互嵌合等较易压片；鳞片状、针状或球状的晶系不易直接压片。

2. 结晶水及含水量

适量结晶水或颗粒粉末中含水，是片剂成型不可缺少的因素，它可使药物粒子增加可塑性，减少弹性，同时在压缩过程中挤压出的水分，能在粉粒外面形成薄层，便于粒子间相互接近，产生足够的内聚力。颗粒中的水分一般为3%左右，过多过少会影响片剂成型后的硬度。但有时由于药物稳定性或其他特殊需要而有不同的含水量要求。如维生素C片，颗粒的含水量宜低于2%；四环素片则宜较高的含水量，控制在10%～14%，如水分太低，则崩解时限超过规定。

3. 黏合剂与润滑剂

可压性差的药物难以成型，必须加入黏合剂以增加颗粒间的内聚力促进片剂成型。

润滑剂可减少摩擦和增加颗粒的流动性，使片剂压紧。但在压片过程中，润滑剂覆盖于粉粒表面，使粉粒间的结合强度减弱，若润滑剂使用过多或过少，压片时均不易成型。

二、 溶出度的检查方法

第一法：转篮法

转篮由不锈钢材料制成，操作容器为1000ml的圆底烧杯，有机玻璃盖上有二个孔，中心孔为篮轴的位置，另一孔供取样或测温度用。外套水浴的温度应能使容器内溶剂的温度保持在37℃±0.5℃。

测定方法：量取经脱气处理（常用有超声、加热）的溶剂900ml注入每个操作容器内，加温使溶剂温度保持在37℃±0.5℃，调整转速使其稳定。取供试品6片，分别投入6个转篮内，将转篮放入容器中，开始转动，并开始计时。除另有规定外，到45min规定取样点吸取溶液适量，立即经不大于0.8μm的微孔滤膜滤过（现有集过滤和取样于一体的吸取装置），取滤液测定，（自取样至滤过应在30s内完成）算出每片的溶出量。均应不低于规定限度Q。

注意：转篮底部距溶出杯内底部25mm±2mm；取样位置应在转篮顶端至液面中点，距溶出杯内壁10mm处；多次取样时，所量取溶出介质体积之和应在溶出介质±1％之内，如超过总体积的1％时，应及时补充溶出介质，或在计算时加以校正。

结果判断：符合下列条件之一者，可判为符合规定。

（1）6片中每片溶出量按标示量计算，均不低于规定限度（Q）；

（2）6片中如有1~2片低于Q，但不低于$Q-10％$，且其平均溶出量不低于Q；

（3）6片中有1~2片低于Q，其中仅有1片低于$Q-10％$，但不低于$Q-20％$，且其平均溶出量不低于Q时，应另取6片复试；初、复试的12片中有1~3片低于Q，其中仅有1片低于$Q-10％$，但不低于$Q-20％$，且其平均溶出量不低于Q。

判断中所示的10％、20％是指相对于标示量的百分率。

第二法：浆法

除将转篮换成搅拌桨外，其他装置和要求与转篮法相同。搅拌桨由不锈钢材料制成。旋转时摆动幅度不得超过±0.5mm。取样点应在桨叶上端距液面中间，离烧杯壁10mm处。具体操作与结果判断方法同转篮法。

第三法：小杯法

搅拌桨由不锈钢材料制成，旋转时摆动幅度不得超过±0.5mm，操作容器为250ml圆底烧杯。测定时，量取经脱气处理的溶剂100~250ml注入每个操作容器内，其他操作及结果判断方法同转篮法。

实践项目

实践项目一 空白片的制备

【实践目的】

1. 掌握湿法制粒压片的过程和技术。

2. 初步学会单冲压片机的调试，能正确使用单冲压片机。

3. 会分析片剂处方的组成和各种辅料在压片过程中的作用。

4. 熟悉片剂重量差异、崩解时限、硬度和脆碎度的检查方法。

【实践内容】

一、空白片的制备

处方：蓝淀粉（代主药）　40.0g　　　糖粉　　　132.0g

　　　糊精　　　　　　92.0g　　　淀粉　　　200.0g

　　　50%乙醇　　　　88.0ml　　　硬脂酸镁　2.3g

　　　共制　　　　　　4000片

1. 颗粒的制备

（1）备料　按处方量称取物料，物料要求能通过80筛。称量时，应注意核对品名、规格、数量，并做好记录。

（2）混合　取蓝淀粉与糖粉，糊精和淀粉以等量递加法混匀，然后过60目筛2次，使其色泽均匀。

（3）制软材　在迅速搅拌状态下用喷雾法加入乙醇，迅速搅拌并制成软材，以"手握成团、轻压即散"为度。

（4）制湿颗粒　将软材手工挤压过14目筛制粒。

（5）干燥　将湿颗粒置于瓷盘中，分摊均匀，放入烘箱内60℃干燥2h。在干燥过程中应隔一定的时间将颗粒翻动一次，以保证干燥均匀。

（6）整粒和总混　干粒过10目筛整粒，加入硬脂酸镁混匀。

（7）将颗粒称重，计算片重。

2. 压片操作

（1）单冲压片机的安装

① 首先装好下冲头，旋紧固定螺钉，旋转片重调节器，使下冲头在较低的部位。

② 将模圈装入冲模平台，旋紧固定螺钉，然后小心地将模板装在机座上，注意不要损坏下冲头。调节出片调节器，使下冲头上升到恰与模圈齐平。

③ 装上冲头并旋紧固定螺钉，转动压力调节器，使上冲头处在压力较低的部位，用手缓慢地转动压片机的转轮，使上冲头逐渐下降，观察其是否在冲模的中心位置，如果不在中心位置，应上升上冲头，稍微转动平台固定螺钉，移动平台位置直至上冲头恰好在冲模的中心位置，旋紧平台固定螺钉。

④ 装好饲料靴、加料斗，用手转动压片机转轮，如上下冲移动自如，则安装正确。

（2）将颗粒加入加料斗进行试压片　试压时先调节片重调节器至片重符合要求，再调节压力调节器至硬度符合要求。

（3）试压后，进行正式压片。

（4）压片结束，停机。

二、片剂的质量检查

1. 片剂外观

应完整光洁、色泽均匀。

2. 片重差异

取20片精密称重总重量，求得平均片重。再分别精密称定各片片重，每片片重与平均片重比较，超出重量差异限度的药片不得多于2片，并不得有1片超出重量差异限度的1倍。

3. 崩解时限

吊篮法。取6片，分别置于崩解仪吊篮的6个玻璃管中，开动仪器使吊篮进入（37℃±0.1℃）的水中，并按一定的频率和幅度往复运动（30～32次/min）。从片剂置于玻璃管时开始计时，至片剂全部崩解成碎片并全部通过玻璃管底部的筛网（Φ2mm）为止，该时间即为片剂的崩解时间，应符合规定崩解时限（普通片为15min）。如有1片不符合要求，应另取6片复试，均应符合规定。

4. 硬度

开启电源开关，拨选择开关至硬度档，检查硬度指针是否零位，若不在零位，则将倒顺开关置于"倒"的位置。指针回到零位后，将硬度盒盖打开，径向夹住被测药片。将倒顺开关置于"顺"的位置，硬度指针左移，压力逐渐增加。药片碎裂自动停机，读出此时的刻度即为硬度值（kg），随后将倒顺开关拨至"倒"的位置，指针推到零位。测定3～6片，取平均值。

5. 脆碎度

取20片，精密称定总重量后放入片剂四用测定仪脆碎盒中。选择开关拨至脆碎位置，振动4min，除去细粉和碎粒，称重后与原药片总重量比较，其减重率不得超过1.0%。

实践结果：将实践所得结果填入下表中，并判断所制备的片剂是否符合质量要求。

项目	数据与结论
片重差异	平均片重： 超出重量差异限度片数： 最大超限者为差限的倍数： 结论：
崩解时限	不加挡板： 结论：
硬度	方法： 结论：
脆碎度	方法： 结论：

注：① 蓝淀粉为主药，其含量约仅占片重的10%，因此可代表含微量药物的片剂。

② 糖粉和糊精为干燥黏合剂，淀粉为稀释剂和崩解剂，乙醇为润湿剂，硬脂酸镁为润滑剂。

③ 蓝淀粉与赋形剂必须充分混匀，否则压成的片剂可出现色斑等现象。

④ 因季节、地区不同，所加乙醇量应相应变化，也就是温度高可稍增加一些，温度低则用醇量可稍减一些。

实践项目二 复方乙酰水杨酸片的制备

【实践目的】

1. 能按操作规程操作 ZPS008 旋转式压片机。

2. 能进行压片机的清洁和维护。

3. 能对压片过程中出现的不合格片进行判断，并能分析找出原因并提出解决方法。

4. 能按清场规程进行清场。

【实践内容】

处方：乙酰水杨酸（粒状结晶）　2268g　　非那西丁（细粉）　1620g

　　　咖啡因（细粉）　250g　　　　　淀粉　　　　　　　660g

　　　17%淀粉浆（自制）　适量　　　滑石粉　　　　　　400g

　　　共制 50 片

制法：

1. 取非那西丁、咖啡因与 2/3 量淀粉混匀，加淀粉浆制粒。

2. 干颗粒过 14 目筛整粒。将此颗粒与乙酰水杨酸结晶混匀，加剩余的 1/3 量淀粉和滑石粉后，于混合机中进行总混。

3. 压片。见压片操作部分内容。

注意事项：

1. 压片时经常检查设备运转情况，发现异常及时处理。

2. 乙酰水杨酸易水解，操作时尽量避免与金属接触，采用尼龙筛。

3. 压片过程中每 15～30min 测一次片重。

4. 压片过程中注意物料量，保证加料斗内的物料在一半以上。

5. 料斗内物料低于一半时应及时降低车速或停车。

实践项目三　复方乙酰水杨酸片的包衣

【实践目的】

1. 掌握片剂包衣岗位操作方法。

2. 掌握片剂包衣的生产工艺操作要点及其质量控制要点。

3. 掌握 BGB-10C 高效包衣机的操作规范、标准及其要点。

4. 掌握 BGB-10C 高效包衣机的清洁、保养的操作规范。

5. 熟悉 BGB-10C 高效包衣机的使用。

【实践内容】

1. 包衣液的配制

将 HPMC 4g 溶解在 80％乙醇 95g 中，加热至 40℃，在搅拌状态下缓缓、连续撒入色彩包衣粉欧巴代 5g。加入完毕后开始计时，继续搅拌 45min。包衣液不应有结块，必要时过 100 目筛 2 次，滤出块状物，待包衣液混合均匀后即可用。

2. 包衣操作

取实践项目二制备的复方乙酰水杨酸片投入包衣机内，按 BGB-10C 高效包衣机的操作规程进行操作。见正文片剂制备中的包衣操作。

3. 质量检查

(1) 外观检查　取样品 100 片，平铺于白底板上，置于 75W 光源下 60cm 处，距离片剂 30cm，以肉眼观察 30s。检查结果应符合下列规定：完整光洁，色泽一致；80～120 目色点应<5％，麻面<5％，中药粉末片除个别外应<10％，并不得有严重花斑及特殊异物；包衣中的畸形片不得超过 0.3％。

(2) 增重　取 20 片薄膜衣片，精密称定总重量，求平均片重与片芯平均片重比较。

(3) 被覆强度检查　将包衣片 50 片置于 250W 红外线灯下 15cm 处，加热 4h 进行检查。根据实验结果，判断是否合格。

(4) 崩解度　见本项目实践项目一的质量检查。

【操作注意】

① 要求素片硬度足够、耐磨，包衣前筛去细粉，以防包衣片片面不光洁。

② 配制包衣液时，使包衣粉成细流缓慢而且不间断地加入，应一次性撒入。包衣液中不应有结块。

③ 包衣操作时，包衣液的喷速与吹风速度应适宜，使片面略带润湿，而且不使片面黏连。温度不宜过高或过低。温度高则干燥过快，成膜不均匀；温度低则干燥太久，造成黏连。

自我测试

一、单选题

1. 用于口含片或可溶性片剂的填充剂是（　　）。
   A. 淀粉　　　　　　　　B. 糖粉　　　　　　　　C. 可压性淀粉　　　　D. 硫酸钙

2. 一步制粒机完成的工序是（　　）。
   A. 制粒→混合→干燥　　　　　　　　　　B. 过筛→混合→制粒→干燥
   C. 混合→制粒→干燥　　　　　　　　　　D. 粉碎→混合→干燥→制粒

3. 对湿热不稳定的药物不适宜选用的制粒方法是（　　）。
   A. 过筛制粒　　　　　B. 流化喷雾制粒　　　　C. 喷雾干燥制粒　　　D. 压大片法制粒

4. 湿法制粒压片的工艺流程是（　　）。
   A. 制软材→制湿粒→粉碎→过筛→整粒→混合→压片
   B. 粉碎→制软材→干燥→整粒→混合→压片
   C. 混合→过筛→制软材→制湿粒→整粒→压片
   D. 粉碎→过筛→混合→制软材→制湿粒→干燥→整粒→总混→压片

5. 最能间接反映片剂中药物在体内吸收情况的体外指标是（　　）。
   A. 含量均匀度　　　　B. 崩解度　　　　　　　C. 溶出度　　　　　　D. 硬度

6. 可作为肠溶衣的高分子材料是（　　）。
   A. 羟丙基纤维素　　　　　　　　　　　　B. 丙烯酸树脂Ⅱ号
   C. Eudragit EL　　　　　　　　　　　　D. 羟丙基甲基纤维素

7. 压片用干颗粒的含水量宜控制在（　　）之内。
   A. 1%　　　　　　　　B. 2%　　　　　　　　　C. 3%　　　　　　　　D. D.4%

8. 不是片剂包衣目的是（　　）。
   A. 增进美观　　　　　　　　　　　　　　B. 控制药物释放速度
   C. 防止片剂碎裂　　　　　　　　　　　　D. 掩盖药物不良嗅味

9. 粉末直接压片用的填充剂、干黏合剂是（　　）。
   A. 糊精　　　　　　　B. 淀粉　　　　　　　　C. 羧甲基淀粉钠　　　D. 微晶纤维素

10. 可作片剂助流剂的是（　　）。
    A. 糊精　　　　　　　B. 聚维酮　　　　　　　C. 硬脂酸镁　　　　　D. 微粉硅胶

11. 润滑剂用量不足会造成（　　）。
    A. 裂片　　　　　　　　　　　　　　　　B. 黏冲
    C. 崩解超限　　　　　　　　　　　　　　D. 含量均匀度不合格

12. 颗粒粗细相差悬殊或颗粒流动性差时易产生（　　）。
    A. 裂片　　　　　　　B. 片重差异超限　　　　C. 松片　　　　　　　D. 黏冲

13. 湿法制粒压片工艺中制粒的目的是为了改善药物的（　　）。
    A. 可压性和流动性　　　　　　　　　　　B. 崩解性和溶出性
    C. 防潮性和稳定性　　　　　　　　　　　D. 润滑性和抗黏着性

14. 《中国药典》规定，泡腾片的崩解时限为（　　）。
    A. 5min　　　　　　　B. 10min　　　　　　　C. 15min　　　　　　D. 30min

15. 不做崩解时限检查的是（　　）。
    A. 包衣片　　　　　　B. 舌下片　　　　　　　C. 咀嚼片　　　　　　D. 多层片

16. 旋转压片机调节片子硬度的正确方法是通过（　　）。
    A. 调节皮带轮旋转速度　　　　　　　　　B. 调节下压轮的位置
    C. 改变上压轮的直径　　　　　　　　　　D. 调节加料斗的口径

17. 压片的工作过程为（　　）。
    A. 混合→饲料→压片→出片　　　　　　　　　B. 混合→压片→出片
    C. 压片→出片　　　　　　　　　　　　　　　D. 饲料→压片→出片
18. 已检查含量均匀度的片剂，不必再检查（　　）。
    A. 硬度　　　　　　　B. 脆碎度　　　　　　C. 崩解度　　　　　　D. 片重差异限度
19. 代乳糖的组成物质有（　　）。
    A. 淀粉、糊精、蔗糖　　　　　　　　　　　B. 淀粉、糊精、果糖
    C. 淀粉、糊精、葡萄糖　　　　　　　　　　D. 蔗糖、果糖、葡萄糖
20. 压片时出现松片现象，不恰当的解决措施是（　　）。
    A. 选黏性较强的黏合剂或湿润剂重新制粒　　　B. 颗粒含水量控制适中
    C. 将颗粒增粗　　　　　　　　　　　　　　D. 调整压力
21. 关于肠溶片的叙述，错误的是（　　）。
    A. 胃内不稳定的药物可包肠溶衣　　　　　　B. 强烈刺激胃的药物可包肠溶衣
    C. 必要时也可将肠溶片粉碎服用　　　　　　D. 肠溶衣片服用时不宜嚼碎
22. 湿法制粒压片时，主药和辅料的细度一般要求为（　　）。
    A. 80目　　　　　　B. 80～100目　　　　C. 100目　　　　　　D. 100～120目
23. 已检查溶出度的片剂，不必再检查（　　）。
    A. 硬度　　　　　　　B. 脆碎度　　　　　　C. 崩解度　　　　　　D. 片重差异
24. 包糖衣的生产工艺流程，正确的为（　　）。
    A. 隔离层→粉衣层→糖衣层→色衣层→打光　　B. 粉衣层→隔离层→糖衣层→色衣层→打光
    C. 隔离层→粉衣层→色衣层→糖衣层→打光　　D. 隔离层→糖衣层→粉衣层→色衣层→打光
25. 常作为粉末直接压片中助流剂的是（　　）。
    A. 淀粉　　　　　　　B. 糊精　　　　　　　C. 糖粉　　　　　　　D. 微粉硅胶
26. 需加速崩解、提高疗效，治疗胃部疾病的药物如 $Al(OH)_3$ 宜制成（　　）。
    A. 泡腾片　　　　　　B. 咀嚼片　　　　　　C. 多层片　　　　　　D. 植入片
27. 为增加片剂的体积和重量，应加入（　　）。
    A. 稀释剂　　　　　　B. 崩解剂　　　　　　C. 吸收剂　　　　　　D. 润滑剂
28. 为启发或降低物料的黏性，宜用（　　）。
    A. 稀释剂　　　　　　B. 润湿剂　　　　　　C. 吸收剂　　　　　　D. 黏合剂
29. 决定了片剂的大小、形状，且是压片机中直接实施压片的部分的是（　　）。
    A. 冲模　　　　　　　B. 调节器　　　　　　C. 模圈　　　　　　　D. 饲料器
30. 单冲压片机调节片重的方法是（　　）。
    A. 调节上冲在模孔中下降的位置　　　　　　B. 调节上冲在模孔中上升的高度
    C. 调节下冲在模孔中下降的位置　　　　　　D. 调节下冲在模孔中上升的高度
31. 最常用的包衣方法是（　　）。
    A. 滚转包衣法　　　　B. 流化包衣法　　　　C. 喷雾包衣法　　　　D. 干压包衣法
32. 为避免有机溶剂的影响，现常用的包衣方法是（　　）。
    A. 水分散体技术　　　B. 固体分散技术　　　C. 流化技术　　　　　D. 微囊化技术
33. 最常用的纤维素类薄膜衣料是（　　）。
    A. HPMC　　　　　　B. HPC　　　　　　　C. PVP　　　　　　　D. 丙烯酸树脂Ⅳ号
34. 最常用的纤维素类肠溶衣料是（　　）。
    A. CAP　　　　　　　　　　　　　　　　　B. 丙烯酸树脂Ⅱ、Ⅲ号
    C. 丙烯酸树脂Ⅳ号　　　　　　　　　　　　D. HPMCP
35. 小剂量药物必须测定（　　）。
    A. 含量均匀度　　　　B. 溶出度　　　　　　C. 崩解度　　　　　　D. 硬度
36. 颗粒在干燥过程中发生可溶性成分迁移，将造成片剂的（　　）。

A. 黏冲　　　　　　　B. 花斑　　　　　　　C. 崩解迟缓　　　　　　D. 硬度过大

37. 受热易分解的小剂量药物片剂一般不选用的压片方法是（　　）。
　　A. 滚压法制粒压片　　　　　　　　　　B. 空白制粒压片
　　C. 喷雾制粒压片　　　　　　　　　　　D. 粉末直接压片

38. 为片剂常用崩解剂的是（　　）。
　　A. 淀粉、L-HPC、CMC-Na　　　　　　B. HPMC、PVP、L-HPC
　　C. PVPP、HPC、CMS-Na　　　　　　　D. CMC-Na、PVPP、CMS-Na

39. 关于片剂中药物溶出度，说法错误的是（　　）。
　　A. 亲水性辅料促进药物溶出　　　　　　B. 药物被辅料吸附则阻碍药物溶出
　　C. 溶剂分散法混合药物促进药物溶出　　D. PEG为润滑剂时，用量过多则阻碍药物溶出

二、多选题

1. 需做崩解度检查的片剂是（　　）。
　　A. 普通压制片　　　　　B. 肠溶衣片　　　　　C. 糖衣片
　　D. 口含片　　　　　　　E. 多层片

2. 可用于粉末直接压片的辅料是（　　）。
　　A. 糖粉　　　　　　　　B. 喷雾干燥乳糖　　　C. 可压性淀粉
　　D. 微晶纤维素　　　　　E. 羧甲基淀粉钠

3. 片剂包衣的目的是（　　）。
　　A. 掩盖药物的不良嗅味　　B. 增加药物的稳定性　　C. 控制药物释放速度
　　D. 避免药物的首过效应　　E. 改善可压性和流动性

4. 引起片重差异超限的原因有（　　）。
　　A. 颗粒中细粉过多　　　B. 颗粒的可压性不好　　C. 颗粒的流动性不好
　　D. 冲头与模孔吻合性不好　E. 加料斗内物料的重量波动

5. 肠溶衣材料是（　　）。
　　A. 羟丙基甲基纤维素　　B. 邻苯二甲酸醋酸纤维素　　C. Eudragit E
　　D. Eudragit L　　　　　E. 丙烯酸树脂Ⅳ号

6. 片剂的质量检查项目是（　　）。
　　A. 片重差异限度　　　　B. 硬度　　　　　　　C. 崩解度
　　D. 溶出度　　　　　　　E. 脆碎度

7. 剂量很小又对湿热很不稳定的药物可采取（　　）。
　　A. 过筛制粒压片　　　　B. 空白颗粒压片　　　C. 高速搅拌制粒压片
　　D. 粉末直接压片　　　　E. 喷雾干燥制粒压片

8. 生产片剂时，在压片前先要制粒的目的有（　　）。
　　A. 改善可压性和流动性　　　　　　　　B. 避免分层，保证片剂含量均匀
　　C. 降低成本，提高药物疗效　　　　　　D. 降低细粉飞扬和黏冲等现象
　　E. 流动性增加使片重和含量均匀

9. 造成黏冲的原因有（　　）。
　　A. 压力过大　　　　　　B. 颗粒含水量过多　　C. 冲模表面粗糙
　　D. 润滑剂用量不足　　　E. 颗粒中细粉过多

10. 同种物料在单冲压片机上压片，片重主要决定于（　　）。
　　A. 压力大小　　　　　　　　　　　　　B. 下冲头在模圈内位置的高低
　　C. 颗粒的粗细　　　　　　　　　　　　D. 冲模的大小
　　E. 上冲头在模圈内下降的深度

11. 测定片剂溶出度的原因是（　　）。
　　A. 有些片剂崩解度合格，但溶出并不好
　　B. 溶出度与生物利用度有相关关系
　　C. 溶出度检测简单易行，利于控制片剂质量
　　D. 只有溶出的药物才能被机体吸收

E. 测定溶出度就不需测生物利用度

12. 必须测定溶出度的药物是（　　）。

    A. 难溶性药物   B. 小剂量强效药物   C. 刺激性药物

    D. 久贮后溶解度下降的药物   E. 易氧化的药物

13. 流化技术在片剂制备中用于（　　）。

    A. 制粒   B. 干燥   C. 包衣

    D. 混合   E. 制软材

14. 与片剂成型有关的因素有（　　）。

    A. 药物性状   B. 冲模大小   C. 压片机的类型

    D. 结晶水及含水量   E. 黏合剂与润滑剂

15. 与黏冲有关的是（　　）。

    A. 压力过小   B. 黏合剂用量不足   C. 颗粒太潮

    D. 润滑剂用量不足   E. 压力过大

16. 片剂制粒压片法包括（　　）。

    A. 结晶直接压片   B. 滚压法制粒压片   C. 一步制粒法压片

    D. 湿法制粒压片   E. 压大片法制粒压片

17. 可掩盖药物不良嗅味的是（　　）。

    A. 散剂   B. 颗粒剂   C. 胶囊剂

    D. 包衣片   E. 外用片

18. 有关片剂制备的叙述中，错误的是（　　）。

    A. 颗粒中细粉太多能形成黏冲   B. 可压性强的原辅料，压成的片剂崩解慢

    C. 颗粒过干会造成裂片   D. 随压力增大，片剂的崩解时间都会延长

    E. 装料量的多少影响片子的重量

19. 与崩解迟缓有关的是（　　）。

    A. 压力过小   B. 润滑剂用量不足   C. 下冲不灵活

    D. 黏合剂用量过多   E. 崩解剂用量不足

20. 关于片剂溶出度的叙述，正确的是（　　）。

    A. 小剂量片剂需测溶出度   B. 转篮法为溶出度的测定方法

    C. 难溶性药物必须测定溶出度   D. 内服片剂都应检查溶出度

    E. 外用片不需检查溶出度

21. 制备片剂时，发生裂片的原因是（　　）。

    A. 压片时压力过大   B. 选用黏合剂不当   C. 颗粒过分干燥

    D. 润滑剂用量使用过多   E. 压片时压力过小

22. 若通过筛网的湿粒呈疏松的粉粒或细粉多，则主要是因为（　　）。

    A. 筛网孔径过大   B. 黏合剂用量不足   C. 筛网孔径过小

    D. 过筛时机械力太小   E. 润湿剂用量不足

23. 制备片剂时发生松片的原因是（　　）。

    A. 原料的粒子太小   B. 选用黏合剂不当   C. 压力过小

    D. 颗粒含水量不当   E. 润滑剂用量使用过多

24. 可不作崩解时限检查的有（　　）。

    A. 舌下片   B. 控释片   C. 口含片

    D. 咀嚼片   E. 普通片

25. 宜加入矫味剂的片剂是（　　）。

    A. 咀嚼片   B. 口含片   C. 泡腾片

    D. 植入片   E. 舌下片

26. 多层片具有的特点是（　　）。

    A. 兼有速效、长效作用   B. 兼有缓控释作用   C. 兼有靶向作用

D. 避免复方制剂的配伍禁忌　　　　　E. 透过皮肤吸收

27. 属于口腔片的是（　　）。
    A. 口含片　　　　　　　　　B. 舌下片　　　　　　　　　C. 泡腾片
    D. 咀嚼片　　　　　　　　　E. 包衣片

28. 关于舌下片的叙述，正确的是（　　）。
    A. 起速效作用　　　　　　　B. 可避免药物的首过效应　　C. 起长效作用
    D. 硝酸甘油宜制成舌下片　　E. 药物在舌下黏液中溶解而吸收

29. 关于植入片的叙述，正确的是（　　）。
    A. 应符合无菌要求　　　　　B. 适宜于小剂量强效药物　　C. 起长效作用
    D. 激素类药物可制成植入片　E. 临用前加水溶解

30. 属于崩解剂的为（　　）。
    A. CMS-Na　　　　　　　　B. CMC-Na　　　　　　　　C. 交联 PVP
    D. PVP　　　　　　　　　　E. L-HPC

31. 作为润滑剂应具有（　　）。
    A. 润湿性　　　　　　　　　B. 润滑性　　　　　　　　　C. 助流性
    D. 抗黏性　　　　　　　　　E. 可压性

32. 一步制粒是集物料的哪些过程在同一设备内一次完成（　　）。
    A. 混合　　　　　　　　　　B. 制软材　　　　　　　　　C. 制粒
    D. 干燥　　　　　　　　　　E. 包衣

33. 干颗粒除应具有良好的流动性和可压性外，还应符合的要求是（　　）。
    A. 主药含量符合规定　　　　B. 细粉含量为 20%～40%　　C. 含水量为 1%～3%
    D. 硬度适中　　　　　　　　E. 应完整无长条

34. 压片机中，可供调节的是（　　）。
    A. 压力调节器　　　　　　　B. 片重调节器　　　　　　　C. 出片调节器
    D. 饲料调节器　　　　　　　E. 预压调节器

35. 常用的压片机有（　　）。
    A. 单冲　　　　　　　　　　B. 多冲　　　　　　　　　　C. 双冲
    D. 三冲　　　　　　　　　　E. 四冲

36. 欲粉末直接压片，必须解决的问题是（　　）。
    A. 原料的可压性　　　　　　　　　　　　B. 选择流动性、可压性好的辅料
    C. 改进压片机　　　　　　　　　　　　　D. 降低成本
    E. 原料的流动性

37. 粉末直接压片时，必须对压片机进行（　　）。
    A. 改善饲料装置　　　　　　B. 增加预压装置　　　　　　C. 控制湿度
    D. 改善除尘装置　　　　　　E. 控制温度

38. 压力过大或过小，可使片剂（　　）。
    A. 裂片　　　　　　　　　　B. 松片　　　　　　　　　　C. 黏冲
    D. 崩解迟缓　　　　　　　　E. 溶出超限

39. 黏合剂选择不当或用量不适，可使片剂（　　）。
    A. 裂片　　　　　　　　　　B. 松片　　　　　　　　　　C. 黏冲
    D. 崩解迟缓　　　　　　　　E. 溶出超限

40. 为提高难溶性药物的溶出速率，可采取的措施有（　　）。
    A. 加入亲水性辅料　　　　　B. 制成固体分散体　　　　　C. 主药微粉化
    D. 加入疏水性辅料　　　　　E. 制成 β-环糊精包合物

41. 为避免片剂含量不均匀，宜（　　）。
    A. 采用等量递加法　　　　　B. 采用溶剂分散法　　　　　C. 主药微粉化
    D. 加入亲水性辅料　　　　　E. 采用流化干燥，避免可溶性成分迁移

42. 通过包衣，可以（　　）。
　　A. 掩盖药物的不良嗅味　　　　B. 增加药物稳定性　　　　C. 美观
　　D. 防止药物的配伍变化　　　　E. 避免药物被胃液破坏

43. 包肠溶衣的目的是（　　）。
　　A. 破坏减少药物对胃的刺激性　　　　　　B. 避免药物被肠液破坏
　　C. 避免药物被胃液破坏　　　　　　　　　D. 增加在肠道中吸收的药物的作用
　　E. 增加药物在体内的稳定性

44. 包糖衣时，具有防水、防潮作用的是（　　）。
　　A. 隔离层　　　　　　　　B. 粉衣层　　　　　　　　C. 糖衣层
　　D. 色衣层　　　　　　　　E. 打光

45. 糖衣片存在的问题有（　　）。
　　A. 吸潮　　　　　　　　　B. 风化　　　　　　　　　C. 龟裂
　　D. 色斑　　　　　　　　　E. 出汗

46. 肠溶衣存在的问题有（　　）。
　　A. 胃内即崩解　　　　　　B. 口腔即崩解　　　　　　C. 胃内不崩解
　　D. 肠内仍不崩解　　　　　E. 肠内崩解

47.《中国药典》规定，测定溶出度可用（　　）。
　　A. 转篮法　　　　　　　　B. 循环法　　　　　　　　C. 桨法
　　D. 小杯法　　　　　　　　E. 旋转法

三、问答题

1. 什么是片剂？有何特点？可分为哪几类？各有何应用特点？
2. 片剂的赋形剂有哪几类？各有何应用特点？举例说明。
3. 片剂的制备有哪些方法？各工序分别需要什么设备？操作时应注意哪些问题？
4. 常用的压片机有哪几种？各有何性能特点？怎样使用和保养旋转式压片机？
5. 什么情况下可粉末直接压片？常用的辅料是什么？生产中存在哪些问题？
6. 压片时可能发生哪些问题？原因何在？怎样解决？
7. 包衣的目的、种类、方法有哪些？包衣片应符合哪些质量要求？包衣机由哪几部分组成？
8. 糖衣片、薄膜衣片、肠溶衣片各有何特点？常用衣料是什么？
9. 包糖衣的工艺流程是怎样的？各衣层有何作用？
10. 片剂的质量评价项目有哪些？片剂四用测定仪可测定哪些项目？
11. 哪些药物必须测定含量均匀度？《中国药典》对片重差异限度的要求怎样？
12. 溶出度常用何法测定？哪些药物必须测定溶出度？测定时应注意什么？
13.《中国药典》对片剂的崩解度有何规定？
14. 压片机中的调节器有哪些？怎样调节？
15. 压片的工作过程是怎样的？决定片剂形状、大小的是什么？

项目十一　微丸与滴丸工艺与制备

知识目标： 掌握滴丸的生产工艺流程。

熟悉微丸、滴丸的概念、特点。

熟悉微丸、滴丸的常用材料和制备技术。

了解滴丸机的结构、工作原理。

能力目标： 能对滴丸所用基质与冷凝剂进行筛选与选择。

知道微丸和滴丸的制备方法和基本过程。

必备知识

一、微丸的工艺与制备

（一）概述

1. 微丸的发展简述

我国很早就有微丸制剂，如知名的"六神丸"、"保济丸"、"人丹"等都是微丸中药制剂的典型代表。1949年Smith Kline和French等认识了微丸在缓控释制剂方面的潜力，将微丸装入胶囊制成适合临床的缓控释制剂，使得微丸制剂得到了较大发展，如国内知名的"康泰克"、"洛赛克"均是微丸制剂。

2. 微丸的含义

微丸又称小丸（pellet），是指直径约为1mm，一般不超过2.5mm的小球状口服剂型，在制药工业中制备的小丸常在$500\sim1500\mu m$之间。小丸可装入胶囊、压成片剂或采用其他包装供临床使用。采用不同的处方及制备方法，可将药物制成速释、缓释或其他用途的微丸剂。

3. 微丸的优点

微丸是一种多单元剂量分散型剂型，即一个剂量往往由多个分散的单元组成，通常一个剂量由几十至几百个小丸组成，与其他单剂量剂型相比，具有如下优点。

① 微丸服用后可广泛分布在胃肠道内，由于剂量倾出分散化，药物在胃肠道表面分布面积增大，使药物生物利用度增大的同时对胃肠道的刺激性减少或消除。

② 微丸在胃肠道内基本不受食物输送节律影响，直径小于2mm的微丸，即使当幽门括约肌闭合时，仍能通过幽门，因此小丸在胃肠道的吸收一般不受胃排空影响，对于同样工艺质量的产品，增强了获得重现性较好的临床效果的可能性。

③ 微丸的释药行为是组成一个剂量的各个小丸释药行为的总和，个别小丸在制备上的失误或缺陷不至于对整体制剂的释药行为产生严重影响，因此在释药规律的重现性、一致性方面优于缓释片剂。

④ 几种不同释药速率的小丸可按需要制成胶囊，服后既可使血药浓度迅速达到治疗效果，又能维持较长作用时间，血药浓度平稳，有重现性，不良反应发生率低。

⑤ 由不同小丸组成的复方胶囊，可增加药物稳定性，提高疗效，降低不良反应，而且生产时便于控制质量。

⑥ 外形美观，流动性好，粉尘少。

（二）微丸的制备

微丸最早的制备方法是手工泛丸，但该操作不但繁琐，而且成品质量，如含量、崩解、微生物均不能有效控制。随着微丸在制剂中优势得到认可，微丸在制剂中应用的加大，其制备技术也在迅速发展，各种制丸方法不断产生，生产工艺从最早的手工制作，发展到半机械化，目前已进入智能化、全自动化的制备阶段。

常用的制备方法包括以下几种。

1. 包衣锅制备微丸

此法是比较传统的制备方法。又分为滚动泛丸法和湿颗粒滚动成丸法和空白丸芯滚丸法。

（1）滚动泛丸法　即将药物和辅料混合粉末直接置包衣锅中，喷洒润湿剂或黏合剂，滚动成丸。如卡托普利控释微丸的制备。

（2）湿颗粒滚动成丸法　即将药物与辅料粉末混合均匀，加入黏合剂制成软材，过筛制粒，于包衣锅或旋转式制粒机中滚制成小球，包衣后即得所需微丸。为了改善圆整度，还可在颗粒滚制成球的过程中喷入液体黏合剂或润湿剂，撒入药物或药物与辅料的混合粉末，如此反复操作，制成大小适宜、圆整度较好的微丸。如肠溶红霉素微丸的制备可采用此法：将红霉素与辅料充分混合，湿法制粒，于包衣锅中以一定转速滚制成丸，干燥后再包肠溶衣即得。

（3）空白丸芯滚丸法　即采用球形空白丸芯为种子，置包衣锅中，喷入适宜黏合剂溶液，撒入药物粉末或药物与辅料的混合粉末，滚转成丸；也可将药物溶解或混悬于溶液中，喷包在丸芯上成丸，因载药量较少，一般约负载50%的药量，适于剂量较小的药物制丸。

用包衣锅制微丸，影响微丸圆整度的因素很多，主要有药物粉末的性质；赋形剂及黏合剂的种类和用量；环境的温、湿度；物料一次投入量的多少；包衣锅的形状、转速、倾角；母核的形状等。传统的包衣锅泛丸存在对操作者的经验要求高、劳动强度大、干燥能力低的缺点，由于喷雾是间断的，生产效率极低、成品收率低、工艺重复性极差、粉尘污染大、通过验证困难。因此现在多采用高效无孔包衣机，它具有埋管式送风装置，干燥是以对流方式进行的，其特点是：①干燥速度高，操作时间短；②热风穿过物料层，热利用率高，能量损失小；③密闭操作，无粉尘飞扬，交叉污染小；④连续喷雾，可采用程控操作；⑤制得微丸圆整度高，脆碎度较挤压抛圆法高；⑥对成丸辅料没有特殊要求。在一定程度上弥补了包衣锅制丸的不足。

2. 离心造粒法制备微丸

此法应用离心造粒机可在密闭的系统内完成混合、起母、放大、成丸、干燥和包衣全过程，造出圆而均匀的球粒。离心造粒的主机是一台同时具有流化作用的离心机，制丸时可将部分药物与辅料的混合细粉或母核直接投入离心机流化床内并鼓风，粉料在离心力及摩擦力的作用下，在定子和转子的曲面上形成涡旋运动的粒子流，使粒子得以翻滚和搅拌均匀，通过喷枪喷射入适量的雾化浆液，粉料凝聚成粒，获得球形母核，然后继续喷入雾化浆液并喷撒含药粉料，使母核增大成丸。微丸干燥后，喷入雾化的合适包衣液，使微丸表面包上一定厚度的衣料，即得膜控微丸。

本法也可以采用空白丸芯投入离心机流化床内并鼓风，然后喷入雾化浆液并喷撒含药粉料，达到合适的厚度后，干燥，喷入雾化的合适包衣液进行包衣。

本法具有成丸速度快、丸粒圆整度高、药粉粘锅少、省时省力等优点。如盐酸地尔硫䓬控释微丸的制备。

3. 沸腾床制粒包衣法制备微丸

也叫流化床制丸法，设备由空气压缩系统、动力加热系统、喷雾系统及控制系统组成。其方法是将物料置于流化室内，一定温度的空气由底部经筛网进入流化室，使药物、辅料在流化室内悬浮混合，然后喷入雾化黏合剂，粉末开始聚结成均一的球粒，当颗粒大小达到规定要求时，停止喷雾，形成的颗粒直接在流化室内干燥。

微丸的包衣也在该流化床内进行，因微丸始终处于流化状态，可有效地防止黏连现象。该法的优点是在一个密闭系统内完成混合、制粒、干燥、包衣等工序，缩短操作时间；制得的微丸大小均匀，粒度分布较窄，外形圆整，无黏连；流化床设有粉末回收装置，原辅料不受损失，包衣液的有机溶剂也可回收，有利于操作环境的改善和生产成本的降低，主要设备为 Wurster 装置，国外主要设备有 GPCG-5 型流化床、Aeromatic 多用流化床及 Vecto-Freund 流化床等。

二、滴丸的工艺与制备

（一）概述

滴丸系指固体或液体药物与适当物质（一般称为基质）加热熔化混匀后，滴入不相混溶的冷凝液中、收缩冷凝而制成的小丸状制剂，主要供口服使用。亦可供外用和局部（如耳鼻、直肠、阴道）使用，还有眼用滴丸。《中国药典》一、二部均有收载。滴丸是在中药丸剂的基础上发展起来的，具有传统丸剂所没有的多种优点，所以发展非常迅速。

其主要特点有：

① 溶出速率快，生物利用度高，不良反应小。如联苯双酯滴丸，其剂量只需片剂的1/3。

② 液体药物可制成固体滴丸，便于携带和服用。如芸香油滴丸和牡油滴丸。

③ 增加药物的稳定性。因药物与基质熔融后，与空气接触面积小，从而减少药物氧化挥发，若基质为非水性，则不易水解。

④ 根据药物选用不同的基质，还可制成长效或控释的滴丸。如灰黄霉素制成滴丸，其疗效是片剂的二倍，用于耳腔内治疗的氯霉素滴丸可起长效作用。

⑤ 生产设备简单，操作容易，生产车间内无粉尘，有利于劳动保护；而且生产工序少，周期短，自动化程度高，成本低。

⑥ 但由于目前可使用的基质少，很难制成大丸，因此只能应用于剂量较小的药物。

（二）滴丸的基质和冷却液

滴丸所用的基质一般具备类似凝胶的不等温溶胶与凝胶的互变性，分为两大类。

1. 水溶性基质

常用的有 PEG 类，如 PEG 6000、PEG 4000、PEG 9300，肥皂类，硬脂酸钠及甘油明胶等。

2. 脂溶性基质

常用的有硬脂酸、单硬脂酸甘油酯、氢化植物油、虫蜡等。

常用冷凝液有：液体石蜡、植物油、二甲基硅油和水等，其目的主要是冷却滴出液，冷凝液应根据主药和基质的性质选用，还应根据滴丸与冷凝液相对密度差异，可选用不同的滴制设备，如图 11-1，（a）用于滴丸密度小于冷凝液者，（b）则相反。

工业上可用有 20 个滴头的滴丸机，其生产能力类似 33 冲压片机。

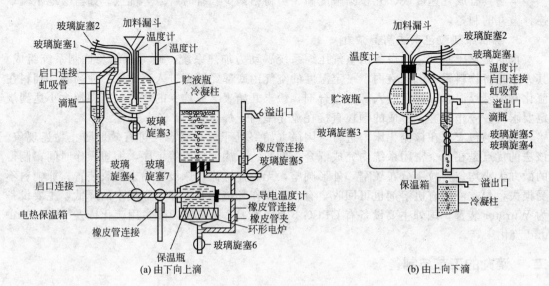

图 11-1 滴丸设备示意图

（三）滴丸的制备和质量检查

1. 工艺流程与设备

滴丸的制备常采用滴制法。滴制法是指将药物均匀分散在熔融的基质中，再滴入不相混溶的冷凝液里，冷凝收缩成丸的方法。一般工艺流程如下：

药物＋基质→混悬或熔融→滴制→冷却→洗丸→干燥→选丸→质检→分装

滴丸的制备也可采用制备固体分散体的方法（如熔融法或溶剂熔融法），即将药物溶解、乳化或混悬于适宜的熔融基质中，通过一适宜口径的滴头，滴入另一种不相混溶的冷却剂中，这时含有药物的基质骤然冷却，由于温度的降低，基质中药物的溶解度也随之减小而产生过饱和状态或析出结晶，由于基质在快速冷却中黏度增大且很快凝固，阻止了药物结晶的形成或阻止结晶聚集长大，促使药物以过饱和或细微结晶形式分散于基质中而形成高度分散的状态。

滴制法所制得的滴丸的重量、形态与滴头管口径、熔融液的温度、冷却液的密度、上下温度差以及滴头距冷却液的距离等因素有关。在一定的条件下，滴头管内径大则滴制的滴丸直径也大，反之则小。基质温度升高，使表面张力降低，则滴丸的重量减少，反之则大，故滴制过程中应保持基质的恒温，以免造成丸重的差异。

滴丸的制备中冷却液的相对密度应轻于（滴丸下沉）或重于（滴丸上浮）滴丸基质，但两者不应相差太大，以免滴丸下沉或上浮太快，造成圆整度不好。冷却液有一定的温度差，使滴出的滴丸初接触的冷却液的温度接近于熔融温度，在表面张力的作用下形成圆形，然后迅速冷却。滴出的滴丸初接触的冷却液如温度过低，滴丸冷却得太快，易形成拖尾丸，使滴丸不圆整。装冷却液的冷却柱要有足够的长度，使滴丸的在重力的作用下完成成型、冷却的过程。适用于水性基质的冷却液有液体石蜡、植物油、甲基硅油等，非水溶性基质常用水，乙醇及水醇混合液等。在制备过程中保证滴丸圆整成型、丸重差异合格的关键是：选择适宜基质，确定合适的滴管内外口径，滴制过程中保持恒温，滴制液液压恒定，及时冷凝等。

2. 滴丸的质量检查

按照《中国药典》对滴丸的质量检查有关规定，滴丸需要进行如下方面的质量检查。

（1）外观　滴丸应大小均匀，色泽一致，表面冷凝液应除去。

（2）重量差异　滴丸重量差异限度应符合表 11-1 中规定。

表 11-1　滴丸的重量差异限度

平均重量	重量差异限度
0.03g 以下或 0.03g	±15%
0.03g 以上至 0.3g	±10%
0.3g 以上	±7.5%

检查法：取供试品 20 丸，精密称定总重量，求得平均丸重后，再分别精密称定每丸的重量。每丸重量与平均片重相比较，超出限度的不得多余 2 丸，并不得有 1 丸超出限度一倍。

包糖衣的滴丸应在包衣前检查丸芯的重量差异，符合表中规定后，方可包衣，包衣后不再检查重量差异。

（3）溶散时限　照崩解时限检查法进行检查，应符合规定。

（4）微生物限度　照微生物限度检查法进行检查，应符合规定。

拓展知识

微丸的新制法

1. 液相球形结聚法

我国于 20 世纪 80 年代初引进了一项新技术：液相中药物球形结聚技术，即药物在溶剂中结晶的同时发生聚结制备微丸。它又可分直接球形结聚法和结晶球形结聚法。

（1）直接球形结聚法　将药物微粒直接混悬于液相中高速搅拌发生结聚。

（2）结晶球形结聚法　药物先溶解，再结晶，在结晶的同时发生凝聚。该法的关键在于选择溶剂体系种类和比例，药物浓度、操作温度和搅拌速度等也影响制剂的质量。如阿司匹林微丸和二硝酸异山梨醇酯（消心痛）微丸。

此技术的优点为：①整个操作过程在液相中完成，操作简单，仪器要求低；②缩短了操作时间；③实验条件（辅料、方法）选择范围大。

2. 振动喷嘴装置法

将熔融的丸芯通过振动喷嘴滴入冷却液中制备一定大小的微丸。微丸大小取决于喷嘴的口径、振动频率及振幅。采用该法时必须考虑到丸芯物料的溶解度、密度和熔点。制备丸芯的物料必备的条件为：①室温为固态，加热为液态；②不溶于冷却液，不扩散；③密度大于冷却液。

3. 喷雾干燥法

喷雾干燥法指利用喷雾干燥机将药物溶液或者药物混悬液喷雾干燥，因液相蒸发而成丸。此方法所得微丸较小，仅几微米至几十微米且具多孔性。

4. 喷雾冻凝法

是将药物与熔化的脂肪类或蜡类混合从顶部喷入一冷却塔中，由于液滴受冷硬化而成丸。

5. 挤出-滚圆法

此法为一种较新型的制丸方法，设备包括挤压装置和滚圆装置两大部分。将药物与辅料等混合均匀后加入水、醇或黏合剂溶液制成软材；然后采用适宜的挤压机将湿料通过具一定孔径的筛网，制成条柱状挤出物，再于滚圆机中用离心转盘高速旋转将圆柱形物料滚制成圆整度极高的球丸，根据条状的长短、湿粒的特性选择不同表面形状的转盘（刀盘或光盘），达到条状辗断及防止打滑的目的，最后进行干燥、包衣。用此法所得微丸大小均匀、粒度分布窄、药物含量均匀，这是目前应用最广的成丸方法，但此法对湿材可塑性要求高，且因挤压产生升温，对热敏性药粉不宜采用。

6. 熔融法

熔融法是指通过熔融的黏合剂将药物、辅料粉末黏合在一起制成微丸，再将微丸包衣制得。此法尤适于对水、热不稳定的药物。用此法可得到粒径为 0.5～2.0 mm 的微丸。所用黏合剂通常熔点小于 120℃并且能够抵抗胃肠道酶的破坏作用，熔融制粒法又可分为熔融高速搅拌混合制粒法和流化熔融制粒法。

熔融高速搅拌混合制粒法主要步骤为：在一个高速搅拌器中，在操作温度高于黏合剂熔点的条件下，将熔融的黏合剂与固体药物粉末进行搅拌、黏合而成颗粒或微丸。

实践项目

实践项目一　微丸的制备

【实践目的】

熟悉常用的微丸的制备工艺过程。

【实践内容】

例1　空白微丸的制备

处方：淀粉　　　300g　　　　滑石粉　　　　　30g
　　　PVP　　　5%　　　　无水乙醇溶液　　100ml

制法：按处方量称取淀粉、滑石粉初混后，过 80 目筛两次混匀，加入黏合剂，18 目筛制粒两次，置包衣锅中滚动，视情况撒粉，成丸后出锅干燥、筛分即得。

例2　挤出-滚圆法制备黄连素微丸

处方：黄连素　　　3.0g　　　微晶纤维素　　　15g
　　　乳糖　　　　12g　　　25%乙醇　　　　适量

制法：

① 按处方量称取黄连素、微晶纤维素和乳糖混合均匀后，加入乙醇适量，混匀。

② 仪器调节。从控制面板上设置挤出速度和滚圆速度。

③ 将混合物料投入于加样漏斗，启动挤出机制成圆柱形物料。

④ 将所制得的圆柱形物料加入于滚筒中，启动滚圆机，制得球形微丸，放料。

⑤ 关闭机器。

注意事项：

① 25%乙醇为润湿剂，用量多少直接关系微丸质量的好坏，若加入太多，滚圆时易粘连成大球，影响粒径均一度，若加入太少，会产生较多细粉。

② 每次实验操作完毕之后需清理仪器。

实践项目二　滴丸的制备

【实践目的】

1. 了解滴丸制备的基本原理。

2. 学会制备滴丸的基本操作。

3. 能对滴丸的质量进行检查。

【**实践内容**】　灰黄霉素滴丸的制备

处方：灰黄霉素　　　　10g　　　　　　PEG 6000　　　90g

制法：取 PEG 6000 在油浴上加热至约 135℃，加入灰黄霉素细粉，不断搅拌使全部熔融，趁热过滤，置贮液瓶中，135℃下保温，用管口内、外径分别为 9.0mm、9.8mm 的滴管滴制，滴速 80 滴/min，滴入含 43% 煤油的液体石蜡（外层为冰水浴）冷却液中，冷凝成丸，以液体石蜡洗丸，至无煤油味，用毛边纸吸去黏附的液体石蜡，即得。

注：

① 灰黄霉素极微溶于水，对热稳定；熔点为 218～224℃；PEG 6000 的熔点为 60℃左右，以 1：9 比例混合，在 135℃ 时可以成为两者的固态溶液。因此，在 135℃ 下保温、滴制、骤冷，可形成简单的低共熔混合物，使 95% 灰黄霉素均为粒径 2μm 以下的微晶分散，因而有较高的生物利用度，其剂量仅为微粉的 1/2。

② 灰黄霉素系口服抗真菌药，对头癣等疗效明显，但不良反应较多，制成滴丸，可以提高其生物利用度，降低剂量，从而减弱其不良反应、提高疗效。

自我测试

一、单选题

1. 影响滴丸圆整度的因素为（　　）。

　A. 液滴在冷凝液中移动速度越快，得到的滴丸越圆整

　B. 液滴在冷凝液中移动速度越慢，得到的滴丸越圆整

　C. 滴出的液滴越大，得到的滴丸越圆整

　D. 冷凝剂的温度越低，得到的滴丸越圆整

2. 滴丸与胶丸的共同点是（　　）。

　A. 均可用滴制法制备　　　　　　　　　　B. 均为球形

　C. 均要用 PEG 类基质　　　　　　　　　　D. 均为药丸

二、多选题

1. 滴丸剂的特点是（　　）。

　A. 疗效迅速、生物利用度高　　　B. 固体药物不能制成滴丸剂　　　C. 生产车间无粉尘

　D. 液体药物可制成固体的　　　　E. 可掩盖药物的不良嗅味

　滴丸剂

2. 可以用泛制法制备的是（　　）。

　A. 水丸　　　　　　　　　　　　B. 浓缩丸　　　　　　　　　　C. 糊丸

　D. 微丸　　　　　　　　　　　　E. 滴丸

3. 为保证滴丸圆整、丸重差异小，正确的是（　　）。

　A. 滴制时保持恒温　　　　　　　B. 滴制液静压恒定　　　　　　C. 滴管口径合适

　D. 及时冷凝　　　　　　　　　　E. 滴速尽量快

4. 制备滴丸的设备组成主要有（　　）。

　A. 滴管　　　　　　　　　　　　B. 保温设备　　　　　　　　　C. 冷却剂容器

　D. 离心设备　　　　　　　　　　E. 干燥设备

三、问答题

1. 什么是微丸，有何特点？

2. 微丸常用制备方法有哪些？

3. 试述滴丸的制备过程。

4. 滴丸的基质和冷凝剂的选择有何要求？

模块四
半固体及其他制剂工艺与制备

项目十二　半固体制剂工艺与制备

知识目标： 熟悉软膏剂的概念、特点。

掌握软膏剂、凝胶剂、眼膏剂的常用基质分类及其制备方法。

能力目标： 能够根据不同的工艺要求选用不同类型的软膏剂基质。

能够生产并通过质检合格的软膏剂、眼膏剂。

必备知识

一、软膏剂工艺与制备

（一）概述

软膏剂（ointments）指药物与适宜基质均匀混合制成的具有一定稠度的半固体外用制剂。软膏剂主要有保护创面、润滑皮肤等作用，但主要用于局部疾病的治疗，如抗感染、消毒、止痒、止痛和麻醉等。

软膏剂的类型按照分散系统分为溶液型、混悬型和乳剂型；按基质的性质和特殊用途分为软膏剂、乳膏剂、凝胶剂、糊剂和眼膏剂等。狭义的软膏剂是药物与油脂性或水溶性基质混合制成的均匀半固体外用制剂。将药物分散或溶解在乳状液型基质中形成的半固体制剂称为乳膏剂。糊剂则是大量的固体粉末（一般 25％以上）均匀分散在适宜的基质中组成的半固体外用制剂。凝胶剂和眼膏剂在本项目中另行介绍。

一般软膏剂应该具备以下质量要求：①软膏剂应均匀、细腻（混悬微粒至少应为细粉）、涂于皮肤上无粗糙感。②黏稠度适宜，易涂布，不熔化流失。③性质稳定，无酸败变质现象，能保持药物固有疗效。④无刺激性、过敏性及其他不良反应。⑤用于创伤面（如大面积烧伤、严重损伤等）的软膏，应预先进行灭菌。眼用软膏剂的配制需在无菌条件下进行。

（二）基质

软膏剂由药物和基质两部分组成，基质不仅是赋形剂，也是药物载体，在软膏剂中所占比例大，对软膏剂质量、药物释放、吸收均有重要影响。理想的基质应具备下列要求：①具有适宜的稠度、黏着性和涂展性，无刺激性。②能与药物的水溶液或油溶液互相混合，并能吸收分泌液。③能作为药物的良好载体，有利于药物的释放和吸收。不与药物发生配伍禁忌，久贮稳定。④不妨碍皮肤的正常功能与伤口的愈合。⑤易洗除，不污染衣物。常用基质分为油脂性基质、乳剂型基质和水溶性基质三大类。

1. 油脂性基质

油脂性基质属于强疏水性物质，主要包括动植物油脂、类脂及烃类等。此类基质涂在皮肤上能形成封闭油膜，促进皮肤水合，对皮肤有保护、软化的作用，主要适用于表皮增厚、角化、皲裂等慢性皮损有软化保护作用，可治疗某些早期感染性皮肤病。由于其释药性差，不易洗除，一般不单独使用，主要用于遇水不稳定的药物制备软膏剂。为克服其疏水性，常加入表面活性剂或者制成乳剂型基质。油脂性基质有如下几种。

（1）烃类　此类基质是指从石油中得到的各种烃的混合物，大部分属于饱和烃。

① 凡士林：又称软石蜡，是由多种分子量烃类组成的半固体状物。由于其是混合物，故有较长的熔程，有黄、白两种，后者由前者漂白而成。化学性质稳定，刺激性小，特别适合遇水不稳定的药物如抗生素等。凡士林吸水量较少，约5％，故只适用于有少量渗出液的患处。若在其中加入适量的羊毛脂、胆固醇或者某些高级醇类等则可提高其吸水性。

② 石蜡与液体石蜡：二者均为从石油中得到的烃类混合物，前者为固体饱和烃，熔程为50～65℃，后者为液体饱和烃，能与多种脂肪油或者挥发油混合。这两种基质与凡士林同类，最宜用于调节凡士林基质的稠度。

（2）类脂类　多为高级脂肪酸与高级脂肪醇化合而成的酯及其混合物，具有类似与脂肪物理性质，但其化学性质较稳定，有一定的表面活性作用及吸水性能。多数与油脂类基质合用，常用的为羊毛脂、蜂蜡及鲸蜡等。

① 羊毛脂：一般是指无水羊毛脂，为淡黄色黏稠膏状物，微臭，熔程36～42℃。主要成分是胆固醇类的棕榈酸酯及游离的胆固醇类。吸水性强，能吸水150％而成油包水型乳剂。为取用方便常吸收30％的水分以改善黏稠度，称为含水羊毛脂。由于羊毛脂性质接近皮脂，故有利于药物透入皮肤。由于其黏性较大而较少单独使用，常与凡士林合用，以改善凡士林的吸水性与穿透性。

② 蜂蜡与鲸蜡：蜂蜡的主要成分为棕榈酸蜂蜡醇酯，有少量游离高级醇类，有较弱吸水性。熔程为62～67℃。主要用于调节软膏剂的硬度和辅助乳化剂。鲸蜡的主要成分为棕榈酸鲸蜡醇酯，并含有其他少量脂肪酸酯。熔程为42～50℃。常用于调节基质的稠度。

③ 二甲基硅油：简称硅油或者硅酮，是一系列不同分子量的聚二甲基硅氧烷的总称，为无色或者淡黄色液体，无臭，无味，黏度随相对分子量的增大而增大，化学性质稳定，疏水性强。对皮肤无刺激性，润滑，易涂布，不妨碍皮肤的正常功能，不污染衣物，对药物的释放与穿透性能较好，是一种较为理想的疏水性基质。常用于乳膏中做润滑剂，最大用量可达10％～30％，也常与其他油脂性原料合用制成防护性软膏。

（3）油脂类　系指从动、植物中取得的高级脂肪酸甘油酯及其混合物。这类基质来源丰富，润滑性、黏稠度适宜，具有良好的涂展性与穿透性。但是由于其分子结构中不饱和键的存在，容易受到外界因素影响而氧化或者酸败。氢化植物油为植物油在催化作用下加氢制成饱和或近饱和的脂肪酸甘油酯。常温下为固态或者半固态，较植物油稳定，不易酸败，也可做基质，但熔点高，价格贵。

2. 乳剂型基质

乳剂型基质与乳剂相仿，由水相、油相及乳化剂三部分组成。油相与水相借乳化剂的作用在一定温度下混合乳化，最后在室温下形成半固体基质。乳剂型基质分为 W/O 型和 O/W 型两类。W/O 型乳剂基质较不含水的油脂性基质容易涂布，能吸收部分水分，油腻性小，且水分从皮肤表面蒸发时有缓和的冷却作用，被称之为"冷霜"。O/W 型乳剂基质能与大量水混合，无油腻性，易于涂布和用水洗除，色白如雪，故有"雪花膏"之称。

乳剂型基质常用的油相多数为半固体或固体，如硬脂酸、蜂蜡、石蜡、高级脂肪醇（如十八醇）等，有时为调节稠度而加入液状石蜡、凡士林或植物油等。常用的水相一般为蒸馏水或者去离子水。常用的乳化剂有肥皂类（脂肪酸的钠、钾、铵盐，新生皂反应）、高级脂肪醇（十六、十八醇）、脂肪醇硫酸酯钠（SDS）、多元醇酯类（脂肪酸甘油酯、吐温和司盘类、聚氧乙烯醇醚类）、乳化剂 OP 等。

乳剂型基质对皮肤表面的分泌物和水分的蒸发无影响，对皮肤的正常功能影响较小。一般乳剂型基质特别是 O/W 型基质软膏中药物的释放和透皮吸收较快，润滑性好，易于涂布。但是此类基质也有一些不足之处，如 O/W 型基质含水量高，易发霉，常需要加入防腐剂，同时，为防止水分的挥发导致软膏变硬，常需加入甘油、丙二醇、山梨醇等做保湿剂，一般用量为 5%～20%。遇水不稳定的药物不宜用乳剂型基质制备软膏。另外，当 O/W 型基质制成的软膏用于分泌物较多的皮肤病，如湿疹时，其吸收的分泌物可被反向吸收，重新透过皮肤而使炎症恶化，故要正确选择适应证。

一般，乳剂型基质适用于亚急性、慢性、无渗出液的皮损和皮肤瘙痒症，忌用于糜烂、溃疡、水疱及脓肿症。

3. 水溶性基质

水溶性基质是由天然或者合成的水溶性高分子物质组成。其优点是释放药物较快，无油腻性，易涂展，对皮肤及黏膜无刺激性，能与水溶液混合并吸收组织渗出液，多用于润湿糜烂创伤，有利于分泌物的排除；常用作腔道黏膜或保护性软膏的基质。此类基质溶解后形成水凝胶，因此也属于凝胶基质。使用较多的是高、低分子量聚乙二醇（PEG）的混合物，甘油明胶，纤维素衍生物（CMC-Na、MC 等）等。

固体 PEG 与液体 PEG 适当比例混合可得半固体的软膏基质，且较常用，可随时调节稠度。易溶于水，能与渗出液混合且易洗除，能耐高温不易霉变。对季铵盐类、山梨酸及羟苯酯类等有配伍变化。不适用于遇水不稳定的药物软膏的制备。

（三）制备及质量评价

1. 软膏剂的制备方法

分为三种：研和法、熔和法和乳化法。溶液型或混悬型软膏剂采用研和法和熔和法，乳剂型软膏剂采用乳化法。

（1）研和法　主要用于半固体油脂性基质的软膏制备。此法适用于小量软膏的制备，可在软膏板上或乳钵中进行。混入基质中的药物常是不溶于基质的。方法是先取药物与部分基质或适宜液体研磨成细腻糊状，再递加其余基质研匀，直到制成的软膏涂于皮肤上无颗粒感。

（2）熔和法　主要用于由熔点较高的组分组成、常温下不能均匀混合的软膏基质。此法适用于大量软膏的制备。方法是先将熔点最高的基质加热熔化，然后将其余基质依熔点高低顺序逐一加入，待全部基质熔化后，再加入药物（能溶者），搅匀并至冷凝，可用电动搅拌机混合。含不溶性药物粉末的软膏经一般搅拌、混合后尚难制成均匀细腻的产品，可通过研磨机进一步研磨使之细腻均匀。

（3）乳化法　乳化法是专门用于制备乳剂型基质软膏剂的方法。将处方中油脂性和油溶性组分一并加热熔化，作为油相，保持油相温度在 80℃左右；另将水溶性组分溶于水，并加热至与油相相同温度，或略高于油相温度，油、水两相混合，不断搅拌，直至乳化完成并冷凝。乳化法中油、水两相的混合方法有三种：

① 两相同时掺和，适用于连续的或大批量的操作；

② 分散相加到连续相中，适用于含小体积分散相的乳剂系统；

③ 连续相加到分散相中，适用于多数乳剂系统，在混合过程中可引起乳剂的转型，从而产生更为细小的分散相粒子。如制备 O/W 型乳剂基质时，水相在搅拌下缓缓加到油相中，开始时水相的浓度低于油相，形成 W/O 型乳剂，当更多的水加入时，乳剂黏度继续增

加，W/O 型乳剂的体积也扩大到最大限度，超过此限，乳剂黏度降低，发生乳剂转型而成 O/W 型乳剂，使油相得以更细地分散。

2. 质量评价

《中国药典》在制剂通则项下规定，软膏剂应做粒度、装量、微生物和无菌等项目检查。另外，软膏剂的质量评价还包括软膏剂的主药含量、物理性质、刺激性、稳定性的检测。

（1）粒度　除另有规定外，混悬型软膏剂取适量的供试品，涂成薄层，其面积相当于盖玻片的大小，共涂 3 片，均不得检出大于 $180\mu m$ 的粒子。

（2）装量　按照最低装量检查法检查，应该符合规定。

（3）微生物限度　除另有规定，按照微生物限度检查法检查，应符合规定。

（4）无菌　除另有规定外，软膏剂用于大面积烧伤及严重损伤的皮肤时，照无菌检查法项下的方法检查，应符合规定。

（5）主药含量　测定方法多采用适宜溶媒将药物从基质中溶解提取，再进行含量测定。

（6）物理性质

① 熔程：一般以接近凡士林的熔程为宜。测定方法可采用药典法或显微熔点测定仪测定，由于熔点的测定不易观察清楚，需取数次平均值来评定。

② 黏度与稠度：属牛顿流体的液体石蜡、硅油，测定其黏度可控制质量。软膏剂多属非牛顿流体，除黏度外，常需测定塑变值、塑性黏度、触变指数等流变性指标，这些因素总和称为稠度，可用稠度计测定。

③ 酸碱度：软膏酸碱度一般近似中性。

④ 物理外观：软膏和基质的物理外观要求色泽均匀一致，质地细腻，无粗糙感，无污物。

（7）刺激性　考察软膏对皮肤、黏膜有无刺激性或致敏作用。

（8）稳定性　乳膏剂应进行耐热、耐寒试验，将供试品分别置于 55℃恒温 6h 及 -15℃放置 24h，应无油水分离。一般 W/O 型乳剂基质耐热性差，油水易分层，O/W 型乳剂基质耐寒性差，质地易变粗。

二、 凝胶剂工艺与制备

（一）概述

凝胶剂系指药物与适宜的辅料制成的均一、混悬或乳剂型的乳胶稠厚液体或半固体制剂。凝胶剂有单相分散系统和双相分散系统之分，属双相分散系统的凝胶剂是小分子无机药物胶体微粒以网状结构存在于液体中，具有触变性，也称混悬凝胶剂，如氢氧化铝凝胶。局部应用的凝胶剂系单相分散系统，又分为水性凝胶剂和油性凝胶剂。

（二）基质

常用的多为水性凝胶基质，包括天然树胶、海藻酸钠、纤维素的衍生物如甲基纤维素、羧甲基纤维素钠、羟乙基纤维素、羟丙基甲基纤维素及合成的聚合物如卡波沫（又称卡波普，卡波姆）等。

卡波沫是新型的凝胶基质，卡波沫在水中分散形成浑浊的酸性混悬溶液，加入碱性物质可中和卡波沫的酸性，诱发出其黏性形成凝胶剂。制剂中常用的碱性物质有 NaOH、KOH、胺类物质（如三乙醇胺）或弱无机碱（如氨水）。

（三）制备及质量评价

1. 水凝胶剂的制备

药物溶于水者先溶于部分水或甘油中，必要时加热，其余处方成分按基质配制方法制成水凝胶基质,再与药物溶液混合加水至足量即得。药物不溶于水者,可先用少量水或甘油研细、分散,再混入基质中搅匀即得。

例　外用润滑凝胶

处方:羟丙甲纤维素　　0.8%　　　卡波姆 940　　　0.24%

丙二醇　　　　　　16.7%　　　尼泊金甲酯　　　0.015%

氢氧化钠　　　　　适量　　　　纯化水加至 100%

制法:首先将羟丙甲纤维素分散于热水 80~90℃中,置冰箱中过夜冷却使成澄明溶液;其次将卡波姆 940 置于 20ml 水中,加氢氧化钠适量,调节 pH 至 7,加入纯化水至 40ml;再次将尼泊金甲酯溶于丙二醇中。最后将各种溶液混合在一起,搅拌,即成为外用凝胶,在此过程中注意避免混入气泡。

2. 质量评价

《中国药典》二部规定,凝胶剂应该进行如下检查:

(1) 粒度　除另有规定外,混悬型凝胶剂取适量的供试品,涂成薄层,薄层面积相当于盖玻片面积,共涂 3 片,照粒度和粒度分布测定法检查,均不得检出大于 180μm 的粒子。

(2) 装量　照最低装量检查法检查,应该符合规定。

(3) 无菌　用于烧伤或严重创伤的凝胶剂,照无菌检查法检查,应符合规定。

(4) 微生物限度　除另有规定外,照微生物限度检查法检查,应符合规定。

三、 眼膏剂工艺与制备

(一) 眼膏剂的概念与质量要求

眼膏剂指药物与适宜基质均匀混合制成的供眼用的灭菌半固体制剂。包括狭义的眼膏剂(溶液型或混悬型),眼用乳膏剂和眼用凝胶剂。以下主要介绍狭义的眼膏剂。

由于用于眼部,与软膏剂相比,眼膏剂中的药物必须极细,基质必须纯净。

眼膏剂应均匀、细腻,易涂布于眼部,对眼部无刺激性,无细菌污染。为保证药效持久,常用凡士林与羊毛脂等混合油性基质,因此,剂量较小且对水不稳定的抗生素等药物则更适于用此类基质制备眼膏剂。

(二) 常用基质

眼膏剂常用的基质为黄凡士林、液状石蜡和羊毛脂的混合物,其用量比例为 8:1:1,可根据气温适当增减液体石蜡的用量。基质中羊毛脂有表面活性作用、较强的吸水性和黏附性,使眼膏与泪液容易混合,并易附着于眼黏膜上,基质中药物容易穿透眼膜。基质加热熔合后用绢布等适当滤材保温滤过,并在 150℃ 干热灭菌 1~2h,备用。也可将各组分分别灭菌供配制用。

(三) 制备及质量评价

1. 制备

眼膏剂的制备与一般软膏剂制法基本相同,但必须在清洁、灭菌的条件下进行,严防微生物的污染。一般可在净化操作室或净化操作台中配制。所用基质、药物、器械与包装容器等均应严格灭菌,以避免污染微生物而致眼睛感染的危险。配制用具经 70% 乙醇擦洗,或用水洗净后 150℃ 干热灭菌 1h。包装用软膏管洗净后用 70% 乙醇或 1%~2% 苯酚溶液浸泡,用时再用注射用水冲洗干净,烘干即可,也可用紫外线灯照射进行灭菌。

眼膏配制时,如主药易溶于水而且性质稳定,可先配成少量水溶液,用适量基质研和吸尽水液后,再逐渐递加其余基质制成眼膏剂,但挥发性成分则应在 40℃ 以下加入,以免受热损失。主药不溶于水或不宜用水溶解又不溶于基质时,可用适宜方法研制成极细粉末,再加少量灭菌基质或灭菌液状石蜡研成糊状,然后分次加入剩余灭菌基质研匀,灌装于灭菌容器中，严封。

2. 质量评价

按《中国药典》规定，眼膏剂应进行粒度、金属性异物、装量、无菌、微生物限度等检查。

（1）粒度　混悬型眼膏剂需进行粒度检查。取 10 个，将内容物全部挤于合适容器中，搅拌均匀后取适量涂薄片，每个涂片中大于 $50\mu m$ 的粒子不得超过 2 个，且不得检出大于 $90\mu m$ 的粒子。

（2）金属性异物　眼膏剂按要求进行金属性异物检查，应符合规定。

（3）装量　照最低装量检查法检查，应符合规定。

（4）无菌　供手术、伤口等的眼膏剂按无菌检查法检查，应符合规定。

（5）微生物限度　除另有规定外，照微生物限度检查要求，应符合规定。

拓展知识

影响软膏剂吸收的因素

软膏剂的透皮吸收经过三个过程：释放、穿透、吸收。影响因素与以下几个方面有关。

1. 皮肤

（1）应用部位　皮肤的厚薄、毛孔的多少等与药物的穿透、吸收均有关系。

（2）病理状况　病变破损的皮肤能加快药物的吸收，药物自由地进入真皮，吸收的速度和程度大大增加，但可能引起疼痛、过敏及中毒等副作用。

（3）温度与湿度　皮肤温度高，皮下血管扩张，血流量增加，吸收增加；湿润的皮肤，角质层的水合作用强，使其疏松而增加药物的穿透；清洁的皮肤，有利于药物穿透。

2. 药物性质

皮肤细胞是类脂性的，非极性较强，一般油溶性药物较水性药物更容易穿透皮肤，但组织液却是极性的，因此，药物必须具有合适的油、水分配系数，即具有一定的油溶性和水溶性的药物穿透作用较理想。而在油、水中都难溶的药物则很难透皮吸收。高度亲油的药物可能聚积在角质层表面而难以透皮吸收。药物穿透表皮后，通常相对分子质量愈大，吸收愈慢，宜选用相对分子质量小，药理作用强的药物。

3. 基质的组成与性质

基质的组成和性质直接影响药物的释放、穿透、吸收。释放是指药物从基质中释放出来，穿越基质，接触皮肤；穿透是指药物穿透皮肤角质层；吸收是指药物经表皮、真皮和皮下组织进入血液。

软膏中药物的释放在乳剂型基质中最快（与基质具有表面活性有关），动物油脂中次之，植物油中再次之，烃类基质中最差。基质的组成若与皮脂分泌物相似，则利于某些药物穿透毛囊和皮脂腺。水溶性基质聚乙二醇对药物的释放虽快，但对药物的穿透作用影响不大，制成软膏很难吸收。基质中含有其他附加剂能影响药物吸收，表面活性剂加入到油脂性基质中能增加药物的吸收，丙二醇与表面活性剂同用，能促进水溶性药物穿透毛囊。

基质的 pH 影响弱酸性与弱碱性药物穿透吸收，当基质 pH 小于弱酸性药物的 pKa 或大于弱碱性药物的 pKa 时，这些药物的分子形式显著增加，脂溶性增大而利于穿透；基质与皮肤的水合作用能增加药物的穿透，烃类基质的闭塞性好，可引起较强的水合作用，W/O 型乳剂基质次之，O/W 型乳剂基质又次之，水溶性基质则几乎不能阻止水分蒸发。

4. 其他因素

药物浓度、应用面积、应用次数、与皮肤接触的时间等与药物吸收的量程正比。此外，年龄和性别不同对皮肤的穿透、吸收能力亦有影响。

实践项目

水杨酸软膏的制备

【实践目的】

1. 掌握不同类型基质软膏的制备方法。

2. 熟悉根据药物和基质的性质来考虑药物加入基质中的方法及制备工艺。

3. 了解用凝胶扩散法考察外用软膏中药物释药试验方法。

【实践仪器和设备】

温度计（100℃）、研钵（中号）、烧杯（100ml）、量筒（10ml）、木夹、刻度试管、万用电炉（1000W）、水浴锅（15cm，铜质）、托盘天平（100g）、钢精锅。

【实践材料】

水杨酸、十二烷基硫酸钠、硬脂酸、凡士林、羊毛脂、单硬脂酸甘油酯、石蜡、甘油、三乙醇胺、尼泊金乙酯、羧甲基纤维素钠、司盘80、吐温80、琼脂、三氯化铁等。

【实践内容】

例1　油脂性基质软膏

处方：水杨酸　　　　　0.25g　　　　　　　凡士林　　　　　　10g

制法：称取凡士林，水浴上熔融后，加入水杨酸细粉，搅匀，放冷，即得。

例2　油/水型乳剂基质软膏

处方：

水杨酸	1.0g	硬脂酸	1.0g
单硬脂酸甘油酯	4.0g	液体石蜡	2.0g
羊毛脂	1.0g	甘油	1.0g
十二烷基硫酸钠	0.1g	三乙醇胺	0.5g
尼泊金乙酯	0.005g	纯化水	10g

制法：

1. 将硬脂酸、单硬脂酸甘油酯、液体石蜡、羊毛脂、尼泊金乙酯共置干燥烧杯内，在水浴加热70～80℃，使全熔。

2. 将十二烷基硫酸钠溶于纯化水中，加入三乙醇胺与甘油，共置另一烧杯中，加热至70～80℃，使全溶。

3. 在等温下将水相加到油相中，边加边搅拌，在室温下不断搅拌到冷凝，呈白色细腻膏状。

4. 分次加入水杨酸细粉，研匀。

例3　水/油型乳剂基质软膏

处方：

水杨酸	1.0g	单硬脂酸甘油酯	2.5g
石蜡	1.0g	液体石蜡	9.0g
司盘80	0.1g	吐温80	0.1g
甘油	3.0g	尼泊金乙酯	0.01g
纯化水	4.0ml		

制法：

1. 将甘油、吐温 80、纯化水、尼泊金乙酯共置小烧杯中，加热至 70～80℃，使全溶。

2. 将单硬脂酸甘油酯、石蜡、液体石蜡、司盘 80 共置另一干燥小烧杯中，加热至 70～80℃，使熔化。

3. 将水相缓缓加到油相中，不断搅拌至冷凝。

4. 分次加入水杨酸细粉，搅匀。

例 4　水溶性基质软膏

处方：

水杨酸	1.0g	羧甲基纤维素纳（CMC-Na）	2g
甘油	2.0g	尼泊金乙酯	0.01g
纯化水	16.8ml		

制法：将 CMC-Na 与甘油在乳钵中研匀，加入尼泊金乙酯醇溶液、纯化水研匀，再分次加入水杨酸细粉，研匀。

例 5　水杨酸软膏的体外释药实验

1. 含指示剂的琼脂凝胶的制备

在 60ml 林格溶液中加入 1g 琼脂，置水浴上加热使溶解，冷至 60℃，加三氯化铁试液 1.5ml，混匀，立即沿壁小心倒入内径一致的 4 支小试管（10ml）中，防止气泡产生。每管上端留 1cm 空隙，直立静置，在室温冷却成凝胶。

2. 释药试验

在装有琼脂凝胶的试管上端空隙上，用软膏刀分别将制成的 4 种基质水杨酸软膏填装入内，软膏填装时应铺至与琼脂表面密切接触，不留空隙，并且应至与试管口齐平，填装完后，直立放置，并于 1h、3h、6h、9h 和 24h 观察和测定色区高度。

实验结果　　　　　　　　　　　　　　　　　　单位：mm

扩散时间/h	软膏类型			
	油脂性基质	O/W 型基质	W/O 型基质	水溶性基质
1				
3				
6				
9				
24				
K				

根据所得数据，用显色区高度（即扩散距离）的平方为纵坐标，时间为横坐标作图，求直线的斜率即为扩散系数 K，填入上表，K 值越大则释药越快，从测得不同软膏的扩散系数 K，比较各软膏基质的释药能力。

自我测试

一、单选题

1. 关于软膏基质质量要求的说法错误的是（　　　）。

　　A. 具有良好的释药性能　　　　　　　　B. 性质稳定，不与主药和附加剂发生配伍变化

　　C. 能促进药物的吸收　　　　　　　　　D. 无刺激性和过敏性，不妨碍皮肤的正常生理功能

2. 关于软膏剂油脂性基质的错误说法是（　　）。
　　A. 液体石蜡可用于调节软膏稠度　　　　　　B. 基质分油脂性基质、水溶性基质与乳剂基质三类
　　C. 凡士林是一种烷烃类混合物　　　　　　　D. 蜂蜡是一种 O/W 型乳剂基质的弱的乳化剂

3. 关于眼膏剂的正确说法是（　　）。
　　A. 眼膏剂较滴眼剂作用好　　　　　　　　　B. 眼膏基质应在 120℃ 干热灭菌 1～2h，放冷备用
　　C. 常用基质为白凡士林　　　　　　　　　　D. 成品不得检出金黄色葡萄球菌与绿脓杆菌

4. 关于水溶性基质的特点错误的是（　　）。
　　A. 易霉变，制备时应加入防腐剂　　　　　　B. 多用于湿润、糜烂创面，有利于分泌物的排除
　　C. 制备水溶性软膏不需要加保湿剂　　　　　D. 无油腻性易清除，能与水性渗出物混合，释药快

5. 关于乳剂型基质的错误说法是（　　）。
　　A. 一价皂类属于阳离子型表面活性剂　　　　B. 乳剂型基质有水包油和油包水两种
　　C. 乳剂基质的油相多为固相　　　　　　　　D. O/W 型基质软膏中的药物释放与透皮吸收较快

6. 不属于油脂性基质的是（　　）。
　　A. 羊毛脂　　　　　　B. 凡士林　　　　　　　C. 石蜡　　　　　　　D. 甘油明胶

7. 常用来调节基质稠度的物质是（　　）。
　　A. 硅酮　　　　　　　B. 石蜡　　　　　　　　C. 羊毛脂　　　　　　D. 聚乙二醇

8. 用来增加油性基质吸水性的物质是（　　）。
　　A. 凡士林　　　　　　B. 硅酮　　　　　　　　C. 二甲基硅油　　　　D. 羊毛脂

9. 不能用于制备眼膏剂的基质是（　　）。
　　A. 黄凡士林　　　　　B. 液体石蜡　　　　　　C. 固体石蜡　　　　　D. 硅酮

10. 属于水溶性基质的是（　　）
　　A. 聚乙二醇　　　　　B. 十八醇　　　　　　　C. 硬脂酸　　　　　　D. 液体石蜡

11. 不属于软膏剂质量检查项目的是（　　）。
　　A. 熔程　　　　　　　B. 刺激性　　　　　　　C. 稠度　　　　　　　D. 融变时限

12. 关于凡士林的叙述错误的是（　　）。
　　A. 系一种固体混合物　　　　　　　　　　　　B. 化学性质稳定
　　C. 起局部覆盖作用　　　　　　　　　　　　　D. 不刺激皮肤和黏膜

13. 关于油脂性基质的叙述错误的是（　　）。
　　A. 液状石蜡可调节软膏的稠度　　　　　　　B. 硅酮可与其他油脂性基质合用制成防护性软膏
　　C. 植物油对皮肤的渗透性较豚脂小　　　　　D. 羊毛脂吸水后形成 O/W 型乳膏

14. 不污染衣服的基质是（　　）。
　　A. 凡士林　　　　　　B. 液状石蜡　　　　　　C. 硅酮　　　　　　　D. 蜂蜡

15. 改善凡士林吸水性的是（　　）。
　　A. 石蜡　　　　　　　B. 硅酮　　　　　　　　C. 单软膏　　　　　　D. 羊毛脂

16. 有关软膏基质的叙述错误的是（　　）。
　　A. 凡士林的释药性及吸水性均差　　　　　　B. 聚乙二醇释药性及穿透性均好
　　C. 豚脂涂展性及穿透性均好　　　　　　　　D. 羊毛脂吸水性及穿透性强

17. 最适用于大量渗出性伤患处的基质是（　　）。
　　A. 凡士林　　　　　　B. 羊毛脂　　　　　　　C. 乳剂型基质　　　　D. 水溶性基质

18. 用于创伤面的软膏剂必须具备的特殊要求是（　　）。
　　A. 无刺激性　　　　　B. 均匀细腻　　　　　　C. 无菌　　　　　　　D. 不得加防腐剂、抗氧剂

19. 属于 W/O 型乳化剂的为（　　）。
　　A. 硬脂酸钾　　　　　B. 三乙醇胺皂　　　　　C. 胆固醇　　　　　　D. 吐温 80

20. 关于乳膏剂基质的叙述错误的是（　　）。
　　A. 系借助乳化剂的作用，将一种液相均匀分散于另一种液相中形成的液态分散系统
　　B. O/W 型乳剂基质释药性强，易洗除
　　C. O/W 型乳剂基质易发霉，常需加保湿剂和防腐剂
　　D. W/O 型乳剂基质，较不含水的油性基质易涂布，油腻性小

21. 根据患部状况选择软膏基质的叙述错误的是（　　）。
　　A. 干燥的患部不宜选用含水软膏基质　　　　B. 有大量渗出液的患部宜选用水溶性基质
　　C. 干燥的患部不宜选用水溶性基质　　　　　D. 有大量渗出液的患部不宜选用凡士林基质

22. 小量油脂性软膏的调剂，宜选择（　　）。
　　A. 用乳钵、杵棒研磨法　　　　　　　　　　B. 用软膏板、软膏刀研磨法
　　C. 机械研磨法　　　　　　　　　　　　　　D. 熔和法

23. 较理想的疏水性基质是（　　）。
　　A. 凡士林　　　　　B. 羊毛脂　　　　　　C. 蜂蜡　　　　　　　D. 硅酮

24. 水溶性软膏基质不包括（　　）。
　　A. 甘油明胶　　　　B. PEG　　　　　　　C. 羊毛脂　　　　　　D. CMC-Na

25. 软膏剂质量要求的叙述不正确的是（　　）。
　　A. 软膏中药物必须能和软膏基质互溶　　　　B. 无不良刺激性
　　C. 软膏剂的稠度应适宜，易于涂布　　　　　D. 色泽一致，质地均匀，无粗糙感，无污物

26. 可促进软膏透皮吸收的物质是（　　）。
　　A. 羊毛脂　　　　　B. 甘油明胶　　　　　C. 氮酮　　　　　　　D. 硬脂醇

27. 在凡士林作为基质的软膏剂中加入羊毛脂的目的是（　　）。
　　A. 促进药物吸收　　　　　　　　　　　　　B. 改善基质稠度
　　C. 调节 HLB 值　　　　　　　　　　　　　D. 增加基质的吸水性

二、多选题

1. 类脂基质的叙述错误的是（　　）。
　　A. 含水羊毛脂的含水量为 50%
　　B. 羊毛脂的性质接近皮脂，有利于药物透入皮肤
　　C. 蜂蜡仅调节软膏的硬度
　　D. 鲸蜡可用作调节基质的稠度及辅助乳化剂
　　E. 液状石蜡主要用于调节软膏稠度

2. 关于软膏剂的质量要求叙述错误的是（　　）。
　　A. 易于涂布皮肤或黏膜上融化　　　　　　　B. 软膏剂应均匀、细腻
　　C. 无不良刺激性　　　　　　　　　　　　　D. 软膏剂不得加防腐剂和抗氧剂
　　E. 软膏剂应无酸败、异臭、变色等现象

3. 可以做乳剂型基质的油相成分是（　　）。
　　A. 凡士林　　　　B. 硬脂酸　　　　C. 甘油　　　　D. 三乙醇胺　　　　E. 甘油明胶

4. 作为软膏基质不需加抗氧剂和防腐剂的是（　　）。
　　A. 植物油　　　　B. 豚脂　　　　C. 硅酮　　　　D. 凡士林　　　　E. 羊毛脂

5. 软膏基质处方组分经配制后属于乳剂型基质的有（　　）。
　　A. 豚脂、蜂蜡、花生油　　　　B. 羊毛脂、凡士林、水　　　　C. 脂肪酸、三乙醇胺
　　D. CMC-Na、水、甘油　　　　E. 羊毛脂、脂肪酸

6. 关于软膏剂的错误说法是（　　）。
　　A. 软膏剂具有良好的局部治疗作用
　　B. 软膏剂应均匀、细腻，并应具有适当的黏稠性
　　C. 乳剂基质适用对水不稳定的药物
　　D. 眼用软膏剂应在避菌条件下进行配制
　　E. 基质是软膏的赋形剂，不影响药物的释放与在皮肤内的扩散

7. 关于软膏剂质量要求的正确说法是（　　）。
　　A. 无刺激性、过敏性及其他不良反应
　　B. 软膏剂应均匀、细腻，涂在皮肤上无粗糙感
　　C. 性质稳定，无酸败、变质等现象
　　D. 用于创面的软膏剂应进行微生物限度检查
　　E. 有适当的黏稠性，易涂布于皮肤与黏膜等部位

8. 属于软膏剂质量检查项目的是（　　）。
    A. 融变时限的测定　　　　　　　　　　　　B. 熔点测定
    C. 黏度与稠度的测定　　　　　　　　　　　D. 测定溶解性能
    E. 混悬型软膏剂应进行粒度检查

9. 关于软膏基质性能的错误说法是（　　）。
    A. 液体石蜡属于类脂类基质　　　　　　　　B. 遇水不稳定药物应选择乳剂型基质
    C. 油脂性基质以凡士林最为常用　　　　　　D. 水溶性基质促进皮肤水合作用的能力最强
    E. 油脂性基质加入类脂类物质可增加吸收

10. 软膏基质分为（　　）。
    A. 油脂性基质　　　　　　　B. 水溶性基质　　　　　　C. W/O 基质
    D. 固体基质　　　　　　　　E. O/W 基质

11. 凡士林与羊毛脂合用的目的是（　　）。
    A. 改善凡士林的吸水性　　　B. 改善羊毛脂的吸水性　　　C. 调节基质的熔点
    D. 改善凡士林的黏稠性　　　E. 改善羊毛脂的黏稠性

12. 软膏剂的全身吸收包括（　　）。
    A. 扩散　　　　　B. 释放　　　　　C. 穿透　　　　　D. 吸收　　　　　E. 置换

13. 宜加入保湿剂和防腐剂的软膏基质是（　　）。
    A. 油脂性基质　　　　　　　B. 亲水性基质　　　　　　C. W/O 型乳膏
    D. O/W 型乳膏　　　　　　　E. 固体基质

14. 眼膏基质的组成为（　　）。
    A. 8 份黄凡士林　　　　　　B. 8 份白凡士林　　　　　C. 1 份液体石蜡
    D. 1 份羊毛脂　　　　　　　E. 1 份植物油

15. 属油脂性基质的是（　　）。
    A. 羊毛脂　　　　　B. 凡士林　　　　　C. 石蜡　　　　　D. 皂土　　　　　E. 植物油

16. 关于软膏剂及眼膏剂的描述正确的是（　　）。
    A. 软膏剂既可起全身治疗作用，又可起局部治疗作用
    B. 软膏剂常用的制备方法有研和法、熔和法和乳化法
    C. 眼膏剂可以在无菌条件下用乳化法制备
    D. 软膏剂中水溶性药物可先用少量水溶解，再用凡士林吸收
    E. 软膏剂应均匀细腻、涂于皮肤上无粗糙感

17. 羊毛脂作软膏基质的特点有（　　）。
    A. 熔点适宜　　　　　　　　B. 吸水性好　　　　　　　C. 穿透性好
    D. 涂展性好　　　　　　　　E. 柔软性好

18. 软膏剂的临床应用有（　　）。
    A. 急性损伤皮肤治疗　　　　　　　　　　　B. 对皮肤起保护、润滑作用
    C. 慢性皮肤病治疗　　　　　　　　　　　　D. 对皮肤起局部治疗作用
    E. 透过皮肤起全身治疗作用

19. 需用无菌检查法检查染菌量的制剂是（　　）。
    A. 鼻用软膏　　　　　　　　　　　　　　　B. 用于创伤的眼膏
    C. 一般眼膏　　　　　　　　　　　　　　　D. 皮肤软膏
    E. 用于大面积烧伤及皮肤严重损伤的软膏

三、问答题

1. 软膏剂有何特点？由什么组成？
2. 软膏剂的透皮吸收过程是怎样的？影响因素有哪些？
3. 软膏基质可分为哪几类？各有何应用特点？举例说明。
4. 软膏常用何法制备？适用于什么情况？
5. 软膏应进行哪些质量检测？眼膏剂有哪些特殊质量要求？

项目十三 其他制剂工艺与制备

知识目标： 掌握栓剂、气雾剂的概念、特点。

熟悉栓剂、膜剂的常用基质、气雾剂常用的附加剂和抛射剂及以上剂型的制备方法。

能力目标： 能够进行栓剂置换价的计算。

能够熟练进行栓剂、气雾剂的制备。

必备知识

一、栓剂工艺与制备

（一）概述

栓剂系指药物与适宜基质制成的具有一定形状的供人体腔道内给药的固体制剂。栓剂在常温下为固体，塞入腔道后，在体温下能迅速软化熔融或溶解于分泌液，逐渐释放药物而产生局部或全身作用。

通常将润滑剂、收敛剂、局部麻醉剂、甾体、激素以及抗菌药物制成栓剂，可在局部起通便、止痛、止痒、抗菌消炎等作用。例如用于通便的甘油栓和用于治疗阴道炎的洗必泰栓等均为局部作用的栓剂。栓剂的全身作用主要是通过直肠给药，并吸收进入血循环而达到治疗作用。直肠吸收药物有 3 条途径：①不通过门肝系统，塞入距肛门 2cm 处，药物经中下直肠静脉进入下腔静脉，绕过肝脏直接进入血循环；②通过门肝系统，塞入距肛门 6cm 处，药物经上直肠静脉入门静脉，经肝脏代谢后，再进入血循环；③药物经直肠黏膜进入淋巴系统，其吸收情况类似于经血液的吸收。

栓剂按给药途径不同分为直肠用、阴道用、尿道用栓剂等，其中最常用的是肛门栓和阴道栓。

（1）肛门栓 肛门栓有圆锥形、圆柱形、鱼雷形等形状。每颗重量约 2g，儿童用约 1g。其中以鱼雷形较好，塞入肛门后，因括约肌收缩容易压入直肠内。

（2）阴道栓 阴道栓有球形、卵形、鸭嘴形等形状，每颗重量约 2~5g。其中以鸭嘴形的表面积最大。

（3）尿道栓 一般为棒状，有男女之分，男用的重约 4g，长 1.0~1.5cm；女用的重约 2g，长 0.60~0.75cm。

栓剂根据释药速度不同可分为普通栓和持续释药的缓释栓。

与口服制剂比较，全身作用的栓剂有下列一些特点：①药物不受胃肠 pH 或酶的破坏而失去活性；②对胃有刺激的药物可用直肠给药；③用药方法得当，可以避免肝脏的首过消除效应；④直肠吸收比口服干扰因素少；⑤对不能或者不愿吞服药物的成人或小儿患者用此法给药较方便；⑥给药不如口服方便。

栓剂的质量要求如下：①药物与基质应混合均匀，栓剂外形应完整光滑，无刺激性；②塞入腔道后，应能融化、软化或溶化，并与分泌液混合，逐渐释放出药物，产生局部或全身作用；③有适宜的硬度，以免在包装、贮存或使用时变形。

（二）基质及附加剂

栓剂由药物和基质组成，而基质对于栓剂尤其重要。优良的基质应具备下列要求：①室温时有适宜的硬度与韧性，塞入腔道时不变形或碎裂。在体温时易软化、熔化或溶解。②与药物混合后不起反应，亦不妨碍主药的作用与含量测定。③对黏膜无刺激性、无毒性、无过敏性，欲产生局部作用的栓剂，基质释药应缓慢而持久；欲起全身作用者，则要求引入腔道后能迅速释药。④基质本身稳定，在贮藏过程中不发生理化性质变化，不易生霉变等。⑤具有润湿或乳化的性质。水值较高，即能容纳较多的水。⑥适用于热熔法和冷压法制备栓剂，且易于脱模。⑦油性基质的酸价应在 0.2 以下，皂化价应在 200～245 之间，碘价低于 7，熔点与凝固点之差要小。常用的栓剂基质可分为油脂性基质和水溶性基质两大类。

1. 油脂性基质

（1）可可豆脂　在常温下为黄白色固体，无刺激性，可塑性好，能与多种药物配伍而不发生禁忌。熔点为 30～35℃，加热至 25℃时开始软化，在体温下可迅速融化。在 10～20℃时易粉碎成粉末。能与多种药物混合制成可塑性团快，加入 10％的羊毛脂可增加其可塑性。与药物的水溶液不能混合，但可加适量乳化剂制成乳剂基质。

（2）半合成脂肪酸甘油酯　具有适宜的熔点，不易酸败，为目前取代天然油脂的较理想的栓剂基质。包括椰油脂、山苍子油脂及棕榈酸酯。

（3）合成脂肪酸酯　乳白色或微黄色蜡状固体，略有脂肪臭，遇热水可膨胀，熔点为 36～38℃，对腔道黏膜无明显刺激性。

2. 水溶性基质

（1）甘油明胶　水、明胶、甘油按 10：20：70 的比例在水浴上加热融合，蒸去大部分水，放冷后凝固而成。多用作阴道栓剂基质，在局部起作用。其优点是有弹性、不易折断，且在体温下不熔化，但塞入腔道后能软化并缓慢地溶于分泌液中，使药效缓和而持久。

（2）聚乙二醇类　无生理作用，遇体温不熔化，但能缓缓溶于体液中而释放水溶性药物，亦能释放脂溶性药物。吸湿性较强，受潮容易变形，所以 PEG 基质栓应贮存于干燥处。

（3）非离子型表面活性剂类　包括吐温 60（可与多数药物配伍，且无毒性、无刺激性，贮藏时亦不易变质）、聚氧乙烯 40（单硬脂酸酯类商品代号"S-40"，为表面活性剂类基质）、泊洛沙姆（是聚氧乙烯-聚氧丙烯的聚合物，为表面活性剂类基质，较常用的型号为 188 型，能促进药物的吸收）。

3. 附加剂

在制备栓剂时，往往需要根据不同的目的加入一些附加剂。

（1）硬化剂　若制得的栓剂在贮藏或者使用时过软，可考虑加入一些硬化剂，常用的有白蜡、鲸蜡醇、硬脂酸、巴西棕榈蜡等。

（2）增稠剂　当药物与基质混合时，因机械搅拌情况不良或者生理上需要时，可考虑加入增稠剂，常用的增稠剂有氢化蓖麻油、单硬脂酸甘油酯、硬脂酸铝等。

（3）乳化剂　当栓剂处方中含有与基质不能相混合的液相，特别是此相含量较高时，可以加入适量的乳化剂。

（4）吸收促进剂　为了增加起全身治疗作用栓剂中药物被直肠黏膜的吸收，可加入吸收促进剂。常用的为表面活性剂、Azone 等。

（5）着色剂　可以根据实际情况，选择脂溶性或者水溶性的着色剂。

（6）抗氧剂　对于易氧化的药物应该加入抗氧剂，常用的有 BHA、BHT 及没食子酸酯类等。

（7）防腐剂　当栓剂中含有植物浸膏或者水性溶液时，可考虑加入防腐剂，如对羟基苯甲酸酯类等。

（三）制备及质量评价

1. 栓剂的制备方法

（1）热熔法　应用最广泛。将计算量的基质在水浴上加热熔化，然后将药物粉末与等重已熔融的基质研磨混合均匀，最后再将全部基质加入并混匀，倾入有润滑剂的模孔中至稍溢出模口为度，冷却，待完全凝固后，用刀切去溢出部分。开启模具，将栓剂推出，包装即得。小量生产后采用手工灌模方法，大量生产则用机器操作。

（2）冷压法　主要用于油脂性基质栓剂。方法是先将基质磨碎或挫成粉末，再与主药混合均匀，装于压栓机中，在配有栓剂模型的圆桶内，通过水压机或手动螺旋活塞挤压成型。冷压法避免了加热对主药或基质稳定性的影响，不溶性药物也不会在基质中沉降，但生产效率不高，成品中往往夹带空气而不易控制栓重。

（3）捏搓法　取药物的细粉置乳钵中加入约等量的基质挫成粉末研匀后，缓缓加入剩余的基质制成均匀的可塑性团块，必要时可加入适量的植物油或羊毛脂以增加可塑性。再置瓷板上，用手隔纸搓擦，轻轻加压转动滚成圆柱体并按需要量分割成若干等份，搓捏成适宜的形状。此法适用于小量临时制备，所得制品的外形往往不一致，不美观。

2. 栓剂制备中基质用量的确定

通常情况下，栓剂模型的容量是一定的，但因为填充的基质或者药物的种类不同而容纳不同的重量。加入药物会占有一定的体积，特别是不溶于基质的药物。为了保持栓剂的体积，需要引入置换价（displacement value，DV）的概念。药物的重量与同体积基质的重量之比成为该药物对基质的置换价。置换价（DV）的计算公式为：

$$DV = \frac{W}{G - (M - W)}$$

式中，W 为每个含药栓平均含药重量；G 为纯基质平均栓重；M 为含药栓的平均重量。

置换价的测定方法：取基质作空白栓，称得平均重量 G，另取基质与药物混合制成含药栓，称得含药栓平均重量为 M，每粒栓剂的平均含药量为 W，将这些数据代入上式，即可求得某一药物对某一基质的置换价。

用测定的置换价可以方便地计算出制备这种含药栓需要基质的重量 x：

$$x = \frac{G - y}{DV} n$$

式中，n 为已制备的栓剂枚数；y 为处方中药物的剂量。

例　消炎痛栓

处方：消炎痛　　　　　　1.00g　　　　半合成脂肪酸酯　　　适量
　　　共制成　　　　　　10 枚

制法：取消炎痛在制备前过 80～100 目筛，将称取的半合成脂肪酸酯，在水浴上熔化，将消炎痛的细粉加入已熔融的基质中，搅拌均匀，使之成为均匀的混悬液。注入栓模中，冷却后刮去多余基料，脱模即得。本品为消炎、镇痛、解热药，用于风湿性及类风湿性关节炎以及其他炎症性疼痛。

3. 栓剂的质量评价

《中国药典》规定，栓剂的一般质量要求是：药物与基质应混合均匀，栓剂外形应完整光滑；塞入腔道后应无刺激性，应能融化、软化或溶化，并与分泌液混合，逐步释放出药物，产生局部或全身作用；并应有适宜的硬度，以免在包装、贮藏或用时变形。并应做重量差异和融变时限等多项检查。

（1）重量差异　检查方法：取栓剂 10 粒，精密称出总重量，求得平均粒重后，再分别精密称定各粒的重量。取每粒重量与平均粒重相比较（凡标示粒重的栓剂，每粒重与标示粒重相比较），超出限度的药粒不得多出 1 粒，并不得超出限度 1 倍。见表 13-1。

表 13-1　栓剂重量差异限度

平均粒重	重量差异限度
1.0g 及 1.0g 以下	±10%
1.0g 以上至 3.0g	±7.5%
3.0g 以上	±5%

（2）融变时限　此项是测定栓剂在体温（37±1℃）下熔化、软化或溶解的时间。油脂性基质的栓剂应在 30min 内全部融化、软化或无硬心；水溶性基质栓剂应在 60min 内全部溶解。如有 1 粒不合格另取 3 粒复试，应符合规定。

（3）微生物限度　照微生物限度检查要求，应符合规定。

（4）释放度检查　缓释栓剂应进行释放度检查，不再进行融变时限检查。

（四）栓剂的包装与贮存

栓剂的包装材料应无毒性，并不得与药物和基质发生理化作用。为了防止栓剂在运输和贮存过程中因撞击而破碎，或因受热而黏着、熔化，造成变形、污染，原则上要求每个栓剂都要包裹，不得外露；栓剂之间要有间隔，不得互相接触。

一般的栓剂应贮存于 30℃ 以下，油脂性基质的栓剂应格外注意避热，最好在冰箱中（＋2～－2℃）保存。甘油明胶类水溶性基质的栓剂，既要防止受潮软化、变形或发霉、变质，又要避免干燥失水、变硬或收缩，所以应密闭、低温贮存。

二、膜剂工艺与制备

（一）概述

膜剂系指药物溶解或分散于成膜材料中，或包裹于成膜材料隔室内加工成型的单层或复合层膜状制剂。可供内服、外用、腔道给药、植入及眼下给药等。膜剂的优点有工艺简单，无粉末飞扬，成型材料用量少，含量准确，稳定性好，配伍变化少，分析干扰少，吸收起效快，亦可缓控释药。膜剂的缺点主要是载药量小，只适合小剂量的药物。另外膜剂的重量差异不易控制，收率不高。

（二）成膜材料

膜剂的成膜材料要具有以下特点：①生理惰性，无毒无刺激；②化学性质稳定，不降低主药药效，不干扰含量测定，无异味；③成膜脱膜性能好，成膜后有足够的强度和柔韧性；④根据使用目的的不同，用于口服、腔道、眼用膜剂等应有较好的水溶性，能逐渐降解、吸收或排泄；外用膜剂应能迅速、完全释放药物；⑤来源丰富，价格低廉。

常用的成膜材料主要有：

（1）天然或合成的高分子化合物　如明胶、阿拉伯胶、琼脂、海藻酸及其盐、淀粉、糊精、玉米朊、纤维素衍生物等。此类成膜材料多数可以降解或者溶解，但是成膜性能较差，一般不单独使用，而与其他成膜材料合用。

（2）合成高分子多聚物　如聚乙烯醇（PVA）、乙烯-醋酸乙烯共聚物（EVA）、聚乙烯吡咯烷酮（PVP）、聚乙烯醇缩乙醛、甲基丙烯酸酯-甲基丙烯酸共聚物等。

聚乙烯醇（PVA）白色或淡黄色粉末状颗粒，是由醋酸乙烯在甲醇溶剂中进行聚合反应生成聚醋酸乙烯，然后再与甲醇发生醇解反应而得。PVA 性质主要由其聚合度（或称相对分子量）和醇解度（降解的程度）来决定。部分醇解和低聚合度的 PVA 溶解极快，而完全醇解和高聚合度 PVA 则溶解较慢。一般而言，对 PVA 溶解性的影响，醇解度大于聚合度。PVA 溶解过程是分阶段进行的，即：亲和润湿—溶胀—无限溶胀—溶解。相对分子量越大，水溶性越差，水溶液的黏度就大，成膜性能好。目前国内使用的较多的为 05-88、17-88、124 三种规格。前两种规格的醇解度均为 88%±2%，平均聚合度分别为 500～600 和 1700～1800；PVA-124 的醇解度为 98%～99%，平均聚合度 2400～2500。

PVA 的特点是毒性和刺激性都很小，其水溶液对眼组织不仅无刺激性，还是一种良好的眼球润湿剂，能在角膜表面形成保护膜，而且不会影响角膜的生理活性，不影响视力，不易被微生物破坏，也不易长霉菌，口服后在消化道很少吸收，48h 后 80% 的 PVA 随大便排出体外。它是目前国内最为常用的成膜材料，适用于制成各种途径应用的膜剂。

（三）制备及质量评定

1. 膜剂一般组成

主药：0～70%

成膜材料：PVA 等

增塑剂：甘油、山梨醇等

表面活性剂：聚山梨酯 80、十二烷基硫酸钠、豆磷脂等

填充剂：$CaCO_3$、SiO_2、淀粉等

着色剂：色素、TiO_2

脱膜剂：液体石蜡

2. 制备方法

（1）匀浆制膜法　又称流延法、涂膜法。将成膜材料溶于适当的溶剂中滤过，与药物溶液或细粉及附加剂充分混合成药浆，然后用涂膜机涂膜成所需要的厚度，烘干后根据主药含量计算出单位剂量膜的面积，剪切成单剂量的小格，包装即得。小量制备时，可将药浆倾于洁净的平板玻璃上涂成宽厚一致的涂层即可。见图 13-1。

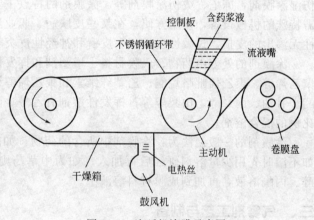

图 13-1　流延机涂膜示意图

（2）热塑制膜法　系将药物细粉和成膜材料如 EVA 颗粒相混合，用橡皮滚筒混炼，热压成膜，随即冷却，脱膜即得。或将热熔的成膜材料如聚乳酸等，在热熔状态下加入药物细粉，使其溶解或均匀混合，在冷却过程中成膜。本法的特点是可以不用或少用溶剂，机械生产效率高。

（3）复合制膜法　以不溶性的热塑性成膜材料如 EVA 为外膜，分别制成具有凹穴的膜带，另将水溶性的成膜材料如 PVA 用匀浆制膜法制成含药的内膜，剪切成单位剂量大小的小块，置于 EVA 的两层膜带中，热封即得。此法一般用来制备缓控释膜剂。

例　复方替硝唑口服膜剂

处方：替硝唑	0.2g	氧氟沙星	0.5g
聚乙烯醇（17-88）	3.0g	羧甲基纤维素钠	1.5g
甘油	2.5g	糖精钠	0.05g
纯化水	加至 100g		

制法：先将聚乙烯醇、羧甲基纤维素钠分别浸泡过夜，溶解。将替硝唑溶于15ml热的纯化水中，氧氟沙星加适量稀醋酸溶解后加入，加糖精钠、甘油、纯化水补充至足量。放置，待气泡除尽后，涂膜，分格，每格含替硝唑0.5mg，氧氟沙星1mg。

3. 膜剂的质量评价

膜剂除了要求主药含量合格外，还应进行以下相应检查。

（1）重量差异　除另有规定外，取20片，精密称定总重量，求得平均重量，在分别精密称定各片的重量。每片重量与平均重量相比较，按表13-2中的规定，超出重量差异限度的不得多于2片，并不得有1片超出限度的1倍。

表13-2　膜剂重量差异限度

平均重量	重量差异限度
0.02g 及 0.02g 以下	±15%
0.02g 以上至 0.20g	±10%
0.20g 以上	±7.5%

（2）微生物限度　应符合规定。

（四）涂膜剂

涂膜剂是药物溶解或分散于含成膜材料溶剂中，涂搽患处后形成薄膜的外用液体制剂。用时涂布于患处，有机溶剂迅速挥发，形成薄膜保护患处，并缓慢释放药物起治疗作用。如伤湿涂膜剂，冻疮、烫伤涂膜剂等。涂膜剂的特点主要有制备工艺简单，不用裱褙材料，无需特殊的机械设备，使用方便，在某些皮肤病、职业病等防治上有较好的作用。一般用于慢性无渗出的皮损、过敏性皮炎、牛皮癣和神经性皮炎等。

涂膜剂的处方由药物、成膜材料、增塑剂和挥发性有机溶剂等组成。常用的成膜材料有聚乙烯醇、聚乙烯吡咯烷酮、乙基纤维素和聚乙烯醇缩甲乙醛等；增塑剂有邻苯二甲酸二甲酯、甘油、丙二醇、山梨醇等；挥发性溶剂有乙醇、丙酮、乙酸乙酯、乙醚等，或使用不同比例的混合溶剂。

涂膜剂的一般制法为：涂膜剂中所含的药物，如能溶于上述溶剂时可以直接加入溶解，如不溶时先用少量溶剂研细后再加入；如为中草药则先要制成乙醇提取液或其提取物的乙醇、丙酮溶液，再加到成膜材料溶液中。

三、气雾剂工艺与制备

（一）概述

气雾剂系指将含药溶液、乳状液或混悬液与适宜的抛射剂装于具有特制阀门系统的耐压容器中，使用时借抛射剂的压力将内容物呈雾状物喷出的制剂。气雾剂是20世纪50年代迅速发展起来的新剂型，大多数经肺吸收发挥全身作用或者供皮肤、腔道等局部应用。目前气雾剂在医疗上已用于治疗哮喘、烫伤、耳鼻喉疾病以及祛痰、血管扩张、强心、利尿等，均收到了显著的效果。

1. 气雾剂的特点

气雾剂有以下几个优点：①具有速效和定位的作用，并能降低药物的毒副作用。如治疗哮喘的气雾剂可使药物直接进入肺部，吸入2min即能显效。②药物密闭于容器内部，能保持药物清洁无菌，且由于容器不透明，避免了药物与光、水、空气的接触、增加了稳定性。③使用方便，药物可避免胃肠道的破坏和肝脏的首过效应。④可以用定量阀门准确控制剂量。

其缺点包括：①由于使用耐压容器及阀门系统等，因此成本高。②抛射剂有高度挥发性，因而具有制冷效应，多次使用于受伤皮肤，可引起不适与刺激。③氟氯烷烃在动物或人体内到达一定程度可致敏心脏，造成心律失常，故治疗用的气雾剂对心脏病患者不适宜。

2. 气雾剂的分类

（1）按分散系统分类　气雾剂可分为溶液型、混悬型、乳浊液型三类。

① 溶液型气雾剂：药物溶解在抛射剂中，形成均匀溶液，喷出来以后，抛射剂挥发，药物以固体或者液体微粒状态达到作用部位。

② 混悬型气雾剂：药物以固体微粒状态分散于溶剂中，形成混悬液，喷出来以后，抛射剂挥发，药物以固体微粒状态达到作用部位。

③ 乳浊液型气雾剂：药物水溶液和抛射剂按照一定比例混合，形成 O/W 型或者 W/O 型乳剂。前者喷出时形成液流，后者则以泡沫状态喷出。

（2）按用药途径分类

① 吸入气雾剂：药物分散成微粒或者雾滴，经过呼吸道吸入发挥局部或者全身治疗作用。我国目前生产的气雾剂大多为此类。

② 外用气雾剂：用于皮肤和空间消毒的气雾剂。皮肤用气雾剂有保护创面、清洁消毒、局麻止血等作用；用于杀虫、驱蚊及室内空气消毒的气雾剂，喷出的粒子极细，一般在 $10\mu m$ 以下，能在空气中悬浮较长时间。

③ 非吸入气雾剂：直接喷到腔道黏膜的气雾剂。用于阴道部位常用 O/W 型气雾剂，主要用于治疗阴道炎及避孕等。鼻腔黏膜用气雾剂主要是一些肽类和蛋白质类药物，用于发挥全身作用，避免肝脏的首过效应。

（3）按相的组成分类

① 二相气雾剂：一般指溶液型气雾剂，由气液两相组成。气相是抛射剂所产生的蒸汽，液相是药物与抛射剂形成的均相溶液。

② 三相气雾剂：一般是指混悬型气雾剂与乳剂型气雾剂。乳剂型气雾剂中包括气-液-液三相，气相为抛射剂的蒸汽，液相为水相和油相，即 O/W 型或者 W/O 型。而混悬型气雾剂中包括气-液-固三相，气相为抛射剂的蒸汽，液相是抛射剂，固相是不溶性药粉。

此外，气雾剂还可分为定量气雾剂和非定量气雾剂。定量气雾剂主要用于肺部、口腔和鼻腔，而非定量气雾剂主要用于局部治疗的皮肤、阴道和直肠等。

3. 气雾剂的吸收

吸入气雾剂主要通过肺部吸收，吸收的速度很快，不亚于静脉注射，如异丙肾上腺素气雾剂吸入后 $1\sim2min$ 即可起平喘作用。肺部吸收迅速的原因主要是由于肺部吸收面积巨大。

（二）组成

气雾剂是由抛射剂、药物与附加剂、耐压容器和阀门系统组成的。抛射剂与药物一同封装在耐压容器中，器内产生压力（抛射剂气化），若打开阀门，则药物、抛射剂一起喷出而形成雾滴。离开喷嘴后抛射剂和药物的雾滴进一步气化，雾滴变得更细。雾滴的大小决定于抛射剂的类型、用量、阀门和揿钮的类型，以及药液的黏度等。

1. 药物与附加剂

（1）药物　液体、固体药物均可制备气雾剂，目前应用较多的药物有呼吸道系统用药、心血管系统用药，解痉药及烧伤用药等，近年来多肽类药物的气雾剂给药系统的研究越来越多。

（2）附加剂　为制备质量稳定的溶液型、混悬型或乳剂型气雾剂应加入附加剂，如潜溶剂、润湿剂、乳化剂、稳定剂，必要时还添加矫味剂、防腐剂等。

2. 抛射剂

抛射剂是喷射药物的动力，有时兼有药物的溶剂作用。抛射剂多为液化气体，在常压下沸点低于室温。因此，需装入耐压容器内，由阀门系统控制。在阀门开启时，借抛射剂的压力将容器内药液以雾状喷出达到用药部位。抛射剂的喷射能力的大小直接受其种类和用量的影响，同时也要根据气雾剂用药目的和要求加以合理的选择。对抛射剂的要求是：①在常温下的蒸汽压大于大气压；②无毒、无致敏反应和刺激性；③惰性，不与药物等发生反应；④不易燃、不易爆炸；⑤无色、无臭、无味；⑥价廉易得。但一种抛射剂不可能同时满足以上各要求，应根据用药目的适当选择。

（1）抛射剂的分类　抛射剂一般可分为氟氯烷烃、碳氢化合物及压缩气体三类。

① 氟氯烷烃：又称氟利昂，其特点是沸点低，常温下蒸汽压略高于大气压，易控制，性质稳定，不易燃烧，液化后密度大，无味，基本无臭，毒性较小，不溶于水，可作脂溶性药物的溶剂，但是有破坏臭氧层的缺点。常用氟利昂有F11、F12和F114，将这些不同性质的氟利昂，按不同比例混合可得到不同性质的抛射剂，以满足制备气雾剂的需要。

但氟氯烷烃类对大气臭氧层的破坏是人类面临的重大环境问题之一，因此需将氟氯烷烃进行替代。目前公认的主要替代抛射剂是氟代烷烃，不含氯不破坏大气臭氧层，对全球气候变暖的影响明显低于氯氟烷烃，常用的有HFA-134a、HFA-227ea。

② 碳氢化合物：作抛射剂的主要品种有丙烷、正丁烷和异丁烷。此类抛射剂虽然稳定，毒性不大，密度低，沸点较低，但易燃、易爆，不宜单独应用，常与氟氯烷烃类抛射剂合用。

③ 压缩气体：用做抛射剂的主要有二氧化碳、氮气和一氧化氮等。

二甲醚因溶解性能好曾受到重视，但FDA因其易燃性并未批准用于吸入气雾剂。

（2）抛射剂的用量　气雾剂的喷射能力的强弱决定于抛射剂的用量及自身蒸汽压。一般来说，用量大、蒸气压高、喷射能力强，反之则弱。根据医疗要求选择适宜抛射剂的组分及用量。一般多采用混合抛射剂，并通过调整用量和蒸汽压来达到调整喷射能力的目的。抛射剂用量与气雾剂种类、用途有关。

① 溶液型气雾剂：抛射剂在处方中用量比一般为20%～70%（质量分数，g/g）。

② 混悬型气雾剂：除主药必须微粉化（<2μm）外，抛射剂的用量较高，用于腔道给药，抛射剂用量为30%～45%（质量分数，g/g），用于吸入给药时，抛射剂用量高达99%，以确保喷雾时药物微粉能均匀地分散。

③ 乳剂型气雾剂：其抛射剂的用量一般为8%～10%（质量分数，g/g），有的高达25%以上，产生泡沫的性状取决于抛射剂的性质和用量，抛射剂蒸气压高且用量大时，产生有黏稠性和弹性的干泡沫；若抛射剂的蒸汽压低而用量少时，则产生柔软的湿泡沫。

3. 耐压容器

气雾剂的容器必须不与药物和抛射剂起作用、耐压（有一定的耐压安全系数）、轻便、价廉等。耐压容器有金属容器和玻璃容器两大类，现在比较常用的主要是外包塑料的玻璃瓶、铝制容器、马口铁容器等。

4. 阀门系统

气雾剂的阀门系统，是控制药物和抛射剂从容器喷出的主要部件，其中设有供吸入用的定量阀门，或供腔道或皮肤等外用的泡沫阀门等特殊阀门系统。阀门系统坚固、耐用和结构稳定与否，直接影响到制剂的质量。阀门材料必须对内容物为惰性，其加工应精密。定量型的吸入气雾剂阀门系统由封帽、阀杆（轴芯）、橡胶封圈、弹簧、定量杯（室）、浸入管和推动钮等部件组成。

（三）制备

1. 气雾剂的处方类型

设计气雾剂的处方时，除选择适宜的抛射剂外，主要根据药物的理化性质，选择某些潜溶剂和附加剂，配制成一定类型的气雾剂，以满足临床用药的要求。

（1）溶液型气雾剂 药物可溶于抛射剂及潜溶剂者，常配制成溶液型气雾剂。一般可加入适量乙醇或丙二醇作潜溶剂，使药物和抛射剂混溶成均相溶液。喷射后，抛射剂汽化，药物成为极细的雾滴，形成气雾，许多药物不溶于氟氯烷烃类抛射剂中，需加潜溶剂才能制得澄明溶液。

举例：盐酸异丙肾上腺素气雾剂

处方：盐酸异丙肾上腺素 2.5g 丙二醇   2.5g

   乙醇   294g 维生素C   1.0g

   抛射剂   适量 共制成   1000g

制法：盐酸异丙肾上腺素在抛射剂中溶解性能差，加入乙醇作潜溶剂，维生素C为抗氧剂。将药物与维生素C加乙醇、丙二醇制成溶液分装于气雾剂容器中，安装阀门，轧紧封帽后，冲装抛射剂。

（2）混悬型气雾剂 药物不溶于抛射剂或潜溶剂者，常以细微颗粒分散于抛射剂中，为使药物分散均匀并稳定，常需加入表面活性剂作为润湿剂、分散剂和助悬剂。

（3）乳剂型气雾剂 这类气雾剂在容器内呈乳剂，抛射剂是内相，药液为外相，中间相为乳化剂。使用时喷出物呈泡沫状，故又称为泡沫气雾剂。

举例：大蒜油气雾剂

处方：大蒜油   10g 聚山梨酯80   30g

   油酸山梨坦 35g 十二烷基硫酸钠 20g

   甘油   250ml 纯化水   加至1400ml

   抛射剂   962.5g

制法：将油水两相混合制成乳剂，分装成175瓶，每瓶压入5.5抛射剂，密封而得。

2. 气雾剂的制备工艺

气雾剂在生产的整个过程中，都要注意避免微生物的污染。其生产过程主要包括容器阀门系统的处理与装配、药物的配制与分装、抛射剂的填充等三个部分，最后经过质检合格后成为气雾剂成品。

（1）容器阀门系统的处理与装配

① 玻璃搪塑：先要将玻璃瓶洗净烘干，预热到120～130℃，趁热浸入塑料黏浆中，使瓶颈以下黏附一层塑料液，倒置，在150～170℃烘干15min，备用。对塑料涂层的要求是，能均匀地紧密包裹玻璃瓶，万一爆瓶不至于玻璃片飞溅伤人，外表平整美观。

② 阀门系统的处理与装配：将阀门的各种零件分别处理，如橡胶制品可在75%乙醇中浸泡24h，以除去色泽并消毒，干燥备用；塑料、尼龙零件洗净再浸在95%乙醇中备用；不锈钢弹簧在1%～3%碱液中煮沸10%～30min，用水洗涤数次，然后用纯化水洗干净，浸泡在95%的乙醇中备用。然后将各个处理好的零件按照阀门的结构装配。

（2）药物的配制、分装 按照处方的组成及所要求的气雾剂类型进行装配。溶液型气雾剂应该制成澄明溶液，混悬型气雾剂应该将药物微粉化并保持干燥状态，乳剂型气雾剂应该制成稳定的乳剂。将上述配制好的合格药物分散系统，定量分装在已准备好的容器内，安装阀门，扎紧封帽。

（3）充填抛射剂

① 压灌法。先将配好的药液在室温下灌入容器内，再将阀门装上并轧紧，然后通过压装机压入定量的抛射剂（最好先将容器内空气抽去）。液化抛射剂经砂棒滤过后进入压装机。此法设备要求简单，不需要低温操作，抛射剂损耗量少，目前国内多用此法生产。但是生产效率较低，国外则多采用生产效率高且产品质量稳定的高速旋转压装抛射剂的工艺制备气雾剂。

② 冷灌法。药液借助冷灌装置中热交换器冷却至−20℃左右，抛射剂冷却至沸点以下至少5℃。先将冷却的药液灌入容器中，随后加入已冷却的抛射剂（也可两者同时进入）。立即将阀门装上并且轧紧。此法在操作过程中需要快速，以减少抛射剂的损失。此法的优点在于速度快，对阀门无影响，成品压力稳定。但是抛射剂损耗大，且需要低温操作和制冷设备，含水制品不宜用此法。

3. 质量评价

首先对气雾剂的内在质量进行检测评定以确定其是否符合规定要求，如《中国药典》附录规定，二相气雾剂应为澄清、均匀的溶液；三相气雾剂应为混合均匀、稳定的乳状液或混悬液。吸入气雾剂的雾滴（粒）大小应控制在 $10\mu m$ 以下，其中大多数应为 $5\mu m$ 以下；非吸入气雾剂，每揿压一次，必须喷出均匀的细雾状雾滴或者雾粒，并且释放出准确的剂量；外用气雾剂喷射时，应能持续释放细雾状物质；所有气雾剂都应该进行泄漏和压力检查，以确保安全。

检查项目主要有如下几个方面。

（1）每瓶总揿次　定量气雾剂应进行检查。取样4瓶，去帽盖，充分振摇，于通风橱内，分别揿压阀门连续喷射与已加入适量吸收液的容器内（注意每次喷射间隔5s并缓缓振摇），直至喷尽为止，分别计算喷射次数，每瓶的总揿次不得少于标示总揿次。

（2）雾滴（粒）分布　吸入气雾剂应检查雾滴（粒）大小分布。按规定检查和测定。除另有规定外，雾滴（粒）药物量应不少于每揿主药含量标示量的15％。

（3）每揿主药含量　定量气雾剂需进行检查，每揿主药含量应为每揿主药含量的80％～120％。

（4）喷射速率和喷出总量　非定量气雾剂需进行检查。

① 喷射速率：取供试品4瓶，依法操作，重复操作3次。计算每瓶的平均喷射速率，应符合规定。

② 喷出总量：取供试品4瓶，依法操作，每瓶喷出量不得少于其标示量的85％。

（5）微生物限度　除另有规定外，照微生物限度检查法检查，应符合规定。

（6）无菌检查　用于烧伤、创伤、溃疡用的气雾剂照无菌检查法检查，应符合规定。

拓展知识

一、 喷雾剂简介

喷雾剂系指含药溶液、乳状液或混悬液填充于特制的装置中，使用时借助手动泵的压力、高压气体、超声振动或其他方法将内容物呈雾状释出，用于肺部吸入或直接喷至腔道黏膜、皮肤及空间消毒的制剂。按给药途径可分为吸入喷雾剂、非吸入喷雾剂及外用喷雾剂。还可分为定量喷雾剂和非定量喷雾剂。

喷雾剂的抛射动力是高压气体时，与气雾剂不同的是，气体并未液化。当阀门打开，气体膨胀将药液喷出，药液本身不汽化，挤出的药液呈细滴或较大液滴。一旦使用后，器内压力随之下降，不能保持恒定压力。

喷雾剂根据需要可加入溶剂、助溶剂、抗氧剂、防腐剂、表面活性剂等附加剂。吸入喷雾剂中所有附加剂均应为生理可接受物质，且对呼吸道黏膜和纤毛无刺激性、无毒性。非吸入喷雾剂及外用喷雾剂中所有附加剂均应对皮肤或黏膜无刺激性。喷雾剂装置中各组成部件均应采用无毒、无刺激性、性质稳定、与药物不起作用的材料制备。

喷雾剂的制备比较简单，配制方法按液体制剂方法配制，之后灌装于适当容器中，最后装上手动泵即可。

需进行的质量评价项目有：定量气雾剂应进行每瓶总揿次、每喷喷量、每喷主药含量检查；吸入喷雾剂应进行雾滴（粒）分布检查；单剂量喷雾剂应进行装量差异检查；非定量气雾剂检查装量；用于烧伤、创伤或溃疡的喷雾剂应进行无菌检查，其他进行微生物限度检查。

包装上单剂量吸入喷雾剂应标明：每剂药物含量；液体使用前置于吸入装置中吸入，而非口服；有效期和贮存条件。多剂量吸入喷雾剂应标明每瓶总揿次和每喷主药含量。

喷雾剂应置凉暗处贮存，防止吸潮。

二、　粉雾剂简介

粉雾剂按用途可分为吸入粉雾剂、非吸入粉雾剂和外用粉雾剂。吸入粉雾剂系指未微粉药物或与载体以胶囊、泡囊或多剂量贮库形式，采用特制的干粉吸入装置，由患者主动吸入雾化药物至肺部的制剂。非吸入粉雾剂系药物或与载体以胶囊或泡囊形式，采用特制的干粉给药装置，将雾化药物喷至腔道黏膜的制剂。外用粉雾剂系指药物与适宜的附加剂灌装于特制的干粉给药器具中，使用时借助外力将药物喷至皮肤或黏膜的制剂。

粉雾剂处方中可加入适宜的载体和润滑剂以改善粉末的流动性，吸入粉雾剂中所有附加剂均应为生理可接受物质，且对呼吸道黏膜和纤毛无刺激性、无毒性。非吸入粉雾剂及外用粉雾剂中所有附加剂均应对皮肤或黏膜无刺激性。粉雾剂给药装置使用的各组成部件均应采用无毒、无刺激性、性质稳定、与药物不起作用的材料制备。

粉雾剂与气雾剂的动力来源不同，是由患者的主动吸入或借助特制给药装置进行给药的。与散剂的制法类似，制备时先将药物原料进行微粉化，再与载体等附加剂混合均匀，装入装置（胶囊、泡囊等）中。其中药物的微粉化是制备的关键。同时要考虑混合的效果和均匀性。

需进行的质量评价项目有：胶囊型、泡囊型粉雾剂应进行含量均匀度、装量差异、排空率检查；多剂量贮库型吸入粉雾剂应检查每瓶总吸次和每吸主药含量；吸入粉雾剂均应检查雾滴（粒）分布；除另有规定外，外用粉雾剂应符合散剂项下的规定。还需进行微生物限度检查。

胶囊型、泡囊型吸入粉雾剂应标明：每粒胶囊或泡囊中药物含量；胶囊应置于吸入装置中吸入，而非吞服；有效期；贮存条件。多剂量贮库型吸入粉雾剂应标明每瓶总吸次和每吸主药含量。

粉雾剂应置凉暗处贮存，防止吸潮。

实践项目

实践项目一　栓剂的制备

【实践目的】

1. 掌握热熔法制备栓剂的操作过程。

2. 熟悉栓模的类型及使用。

【实践仪器和设备】

蒸发皿（10cm）、烧杯（100ml、500ml）、量筒（10ml、100ml）、铲刀、水浴锅（15cm，铜质）、栓模（阴道用，6孔；肛门用，6孔）

【实践材料】

甘油、明胶、冰片、吐温 80、硬脂酸、碳酸钠、液体石蜡。

【实践内容】

例 1　甘油栓的制备

处方：

甘油	24g	碳酸钠	0.6g
硬脂酸	2.4g	纯化水	3ml

制法：取干燥碳酸钠与纯化水置蒸发皿内，加入甘油混匀后置水浴上加热，缓缓分次加入硬脂酸细粉，随加随搅拌，待泡沫停止，溶液澄明，即可注入已用液体石蜡处理过的栓模中，放冷，整理。

例 2　醋酸洗必泰栓的制备

处方：

醋酸洗必泰	0.1g	吐温 80	0.4g
冰片	0.005g	乙醇	0.5g
甘油	12g	明胶	5.4g
纯化水	加至 40g		

制法：明胶置于小烧杯中，加水 40ml，浸泡约 30min，使之膨胀变软，再加甘油在水浴上加热至明胶溶解，继续加热使重量达 36～40g 为止。取醋酸洗必泰、吐温 80 混匀，另将冰片溶于乙醇中，在搅拌下与药液混匀，再加到甘油明胶溶液中，浇模，冷却，削平，即得。

实践项目二　膜剂的制备

【实践目的】

1. 掌握小量制备膜剂的方法。
2. 熟悉常用成膜材料的性质和特点。

【实践仪器和设备】

烧杯（100ml，500ml）、量筒（10ml，100ml）、玻璃板、玻璃棒（或刮刀）、万用电炉（1000W）、水浴锅（15cm，铜质）、托盘天平

【实践内容】

处方：

利福平	75mg	PVA	4g
甘油	0.5g	注射用水	25ml

制法：取 PVA 加甘油及注射用水，搅拌至均匀，使充分膨胀后，在水浴上加热至完全溶解，冷却至 45℃，加入研成细粉的利福平混匀，静置除去气泡。将玻璃板预热至相同温度，将膜材药物溶液在玻璃板涂膜，涂成厚度均匀（约 0.1mm）薄膜，在 70～80℃鼓风干燥 10min 后脱模，放冷至室温，称重，切成每张面积约 0.5cm×1.0cm，含主药 0.15mg 的药膜。

自我测试

一、单选题

1. 关于全身作用栓剂的特点叙述错误的是（　　）。
   A. 不受胃肠 pH 或酶的影响
   B. 可部分避免药物首过效应，降低不良反应
   C. 可避免药物对胃肠黏膜的刺激
   D. 栓剂的劳动生产率较高，成本比较低

2. 属于水溶性栓剂基质的有（　　）。
   A. 可可豆脂
   B. 甘油明胶

C. 半合成脂肪酸甘油酯 　　　　　　　　D. 羊毛脂

3. 属于油脂性栓剂基质的有 （　　）。

  A. 甘油明胶 　　　　　　　　　　　　B. 聚乙二醇类

  C. 羊毛脂 　　　　　　　　　　　　　　D. 半合成棕榈酸酯

4. 有关置换价的正确表述是 （　　）。

  A. 药物的重量与基质重量的比值 　　　　B. 药物的体积与基质体积的比值

  C. 药物的重量与同体积基质重量的比值 　D. 药物的重量与基质体积的比值

5. 目前用于全身作用的栓剂主要是 （　　）。

  A. 阴道栓 　　　　　B. 肛门栓 　　　　　　C. 耳道栓 　　　　　D. 尿道栓

6. 全身作用的栓剂在应用时塞入距肛门口约 （　　）。

  A. 2cm 　　　　　　B. 4cm 　　　　　　　C. 6cm 　　　　　　D. 8cm

7. 栓剂的质量评价中与生物利用度关系最密切的测定是 （　　）。

  A. 融变时限 　　　　B. 体外融出速度 　　　C. 重量差异 　　　　D. 体内吸收实验

8. 不能用作油脂性基质栓剂的润滑剂的为 （　　）。

  A. 95％乙醇 　　　　B. 甘油 　　　　　　　C. 肥皂 　　　　　　D. 植物油

9. 栓剂的全身作用包括 （　　）。

  A. 释放、穿透、吸收 　　　　　　　　　B. 释放、吸收

  C. 扩散、吸收 　　　　　　　　　　　　D. 释放、扩散、穿透、吸收

10. 非栓剂基质的是 （　　）。

  A. 甘油明胶 　　　　　　　　　　　　　B. 植物油

  C. 半合成山苍子油脂 　　　　　　　　　D. 硬脂酸钠

11. 水溶性基质和油脂性基质栓剂均适用的制备方法是 （　　）。

  A. 搓捏法 　　　　　B. 冷压法 　　　　　　C. 热熔法 　　　　　D. 乳化法

12. 某鞣酸栓，每粒含鞣酸 0.2g，空白栓重 2g，已知鞣酸的 $f=1.6$，则每粒鞣酸栓所需可可豆油为 （　　）。

  A. 1.715g 　　　　　B. 1.800g 　　　　　　C. 1.875g 　　　　　D. 1.687g

13. 甘油在膜剂中的主要作用是 （　　）。

  A. 黏合剂 　　　　　　　　　　　　　　B. 增加胶液凝结力

  C. 增塑剂 　　　　　　　　　　　　　　D. 促使基质溶化

14. 膜剂最佳成膜材料是 （　　）。

  A. PVA 　　　　　　B. PVP 　　　　　　　C. CAP 　　　　　　D. 明胶

15. 既可作软膏基质又可作膜剂成膜材料的是 （　　）。

  A. CMC-Na 　　　　B. PVA 　　　　　　　C. PEG 　　　　　　D. PVP

16. 有关涂膜剂的叙述错误的是 （　　）。

  A. 涂膜剂系用高分子化合物为载体所制得的薄膜状制剂

  B. 涂膜剂的处方组成为药物、成膜材料及挥发性溶媒

  C. 涂膜剂是硬膏剂、火棉胶基础上发展起来的新剂型

  D. 制备工艺简单

17. 有关成膜材料 PVA 的叙述错误的是 （　　）。

  A. 具有良好的成膜性及脱膜性 　　　　　B. 其性质主要取决于分子量和醇解度

  C. 醇解度 88％的水溶性较醇解度 99％的好 　D. PVA 是天然高分子化合物

18. 膜剂的组成为药物和 （　　）。

  A. 基质 　　　　　　B. 乳化剂 　　　　　　C. 成膜材料 　　　　D. 赋形剂

19. 膜剂常用的制备方法是 （　　）。

  A. 涂膜法 　　　　　B. 喷雾干燥法 　　　　C. 模压法 　　　　　D. 滚压法

20. 气雾剂抛射药物的动力为 （　　）。

  A. 推动钮 　　　　　B. 内孔 　　　　　　　C. 抛射剂 　　　　　D. 定量阀门

21. 盐酸异丙肾上腺素气雾剂属于（　　）。
　　A. 三相气雾剂　　　　　　　　　　　　　　B. 皮肤用气雾剂
　　C. 空间消毒气雾剂　　　　　　　　　　　　D. 吸入气雾剂

22. 用于开放和关闭气雾剂阀门的是（　　）。
　　A. 阀杆　　　　　　　B. 膨胀室　　　　　　C. 推动钮　　　　　　D. 弹簧

23. 为制得二相型气雾剂，常加入的潜溶剂为（　　）。
　　A. 滑石粉　　　　　　B. 油酸　　　　　　　C. 丙二醇　　　　　　D. 胶体二氧化硅

24. 某药物借助于潜溶剂与抛射剂混溶制得的气雾剂，按组成分类为（　　）。
　　A. 二相型　　　　　　B. 三相型　　　　　　C. O/W 型　　　　　D. W/O 型

25. 与气雾剂雾滴大小无关的因素是（　　）。
　　A. 抛射剂的类型　　　　　　　　　　　　　B. 抛射剂的用量
　　C. 阀门　　　　　　　　　　　　　　　　　D. 贮藏温度

26. 气雾剂不具备的优点是（　　）。
　　A. 使用方便　　　　　　B. 奏效迅速　　　　　C. 剂量准确　　　　　D. 成本较低

27. 关于二相气雾剂的叙述正确的是（　　）。
　　A. 药物的固体细粉混悬在抛射剂中形成的气雾剂
　　B. 通过乳化作用而制成的气雾剂
　　C. 药物溶解在抛射剂中或药物借助于潜溶剂能与抛射剂混溶而制成的气雾剂
　　D. 药物的水溶液与抛射剂互不混溶而分层，抛射剂由于密度大沉在容器底部

28. 对气雾剂叙述错误的是（　　）。
　　A. 使用方便，可避免药物对胃肠刺激
　　B. 成本低，有内压，遇热和受撞击可能发生爆炸
　　C. 可用定量阀门准确控制剂量
　　D. 不易被微生物污染

二、多选题

1. 关于栓剂的叙述正确的是（　　）。
　　A. 栓剂的形状因使用腔道不同而异
　　B. 目前，常用的栓剂有直肠栓、阴道栓
　　C. 肛门栓的形状有球形、卵形、鸭嘴形等
　　D. 栓剂系指药物与适宜基质制成的具有一定形状的供人体腔道给药的半固体制剂
　　E. 栓剂在常温下为固体，塞入人体腔道后，在体温下能迅速软化、熔融或溶解于分泌液

2. 栓剂的一般质量要求为（　　）。
　　A. 脂溶性栓剂的熔点最好是 70℃
　　B. 药物与基质应混合均匀，栓剂外形应完整光滑
　　C. 栓剂应绝对无菌
　　D. 应有适宜硬度，以免包装、贮藏或使用时变形
　　E. 塞入腔道后应无刺激性，应能融化、软化或溶化，并与分泌液混合，逐步释放出药物，产生局
　　　部或全身作用

3. 栓剂的制备方法有（　　）。
　　A. 乳化法　　　　　　　　B. 研和法　　　　　　　　C. 冷压法
　　D. 热熔法　　　　　　　　E. 注入法

4. 影响直肠吸收的药物理化性质因素是（　　）。
　　A. 药物脂溶性与解离度　　　B. 药物粒度　　　　　　　C. 基质的性质
　　D. 直肠液的 pH 值　　　　　E. 药物溶解度

5. 栓剂的特点有（　　）。
　　A. 药物不受胃肠 pH 或酶的破坏　　　　　　B. 避免药物对胃黏膜刺激
　　C. 大部分药物不受肝脏代谢　　　　　　　　D. 适用于不愿口服给药的患者

E. 栓剂的劳动生产率较高，成本比较低

6. 影响栓剂中药物吸收的因素包括（　　　）。

  A. 生理因素   B. 药物因素

  C. 基质因素   D. 栓剂的重量

  E. 栓剂的含药量

7. 栓剂基质分为（　　　）。

  A. 油脂性基质   B. 水溶性基质   C. O/W 基质

  D. 亲水性基质   E. W/O 基质

8. 关于可可豆脂的叙述，正确的是（　　　）。

  A. 可可豆脂为油溶性基质   B. 可可豆脂为水溶性基质

  C. 易酸败   D. 具多晶型现象，最稳定的为 β 型

  E. 无刺激性、可塑性好

9. 有关栓剂的叙述正确的是（　　　）。

  A. 可可豆脂制备栓剂时需用液体石蜡作润滑剂

  B. 栓剂制备方法有冷压法、热熔法和乳化法

  C. 栓剂为固体制剂，塞入腔道后应迅速软化、熔融或溶解

  D. 可可豆脂制备栓剂时应逐渐加热升温，以减少晶型转变的可能

  E. 聚乙二醇对直肠黏膜有刺激作用，为避免其刺激性，可加入约 20% 的水

10. 栓剂应进行质量评价项目有（　　　）。

  A. 重量差异   B. 熔点范围的测定

  C. 融变时限   D. 水分

  E. 药物溶出速度和吸收试验

11. PVA 国内常用的规格有（　　　）。

  A. 04-88   B. 05-88   C. 17-88   D. 18-88   E. 124

12. 作为成膜材料，应具备良好的特性有（　　　）。

  A. 流动性   B. 可压性   C. 膨胀性   D. 成膜性   E. 脱膜性

13. 决定 PVA 水溶性的是（　　　）。

  A. 解离度   B. 溶解度   C. 醇解度   D. 熔点   E. 分子量

14. 涂膜剂的主要优点有（　　　）。

  A. 制备工艺简单

  B. 不用裱褙材料，使用方便

  C. 成膜性能较火棉胶好

  D. 体积小，重量轻，便于携带、运输和贮存

  E. 涂膜剂系用高分子化合物为载体所制得的薄膜状制剂

15. 膜剂的给药途径有（　　　）。

  A. 口服   B. 口含   C. 眼用   D. 皮肤   E. 耳用

16. 膜剂的优点是（　　　）。

  A. 含量准确   B. 可以控制药物的释放

  C. 制备简单   D. 载药量高，适用于大剂量的药物

  E. 不用裱褙材料，使用方便

17. 膜剂的处方组分包括（　　　）。

  A. 成膜材料   B. 增塑剂   C. 色素   D. 脱膜剂   E. 增稠剂

18. 关于气雾剂叙述正确的是（　　　）。

  A. 气雾剂系指药物与适宜抛射剂装于具有特制阀门系统的耐压密封容器中而制成的制剂

  B. 气雾剂是借助于手动泵的压力将药液喷成雾状的制剂

  C. 吸入粉雾剂是由患者主动吸入雾化药物的制剂

  D. 气雾剂系指微粉化药物与载体以胶囊、泡囊贮库形式装于具有特制阀门系统的耐压密封容器中而制成的制剂

E. 吸入粉雾剂系指药物与适宜抛射剂采用特制的干粉吸入装置,由患者主动吸入雾化药物的制剂

19. 溶液型气雾剂的组成包括 ( )。

    A. 抛射剂　　　　　　　　　　B. 潜溶剂　　　　　　　　　　　C. 耐压容器

    D. 阀门系统　　　　　　　　　E. 药物

20. 气雾剂的组成有 ( )。

    A. 抛射剂　　　　　　　　　　B. 阀门系统　　　　　　　　　　C. 囊材

    D. 耐压容器　　　　　　　　　E. 药物与附加剂

21. 抛射剂的用量可影响气雾剂 ( )。

    A. 硬度大小　　　　　　　　　B. 雾粒的大小　　　　　　　　　C. 疏松程度

    D. 蒸气压的大小　　　　　　　E. 喷射能力

22. 气雾剂充填抛射剂的方法有 ( )。

    A. 热灌法　　　　B. 冷灌法　　　　C. 水灌法　　　　D. 油灌法　　　　E. 压入法

23. 气雾剂质量检查项目是 ( )。

    A. 喷雾试验　　　　　　　　　B. 粒度　　　　　　　　　　　　C. 漏气和破损

    D. 耐压性能　　　　　　　　　E. 密度

24. 抛射剂在气雾剂所起的作用是 ( )。

    A. 增加体积　　　　　　　　　B. 溶剂作用　　　　　　　　　　C. 稀释作用

    D. 动力作用　　　　　　　　　E. 增加压力

25. 有关气雾剂的叙述,正确的是 ( )。

    A. 使用方法简单,生产成本高　　　　　　B. 消毒用气雾剂主要用于空间杀虫和灭菌等

    C. 剂量小、奏效快　　　　　　　　　　　D. 皮肤用气雾剂主要功能是保护皮肤创面等

    E. 可减少涂药对创面的刺激

三、问答题 (综合题)

1. 栓剂由哪几部分组成?分为哪几类?有何作用特点?应进行哪些质量检查?

2. 栓剂的全身吸收过程怎样?全身作用栓剂与口服制剂相比应用有何优点?

3. 栓剂基质可分为哪几类?各有何应用特点?举例说明。

4. 栓剂常用制备方法有哪些?热熔法制备栓剂的操作要点怎样?

5. 置换价有何用处?怎样计算?

6. 膜剂有何特点?由哪几部分组成?

7. 常用的成膜材料有哪些?PVA作为膜材有何特点?应用规格有哪些?

8. 膜剂如何制备?质量检查项目有哪些?

9. 膜剂的全身吸收作用有何特点?怎样提高其吸收效果?

10. 气雾剂有何特点?可分为哪几类?由哪几部分组成?

11. 抛射剂有何作用?常用的是哪些?

12. 气雾剂怎样制备?

13. 气雾剂需做哪些质量检查?

14. 气雾剂的全身吸收作用有何特点?影响其吸收的因素有哪些?怎样提高其吸收效果?

项目十四　制剂新技术的介绍

知识目标： 掌握固体分散体技术、包合技术、微囊化技术的基本概念。

熟悉固体分散体常用的载体材料和制备技术。

熟悉 β-环糊精包合物常用的制备技术和在药物制剂中的应用。

熟悉微囊化技术的特点、常用的囊材以及包囊技术在药物制剂中的应用。

能力目标： 知道什么是固体分散体技术、包合技术、微囊化技术。

知道固体分散体技术、包合技术、微囊化技术有何用途。

能按固体分散技术操作要求制备符合要求的固体分散体。

能按 β-环糊精包合技术操作要求制备出符合要求的 β-环糊精包合物。

能按微型包囊技术操作要求制备合格的微囊。

必备知识

一、固体分散技术

（一）概述

固体分散技术是将难溶性药物高度分散在另一种固体载体中的新制剂制备技术。固体分散体是指利用固体分散技术得到的产物，亦可称固体分散物，并不以单一的剂型出现，可进一步加工用于制成颗粒剂、胶囊剂、片剂、丸剂等。

根据 Noyes-Whitney 方程，溶出速率随分散度的增加而提高。以往多采用机械粉碎或微粉化等技术，使药物颗粒减小，比表面增加，以加速其溶出。而采用固体分散体能够将药物高度分散，形成分子、胶体、微晶或无定形状态。若载体材料为水溶性的，可大大改善药物的溶出与吸收，从而提高其生物利用度，成为一种制备高效、速效制剂的新技术。如双炔失碳酯-PVP 共沉淀物片采用水溶性的聚乙烯吡咯烷酮为载体材料，有效剂量小于市售普通片的一半，说明生物利用度大大提高。将药物采用难溶性或肠溶性载体材料制成固体分散体，可使药物具有缓释或肠溶特性。如硝苯地平-邻苯二甲酸羟丙甲纤维素（HP-55）固体分散体缓释颗粒剂具有肠溶作用从而提高了原药的生物利用度。制成固体分散体还可降低毒副作用，如吲哚美辛-PEG6000 固体分散体丸的剂量小于市售普通片的一半时，但两者药效相同，而对大鼠胃的刺激性显著降低。目前国内利用固体分散技术生产且已上市的产品有联苯双酯丸、复方炔诺孕酮丸等。

1. 载体材料

固体分散体的溶出速率在很大程度上取决于所用载体材料的特性。载体材料应具有下列条件：无毒、无致癌性、不与药物发生化学变化、不影响主药的化学稳定性、不影响药物的疗效与含量检测、能使药物得到最佳分散状态或缓释效果、价廉易得。常用载体材料可分为水溶性、难溶性和肠溶性三大类。几种载体材料可联合应用，以达到要求的速释或缓释效果。

（1）水溶性载体材料　水溶性载体主要用来制备高效、速效制剂，难溶性药物在其中以超微粒子、分子或过饱和状态存在。由于载体的迅速润湿或溶解，加速了药物的溶出，该类载体多为高分子化合物、有机酸类和糖类等。

① 聚乙二醇类（PEG）。常用的水溶性载体之一，一般选用相对分子量较高的作为载体。最常用的是 PEG 4000 和 6000，具有熔点低（50～63℃）、毒性较小、化学性质稳定（但 180℃以上分解）、能与多种药物配伍等优点。适用于熔融技术、溶剂技术制备固体分散体。

② 聚维酮类（PVP）。常用 PVP 类的规格有：PVPk15、PVPk30 及 PVPk90 等。该类高分子聚合物熔点较高、热稳定性好，易溶于水和多种有机溶剂，对许多药物有较强的抑晶作用，但贮存过程中易吸湿而析出药物结晶。适用于溶剂技术制备固体分散体。

③ 表面活性剂类。大多选择作为含聚氧乙烯基的表面活性剂为载体材料，其特点是溶于水、载药量大，在蒸发过程中可阻滞药物产生结晶，是较理想的速效载体材料。如泊洛沙姆 188（Poloxamer 188，即 Pluronic F-68），作为载体可大大提高溶出速率和生物利用度。增加药物溶出的效果明显大于 PEG 载体，是个较理想的速效固体分散体的载体。可采用熔融技术或溶剂技术制备。

④ 有机酸类。该类载体材料的分子量较小，如枸橼酸、酒石酸、琥珀酸、胆酸及脱氧胆酸等，易溶于水而不溶于有机溶剂。本类不适用于对酸敏感的药物。一般制成的多为低共熔物。

⑤ 糖类与醇类。糖类常用的有壳聚糖、右旋糖、半乳糖和蔗糖等，醇类有甘露醇、山梨醇、木糖醇等。它们的特点是水溶性强，毒性小，适用于剂量小、熔点高的药物，常与 PEG 制成复合载体。

⑥ 纤维素衍生物。如羟丙纤维素（HPC）、羟丙甲纤维素（HPMC）等。该类载体材料与药物制备固体分散体时，为克服难以研磨的缺点，需加入适量乳糖、微晶纤维素等加以改善。

（2）难溶性载体材料

① 纤维素类。常用 EC，无毒、无药理活性，是一种理想的不溶性载体材料，广泛使用于缓释固体分散体。其特点是溶于有机溶剂，含有羟基能与药物形成氢键，有较大的黏性，作为载体材料其载药量大、稳定性好、不易老化。在以 EC 为载体的固体分散体中加入 PEG、PVP 等水溶性物质作为致孔剂可以调节释药速率，获得更理想的释药效果。

② 聚丙烯酸树脂类。聚丙烯酸树脂 Eudragit（包括 E、RL 和 RS 等）在胃液中可溶胀，在肠液中不溶，不被吸收，对人体无害，广泛用于制备具有缓释性的固体分散体。配合使用两种不同穿透性能的 Eudragit，可获得理想释药速率。在穿透能力较差的 Eudragit 中加入 PEG、PVP 等水溶性物质可以调节释药速率。

③ 脂质类。常用的有胆固醇、β-谷甾醇、棕榈酸甘油酯、胆固醇硬脂酸酯、蜂蜡、巴西棕榈蜡及氢化蓖麻油、蓖麻油等脂质材料，均可制成缓释固体分散体，亦可加入表面活性剂、糖类、PVP 等水溶性材料，以适当提高其释放速率，达到满意的缓释效果。

（3）肠溶性载体材料

① 纤维素类。常用的有醋酸纤维素酞酸酯（CAP）、羟丙甲纤维素酞酸酯（HPMCP）以及羧甲基乙基纤维素（CMEC）等，均能溶于肠液中，可用于制备胃中不稳定的药物在肠道释放和吸收、生物利用度高的固体分散体。由于它们化学结构不同，黏度有差异，释放速率也不相同。

② 聚丙烯酸树脂类。常用 Eudragit L100 和 Eudragit S100，分别相当于国产Ⅱ号及Ⅲ号聚丙烯酸树脂。前者在 pH6 以上的介质中溶解，后者在 pH7 以上的介质中溶解，有时两者联合使用，可制成较理想的缓释固体分散体。

2. 固体分散体的类型

根据药物在载体中高度分散的程度和形态不同，固体分散体主要分为三类。

（1）低共熔混合物 药物与载体按适当的比例在较低温度下熔融，得到完全混熔的液体，搅匀后迅速冷却固化而成。药物以微晶形式分散在载体材料中成物理混合物。该分散体与水接触时，载体溶解，药物以微晶状态分散在介质中，进一步溶解。

（2）固态溶液 药物在载体材料中以分子状态分散，呈均相体系。此类分散体具有类似溶液的分散性质，称为固态溶液。按药物与载体材料的互溶情况，分完全互溶与部分互溶；按晶体结构，分为置换型与填充型。

如水杨酸与 PEG 6000 可组成部分互溶的固态溶液。当 PEG 6000 含量较多时，可形成水杨酸溶解于其中的 α 固态溶液；当水杨酸的含量较多时形成 PEG 6000 溶解于水杨酸中的β 固态溶液。这两种固态溶液在 42℃以下又可形成低共熔混合物。

（3）共沉淀物 共沉淀物（也称共蒸发物）是由药物与载体材料以适当比例混合，形成共沉淀无定形物，有时称玻璃态固熔体，因其有如玻璃的质脆、透明、无确定的熔点。这种固体分散体常用多羟基化合物作载体，如枸橼酸、蔗糖等。药物的溶出较固体溶液容易。还由于玻璃溶液黏度大，过饱和时析出的结晶仍很小，因此溶出速率相对较高。

（二）常用的固体分散体技术

药物固体分散体的常用制备技术有多种。不同药物采用何种固体分散技术，主要取决于药物的性质和载体材料的结构、性质、熔点及溶解性能等。

1. 熔融技术制备固体分散体

熔融法是将药物与载体材料混匀，用水浴或油浴加热并不断搅拌至完全熔融，也可将载体材料加热熔融后，再加入药物溶液，然后将熔融物在剧烈搅拌下，迅速冷却成固体或将熔融物倾倒在不锈钢板上成膜，在板的另一面吹冷空气或用冰水，使骤冷成固体。为了防止某些药物立即析晶，宜迅速冷却固化，然后将产品置于干燥器中，室温干燥。经一到数日即可使变脆而容易粉碎。放置的温度视不同品种而定。本法的关键是必须迅速冷却，以达到较高的过饱和状态，使多个胶态晶核迅速形成，而不至于形成粗晶。采用熔融技术制备固体分散体的制剂，最适合的剂型是直接制成滴丸。如复方丹参滴丸。

由于熔融法存在一定的局限性，使得溶剂法成为更为普遍的制备固体分散体的技术。近年来，熔融法得以改进，以熔融挤出技术重新兴起。将药物与载体材料置于双螺旋挤压机内，药物和载体的混合物同时熔融、混匀，然后挤出成型为片状、颗粒状、小丸、薄片或粉末。这些中间体可进一步加工成传统的片剂。该技术的优点是无需有机溶剂，同时可用两种以上的载体材料，药物-载体混合物的受热时间仅约为 1min，因此药物不易破坏，制得的固体分散体稳定。该技术特别适合于工业化生产。

【实例】卡马西平-PEG 固体分散体的制备

将不同配比的卡马西平-PEG6000 的混合物分别置于金属容器中，于油浴上加热至200℃，待熔融后，立即将其倾倒到金属板上并保持在室温下，然后置研钵中研碎，平均粒径在 250～450μm 之间。体外溶出试验结果表明该固体分散体的溶出速率快于物理混合物，并快于纯的卡马西平。

2. 溶剂（蒸发）技术制备固体分散体

将药物与载体材料共同溶解于有机溶剂中，蒸去有机溶剂后使药物与载体材料同时析出，即可得到药物与载体材料混合而成的共沉淀物，经干燥即得。常用的有机溶剂有氯仿、无水乙醇、95％乙醇、丙酮等。本法适用于对热不稳定或挥发性药物。可选用能溶于水或多种有机溶剂、熔点高、对热不稳定的载体材料，如 PVP 类、半乳糖、甘露糖、胆酸类等。但使用有机溶剂的用量较大，成本高，且有时有机溶剂难以完全除尽。残留的有机溶剂除对人体有危害外，还易引起药物重结晶而降低药物的分散度。

【实例】盐酸尼卡地平缓释固体分散体的制备

将盐酸尼卡地平与Ⅱ号丙烯酸树脂以适当的比例分别溶于无水乙醇，搅拌至澄明使完全溶解，将两者的溶液充分混匀，用旋转蒸发仪（水浴 70℃）挥发除去大部分溶剂，使混合物呈黏稠状，转入电热真空干燥箱中干燥 24h，脆化后取出粉碎过 80 目筛，制得固体分散体。差热分析法分析结果表明固体分散体中药物以无定形存在，而物理混合物中药物以晶体存在。

3. 溶剂-熔融技术制备固体分散体

将药物先溶于适当溶剂中，将此溶液直接加入已熔融的载体材料中均匀混合后，按熔融法冷却处理。药物溶液在固体分散体中所占的量一般不超过 10％（质量分数），否则难以形成脆而易碎的固体。本法可适用于液态药物，如鱼肝油、维生素 A、维生素 D、维生素 E 等，但只适用于剂量小于 50mg 的药物。凡适用于熔融法的载体材料均可采用。制备过程中一般不除去溶剂，受热时间短，产品稳定，质量好。但注意选用毒性小、易与载体材料混合的溶剂。将药物溶液与熔融载体材料混合时，必须搅拌均匀，以防止固相析出。

【实例】螺内酯-PEG 固体分散体的制备

取螺内酯 0.5g，用适量乙醇溶解，加入 PEG6000 或 PEG4000 9.5g。搅匀，在水浴上加热，使熔融，并蒸去乙醇。随后，将熔融物倒入置水浴中的不锈钢盘中，使成薄片，吹以冷风，令其迅速冷却固化，置干燥箱内干燥，再粉碎过筛即得。螺内酯一般为片剂，微粉片为 20mg，一次剂量为 100mg，而 5％或 10％螺内酯-PEG6000 固体分散体片，其用量仅为微粉片的一半。

4. 溶剂-喷雾（冷冻）干燥技术制备固体分散体

将药物与载体材料共溶于溶剂中，然后喷雾或冷冻干燥，除尽溶剂即得。溶剂-喷雾干燥技术可连续生产，溶剂常用 C_1～C_4 的低级醇或其混合物。而溶剂冷冻干燥技术适用于易分解或氧化、对热不稳定的药物，如酮洛芬、红霉素、双香豆素等。此法污染少，产品含水量可低于 0.5％。常用的载体材料为 PVP 类、PEG 类、β-环糊精、甘露醇、乳糖、水解明胶、纤维素类、聚丙烯酸树脂类等。如布洛芬或酮洛芬与 50％～70％ PVP 的乙醇溶液通过溶剂-喷雾干燥法，可得稳定的无定形固体分散体。又如双氯芬酸钠、EC 与壳聚糖（重量比 10∶2.5∶0.02）通过喷雾干燥法制备固体分散体，药物可缓慢释放，累积释放曲线符合 Higuchi 扩散方程。

（三）固体分散体在药物制剂上的应用

① 增加难溶性药物的溶解度和溶出速率，提高药物的生物利用度。固体分散体能增加药物溶解速率主要是通过增加药物的分散度、形成高能态物质、载体的抑制药物结晶生成和降低药物粒子的表面能作用来完成。

② 延缓或控制药物释放。以水不溶性聚合物、肠溶性材料和脂质材料为载体制备的固体分散体，可实现缓释作用，其释药速率主要取决于载体材料的种类和用量，可包埋水溶性药物和难溶性药物。

③ 利用载体的包蔽作用,可增加药物的稳定性、掩盖药物的不良气味和刺激性。

④ 可使液体药物固体化。

二、 包合技术

(一) 概述

包合技术系指一种分子被包藏于另一种分子的空穴结构内,形成包合物的技术。处于包合物外层的大分子物质如胆酸、环糊精(CYD)、淀粉、纤维素、蛋白质、核酸等称为主分子,被包合于主分子内的小分子物质称为客分子。亦可形象地将包合物称为分子胶囊。药物作为客分子经包合后,溶解度增大,稳定性提高,液体药物可粉末化,可防止挥发性成分挥发,掩盖药物的不良气味,调节释放速率,提高药物的生物利用度,降低药物的刺激性与毒副作用等。在药学上,包合物主要被应用于物质的分离与精制、药物的稳定化、增加难溶性药物的溶解与分散、光学异构体的拆分等。近年来包合物作为药物的载体,应用范围更加广泛。

目前,包合物的主分子以环糊精应用最多,环糊精系指淀粉用嗜碱性芽孢杆菌经培养得到的环糊精葡萄糖转位酶作用后形成的产物,是由6~12个D-葡萄糖分子以1,4-糖苷键连接的环状低聚糖化合物,为水溶性的非还原性白色结晶性粉末,结构为中空圆筒形,孔穴的开口处呈亲水性,空穴的内部呈疏水性。常见有α、β、γ三种。图14-1为β-CYD分子的结构立体图和结构俯视图。

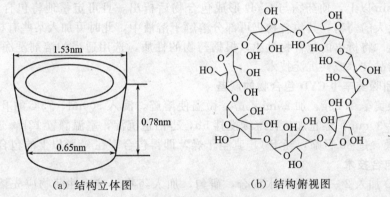

(a) 结构立体图 (b) 结构俯视图

图 14-1 环糊精

三种CYD中以β-CYD最为常用,它在水中的溶解度最小,易从水中析出结晶,随着温度升高溶解度增大。β-CYD经动物试验证明毒性很低,用放射性标记的动物代谢试验表明,β-CYD可作为碳水化合物被人体吸收应用。目前国内利用包合技术生产上市的产品有碘口含片、吡罗昔康片、螺内酯片以及可减小舌部麻木副作用的磷酸苯丙哌林片等。相信随着人们对CYD包合物的研究不断深入,包合技术将为药物新制剂和新剂型的发展提供有效的手段,并可解决有些制剂的生产问题。

概括而言,药物制成包合物后,具有以下优点。

(1) 改善药物的溶解性能 CYD包合物可提高难溶性药物的溶解度,如维A酸在水中的溶解度只有8×10^{-3}mg/100ml,而通过包合作用溶解度可增大到2.7×10^3mg/100ml。增加药物溶解度有利于药物制剂的制备,如制成注射剂、片剂、液体制剂等。

(2) 提高药物的稳定性 不少药物可因氧化、遇热或光分解,或在其他化学环境下降解,制成包合物后,可使得药物分子结构中的活性基团受到保护,从而提高药物的稳定性。对于自身易挥发或升华的药物,制成包合物后亦可增加稳定性。

(3) 改善药物的吸收和提高生物利用度 CYD可以用作渗透促进剂,改善局部给药的吸收，增加经皮给药、眼部给药、黏膜给药的药物通透量，提高疗效。CYD的促渗机制不同于其他渗透促进剂，它是在不改变局部黏膜组织结构的前提下，通过增加药物在膜一侧供应室的浓度，提高药物分子的热力学活性，从而增加药物的通透量。

药物被包合后呈分子状态，吸收快，故可提高生物利用度，减少给药剂量等。同时，也使得一些在新药开发中具有很好疗效，但因溶解性能差导致生物利用度低而被淘汰的活性药物用于临床成为可能。

（4）降低药物的毒副作用和刺激性　包合物一方面可以减少给药剂量，另一方面能够降低游离药物分子的浓度，因此减轻了药物的毒副反应和刺激性。包合物还能掩盖药物的不良气味，能使一些中药制剂的苦味减弱或消失，增加病人用药的顺应性。

（5）使液体药物粉末化　液态药物如中药挥发油，制成包合物后既可放置挥发，又可粉末化，使这些液态药物可以制成片剂、散剂、胶囊剂等固体制剂。

（6）改善药物制剂的性能　近年来对CYD衍生物的不断研制，扩大了CYD在制剂中的应用范围。如亲水性的CYD可用于速释制剂的载体；疏水性的CYD可作为水溶性药物的缓释材料；两亲性的CYD既可作为微粒给药系统的修饰材料，同时本身也是很好的靶向制剂载体。

（二）包合物的制备技术

1. 饱和水溶液技术

将CYD配成饱和水溶液，加入药物（难溶性药物可用少量丙酮或异丙醇等有机溶剂溶解）混合30min以上，使药物与CYD形成包合物后析出，且可定量地将包合物分离出来。在水中溶解度大的药物，其包合物仍可部分溶解于溶液中，此时可加入某些有机溶剂，以促使包合物析出。将析出的包合物过滤，根据药物的性质，选用适当的溶剂洗净、干燥即得。亦可称为重结晶技术或共沉淀技术。

【实例】吲哚美辛-β-CYD 包合物的制备

称取吲哚美辛 1.25g，加 25ml 乙醇，微温使溶解，滴入 500ml、75℃的 β-CYD 饱和水溶液中，搅拌 30min，停止加热再继续搅拌 5h，得白色沉淀，室温静置 12h，过滤，将沉淀物在 60℃干燥，过 80 目筛，经 P_2O_5 真空干燥，即得包合率在 98％以上的包合物。

2. 研磨包合技术

取 β-CYD 加入 2～5 倍量的水混合，研匀，加入药物（难溶性药物应先溶于有机溶剂中），充分研磨成糊状物，低温干燥后，再用适宜的有机溶剂洗净，干燥即得。

【实例】维 A 酸-β-CYD 包合物的制备

维 A 酸易受氧化，制成包合物可提高稳定性。维 A 酸与 β-CYD 按 1∶5 摩尔比称量，将 β-CYD 于 50℃水浴中用适量纯化水研成糊状，维 A 酸用适量乙醚溶解加入上述糊状液中，充分研磨，挥去乙醚后糊状物成半固体物，将此物置于遮光的干燥器中进行减压干燥数日，即得。

3. 冷冻干燥包合技术

此技术适用于制成包合物后易溶于水、且在干燥过程中易分解、变色的药物。所得成品疏松，溶解度好，可制成注射用粉末。

【实例】盐酸异丙嗪 β-CYD 包合物的制备

将盐酸异丙嗪与 β-CYD 按 1∶1 摩尔比称量，β-CYD 用 60℃以上的热水溶解，加入盐酸异丙嗪搅拌 0.5h，冰箱冷冻过夜再冷冻干燥，用氯仿洗去未包入的盐酸异丙嗪，最后除去残留氯仿，得白色包合物粉末，内含盐酸异丙嗪 28.1％±2.1％，包合率为 95.64％。经影响因素试验（如光照、高温、高湿度），稳定性均比原药盐酸异丙嗪提高；经加速试验（37℃、相对湿度 75％），2 个月时原药外观、含量、降解产物均不合格，而包合物 3 个月上述指标均合格，说明稳定性提高。

4. 喷雾干燥包合技术

此技术适用于难溶性、疏水性药物，如用喷雾干燥法制得的地西泮-β-环糊精包合物，增加了地西泮的溶解度，提高了其生物利用度。

（三）环糊精包合物在药物制剂上的应用

目前对 CYD 及其衍生物的应用研究已经涉及制剂的各个领域、各种剂型。

1. 口服给药制剂的应用

（1）速释制剂 有些药物（如解热镇痛药、心血管舒张药）口服后希望立即达到有效血药浓度，而通常这类药物的溶解度小，导致溶出速率缓慢，生物利用度低。可将这类药物包合于亲水性的 CYD 衍生物中，提高药物的溶解度和溶出速率，增加口服生物利用度，故可作速释制剂的辅料。常用的如羟丙基 β-环糊精（HP-β-CYD）、麦芽糖-β-CYD 等。HP-β-CYD 还可控制药物晶体转化过程中的晶型增长。如将 HP-β-CYD 和硝苯地平用熔融法制备包合物后，能够防止无定形药物在贮存过程中结晶的形成，使药物处于玻璃态，既增加了稳定性，又提高了硝苯地平从制剂中溶出的速率和口服生物利用度。

（2）缓释制剂 疏水性 CYD 主要是指乙基化和酰化的 CYD，它们可作为水溶性药物的包合材料，以降低水溶性药物的溶出速率，因而具有缓释作用。改变包合物中的药物和疏水性 CYD 的摩尔比或者将两种不同的疏水性 CYD 合用，都可以影响药物的溶出速率，得到具有不同效果的缓释制剂。

2. 局部给药剂型的应用

局部给药剂型可以避免首过效应，提高生物利用度，包括经皮给药制剂、眼部给药制剂、黏膜给药制剂等。它们的作用特点是药物首先透过生物膜屏障，到达给药部位下面的组织或经血管吸收后，起局部或全身治疗作用。而 CYD 在局部给药制剂中最大的优点是能够提高药物的通过量，减少药物的毒性。

3. 中药制剂领域中的应用

（1）防止挥发药物成分的挥发，提高稳定性 目前，对中药制剂研究较多的挥发油-β-CYD 包合物。由于挥发油成分主要是一些单萜、倍半萜及其含氧衍生物，不仅易挥发，而且在光、氧作用下极易氧化变质。制成包合物后在一定程度上切断了药物分子和周围环境的接触，避免了光、氧以及水解条件的影响，从而提高药物稳定性。如莪术油中抗癌的主要成分是莪术醇，也具有较强的挥发性，且易被氧化，在现有制剂莪术油静脉注射液及乳剂中常因稳定性差而影响疗效。制成 β-CYD 包合物后，不仅减少了挥发，而且增加了药物稳定性。

（2）使液体药物粉末化，改善制剂的质量 β-CYD 包合中药挥发油后，能将挥发油粉末化，便于制成多种固体剂型。救心丸是由多种挥发性药材组成的中药，挥发性成分易散失。用 β-CYD 包合挥发油后，使之粉末化，可进一步压制成片剂或填充胶囊，克服了原有制剂存在的缺点。

（3）掩盖药物的不良气味，减少刺激性 有些中药具有异味和苦味，能直接影响到患者的用药情绪，用 β-CYD 包合后能掩盖药物的不良气味。胆汁在中药复方制剂中应用较广，凡含有胆汁的制剂均有较强的苦味。将胆汁进行包合后，可消除苦味。

（4）改善有效成分的溶解性，提高制剂的溶出速率和生物利用度。

4. 毫微粒给药系统中的应用

CYD 包合技术在脂质体、毫微粒等为代表的靶向给药系统中的应用主要体现在能改善这些制剂的理化性质（粒径、表面电势、载药率等）。例如用 CYD 包合后再制成脂质体能提高脂质体的载药率，尤其对难溶性药物效果显著。

三、微型包囊技术

（一）概述

1. 微型包囊技术的概念和特点

微型包囊简称微囊化，系利用天然的或合成的高分子材料（囊材）作为囊膜壁壳，将固态药物或液态药物（囊心物）包裹而成药库型的微囊。伴随着制药新技术的发展，微囊的粒径从微米级到纳米级。目前，医药工业根据临床需要常采用各种药物制成的微囊作为原料，再加工成适宜的剂型，如散剂、胶囊剂、片剂、注射剂、软膏剂、栓剂、膜剂等。

药物微囊化后有以下优点：

（1）制备缓释或控释制剂　药用高分子聚合物包囊后，由于微囊的囊膜具有透膜或半透膜的性质，在消化液中亦可不被溶解，所以口服后在消化道中类似药库贮存，体液首先向微囊中渗透，溶解药物形成溶液，并通过囊膜扩散出来，直至囊膜内外浓度平衡为止，药物的释放可保持较长的时间。选择合适的高分子聚合物作包囊材料，可使微囊中的药物在指定部位释放，以提高药效及充分发挥药物的预期效果。如具有良好驱绦虫作用的鹤草酚制成鹤草酚微囊后，经人工胃液和人工肠液中药物释放试验证明：在酸性胃液中鹤草酚释放极少，主要是在碱性肠液中释放，随着 pH 值和时间的改变，释放量逐渐升高，至 4h 达到最高峰，累积释放量达 100%。

（2）液体药物固体化　许多液态药物如挥发油或其他浸提物等，若制成微囊可由液态变成固态，易于制成适宜剂型或应用。

（3）增加药物的稳定性　经微囊包裹的药物，能在药物外层覆盖一层高分子膜，减少了药物与外界接触的机会，对在空气中易氧化变质、易挥发的药物能起到保护的作用，也能将有配伍禁忌的药物隔离开，因而提高药物的稳定性。

（4）进一步加工制成其他剂型　用药物微囊作原料制备各种制剂，比用药物粉末具有更多优点。如用微囊粉末制成的散剂，流动性好、含量均匀、分剂量准确；微囊制成的混悬剂分散性好；微囊可直接压片、有良好的流动性和可压性，填料准确、片重差异较小，亦可减少压片时粉末飞扬，有利于改善环境卫生和劳动保护条件。

（5）防止药物在胃内失活或减少对胃的刺激。

（6）能掩盖药物的不良臭味　一些具有苦味或不良气味的药物，特别是配制儿童制剂时，如制成微囊后，再配成其他口服制剂，可掩盖其不良的气味。

（7）使药物浓集于靶区，提高疗效。

（8）可将生物大分子物质、细胞等包囊　某些酶类制成注射剂长期使用后，容易产生抗体和失活。如用高分子物质为囊材（形成半透性膜）将酶包于微囊中，使其不从半透膜渗出，大分子物质如 α-球蛋白也不易透入囊膜，不会引起抗体-抗原免疫反应，而微囊外的相应物质，则可透入微囊中与膜内酶起预期作用。

由于药物微囊化有很多优点，所以目前国内外已有大量药物如镇静药、解热镇痛药、避孕药、驱虫药、抗生素、维生素及诊断用药等制成微囊应用。其中，国内已报道的品种有可延效的复方甲地孕酮微囊注射液、慢心律微囊骨架片、亮菌甲素微囊注射液等，可防止氧化、提高稳定性的复合维生素 A 微囊片，可防止挥发油挥发的牡荆油微囊片，可掩盖不良臭味的氯霉素微囊片、大蒜素微囊胶囊剂等。

2. 囊心物与囊材

（1）囊心物　微囊的囊心物除主药外还可加入适宜的附加剂，如稳定剂、稀释剂、控制释放速率的阻滞剂、促进剂以及改善囊膜可塑性的增塑剂等。囊心物可以是固体，也可以是液体。通常将主药与附加剂混匀后微囊化；亦可先将主药单独微囊化，再加入附加剂。微囊化的技术应根据囊心物的性质而定。囊心物的性质不同，采用工艺条件也不同。

（2）囊材　用于包囊所需的材料称为囊材。常用的囊材可分为下述三大类。

① 天然高分子囊材。天然高分子材料是最常用的囊材，因其稳定、无毒、成膜性好。

a. 明胶：明胶是氨基酸与肽交联形成的直链聚合物，聚合度不同的明胶具有不同的分子量，其平均分子量在 15000～25000 之间。因制备时水解方法的不同，明胶分酸法明胶（A 型）和碱法明胶（B 型）。A 型明胶的等电点为 7～9，10g/L 溶液 25℃时的 pH 值为 3.8～6.0；B 型明胶稳定而不易长菌，等电点为 4.7～5.0，10g/L 溶液 25℃的 pH 值为 5.0～7.4。两者的成囊性无明显差别，溶液的黏度均在 0.2～0.75cPa·s 之间，可生物降解，几乎无抗原性。通常可根据药物对酸碱性的要求选用 A 型或 B 型。

b. 阿拉伯胶：一般常与明胶等量配合使用，亦可与白蛋白配合作复合材料。

c. 海藻酸盐：系多糖类化合物，常用稀碱从褐藻中提取而得。海藻酸钠可溶于不同温度的水中，不溶于乙醇、乙醚及其他有机溶剂；海藻酸钙不溶于水，故海藻酸钠可用 $CaCl_2$ 固化成囊。

d. 壳聚糖：壳聚糖是一种天然聚阳离子多糖，可溶于酸或酸性水溶液，无毒、无抗原性，在体内能被溶菌酶等酶解，具有优良的生物降解性和成膜性，在体内可溶胀成水凝胶。

② 半合成高分子囊材。作囊材的半合成高分子材料多系纤维素衍生物，其特点是毒性小、黏度大、成盐后溶解度增大。

a. 羧甲基纤维素盐：羧甲基纤维素盐属阴离子型的高分子电解质，如羧甲基纤维素钠（CMC-Na）常与明胶配合作复合囊材。

b. 醋酸纤维素酞酸酯（CAP）：在强酸中不溶解，可溶于 pH＞6 的水溶液，分子中含游离羧基，其相对含量决定其水溶液的 pH 值及能溶解 CAP 的溶液最低 pH 值。用做囊材时可单独使用，也可与明胶配合使用。

c. 乙基纤维素：乙基纤维素（EC）化学稳定性高，适用于多种药物的微囊化，不溶于水、甘油和丙二醇，可溶于乙醇，遇强酸易水解，故对强酸性药物不适宜。

d. 甲基纤维素：甲基纤维素（MC）用做微囊囊材，可与明胶、CMC-NA、PVP 等配合作复合囊材。

e. 羟丙甲纤维素：羟丙甲纤维素（HPMC）能溶于冷水成为黏性溶液，不溶于热水，长期贮存稳定。

③ 合成高分子囊材。作囊材用的合成高分子材料有生物不降解的和生物可降解的两类。近年来，生物可降解的材料得到了广泛的应用，如聚碳酯、聚氨基酸、聚乳酸（PLA）、丙交酯乙交酯共聚物（PLGA）、聚乳酸-聚乙二醇嵌段共聚物（PLA-PEG）、ε-己内酯与丙交酯嵌段共聚物等，其特点是无毒、成膜性好、化学稳定性高，可用于注射。

（二）微囊的制备技术

按照制备微囊工艺的原理，可分为物理化学法、化学法和物理机械法三类。见表 14-1。以下主要介绍物理化学法中的单凝聚法和复凝聚法。

表 14-1　微囊制备方法

分　类	制　备　方　法
物理化学法	相分离法（单凝聚法、复凝聚法、溶剂-非溶剂法、改变温度法）、液中干燥法
化学法	界面缩聚法、单体聚合法、辐射法、液中硬化包衣法
物理机械法	喷雾干燥法、喷雾冷凝法、空气悬浮包衣法、多乳离心法、锅包法

1. 单凝聚法

单凝聚法是将可溶性无机盐加至某种水溶性包囊材料的水溶液中（其中有已乳化或混悬

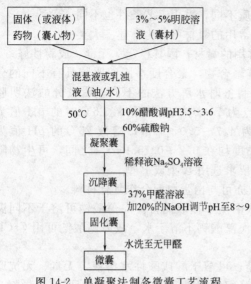

图 14-2　单凝聚法制备微囊工艺流程

的囊心物质）造成相分离，使包囊材料凝聚成囊膜而制成微囊，再用甲醛溶液固化。

基本原理：如将药物分散在明胶材料溶液中，然后加入凝聚剂（可以是强亲水性电解质硫酸钠水溶液，或强亲水性的非电解质如乙醇），由于明胶分子水合膜的水分子与凝聚剂结合，使明胶的溶解度降低，分子间形成氢键，最后从溶液中析出而凝聚形成凝聚囊。这种凝聚是可逆的，一旦解除凝聚的条件（如加水稀释），就可发生解凝聚，凝聚囊很快消失。这种可逆性在制备过程中可加以利用，经过几次凝聚与解凝聚，直到凝聚囊形成满意的形状为止（可用显微镜观察）。最后再采取措施加以交联，使之成为不凝结、不粘连、不可逆的球形微囊。

工艺：单凝聚法制备微囊的工艺流程如图 14-2 所示。

【实例】左炔诺孕酮-雌二醇微囊的制备

将左炔诺孕酮与雌二醇混匀，加到明胶溶液中混悬均匀，加入硫酸钠溶液（凝聚剂），形成微囊，再加入稀释液，即 Na_2SO_4 溶液，其浓度由凝聚囊系统中已有的 Na_2SO_4 浓度（如为 $a\%$）加 1.5%［即 $(a+1.5)\%$］，稀释液体积为凝聚囊系统总体积的 3 倍，稀释液温度为 15℃。所用稀释液浓度过高或过低，可使凝聚囊粘连成团或溶解。得粒径在 $10\sim40\mu m$ 的微囊占总重量 95% 以上，平均体积径为 $20.7\mu m$。

2. 复凝聚法

利用两种高分子聚合物在不同 pH 值时电荷的变化（产生相反的电荷）引起相分离凝聚，称为复凝聚法。常选用的包囊材料有：明胶-阿拉伯胶、明胶-桃胶-杏胶等天然植物胶等。

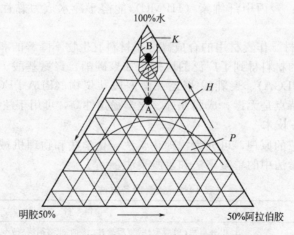

图 14-3　明胶和阿拉伯胶在 pH2.5 条件下用水稀释的三元相图

若用明胶和阿拉伯胶为材料，介质水、明胶、阿拉伯胶三者组成与凝聚现象的关系，用图 14-3 示意。其中 K 代表复凝聚的区域，也就是能形成微囊的低浓度的明胶和阿拉伯胶混合溶液，P 代表曲线以下明胶和阿拉伯胶溶液既不能混溶也不能形成微囊的区域，H 代表曲线以上明胶和阿拉伯胶溶液可以混溶成均相的区域，A 点代表 10% 明胶、10% 阿拉伯胶

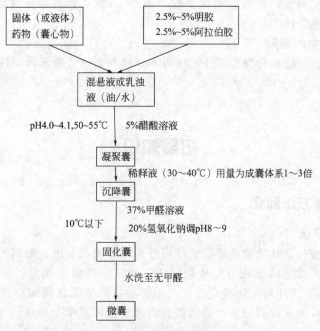

图 14-4　复凝聚法制备微囊工艺流程

和 80％水的混合溶液。必须加水稀释，沿着 A→B 方向到 K 区域才能产生凝聚。

复凝聚法制备微囊的工艺流程如图 14-4 所示。

【实例】复方炔诺孕酮缓释微囊注射液

按重量比 5∶3 称量左旋炔诺孕酮（LNG）和雌二醇戊酸酯（EV），混匀后加入明胶和阿拉伯胶的溶液中（必要时过滤），用醋酸调 pH 至明胶溶液的等电点以下时，明胶带正电荷，阿拉伯胶带负电荷，二者结合形成复合物使溶解度降低。在 50℃和搅拌的情况下，复合物包裹囊心物自体系中凝聚成囊，加入甲醛调 pH 值至 8～9，使微囊固化。过滤，用水洗多余的甲醛至席夫试剂检查不变红色。

（三）微囊在药物制剂上的应用

1. 在缓控释制剂中的应用

药物用高分子物质包囊后，药物从囊膜中释放出来主要是依据扩散原理来完成的。药物的释放速率与囊膜的厚度和理化性质以及药物的理化性质等有关。

（1）长效注射剂　近年来，利用生物技术开发的多肽、蛋白类生物大分子药物不断涌现。由于此类药物在体内极易降解，半衰期很短，常制成冻干粉针，而且必须频繁给药。从20 世纪 80 年代起，制成长效注射剂成为研究开发的热点。

（2）控释胶囊剂　利用其溶解性能的 pH 敏感性，使其在所需要的部位溶解，释放出包裹的药物。常用高分子聚合物有胃溶性的聚乙烯吡啶类；有肠溶性的聚乙烯顺丁烯二酸酐共聚物等。

（3）外用长效制剂　含有药物的微囊通过局部给药达到长效作用。如宫腔吸收的长效避孕微囊，将天然雌性激素黄体酮包藏在一种多孔骨架材料中，能稳定地缓慢释放药物，再用高分子聚合物包裹成微囊，凭微囊的厚度控制药物的释放时间。

2. 在中药制剂中应用

许多从中草药中提取的挥发油或其他挥发性物质等液态的药物，过去大多制成胶囊剂或糖衣片，即用空白颗粒吸附挥发油后压制成片剂，再包糖衣。不仅工艺复杂，且生产过程中药物损失大。如制成微囊，将液态药物变成"固态"，就可以直接压片，简化了生产工艺，同时提高了药物的稳定性。

3. 在其他制剂中的应用

利用微囊化技术可增加药物稳定性、掩盖不良嗅味、改善粉末流动性等，方便制成各种剂型。

拓展知识

微囊其他制备方法简介

（一）物理化学法

一般在液相中进行，其微囊化步骤大体可分为囊心物的分散、囊材的加入、囊材的沉积和囊材的固化四步，常见的有相分离法和液中干燥法。微囊形成的过程中，囊心物之间或（和）正在形成的微囊之间均可能碰撞合并，无囊心物的空囊之间和空囊与微囊之间也能合并，形成的微囊又可因搅拌而分散，最后微囊的外形应该基本上是球形。

1. 相分离法

相分离法是在药物和辅料的混合溶液中，加入另一种物质或溶剂，或采用其他手段使辅料的溶解度降低，自溶液中产生一个新凝聚相，这种制备微粒的方法称为相分离法。可分为单凝聚法、复凝聚法、溶剂-非溶剂法以及改变温度法，前面已介绍单凝聚法、复凝聚法，下面对其他方法进行介绍。

相分离法制得的微囊粒径范围为 $1\sim5000\mu m$，主要决定于囊心物的粒径及其分布情况和所用的工艺。相分离法主要分三步进行：将囊心物质乳化或混悬在包囊材料溶液中；主要依靠加入脱水剂、凝聚剂、pH 调节剂、降低温度等方法使包囊材料浓缩液滴沉积在囊心物质微粒的周围形成囊膜；囊膜的固化。

相分离工艺是药物微囊化的主要工艺之一。其主要优势表现为设备简单，高分子材料来源广泛，适用于多种药物的微囊化。缺点是微囊粘连、聚集的问题，工艺过程中条件很难控制等。

① 溶剂-非溶剂法。将某种聚合物的非溶剂的液体加至该聚合物的溶液中可以引起相分离，从而将囊心物质包裹成微囊。囊心物可以是水溶性物质、亲水性物质、固体粉末或微晶、油状物等，但必须是在系统中对聚合物的溶剂与非溶剂均不溶解、混合或反应的物质。下面列出了可发生相分离的三成分组成（次序为聚合物-溶剂-非溶剂）：乙基纤维素-苯或四氯化碳-石油醚或玉米油、苄基纤维素-三氯乙烯-丙醇、聚乙烯-二甲苯-正己烷、橡胶-苯-丙醇。

【实例】地西泮微囊的制备

分别用明胶和 EC 为成囊材料制备微囊。将地西泮分散在 40g EC 丙酮溶液中，再在液体石蜡中分散成 O/O 型乳状液，加纯化水使 EC 凝聚成囊，洗涤，干燥即得微囊。将地西泮分散在明胶水溶液中，用液体石蜡形成 W/O 型乳状液，加异丙醇使 EC 凝聚成囊，洗涤，干燥即得微囊。

② 改变温度法。本方法不用加凝聚剂，通过控制温度成囊。如用白蛋白作囊材时，先制成 W/O 型乳状液，再升高温度将其固化；用乙基纤维素作囊材时可先在高温溶解，后降温成囊。

【实例】维生素 C 乙基纤维素微囊的制备

乙基纤维素可溶于 80℃的环己烷，当环己烷冷却时即呈小液滴析出。如果将维生素 C 混悬在环己烷溶液中则析出的乙基纤维素小液滴包裹在维生素 C 晶体的表面上形成维生素 C

微囊。同时加入包囊促进剂使其相分离的效果更好并且防止析出的微囊相互黏结或黏附于容器壁上。包装的具体方法：包装时首先是在装有温度计、搅拌器、回流冷凝管的三颈烧瓶中加入乙基纤维素、环己烷、包囊促进剂及维生素C晶体。在水浴中加热至80℃，使乙基纤维素溶解，然后搅拌至室温。滤出包囊维生素C，用环己烷洗涤2～3次，经真空干燥即得包囊维生素C晶体。

2. 液中干燥法

又称复乳包囊法。根据所用介质不同可分为水中干燥法和油中干燥法。其中水中干燥法较为常用，是将水溶性囊心物溶解于水，然后在适宜的有机溶剂中溶入包囊材料。二者混合经乳化制成油包水（W/O）型乳剂，外层再以水为连续相制成W/O/W型的复乳。在减压、低温条件下将有机溶剂除去，膜材料即沉积于囊心物相的周围而成囊。

液中干燥法中的干燥工艺包括两个基本过程：溶剂萃取过程和除去溶剂过程。按照操作可以分为连续干燥法、间歇干燥法及复乳法，前两种方法应用O/W型、W/O型和O/O型乳状液，而复乳法则用W/O/W型和O/W/O型复乳。

连续干燥法的工艺流程主要有：将成囊材料溶解在易挥发的溶剂中，然后将药物溶解或分散在成囊材料溶剂中，加连续相和乳化剂制成乳状液，连续蒸发除去成囊材料的溶剂，分离得到微囊。如果成囊材料的溶剂与水不混溶，则一般用水做连续相，加入亲水性的乳化剂，制成O/W型的乳状液；如果成囊材料的溶剂与水混溶，则一般可用液状石蜡做连续相，加入油溶性的乳化剂，制成W/O型的乳状液。但O/W型的乳状液连续干燥后微囊表面常含有微晶体，需要控制干燥时的速度，这样才能得到较好的微囊。

间歇干燥法的工艺流程主要有：将成囊材料溶解在易挥发的溶剂中，然后将药物溶解或分散在成囊材料溶剂中，加连续相和乳化剂制成乳状液，当连续相为水时，首先蒸发除去部分成囊材料的溶剂，用水代替乳状液中的连续相以进一步去除成囊材料的溶剂，分离得到微囊。这种干燥法可以明显地减少微囊表面含有微晶体的出现。

复乳法的工艺流程（以W/O/W型为例）：将成囊材料的油溶液（含亲油性的乳化剂）和药物水溶液（含增稠剂）混合成W/O型的乳状液，冷却至15℃左右，再加入含亲水性乳化剂的水作连续相制备W/O/W型复乳，最后蒸发掉成囊材料中的溶剂，通过分离干燥得到微囊。复乳法也适用于水溶性成囊材料和油溶性药物的制备。复乳法能克服连续干燥法和间歇干燥法所具有的缺点：在微囊表面形成微晶体、药物进入连续相、微囊的微粒流动性欠佳等。

影响液中干燥法工艺的主要因素是成囊过程中物质转移的速度和程度。主要需考虑的因素如表14-2所示。

表14-2 液中干燥法影响成囊的因素

影响因素	控制条件
挥发性溶剂	用量，在连续相中的溶解度，与药物及聚合物相互作用的强弱
连续相	组成（浓度及成分）与用量
连续相的乳化剂	类型、浓度及组成
药物	在连续相及分散相中的溶解度、结构、用量，与材料及挥发性溶剂相互作用的强弱
材料	用量，在连续相及分散相中的溶解度，与药物及挥发性溶剂相互作用的强弱，结晶度的高低

【实例】液中干燥法制备阿莫西林微囊

水中干燥法制备：将乙基纤维素溶于适量的二氯甲烷中，加入阿莫西林粉末（160目），在30℃水浴中200r/min搅拌20min，所得混悬液加到预先冷却至30℃的纯化水（含0.5%的表面活性剂）中，250r/min搅拌，使温度由30℃逐渐升至40℃，搅拌4h，减压过滤，微囊用纯化水洗涤 3 次，干燥即得。

油中干燥法制备：将乙基纤维素溶于适量的丙酮中，加入阿莫西林粉末（160 目），在 10℃水浴中 300r/min 搅拌 20min，所得混悬液加到预先冷却至 10℃并含有表面活性剂的液体石蜡中，250r/min 搅拌，使温度由 10℃逐渐升至 35℃，搅拌 1h，减压过滤，微囊用正己烷洗涤 3 次，减压干燥即得。

（二）化学法

（1）界面缩聚法　当亲水性的单体和亲脂性单体在囊心物的界面处由于引发剂和表面活性剂的作用瞬间发生聚合反应而生成聚合物包裹在囊心物的表层周围，形成了半透性膜层的微囊。

（2）辐射法　是用明胶或 PVA 为囊材，用 γ 射线照射使囊材在乳剂状态下发生交联，再经过处理得到球型镶嵌型的微囊，然后将微囊浸泡于药物的水溶液中，使其吸收，干燥水分即得含有药物的微囊。

（三）物理机械法

（1）喷雾干燥法　是将囊心物分散在囊材溶液中，在惰性的热气流中喷雾，干燥，使溶解在囊材中的溶液迅速蒸发，囊材收缩成壳，将囊心物包裹。喷雾干燥包括流化床喷雾干燥法和液滴喷雾干燥法。

当流化床喷雾室有孔底板上的囊心物层受到向上气流的推动并且单位面积上囊心物的质量与气体的压力差相等，囊心物层则膨胀而呈可流动状。若囊心物之间有黏附力，则形成流动状时必须克服黏附力，这时就需要给一个外力，但当开始流动时，囊心物之间的黏附力就消失了，这时就无须外力了。但当囊心物黏连或含水过多时流动状态需要很大的外力才能实现。另外，囊心物的粒径也能影响流动态的实现，因此流化床喷雾干燥法制备的粒径范围在 $35\sim5000\mu m$。影响液滴喷雾干燥法工艺的主要因素是混合液的黏度、均匀性、药物和成囊材料的浓度、喷雾的方法和速度、干燥速率等，产生的微囊粒径在 $600\mu m$ 以下。

囊心物最好是球形的或规则的立方体、柱状体组成的光滑晶体，这样可以得到很好的包囊效果。囊心物的脆性、多孔性及其密度都会影响囊形。

【实例】格咧吡嗪缓释胶囊的制备

将格咧吡嗪细粉均匀混悬于乙基纤维素乙醇溶液中，并加入硬脂酸镁等附加剂；将上述混悬液喷雾干燥。工作条件：进口温度 130～160℃，出口温度 70～90℃，加料速度 20ml/min。

（2）喷雾冷凝法　是将囊心物分散于熔融的囊材中，在冷气流中喷雾，凝固而成微囊。在室温下为固体而在较高温度能熔融的囊材均适用于本法，如：蜡类、脂肪酸和脂肪醇。

（3）锅包法　是将囊材配成溶液，加入或喷入包衣锅内的固体囊心物上，形成微囊。在成囊过程中要将热空气导入包衣锅内除去溶剂。

实践项目

实践项目一　布洛芬固体分散体的制备

【实践目的】

1. 掌握固体分散体共沉淀物的制备工艺。

2. 了解验证固体分散体形成的方法。

【实践内容】

例1 布洛芬固体分散体（共沉淀物）的制备

处方：布洛芬　　　0.5g　　　　　　PVP　　　2.5g

制法：

（1）布洛芬固体分散体的制备　取 PVP 2.5g 置蒸发皿中，加无水乙醇-二氯甲烷（1：1 体积分数）混合溶剂 10ml，在 50～60℃水浴上加热使溶解，再将 0.5g 布洛芬加入，搅拌使溶解，不断搅拌蒸去溶剂，然后将蒸发皿置真空干燥器内，于 60℃，80～100kPa 真空度条件下干燥 1h，粉碎过 80 目筛备用。

（2）布洛芬 PVP 物理混合物的制备　按共沉淀物中布洛芬-PVP 的比例，称取布洛芬和 PVP，混合均匀，即得。注意不能研磨，否则，可能形成研磨法制备的固体分散体。

例2 布洛芬固体分散体的质量检查

1. 熔点测定

分别取布洛芬粉末、PVP 粉末、布洛芬-PVP 物理混合物及共沉淀物粉末装入毛细血管中，按《中国药典》二部附录ⅥC 第一法测定样品的熔点，并记录。

2. 溶出速度的测定（对布洛芬固体分散体进行测定）

（1）溶出介质的配制　取浓度为 0.2mol/L 磷酸氢二钾溶液 250ml 和浓度为 0.2mol/L，NaOH 溶液 175ml，加新煮沸过的纯化水定容至 1000ml，摇匀即得 pH7.2 磷酸盐缓冲液。

（2）标准曲线的制备

① 配制标准溶液。精密称定干燥至恒重的布洛芬 10mg 于 50ml 量瓶中，加无水乙醇溶解，并稀释至刻度。配成每升含布洛芬 200mg 的标准溶液。

② 制备标准曲线。精密吸取标准溶液 0.5 、1、2、3、4、5ml 分别置 100ml 量瓶中，用溶出介质稀释至刻度，摇匀，分别得到每升含布洛芬 1、2、4、6、8、10mg 的标准样品。以溶出介质为空白，将样品用紫外分光光度计在 222nm 波长处测定吸光度（A），并以 A 为纵坐标，C（标准样品浓度，mg/L）为横坐标，绘制标准曲线或求出标准曲线回归方程，备用。

（3）溶出速率测定　按中国药典二部附录ⅩC 第二法。仅将转篮换为搅拌桨，其他装置不变。置取溶出介质（pH7.2 磷酸盐碱缓冲液）900ml，注入操作容器内，加温使介质温度维持在 37℃±0.5℃，开动电机并调整搅拌桨的转速为 75r/min。精密称取相当于布洛芬 100mg 的布洛芬-PVP 共沉淀物或物理混合物，投入操作容器内，并开始计时。开始于 5、10、15、20、25、30min 取样 5ml，同时补加同体积预热至 37℃的溶出介质。样品经微孔滤膜（孔径 0.8μm）过滤，精密量取续滤液 2ml 置 25ml 量瓶中，加溶出介质稀释至刻度，以溶出介质为空白，在 222nm 处测定吸光度（A）。

【实践结果】

1. 熔点的测定

应注明各种物料的熔点范围。记录入表 14-3 中。

表 14-3　布洛芬固体分散体熔点测定数据

样 品	熔点/℃
布洛芬	
PVP	
布洛芬-PVP 物理混合物	
布洛芬-PVP 共沉淀物	

比较四种样品的熔点，说明共沉淀物的形成。

2. 绘制溶出曲线

以累积溶出量（％）为纵坐标，时间为横坐标，分别绘制布洛芬-PVP共沉淀物及物理混合物的溶出曲线，并比较两者的溶出速度，说明共沉淀物的形成。

实践项目二　微囊的制备

【实践目的】

1. 掌握微囊制备的常用方法。

2. 通过液状石蜡微囊的制备，进一步理解单凝聚法和复凝聚法制备微囊的基本原理。

3. 了解微囊形成的条件及影响微囊形成的因素。

【实践内容】

例1　复凝聚法制备液体石蜡微囊

处方：

液体石蜡	5g	阿拉伯胶	5g
A型明胶	5g	12.3mol/L甲醛溶液	2.5ml
1.67mol/L醋酸溶液	适量	200g/L氢氧化钠溶液	适量

制法：

（1）液状石蜡乳的制备　取阿拉伯胶5g，置250ml烧杯中，用100ml 60℃的纯化水溶解，加液体石蜡5g，于组织捣碎机中快速乳化2min，在显微镜下观察是否成囊，记录结果。然后将此液倒回250ml的烧杯中，置50℃恒温水浴中保温，备用。

（2）明胶液的制备　取A型明胶5g，用100ml 60℃的纯化水浸泡膨胀后，于50℃恒温水浴中不断搅拌使之完全溶解，保温以防凝固，备用。

（3）微囊的制备　将明胶液加入液状石蜡乳剂中，不断搅拌，测定混合液的pH值，显微镜下观察是否成囊，记录结果。

根据测得的混合液pH，用1.67mol/L醋酸调节pH至3.9～4.1，不断搅拌，在显微镜下观察是否成囊，记录结果。

（4）囊膜的固化　将上述微囊液转入1000ml烧杯中，加入40℃纯化水400ml，自水浴中取出烧杯，不断搅拌，自然冷却，当温度降至32～36℃时，向烧杯中加入冰块，使温度急速降至5℃左右，加12.3mol/L甲醛2.5ml，搅拌5min，用200g/L氢氧化钠溶液调节pH至8.0～8.5，继续搅拌30min，在显微镜下观察是否成囊，记录结果。

（5）计算收率　将烧杯静置，抽滤，用纯化水洗涤至无甲醛气味，pH呈近中性，抽干即得。也可加入6％（质量分数）的淀粉（或糊精）制软材，过16目筛制粒，50℃以下干燥得微囊颗粒，称重，计算收率。

例2　单凝聚法制备液体石蜡微囊

处方：

液体石蜡	5g	明胶	5g
1.67mol/L醋酸溶液	适量	12.3mmol/L甲醛溶液	2.5ml
600g/L硫酸钠溶液	适量	纯化水	适量

制法：

（1）明胶液的制备　称取明胶5g，用100ml 60℃纯化水浸泡膨胀后，于50℃恒温水浴中不断搅拌使之完全溶解，保温以防凝固，备用。

（2）液体石蜡乳的制备　称取液体石蜡5g于烧杯中，加明胶液混合，于组织捣碎机中快速乳化2min，即得均匀的乳剂，用1.67mol/L醋酸溶液调节pH至3.5～3.8，于50℃恒温水浴中保存。

（3）微囊的制备　①制备凝聚囊。量取适量600g/L的硫酸钠溶液，在不断搅拌下滴入液体石蜡乳中，在显微镜下观察成囊的程度，根据所消耗的硫酸钠溶液的体积数，计算体系中硫酸钠的浓度；②配制硫酸钠稀释液。硫酸钠稀释液的浓度，应比成囊体系中硫酸钠的浓度增加 15g/L，用量为成囊体系的 3 倍以上（所消耗硫酸钠溶液的体积与制备液体石蜡乳所用纯化水的体积之和乘以 3），液温 15℃；③制备沉降囊。将凝聚囊倾入稀释液中，分用，静置，沉降，倾去上清液，用硫酸钠稀释液洗 2～3 次，除去多余的明胶，即得沉降囊；④囊膜固化。将沉降囊混悬于硫酸钠稀释液 400ml 中，加 12.3mol/L 甲醛溶液 2.5ml，搅拌 5min，用 200g/L 氢氧化钠溶液调节 pH 至 8.0～9.0，继续搅拌 20～30min，静置，待微囊完全沉降，倾去上清液，过滤，用纯化水洗至无甲醛味，抽干，即得；⑤微囊保存：将以上得到的微囊，根据所要制备的剂型加辅料制成颗粒或混悬于纯化水中，放置备用；⑥计算收率。

例3　微囊大小的测定

微囊的形态大小取决于囊心物的性质及囊材的凝聚方式，微囊可以呈各种不同的形状，如球状实体、平滑球状膜壳、葡萄串状等。本实验采用凝聚法制备的微囊均为圆球形，测定微囊大小的方法，可用校正过的带目镜测微仪的光学显微镜测定，亦可用库尔特计数器测定微囊的大小与粒度分布。

【实践结果】

分别绘制用单凝聚法和复凝聚法制得的液状石蜡微囊的形态图，并描述在显微镜下观察到的各制备工序中的形态与现象。

自我测试

一、单选题

1. 以明胶为囊材用单凝聚法制备微囊时，常用的固化剂是（　　）。
   A. 甲醛　　　　　　　　B. 硫酸钠　　　　　　　　C. 乙醇　　　　　　　　D. 丙酮

2. 微囊的制备方法不包括（　　）。
   A. 薄膜分散法　　　　　B. 改变温度法　　　　　　C. 凝聚法　　　　　　　D. 液中干燥法

3. 应用固体分散技术制备的剂型是（　　）。
   A. 散剂　　　　　　　　B. 胶囊剂　　　　　　　　C. 微丸　　　　　　　　D. 滴丸

4. 有关环糊精叙述错误的是（　　）。
   A. 结构为中空圆筒形
   B. 以 β-环糊精溶解度最大
   C. 环糊精是由环糊精葡萄糖转位酶作用于淀粉后形成的产物
   D. 环糊精是由 6～10 个葡萄糖分子结合而成的环状低聚糖化合物

5. 微囊剂与胶囊剂比较，特殊之处在于（　　）。
   A. 药物释放延缓　　　　　　　　　　　　B. 增加药物稳定性
   C. 提高生物利用度　　　　　　　　　　　D. 可使液体药物粉末化

6. β-环糊精与挥发油制成的固体粉末为（　　）。
   A. 物理混合物　　　　　B. 包合物　　　　　　　　C. 共沉淀物　　　　　　D. 微球

二、多选题

1. 环糊精包合物在药剂学中常用于（　　）。
   A. 提高药物溶解度　　　　　　B. 液体药物粉末化　　　　　　C. 提高药物稳定性
   D. 制备靶向制剂　　　　　　　E. 避免药物的首过效应

2. 微囊化的优点是（　　）。

A. 延长药效 B. 增加药物稳定性

C. 掩盖不良嗅味 D. 改善药物的流动性和可压性

E. 增加药物的吸水性

3. 微囊中药物的释放机理有（　　）。

A. 扩散 B. 溶解 C. 降解 D. 崩解 E. 置换

4. 固体分散物的载体材料对药物溶出的促进作用包括（　　）。

A. 疏水性载体材料的黏度

B. 脂质类载体材料形成网状骨架结构

C. 载体材料对药物有抑晶性

D. 载体材料保证了药物的高度分散性

E. 水溶性载体材料提高了药物的可润湿性

三、问答题

1. 什么是固体分散体？有何应用特点？固体分散体中药物的存在状态是怎样的？

2. 什么是包合物？常用包合材料是什么？有何应用特点？

3. 什么是微囊化？药物微囊化有何特点？微囊制备方法有哪些？

4. 单凝聚法和复凝聚法制备微囊的原理、工艺流程是怎样的？

项目十五　药物新剂型的介绍

知识目标： 掌握缓释制剂、控释制剂的基本概念和特点。

熟悉缓释制剂、控释制剂的组成和分类。

熟悉经皮给药制剂的组成及常用材料、制备技术。

了解靶向制剂的常用载体。

能力目标： 知道药物制成缓释制剂、控释制剂、经皮给药制剂、靶向制剂的目的。

知道缓释制剂、控释制剂、经皮给药制剂、靶向制剂的应用特点。

能理解缓释制剂、控释制剂、经皮给药制剂、靶向制剂的组成和设计原理。

必备知识

一、缓释与控释制剂

（一）概述

1. 缓释、控释制剂的定义

缓释和控释给药系统（sustained-release and controlled-release drug delivery systems）是近年来发展最快的新型给药系统。缓释制剂系指药物在规定介质中，按要求缓慢地非恒速释放，其与相应的普通制剂比较，每24h用药次数应从3~4次减少至1~2次的制剂。控释制剂系指药物在规定介质中，按要求缓慢地恒速或接近恒速释放，其与相应的普通制剂比较，每24h用药次数应从3~4次减少至1~2次的制剂。其体外释放符合零级或近似零级过程。国内外缓释、控释制剂名称不一，有时也不严格区分，统称缓控释制剂。

普通制剂，常常一日口服或注射给药几次，不仅使用不便，而且血药浓度起伏很大，出现峰谷现象，如15-1所示。血药浓度高峰时，可能产生副作用，甚至出现中毒现象；低谷时可在治疗浓度以下，以致不能显疗效。缓释、控释制剂则可较缓慢、持久地传递药物，减少用药频率，避免或减少血浓峰谷现象，提高患者的顺应性并提高药物有效性和安全性。

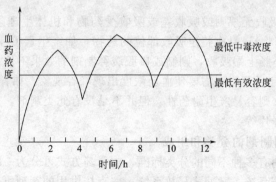

图 15-1　血药浓度峰-谷示意图

2. 缓释、控释制剂的特点

① 减少服药次数，使用方便。对生物半衰期短或需要频繁给药的药物，制成缓释或控释制剂可改为每天一次。这样可以大大提高病人服药的顺应性；特别适用于需长期服药的慢性疾病患者，如心血管疾病、心绞痛、高血压、哮喘患者等。

② 使血药浓度平稳，避免峰谷现象，见图 15-2，降低药物的毒副作用。

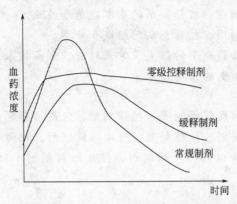

图 15-2　缓释、控释制剂与普通制剂血药浓度变化

对于治疗指数较窄的药物，制成缓释、控释制剂后，可避免频繁用药所引起中毒危险，如茶碱，其普通制剂要求每 3h 给药 1 次，一天要服 8 次才能避免血药浓度过高或过低，这显然是不现实的，若制成缓释或控释制剂，每 12h 服一次，能够保证药物的安全性和有效性。

③ 可减少用药的总剂量，以最小剂量达到最大药效。

④ 某些有首过效应的药物，制备成缓释、控释制剂可能使生物利用度降低或升高，如心得安。

3. 不适宜制成缓释、控释制剂的药物

① 生物半衰期很短（<1h）或很长（>24h）的药物不适合制成缓释、控释制剂；一般半衰期为 2～8h 较适合，如格列吡嗪；在整个胃肠道吸收或小肠下端有效吸收的药物，如双氯芬酸钠，适于制成 24h 给药一次的缓释、控释制剂。但是个别情况例外，如硝酸甘油半衰期很短，也可制成每片 26mg 的控释片，而地西泮半衰期长达 32h，《美国药典》收载有缓释制剂产品。

② 一次剂量很大药物（普通制剂剂量＞1g）不适合。一般缓释、控释制剂的剂量为普通剂型的 2～4 倍，由剂量相加而成，若太大，压制成片剂时，吞服比较困难（且缓释、控释制剂需整片服用，否则骨架被破坏，导致毒副作用）。另制备工艺复杂，若制备成胶囊剂每次需服几颗。

③ 溶解度太小，吸收无规则或吸收差或吸收受药物和机体生理条件影响的药物（如吸收受 pH 影响较大的药物）；具有特定吸收部位的药物，如维生素 B_2，只在小肠一段区域吸收，阿莫西林在胃及小肠上端吸收，则制成口服缓释制剂的效果不佳。

④ 有些药物在治疗过程中，需要使血药浓度出现峰谷现象。如青霉素等抗生素类药物，制成缓释、控释剂型，则容易产生耐药性。但并不是没有此类制剂，目前已上市的缓释、控释制剂有头孢氨苄缓释片等。

（二）缓释、控制制剂的分类和组成

目前缓、控释制剂有多种不同的分类标准，按释药方式可分为一级释药制剂、零级释药制剂、自调式控释给药系统、脉冲式释放系统；按直接供用的剂型可分为胶囊剂、片剂、丸剂、乳剂、注射剂等；按给药途径分为口服缓控释给药系统、透皮缓控释给药系统、植入缓控释给药系统、注射缓控释给药系统等。还可以按释药机理分为骨架型缓控释制剂、膜控型缓控释制剂、渗透泵型缓控释制剂等。以下按释药机理的分类进行介绍。

1. 骨架型缓控释制剂

（1）亲水凝胶骨架型　这类骨架型制剂是骨架遇水膨胀形成凝胶，水溶性药物的释放主要通过凝胶层进行扩散，而在水中溶解度小的药物释放速度由凝胶层的溶蚀速度决定，不管其释放是扩散还是溶蚀机制，凝胶最后完全溶解，药物全部释放，故生物利用度高。常用的骨架材料可分为四类。①天然凝胶：如海藻酸钠、琼脂、明胶和西黄蓍胶等。②纤维素衍生物类：如甲级纤维素（MC）、羧甲基纤维素钠（CMC-Na）、羟乙基纤维素（HEC）和羟丙基纤维素。其中最为常用的 HPMC 为 k4M（4000cPa·s）和 k15M（15000cPa·s），在此类骨架片中添加致孔剂（如 PVP、PEC 或低黏度的 HPMC），则释药速率可随其添加量的增大而加快。③非纤维素多糖类：如半乳糖、壳多糖、甘露聚糖和壳聚糖等。④高分子聚合物：乙烯聚合物、丙烯酸聚合物、聚乙烯醇（PVA）和聚维酮（PVP）等。

（2）生物溶蚀性骨架型　这类制剂由不溶解但可溶蚀的蜡质材料制成，通过孔道扩散与蚀解控制释放。常用的材料有：巴西棕榈蜡、硬脂醇、硬脂酸、聚乙二醇、氢化蓖麻油、聚乙二醇单硬脂酯、甘油三酯等，通常将巴西棕榈蜡与硬脂醇或硬脂酸结合使用。为了增加这类骨架片中药物的释放效果，可加入表面活性剂或润湿剂，如硬脂酸钠、三乙醇胺等。

（3）不溶性骨架型　这类制剂由既不溶解也不溶蚀的材料制成，是液体穿透骨架，将药物溶解，然后从骨架的沟槽中扩散出来，骨架在胃肠中不崩解，药物释放后整体从粪便排出。不溶性骨架制剂的材料有聚乙烯、聚氯乙烯、甲基丙烯酸-丙烯酸甲酯共聚物、乙基纤维素等。

2. 膜控型缓控释制剂

膜控型缓控释制剂主要适用于水溶性药物，用适宜的包衣液，采用一定的工艺对药物颗粒、小丸和片剂的表面包上均一的包衣膜，达到缓释、控释目的。

包衣液由包衣材料、增塑剂和溶剂（或分散介质）组成，根据膜的性质和需要可加入致孔剂、着色剂、抗黏剂和遮光剂等。由于有机溶剂不安全，有毒，易产生污染，目前大多将水不溶性的包衣材料用水制成混悬液、乳状液或胶液，统称为水分散体，进行包衣。水分散体具有固体含量高、黏度低、成膜快、包衣时间短、易操作等特点。目前市场上有两种类型缓释包衣水分散体，一类是乙基纤维素水分散体，商品名为 Aquacoat 和 Surelease，另一类是聚丙烯酸树脂水分散体，商品名为 Eudragit L 30D-55 与 Eudragit RL 30D。

（1）微孔膜包衣片　微孔膜控释剂型通常是用胃肠道中不溶解的聚合物，如醋酸纤维素、乙基纤维素、乙烯-醋酸乙烯共聚物、聚丙烯酸树脂等作为衣膜材料，包衣液中加入少量致孔剂，如 PEG 类、PVP、PVA. 十二烷基硫酸钠、糖和盐等水溶性的物质，亦有加入一些水不溶性的粉末如滑石粉、二氧化硅等，甚至将药物加在包衣膜内既作致孔剂又是速释部分，用这样的包衣液包在普通片剂上即成微孔膜包衣片。

（2）膜控释小片　膜控释小片是将药物与辅料按常规方法制粒，压制成小片，其直径约为 2～3mm，用缓释膜包衣后装入硬胶囊使用。每粒胶囊可装入几片至 20 片不等，同一胶囊内的小片可包上不同缓释作用的衣膜或不同厚度的衣膜。常用乙基纤维素等不溶性材料进行包衣，可加入 PEG1540、Eudragit L 或聚山梨酯 20 为致孔剂调节药物的释放速度。

（3）肠溶膜控释片　此类控释片是药物片芯外包肠溶衣，再包上含药的糖衣层而得。含药糖衣层在胃液中释药，当肠溶衣片芯进入肠道后，衣膜溶解，片芯中的药物释出，因而延长了释药时间。常用的肠溶包衣材料有：CAP、HPMCP、醋酸羟丙基纤维素琥珀酸酯（HPMCAS）等。

（4）膜控释小丸　膜控释小丸由丸芯与控释薄膜衣两部分组成。丸芯含药物和稀释剂、黏合剂等辅料，所用辅料与片剂的辅料大致相同，包衣膜亦有亲水薄膜衣、不溶性薄膜衣、微孔膜衣和肠溶衣。

3. 渗透泵型控释制剂

渗透泵片是由药物、半透膜材料、渗透压活性物质和推动剂等组成，以半渗透性聚合膜材料将片芯包衣后，膜内的水易溶颗粒和药液使水渗入片芯（膜内外存在着渗透压差），由于容积限制，膜的张力使药液通过膜上的一释药小孔将药液释出膜外。常用的半透膜材料有醋酸纤维素、乙基纤维素等。渗透压活性物质（即渗透压促进剂）起调节药室内渗透压的作用，其用量多少关系到零级释药时间的长短，常用乳糖、果糖、葡萄糖、甘露糖的不同混合物。推动剂亦称为促渗透聚合物或助渗剂，能吸水膨胀，产生推动力，将药物层的药物推出释药小孔，常用有分子量为 3 万～500 万的聚羟甲基丙烯酸烷基酯，分子量为 1 万～36 万的 PVP 等。除上述组成外，渗透泵片中还可加入助悬剂、黏合剂、润滑剂、润湿剂等。

渗透泵片有单室和双室渗透泵片，如图 15-3。双室渗透泵片适于制备水溶性过大或难溶于水的药物的渗透泵片。

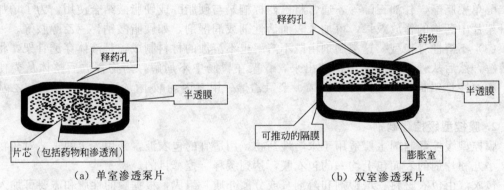

（a）单室渗透泵片　　　　　（b）双室渗透泵片

图 15-3　渗透泵片示意图

（三）缓释、控释制剂的制备工艺

1. 骨架型缓释、控释制剂

（1）骨架片

① 亲水凝胶骨架片。凝胶骨架片多数可用常规的生产设备和工艺制备，机械化程度高、生产成本低、重现性好，适合工业大生产。制备工艺主要有直接压片或湿法制粒压片。

【实例】吲哚洛尔缓释片

将主药粉碎过 100 目筛，与乳糖、微晶纤维素置 V 形混合器中混合 20min。将聚山梨酯 80 溶于乙醇中，加入 HPMC 和纯化水 1400g 制粒，于 65℃干燥 6h。粉碎，整粒，加硬脂酸镁，再置 V 形混合器中混合 5min。压片，缓释片直径 6.0mm，片重 80.0mg（每片含主药 10mg），压力 6～8kg。

② 生物溶蚀骨架片。此类骨架片的制备工艺有三种：a. 溶剂蒸发技术，将药物与辅料的溶液或分散体加入熔融的蜡质中，然后将溶剂蒸发除去，干燥、混合制成团块再颗粒化；b. 熔融技术，即将药物与辅料直接加入熔融的蜡质中，温度控制在略高于蜡质熔点，熔融的物料铺开冷凝、固化、粉碎，或者倒入一旋转的盘中使成薄片，再磨碎过筛形成颗粒，如加入 PVP 或聚乙烯月桂醇醚，可呈表观零级释放；c. 药物与十六醇在温度 60℃混合，团块用玉米朊醇溶液制粒，此法制得的片剂释放性能稳定。

【实例】硝酸甘油缓释片

处方：硝酸甘油　　　　0.26g（10％乙醇溶液 2.95ml）　微晶纤维素　　5.88g

硬脂酸　　　　　6.0g　　　　　　　　　　　　　微粉硅胶　　　0.54g

十六醇　　　　　6.6g　　　　　　　　　　　　　乳糖　　　　　4.98g

聚维酮（PVP）　3.1g　　　　　　　　　　　　　滑石粉　　　　2.49g

硬脂酸镁　　　　0.15g　　　共制 100 片

制法：a. 将 PVP 溶于硝酸甘油乙醇溶液中，加微粉硅胶混匀，加硬脂酸与十六醇，水浴加热到 60℃，使熔。将微晶纤维素、乳糖、滑石粉的均匀混合物加入上述熔化的系统中，搅拌 1h；b. 将上述黏稠的混合物摊于盘中，室温放置 20min，待成团块时，用 16 目筛制粒。30℃干燥，整粒，加入硬脂酸镁，压片。本品 12h 释放 76％。开始 1h 释放 23％，以后释放接近零级；c. 不溶性骨架片。此类骨架片的制备方法有三种：a. 药物与不溶性聚合物混合均匀后，可直接粉末压片。b. 湿法制粒压片：将药物粉末与不溶性聚合物混匀，加入有机溶剂作润湿剂，制成软材，制粒压片。c. 将药物溶于含聚合物的有机溶剂中，待溶剂蒸发后成为药物在聚合物的固体溶液或药物颗粒外层留一层聚合物层，再制粒，压片。适于制备不溶性骨架片的有氯化钾、氯苯那敏、茶碱和曲马唑嗪等水溶性药物。

【实例】呋喃妥因赖氨酸片

呋喃妥因赖氨酸盐 90mg，乳糖 180mg，聚甲基丙烯酸甲酯 25mg，微晶纤维素 84mg，PVP20mg 和硬脂酸镁 1mg，压片。由于聚甲基丙烯酸甲酯骨架材料的缓释作用，显著增加生物利用度，并可减轻胃肠道反应。

（2）缓释、控释颗粒（微囊）压制片　缓释、控释颗粒压制片在胃中崩解后，作用类似于胶囊剂，具有缓释胶囊的特点，并兼有片剂的优点。

① 将三种不同释药速度的颗粒混合压片。如三种颗粒一种是以明胶为黏合剂制备的颗粒，另一种是醋酸乙烯为黏合剂制备的颗粒，第三种是用虫胶为黏合剂制备的颗粒，药物释放受颗粒在肠中的溶蚀作用所控制，释药速度比较：明胶的颗粒＞醋酸乙烯的颗粒＞虫胶的颗粒。

② 微囊压制片。如将阿司匹林结晶，采用乙基纤维素为载体进行微囊化，制备微囊，再压制成片剂。本法适于药物含量高的处方。

③ 将药物制成小丸后再压片包衣。先将药物与淀粉、糊精或微晶纤维素滚成小丸，用乙基纤维素水分散体包衣，有时还可用熔融的十六醇与十八醇的混合物处理，再压片。再用 HPMC 和 PEG400 混合物的水溶液包制薄膜衣。

（3）胃内滞留片　胃内滞留片是指一类能滞留于胃液中，延长药物释放时间，改善药物吸收的骨架片剂。此类片剂由药物、一种或多种亲水胶体及其他辅助材料组成制得的口服片剂。与胃液接触时，亲水胶体便开始产生水化作用，在片剂的表面形成一水不透性胶体屏障膜，其控制了漂浮片内药物与溶剂的扩散速率；为提高滞留或漂浮能力，可加入疏水性而相对密度较小的酯类、脂肪醇类、脂肪酸类或蜡类，使滞留于胃内，直至所有的负荷剂量药物释放完为止。药物的释放速率受亲水性材料骨架种类和浓度的影响。

【实例】呋喃唑酮胃漂浮片

处方：呋喃唑酮　　　　100g　　　　HPMC　　　　　43g

十六醇　　　　　70g　　　　丙烯酸树脂　　40g

十二烷基硫酸钠　适量　　　硬脂酸镁　　　适量

制法：精密称取药物和辅料，充分混合后用 2％HPMC 水溶液制软材，过 18 目筛制粒，于 40℃干燥，整粒，加硬脂酸镁混匀后压片。每片含主药 100mg。实验证明本品体外以零级速度或 Higuchi 方程规律释药。在胃内滞留时间为 4～6h，明显长于普通片（1～2h）。

（4）生物黏附片　生物黏附片是指具有生物黏附性的能黏附于黏膜并释放（或输送）药物以达到治疗目的的片状制剂。生物黏附片由具有生物黏附性的聚合物与药物混合组成片芯，然后此聚合物围成外周，再加覆盖层而成。

【实例】普萘洛尔生物黏附片

将 HPC（分子量 3×10^5，粒度 $190 \sim 460 \mu m$）与卡波姆 940（粒度 $2 \sim 6 \mu m$）以 $1 : 2$ 磨碎混合。取不同量的普萘洛尔加入以上混合聚合物制成含主药 10mg、15mg 及 20mg 三种黏附片。分别于 pH 3.5 及 pH 6.8 两种缓冲液中研究其释放速率，均能起到长效缓释作用。

（5）骨架型小丸　采用骨架型材料与药物混合，或再加入一些其他成型辅料如乳糖等；或加入调节释药速率的辅料如 PEG 类、表面活性剂等，经适当方法制成小丸，即为骨架型小丸。骨架型小丸材料与骨架片所用材料相同，同样有三种不同类型的骨架型小丸。亲水胶体材料制成的小丸，常可通过包衣获得更好的缓（控）释效果。与包衣小丸相比，骨架型小丸的制备工艺简单，可采用挤出-滚圆法制备。

2. 膜控型缓释、控释制剂

（1）微孔膜包衣片　微孔膜包衣片的制备包括片芯的制备和包衣过程。按常规制备水溶性药物的片芯并具有一定硬度和较快的溶出速率。将醋酸纤维素、乙基纤维素等包衣材料用溶剂乙醇或丙酮溶解，加入水溶性致孔剂材料，亦可加入一些水不溶性的粉末如滑石粉、二氧化硅等，甚至将药物加在包衣膜内作为速释部分，用此包衣液包在制成的片芯上，即成微孔膜包衣片。

【实例】磷酸丙吡胺缓释片

先按常规制成每片含丙吡胺 100mg 的片芯（硬度 $4 \sim 6kg$，20min 内药物溶出 80%）。以低黏度乙基纤维素、醋酸纤维素及聚甲基丙烯酸酯为包衣材料，PEG 类为致孔剂，蓖麻油、邻苯二甲酸二乙酯为增塑剂，以丙酮为溶剂配制包衣液包衣，通过控制形成的微孔膜的厚度（膜增重）来调节释药速率。人体血药浓度研究表明各种包衣材料制成的包衣片均有缓释效果，其中以乙基纤维素包衣的缓释血药浓度最平稳。

（2）膜控释小片　将药物与辅料按常规方法制粒，压制成小片，其直径约为 3mm，用缓释膜包衣后装入硬胶囊。例如茶碱膜控释小片，每 20 片装入一只硬胶囊内，狗口服后血药浓度平稳，显示出膜控释小片在体内既具缓释作用又具生物利用度高的特点。

（3）肠溶膜控释片　例如普萘洛尔控释片是将 60% 的药物加入 HPMC 压制成骨架型片芯，外包肠溶衣，其余 40% 的药物掺在外层糖衣中，包在肠溶衣外面。此片基本以零级速率在肠道缓慢释药，可维持药效 12h 以上。

（4）膜控释小丸　如酮洛芬小丸，丸芯由微晶纤维素与药物细粉，以 1.5%CMC-Na 溶液为黏合剂，用挤出-滚圆法制成。包衣材料为等量的 Eudragit RL 和 RS，溶剂为异丙醇：丙酮（60 : 40），加入相当于聚合物量 10% 的增塑剂组成 11% 浓度的包衣液，将上述干燥丸芯置于流化床内包衣，得平均膜厚度 50pm 的控释小丸。

3. 渗透泵型控释制剂

渗透泵的制备过程包括片芯的制备、包控释膜和激光打孔。前两个步骤与相应的普通制剂的制备操作相同，激光打孔是采用特殊的激光打孔机在片面上打出释药小孔，药物的释放速率可通过释药孔的大小进行调节。

例　维拉帕米渗透泵片

处方：① 片芯处方

盐酸维拉帕米（40 目）	2850g	聚维酮	120g
甘露醇（40 目）	2850g	乙醇	1930ml
聚环氧乙烷（40 目、分子量 500 万）	60g	硬脂酸（40 目）	115g

② 包衣液处方（用于每片含 120mg 的片芯）

醋酸纤维素（乙酰基值 39.8%）	47.25g	聚乙二醇 3350	4.5g
醋酸纤维素（乙酰基值 32%）	15.75g	二氯甲烷	1755ml
羟丙基纤维素	22.5g	甲醇	735ml

制法：①片芯制备。将片芯处方中前三种组分置于混合器中，混合 5min；将 PVP 溶于乙醇，缓缓加至上述混合组分中，搅拌 20min，过 10 目筛制粒，于 50℃ 干燥 18h，经 10 目筛整粒后，加入硬脂酸混匀，压片。制成每片含主药 120mg、硬度为 9.7kg 的片芯；②包衣。用空气悬浮包衣技术包衣，进液速率为 20ml/min，包至每个片芯上的衣层增重为 15.6mg。将包衣片置于相对湿度 50%、50℃ 的环境中 45～50h，再在 50℃ 干燥箱中干燥 20～25h；③打孔。在包衣片上下两面对称处各打一释药小孔，孔径为 254μm。

此渗透泵片在人工胃液和人工肠液中的释药速率为 7.1～7.7mg/h，可持续释药 17.8～20.2h。

二、经皮给药系统

（一）概述

经皮给药是药物通过皮肤吸收的一种给药方法，药物应用于皮肤上后，穿过角质层，以恒定速度（或者接近恒定速度）扩散通过皮肤，吸收进入体循环的过程称经皮吸收或透皮吸收。经皮给药制剂包括软膏、硬膏、贴片、巴布剂，还可以是涂剂和气雾剂等。经皮给药系统（transdermal drug delivery system，TDDS）一般是指经皮给药的新剂型，即透皮贴片（dermal patch）。

随着 1981 年第一个经皮给药系统——东莨菪碱经皮给药系统的上市，目前美国已批准 10 余种活性成分的经皮给药系统，包括东莨菪碱、硝酸甘油、可乐定、雌二醇、尼古丁、睾酮、雌二醇/醋炔诺酮、芬太尼、利多卡因等。到目前为止，商业化的经皮药物传输系统所涉及的治疗领域已包括：晕动病、激素替代治疗、男性性腺机能减退、局部麻醉、戒烟、缓解疼痛和心血管疾病方面。用于治疗帕金森病、注意力缺失与活动过度症、阿尔茨海默症、忧郁症、焦虑症、皮肤癌、女性性功能失调、绝经后骨质疏松和尿失禁的经皮给药系统分别处在不同的临床研究和制剂开发阶段。我国在 20 世纪 60～70 年代曾有人研究硬膏剂贴敷治疗哮喘、冠心病等取得较好的效果。1985 年以来，国内也相继开发成功东莨菪碱、硝酸甘油、可乐定、雌二醇、尼古丁等贴片，有的已经获准上市，有的正进入新药审批阶段，还有许多药物的透皮制剂正处于研究和开发之中。经皮给药研究和经皮给药系统开发的迅速发展是由于经皮给药具有它独特的优点。如：

① 经皮给药可避免肝脏的首过效应和药物在胃肠道的降解，药物的吸收不受胃肠道因素影响，减少用药的个体差异。

② 一次给药可以长时间使药物以恒定速率进入体内，减少给药次数，延长给药间隔。

③ 可按需要的速率将药物输入体内，维持恒定的有效血药浓度，避免了口服给药等引起的血药浓度峰谷现象，降低了毒副反应。

④ 使用方便，避免了注射时的疼痛和口服给药时可能的危险与不便，易被患者接受，顺应性好。同时可以随时中断给药，去掉给药系统后，血药浓度下降，特别适合于婴儿、老人或不宜口服的病人。

（二）经皮给药制剂的类型、组成及其常用材料

1. 经皮给药制剂的类型及组成

经皮给药系统基本上可分成二大类，即膜控释型与骨架扩散型。膜控释型经皮给药系统是药物或经皮吸收促进剂被控释膜或其他控释材料包裹成贮库，由控释膜或控释材料的性质控制

药物的释放速度。骨架扩散型经皮给药系统是药物溶解或均匀分散在聚合物骨架中，由骨架的组成成分控制药物的释放。这两类经皮给药系统又可按其结构特点分成若干类型。见图15-4。

经皮给药系统的基本组成为背衬层、药库层、控释膜、黏胶层和保护层。见图15-5。实物图见15-6。

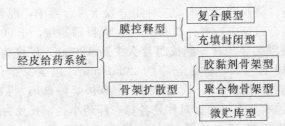

图 15-4　经皮给药系统的类型

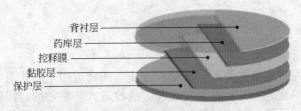

图 15-5　经皮给药系统的基本组成

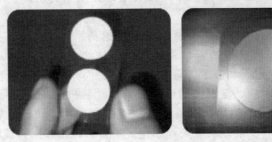

图 15-6　透皮贴剂实物图

（1）复合膜型经皮给药系统　背衬膜常为铝塑膜，药物储库是药物分散在压敏胶（如聚异丁烯）压敏胶或聚合物膜中，控释膜是微孔膜（如聚丙烯），黏胶层为压敏胶（可加入药物作负荷剂量），保护层用复合膜（如硅化聚氯乙烯/聚丙烯等）。该系统通过膜的厚度、微孔大小、孔率等及充填微孔的介质控制药物的释放速率。

（2）充填封闭型经皮给药系统　药物贮库是液体或软膏和凝胶等半固体充填封闭于背衬层与控释膜之间，控释膜是乙烯-醋酸乙烯共聚物（EVA）膜等均质膜，压敏胶常是聚硅氧烷压敏胶和聚丙烯酸酯压敏胶。通过改变膜的组分可控制系统的药物释放速率，如EVA膜中VA的含量不同透过性不一样，贮库中的材料亦可影响药物的释放。

（3）胶黏剂骨架型经皮给药系统　由背衬层、黏胶层、保护膜组成，药物分散在胶黏剂中。这类系统的特点是剂型薄、生产方便，与皮肤接触的表面都可输出药物。常用的胶黏剂有聚丙烯酸酯类、聚硅氧烷类和聚异丁烯类压敏胶。常采用成分不同的多层胶黏剂膜，与皮肤接触的最外层含药量低，内层含药量高，使药物释放速率接近于恒定。

（4）聚合物骨架型经皮给药系统　含药的骨架黏贴在背衬层上，在骨架周围涂上压敏胶，加保护层即成。骨架采用亲水性聚合物材料，如天然的多糖与合成的聚乙烯醇、聚乙烯吡咯烷酮、聚丙烯酸酯和聚丙烯酰胺等，还含有一些湿润剂如水、丙二醇和聚乙二醇等。该骨架能与皮肤紧密贴合，通过湿润皮肤促进药物吸收。释药速率受聚合物骨架组成与药物浓度影响。

（5）微贮库型经皮给药系统　药物分散在水溶性聚合物中形成混悬液，再分散在通过交联而成的聚硅氧烷骨架中，骨架中即存在无数微小球状贮库。将该骨架黏贴在背衬层上，外周涂上压敏胶，加保护层即成。药物的释放是先溶解在水溶性聚合物中，继而向骨架分配，扩散通过骨架达到皮肤表面，释放速度受分配过程和扩散过程控制。

2. 经皮给药制剂常用的材料

经皮给药系统中除了主药、经皮吸收促进剂和溶剂外，还需要控制药物释放速率的高分子材料（控释膜或骨架材料）及使给药系统固定在皮肤上的压敏胶，另外还有背衬材料与保护膜。目前常用的材料主要如下。

（1）骨架材料　一些天然与合成的高分子材料制成均质的小圆片作为药物的储库黏贴在背衬材料上形成骨架型给药系统。大量的天然与合成的高分子材料都可作聚合物骨架材料，如疏水性的聚硅氧烷与亲水性聚乙烯醇。

聚乙烯醇（PVA）高浓度溶液在冷却后形成凝胶，这种凝胶机械强度差，浸渍于水中膨胀，在温水中溶解。聚乙烯醇溶液加入硼砂或硼酸，形成水不溶性络合物，产生不可逆的凝胶。反复冷冻处理高聚合度的聚乙烯醇液，可得到水不溶性凝胶。经皮给药系统需要的是高含水率与高机械强度的凝胶。

在许多透皮控释给药体系中，将药物直接分散在黏性聚合物中，聚合物既是黏合剂，同时也是起扩散控制作用的基质。这类高分子主要有聚氨酯、（甲基）丙烯酸酯聚合物、聚维酮（PVP）-PEG 嵌段共聚物、PVP-PEO 共混物、硅酮聚合物、硅橡胶、硅橡胶与 2-羟乙基甲基丙烯酸酯和甲基丙烯酸共聚水凝胶的共混聚合物等。

（2）控释膜材料　经皮给药系统的控释膜分均质膜与微孔膜。用作均质膜的高分子材料有乙烯-醋酸乙烯共聚物和聚硅氧烷等。乙烯-醋酸乙烯（EVA）共聚物是目前经皮控释给药体系中使用最多的高分子材料，它具有生物相容性好，加工成型方便，机械性能好以及理化性质稳定等特点，是经 FDA 批准可用于人体的高分子材料之一，并且已有数种商品化的以 EVA 为控释膜的透皮治疗体系。

（3）压敏胶　压敏胶在经皮给药系统中的作用是使给药系统与皮肤紧密贴合，有时又作为药物的贮库或载体材料，可调节药物的释放速度。它们应该具有好的生物相容性，对皮肤无刺激性，不引起过敏反应，具有够强的黏附力和内聚强度，化学性质稳定，对温度与湿气稳定，且有能黏附不同类型皮肤的适应性，能容纳一定量的药物与经皮吸收促进剂而不影响化学稳定性与黏附力。经皮给药系统常用的压敏胶有聚异丁烯、聚丙烯酸酯和聚硅氧烷三类，它们与药物的配合性能亦不一样。

（4）背衬材料与保护膜　经皮给药系统的背衬材料除了要有一定强度能支撑给药系统外，还应有一定的柔软性，应用于皮肤上后舒适。背衬材料还应对药物不渗透、不与药物发生作用、耐水、耐有机溶剂。在充填封闭型经皮给药系统中，背衬膜应能与控释膜热合。背衬材料有聚氯乙烯、聚乙烯、铝箔、聚丙烯和聚酯等，常用它们的复合膜，厚 $20\sim50\mu m$。背衬膜最好有一定的透气性，有的在背衬膜上打微孔，有的在背衬膜内垫一层聚氨酯或聚乙烯等制备的发泡体，吸收水分。

保护膜可用表面自由能低的塑料薄膜，如聚乙烯、聚苯乙烯、聚丙烯，一般用有机硅隔离剂处理，避免压敏胶黏附。

（三）经皮给药系统的处方工艺设计

1. 经皮给药药物选择

药物在胃肠道的降解、通过胃肠道黏膜与肝脏的首过效应、生物半衰期小和需长期给药等均可考虑制成经皮给药系统。但药物制成经皮给药系统，其中一个最重要的条件是给药剂量小。皮肤是一个很好的屏障，药物透皮速率一般不大。为了达到临床治疗需要的给药剂量，药物剂量大者经皮给药系统的面积要大，但是 $60cm^2$ 是病人可接受最大面积，因此只有剂量小、药理作用强的药物才能制成经皮给药系统。选择经皮给药药物的另一个重要条件是药物要有足够大的透皮速率，药物的透皮速率与理化性质如分子量、熔点和油水分配系数等有关。

现将适合于经皮给药药物的最适条件，分成物理化学性质与药理性质两方面，总结于表 15-1。

表 15-1　经皮给药系统选用药物的最适条件

物理化学性质	药理性质
分子量< 600	剂量小(<50mg/d)
熔点<200℃	首过效应大,生物半衰期短(<5h)
溶解度:在液状石蜡与水中都大于 1mg/ml	分布容积小
pH:饱和水溶液在 5～9	对皮肤无刺激性,不发生过敏反应

2. 经皮给药系统的剂量

经皮给药系统的剂量不是系统内药物的含量，应该是药物的给药速率，或是单位面积的给药速率。为了保证经皮给药系统能以恒定的速率给药，系统内药物的含量总是大于通过皮肤吸收的给药量。

3. 经皮给药系统的制备工艺

经皮给药系统根据其类型与组成有不同的制备方法，主要可分三种类型：涂膜复合工艺，充填热合工艺，骨架黏合工艺。涂膜复合工艺是将药物分散在高分子材料如压敏胶溶液中，涂布于背衬膜上，加热烘干使溶解高分子材料的有机溶物的高分子材料膜，再与各层膜叠合或黏合。充填热合工艺是在定型机械中，于背衬膜与控释膜之间定量充填药物贮库材料，热合封闭，覆盖上涂有胶黏层的保护膜。骨架黏合工艺是在骨架材料溶液中加入药物，浇铸冷却成型，切割成小圆片，粘贴于背衬膜上，加保护膜而成。

（1）复合膜型　流程如下：

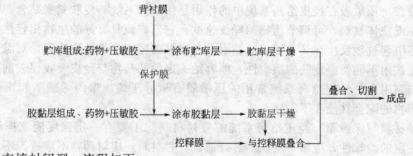

（2）充填封闭型　流程如下：

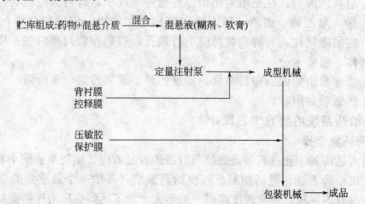

（3）聚合物骨架型　流程如下：

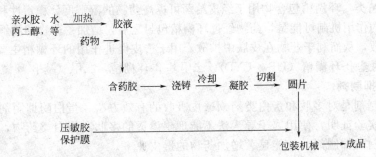

（4）胶黏剂骨架型　流程如下：

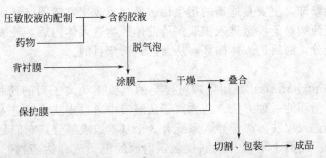

（四）促进药物经皮渗透的方法

经皮给药系统的给药剂量常与给药系统的有效释药面积有关，增加面积可以增加给药剂量。但一般经皮给药系统的面积不大于 $60cm^2$，因此要求药物有一定的透皮速率。除了少数剂量小、具适宜溶解特性的小分子药物，大部分药物的透皮速率都满足不了治疗要求，因此提高药物的透皮速率是开发经皮给药系统的关键。促进药物经皮转运主要通过提高药物通过皮肤的能力、降低皮肤的屏障性能和利用微粒载体帮助药物穿透皮肤等途径。

目前主要的方法有化学方法和物理方法：化学方法如加入吸收促进剂、酶抑制剂或对药物进行结构改造；物理方法如应用超声波、离子导入、电穿孔等。也可利用微针刺破角质层，使药物绕开角质层的机械方法。近年来采用脂质体、传递体、醇脂质、纳米粒、非离子表面活性剂泡囊、微乳等微粒载体促进药物的经皮渗透也被人们广泛研究。

1. 加入经皮吸收促进剂

经皮吸收促进剂是指能够渗透进入皮肤降低药物通过皮肤阻力，提高渗透速率的一类化合物。经皮吸收促进剂可通过以下几种机制发挥促透皮作用：改变皮肤角质层类脂排列，增加膜流动性；提高角质层水合作用；溶解皮脂腺管内皮脂，降低疏水性，促进皮脂腺通道转运；扩大汗腺和毛囊开口等。

目前常用的经皮吸收促进剂主要包括以下几类。

（1）有机溶剂类　如乙醇、丙二醇、醋酸乙酯，二甲基亚砜、二甲基甲酰胺等。低级醇类在经皮给药制剂中用作溶剂，它们既可增加药物的溶解度，又能促进药物的经皮吸收。

（2）有机酸、脂肪醇　如油酸、亚油酸、月桂醇、月桂酸等。脂肪酸与长链脂肪醇能作用于角质层细胞间类脂，增加脂质的流动性，药物的透皮速率增大。油酸是应用较多的促透剂。

（3）月桂氮䓬酮及其同系物　月桂氮䓬酮又称氮酮，国外商品名为 Azone。它为无臭、几乎无味、无色的澄清油状液体，是能与醇、酮、低级烃类混溶而不溶解于水的强亲脂性化合物。常用浓度为 $1\%\sim10\%$。

（4）表面活性剂　药物的经皮渗透研究中应用得较多的是十二烷基硫酸钠；阳离子表面活性剂对皮肤的刺激性较大，非离子型表面活性剂虽对皮肤的刺激性较小，但对皮肤透过性的影响亦较小。

（5）环糊精类　环糊精包合物用于经皮给药可提高药物的溶解度、稳定性和透过性。促进药物经皮吸收的作用机制可能是，药物经过环糊精包封之后，增加了药物的溶解度和在皮肤角质层的分配系数，从而利于药物在皮肤中扩散。用于透皮促进作用的环糊精主要有：β-环糊精（β-CYD）、羟丙基-β-环糊精（HP-β-CYD）、二甲基-β-环糊精，二甲氧基-β-环糊精等。

2. 加入酶抑制剂

加入酶抑制剂是对多肽和蛋白类药物透皮吸收的有效方法，蛋白酶抑制剂单独使用可增加皮肤透过。实验证明，使用离子导入法不能理想渗透的多肽和蛋白类药物，如同时使用离子导入法和蛋白酶抑制剂，就能显著增加药物的透皮速率。

3. 制备前体药物

药物通过化学修饰，主要是适当的衍生化、增加或改变官能团，从而改变药物的溶解特性等理化性质，使药物易于渗透进入皮肤；待前体药物进入体内后，经表皮及真皮中相应酶的代谢产生活性成分，而后进入体循环，从而达到治疗目的。

4. 离子导入

离子导入（iontophoresis）是用生理可接受的电流驱动离子型的药物透过皮肤或黏膜，进入组织或者血液循环的一种方法。药物离子从溶液中通过皮肤渗透进入组织，阴离子在阴极，阳离子在阳极进入皮肤。离子导入系统有3个基本组成部分，它们是电源、药物贮库系统和回流贮库系统。当两个电极与皮肤接触，电源的电子流到达药物贮库系统转变成离子流，离子流通过皮肤，在皮肤下面转向回流贮库系统，回到皮肤进入回流系统，再转变成电子流。离子导入作为促进药物经皮吸收的物理方法，近来已较多地应用在多肽等大分子药物给药方法的研究上。离子导入给药除了经皮给药这些优点之外，它还能程序给药，不仅能通过恒定的给药速率消除血药浓度的峰谷现象，而且能根据时辰药理学的需要，调节电场强度满足不同时间的剂量要求，电场的调节可按时间自动进行。

5. 电穿孔

电穿孔（electroporation）是当施加高压脉冲电场于脂质双分子层或细胞膜上时，可使之产生暂时性的水性通道，从而增加脂质双分子层膜或细胞膜的通透性。目前电穿孔技术已用于促进博莱霉素、顺铂等进入肿瘤组织，临床实验表明有明显效果。

6. 微针阵列贴片

微针阵列贴片表面是一片微针阵列，每1mm² 约有50针，3mm×3mm有400针，每根针长约150μm。它刚能穿破表皮而不触及神经。微针可以是硅或中空金属针，药物涂在硅微针表面或药物溶液充填在金属针中。因为微针通过角质层，药物很快被吸收。

（五）经皮给药系统的质量评价

《中国药典》附录对透皮贴剂的要求为：外观应完整光洁，有均一的应用面积，冲切口应光滑，无锋利的边缘；如药物填充入贮库中，则药物贮库中不应有气泡，密封性可靠，无泄漏；药物混悬在制剂中的必须保证混悬、分布均匀；压敏胶涂布需均匀，如含有害溶剂应检查残留量。常规的检查项目有重量差异、面积差异、释放度，主药量2mg或2mg以下的透皮贴剂应做含量均匀度检查。

（1）释放度　系指药物从该制剂在规定的溶剂中释放的速度和程度。常规定三个时间点，测定药物的累积释放量，应符合规定的限度。《中国药典》附录规定释放度测定的第三法用于透皮贴剂的测定。

（2）黏力测定　透皮贴剂需要粘贴于皮肤上，与皮肤紧密接触才能产生作用。因此，透皮贴剂的黏附性能是一个重要的质量指标。黏力的测定可以引用压敏胶带黏力测定方法。可采用平板牵引试验测定切向黏力，透皮贴剂揭去保护膜后粘在不锈钢板上，一端悬挂一定重量的砝码，在恒温环境中测定透皮贴剂在不锈钢板上平衡移动的时间与重量；也可以测定透皮贴剂在不锈钢板上 180°方向剥离的剥离黏力。

三、 靶向制剂

（一）概述

靶向制剂又称靶向给药系统（targeting drug system，TDS），是指载体将药物通过局部给药或全身血液循环而选择性地浓集定位于靶组织、靶器官、靶细胞或细胞内结构的给药系统。

绝大多数药物制成剂型后给予人体，吸收后通过血液循环分布到全身各组织、器官，故仅只有少量药物到达靶组织、靶器官、靶细胞。要提高靶区的药物浓度必须提高全身循环系统的药物浓度，这就必须增加剂量，导致药物的毒副作用也增大。尤其是细胞毒性大的抗癌药物，在杀灭癌细胞的同时也杀灭正常细胞。将药物制成能到达靶区的靶向制剂，就可以提高药效，降低毒副作用，提高药品的安全性、有效性、可靠性和患者的顺应性。此外，靶向制剂还可以解决药物在其他制剂给药时可能遇到的以下问题：①体外稳定性低或溶解度小；②吸收少或生物不稳定性（酶、pH 值等）；③半衰期短和分布面广而缺乏特异性；④治疗指数（中毒剂量和治疗剂量之比）低和解剖屏障或细胞屏障等。

靶向制剂不仅要求药物选择性地到达特定部位的靶组织、靶器官、靶细胞甚至细胞内的结构，而且要求有一定浓度的药物滞留相当时间，以便发挥药效，而载体应无遗留的毒副作用。成功的靶向制剂应具备定位浓集、控制释药以及无毒可生物降解三个要素。

药物的靶向从到达的部位讲可以分为三级，第一级指到达特定的靶组织或靶器官，第二级指到达特定的细胞，第三级指到达细胞内的特定部位。从方法上分类，靶向制剂大体可分为以下三类。

（1）被动靶向制剂　被动靶向制剂（passive targeting preparation）即自然靶向制剂。载药微粒被单核-巨噬细胞系统的巨噬细胞（尤其是肝的 Kupffer 细胞）摄取，通过正常生理过程运送至肝、脾等器官，若要求达到其他的靶部位就有困难。被动靶向的微粒经静脉注射后，在体内的分布首先取决于微粒的粒径大小。通常粒径在 2.5～10μm 时，大部分积集于巨噬细胞。小于 7μm 时一般被肝、脾中的巨噬细胞摄取，200～400nm 的纳米粒集中于肝后迅速被肝清除，小于 10nm 的纳米粒则缓慢积集于骨髓。大于 7μm 的微粒通常被肺的最小毛细血管床以机械滤过方式截留，被单核白细胞摄取进入肺组织或肺气泡。除粒径外，微粒表面性质对分布也起着重要作用。

单核-巨噬细胞系统对微粒的摄取主要由微粒吸附血液中的调理素（opsonin，包括 IgG，补体 C3b 或纤维结合素 fibronectin）和巨噬细胞上有关受体完成的：吸附调理素的微粒黏附在巨噬细胞表面，然后通过内在的生化作用（内吞、融合等）被巨噬细胞摄取。微粒的粒径及其表面性质决定了吸附哪种调理素成分及其吸附的程度，也就决定了吞噬的途径和机制。

（2）主动靶向制剂　主动靶向制剂（active targeting preparation）是用修饰的药物载体作为"导弹"，将药物定向地运送到靶区浓集发挥药效。如载药微粒经表面修饰后，不被巨噬细胞识别，或因连接有特定的配体可与靶细胞的受体结合，或连接单克隆抗体成为免疫微粒等原因，而能避免巨噬细胞的摄取，防止在肝内浓集，改变微粒在体内的自然分布而到达特定的靶部位；亦可将药物修饰成前体药物，即能在活性部位被激活的药理惰性物，在特定靶区被激活发挥作用。如果微粒要通过主动靶向到达靶部位而不被毛细血管（直径 4～7μm）截留，通常粒径不应大于 4μm。

（3）物理化学靶向制剂　物理化学靶向制剂（physical and chemical targeting preparation）应用某些物理化学方法可使靶向制剂在特定部位发挥药效。如应用磁性材料与药物制成磁导向制剂，在足够强的体外磁场引导下，通过血管到达并定位于特定靶区；或使用对温度敏感的载体制成热敏感制剂，在热疗的局部作用下，使热敏感制剂在靶区释药；也可利用对 pH 敏感的载体制备 pH 敏感制剂，使药物在特定的 pH 靶区内释药。用栓塞制剂阻断靶区的血供和营养，起到栓塞和靶向化疗的双重作用，也可属于物理化学靶向。

（二）靶向制剂的设计和常用载体

1. 被动靶向制剂

被动靶向制剂系利用药物载体（drug carrier，即将药物导向特定部位的生物惰性载体），使药物被生理过程自然吞噬而实现靶向的制剂。乳剂、脂质体、微球和纳米粒等都可以作为被动靶向制剂的载体。

（1）乳剂　乳剂的靶向性特点在于它对淋巴的亲和性。油状药物或亲脂性药物制成 O/W 型乳剂及 O/W/O 型复乳静脉注射后，油滴经巨噬细胞吞噬后在肝、脾、肾中高度浓集，油滴中溶解的药物在这些脏器中积蓄量也高。水溶性药物制成 W/O 型乳剂及 W/O/W 型复乳经肌内或皮下注射后易浓集于淋巴系统。

乳剂在肠道吸收后经淋巴转运，避免肝的首过效应，可以提高药物的生物利用度。如果淋巴系统可能含有细菌感染与癌细胞转移等病灶，将药物输送到淋巴就更有必要。5-氟尿嘧啶的 W/O 型乳剂经口服后，在癌组织及淋巴组织中的含量明显高于血浆。

W/O 型和 O/W 型乳剂虽然都有淋巴定向性，但两者的程度不同。如丝裂霉素 C 乳剂在大鼠肌内注射后，W/O 型乳剂在淋巴液中的药物浓度明显高于血浆，且淋巴液/血浆浓度比随时间延长而增大；O/W 型乳剂则与水溶液差别较少，药物浓度比在 2 上下波动。

W/O 型乳剂经肌内、皮下或腹腔注射后，易聚集于附近的淋巴器官，是目前将抗癌药转运至淋巴器官最有效的剂型。将抗癌药物制成 W/O 型乳剂，可抑制癌细胞经淋巴管的转移，或局部治疗淋巴系统肿瘤。

乳剂中药物的释放机制主要有透过细胞膜扩散、通过载体使亲水性药物变为疏水性而更易透过油膜或通过复乳中形成的混合胶束转运等。

乳剂的粒径大小对靶向性有影响。静注的乳剂乳滴在 $0.1\sim0.5\mu m$ 时，为肝、脾、肺和骨髓的单核-巨噬细胞系统所清除，$2\sim12\mu m$ 时，可被毛细血管摄取，其中 $7\sim12\mu m$ 粒径的乳剂可被肺机械性滤取。

此外，乳化剂的种类、用量和乳剂的类型对靶向性也有影响。

（2）脂质体　脂质体（liposome）系指将药物包封于类脂质双分子层内而形成的微型泡囊体。具有类细胞膜结构，在体内可被网状内皮系统视为异物识别、吞噬主要分布在肝脾、肺和骨髓等组织器官，从而提高药物的治疗指数。

脂质体主要是由磷脂及胆固醇组成。磷脂结构中含有一个磷酸基和一个季铵盐基，均为亲水性基团，还有两个较长的烃基为疏水链。胆固醇亦属于两亲物质，其结构中亦具有疏水与亲水两种基团，其疏水性较亲水性强。

磷脂在脂质体中形成双分子层，胆固醇则起到提高脂质体的稳定性或提高脂质体的靶向性等作用，如图 15-7 所示。水溶性药物包封于泡囊的亲水基团夹层中，而脂溶性药物则分散于泡囊的疏水基团的夹层中。

磷脂分子形成脂质体时，具有两条疏水链指向内部，亲水基在膜的内外两个表面上，

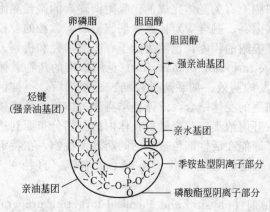

图 15-7　卵磷脂与胆固醇在脂质体中的排列形式

磷脂双层构成一个封闭小室，内部包含水溶液，小室中水溶液被磷脂双层包围而独立，磷脂双室形成泡囊又被水相介质分开，见图15-8。脂质体可以是单层的封闭双层结构，也可以是多层的封闭双层结构。在电镜下，脂质体的外形常见约有球形、椭圆形等，直径从几十纳米到几微米之间。

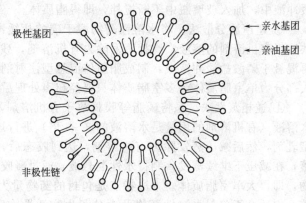

图 15-8　脂质体的结构

脂质体作为药物载体，满足了药物在治疗上的许多要求，具有许多优点，如：①脂质体既能包封脂溶性药物，又能包封水溶性药物；②脂质体能有效地保护包裹物；③能有效地控制药物释放；④可通过改变脂质体大小和电荷，以控制药物在体内组织中的分布及在血液中的清除率；⑤改变脂质体某种物理因素，例如，改变用药局部的 pH、病变部位的温度等，能明显改变脂质体膜的通透性，促使脂质体选择性地释放药物；⑥可用单克隆抗体等配体修饰脂质体，导向病变部位（即药物导弹）；⑦脂质体进入体内后，主要被网状内皮系统中吞噬细胞所吞噬，能激发机体的自身免疫功能，并使药物主要分布在肝、脾、肺和骨髓等组织器官中，从而提高药物的治疗指数，减少药物的治疗剂量和降低药物毒性；⑧脂质体本身对人体无毒性和免疫抑制作用；⑨脂质体适合多途径给药等。

脂质体属于胶体系统，其组成与细胞膜相似，能显著增强细胞摄取，延缓和克服耐药性，脂质体在体内细胞水平上的作用机制有吸附、脂交换、内吞、融合等。

① 吸附：吸附是脂质体作用的开始，为普通物理吸附，受粒子大小、密度和表面电荷等因素影响。如脂质粒与细胞表面电荷相反，吸附作用大。

② 脂交换：脂质体的脂类与细胞膜上的脂类发生交换。其交换过程包括：脂质体先被细胞吸附，然后在细胞表面蛋白的介导下，特异性交换脂类的极性基团或非特异性地交换酰基链。交换仅发生在脂质体双分子层中外部单分子层和细胞质膜外部的单分子层之间，而脂质体内药物并未进入细胞。脂质体可与血浆中各种组织细胞相互作用进行脂交换。

③ 内吞（endocytosis）：内吞作用是脂质体的主要作用机制。脂质体被单核-巨噬细胞系统细胞，特别是巨噬细胞作为外来异物吞噬，称内吞作用。通过内吞，脂质体能特异地将药物浓集于起作用的细胞房室内，也可使不能通过浆膜的药物达到溶酶体内。

④ 融合（fusion）：融合指脂质体的膜材与细胞膜的构成物相似而融合进入细胞内，然后经溶酶体消化释放药物。体外证明脂质体可以将生物活性大分子如酶、DNA、环磷酸腺苷（cAMP）、mRNA 或毒素以细胞融合方式传递到培养细胞内。因此对产生耐药的菌株或癌细胞群，用脂质体载药可显著提高抗菌或抗癌效果。

脂质体的制备方法很多，常用的有：

① 注入法。将磷脂与胆固醇等类脂质及脂溶性药物，共溶于有机溶剂中（一般多采用乙醚），然后将此药液经注射器缓缓注入加热至 $50 \sim 60 ℃$（并用磁力搅拌）的磷酸盐缓冲液（可含有水溶性药物）中，加完后，不断搅拌至乙醚除尽为止，即制得脂质体，其粒径较大，不适宜静脉注射。再将脂质体混悬液通过高压乳匀机两次，所得的成品，大多为单室脂质体，少数为多室脂质体，粒径绝大多数在 $2 \mu m$ 以下。

② 薄膜分散法。将磷脂、胆固醇等类脂质及脂溶性药物溶于氯仿（或其他有机溶剂）中，然后将氯仿溶液在玻璃瓶中旋转蒸发，使在内壁上形成薄膜；将水溶性药物溶于磷酸盐

缓冲液中，加入玻璃瓶中不断搅拌，即得脂质体。

③ 超声波分散法。将水溶性药物溶于磷酸盐缓冲液，加入磷脂、胆固醇与脂溶性药物共溶于有机溶剂的溶液，搅拌蒸发除去有机溶剂，残液经超声波处理，然后分离出脂质体，再混悬于磷酸盐缓冲液中，制成脂质体混悬型注射剂。凡经超声波分散的脂质体混悬液，绝大部分为单室脂质体。多室脂质体只要经超声处理后亦能得到相当均匀的单室脂质体。

④ 逆相蒸发法。系将磷脂等膜材溶于有机溶剂，如氯仿、乙醚中，加入待包封药物的水溶液（有机溶剂的用量是水溶液的3～6倍）进行短时间超声处理，直到形成稳定的W/O型乳剂，然后减压蒸发除去有机溶剂，达到胶态后，滴加缓冲液，旋转使器壁上的凝胶脱落，在减压下继续蒸发，制得水性混悬液，通过凝胶色谱法或超速离心法，除去未包入的药物，即得大单室脂质体。本法特点是包封的药物量大，体积包封率可大于超声波分散法30倍，它适合于包封水溶性药物及大分子生物活性物质，如各种抗生素、胰岛素、免疫球蛋白、碱性磷脂酶、核酸等。

⑤ 冷冻干燥法。药物高度分散于缓冲盐溶液中，加入冻结保护剂（如甘露醇、右旋糖酐、海藻酸等）冷冻干燥后，再将干燥物分散到含药物的缓冲盐溶液或其他水性介质中，即可形成脂质体。此法适合包封对热敏感的药物。

（3）微囊（微球）　药物制成微球后主要特点是缓释长效和靶向作用。靶向微球的材料多数是生物降解材料，如蛋白类（明胶、白蛋白等）、糖类（琼脂糖、淀粉、葡聚糖、壳聚糖等）、合成聚酯类（如聚乳酸、丙交酯-乙交酯共聚物等）。

（4）纳米粒　纳米粒（nanoparticle）包括纳米囊（nanocapsule）和纳米球（nanosphere），注射纳米粒不易阻塞血管，可靶向于肝、脾和骨髓，亦可由细胞内或细胞间穿过内皮壁到达靶部位。通常药物制成纳米粒后，具有缓释、靶向、保护药物、提高疗效和降低毒副作用的特点。如口服胰岛素聚氰基丙烯酸烷脂纳米球，粒径210～290nm，可增加胰岛素在胃肠道吸收。机制是小于500nm的纳米球可通过胃肠道淋巴结的M细胞完整地进入血液循环，药物被保护不易受酶的水解而提高生物利用度。将环孢菌素A制成聚氰基丙烯酸异丁酯纳米囊，由于其淋巴定向性，比普通环孢菌素A明显降低了肾毒性。

纳米粒静脉注射后，一般被单核-巨噬细胞系统摄取，主要分布于肝（60%～90%）、脾（2%～10%）、肺（3%～10%），少量进入骨髓。有些纳米粒具有在某些肿瘤中聚集的倾向，有利于抗肿瘤药物的应用。

采用的聚合物材料和给药途径不同，纳米粒在体内的分布与消除也不同。如阿克拉霉素A的聚氰基丙烯酸异丁酯纳米囊静注到大鼠体内后，药物在肺、脾、小肠和胸腺分布较多，与阿克拉霉素A的水溶液相比，分别提高3.6、1.4、1.1和1.2倍，而心、肝、肾中的分布较少。

2. 主动靶向制剂

主动靶向制剂包括经过修饰的药物载体和前体药物与药物大分子复合物两大类制剂。修饰的药物载体有修饰脂质体、修饰微乳、修饰微球、修饰纳米球、免疫纳米球等；前体药物包括抗癌药及其他前体药物、脑部位和结肠部位的前体药物等。

（1）修饰的药物载体　药物载体经修饰后可将疏水表面由亲水表面代替，就可以减少或避免单核-巨噬细胞系统的吞噬作用，有利于靶向肝脾以外的缺少单核-巨噬细胞系统的组织，又称为反向靶向。利用抗体修饰，可制成定向于细胞表面抗原的免疫靶向制剂。

① 修饰的脂质体

a. 长循环脂质体：脂质体表面经适当修饰后，可避免单核-巨噬细胞系统吞噬，延长在体内循环系统的时间，称为长循环脂质体。如脂质体用聚乙二醇（PEG）修饰，其表面被柔顺而亲水的PEG链部分覆盖，使脂质体的亲水性增强，被巨噬细胞系统识别和吞噬的可能性降低，从而延长其在循环系统的滞留时间，因而有利于肝脾以外的组织或器官的靶向作用。其他纳米球或纳米囊经 PEG 修饰亦可获得类似效果。

b. 免疫脂质体：在脂质体表面接上某种抗体，具有对靶细胞分子水平上的识别能力，可提高脂质体的专一靶向性。

c. 糖基修饰的脂质体：不同的糖基结合在脂质体表面，到体内可产生不同的分布。带有半乳糖残基时可被肝实质细胞所摄取，带有甘露糖残基时可被 K 细胞摄取，氨基甘露糖的衍生物能集中分布于肺内。

② 修饰的微球。用聚合物将抗原或抗体吸附或交连形成的微球，称为免疫微球，除可用于抗癌药的靶向治疗外，还可用于标记和分离细胞作诊断和治疗。亦可使免疫微球带上磁性提高靶向性和专一性，或用免疫球蛋白处理红细胞得免疫红细胞，它是在体内免疫反应很小的、靶向于肝脾的免疫载体。

③ 修饰的纳米球。纳米球通过聚乙二醇修饰或将单抗与药物纳米球结合通过静脉注射，可实现主动靶向。如将人肝癌单克隆抗体 HAb18 与载有米托蒽醌的白蛋白纳米粒化学偶联，制成人肝癌特异的免疫纳米粒，能良好地与靶细胞 SMMC-7721 人肝癌株特异性结合，对靶细胞具有剂量依赖性、选择性杀伤作用。

（2）前体药物

① 前体药物（prodrug）是活性药物衍生而成的药理惰性物质，能在体内经化学反应或酶反应，使活性的母体药物再生而发挥其治疗作用。欲使前体药物在特定的靶部位再生为母体药物，基本条件是：a. 使前体药物转化的反应物或酶均应仅在靶部位才存在或表现出活性；b. 前体药物能同药物的受体充分接近；c. 酶须有足够的量以产生足够量的活性药物；d. 产生的活性药物应能在靶部位滞留，而不漏入循环系统产生毒副作用。

抗癌药前体药物：某些抗癌药制成磷酸酯或酰胺类前体药物可在癌细胞定位，因为癌细胞比正常细胞含较高浓度的磷酸酯酶和酰胺酶；若干肿瘤能产生大量的纤维蛋白溶酶原活化剂，可活化血清纤维蛋白溶酶原成为活性纤维蛋白溶酶，故将抗癌药与合成肽连接，成为纤维蛋白溶酶的底物，可在肿瘤部位使抗癌药再生。

② 脑部靶向前体药物：脑部靶向释药对治疗脑部疾患有较大意义。只有强脂溶性药物可跨过血脑屏障，而强脂溶性前体药物对其他组织的分配系数也很高，从而引起明显的毒副作用，故必须采取一定措施，使药物仅在脑部发挥作用。如口服多巴胺的前体药物 L-多巴就是进入脑部纹状体的 L-多巴经再生可起治疗作用，但进入外围组织的前体药物再生后却可引起许多不良反应。可应用抑制剂（芳香氨基脱羧酶，如卡比多巴），抑制剂使外围组织中的 L-多巴再生受到抑制，不良反应降低，而卡比多巴不能进入脑部，故不会妨碍 L-多巴胺在脑部的再生。

③ 结肠靶向前体药物：主要是采用葡糖苷酸、偶氮双键和偶氮双键定位黏附等方式制备前体药物，利用结肠特殊菌落产生的酶的作用，在结肠释放出活性药物从而达到结肠靶向作用。

3. 物理化学靶向制剂

（1）磁性靶向制剂　采用体外磁响应导向至靶部位的制剂称为磁性靶向制剂。常用载体为磁性微球和磁性纳米囊。磁性物质通常是超细磁流体如 $FeO \cdot Fe_2O_3$ 或 Fe_2O_3。磁性微球的形态、粒径分布、溶胀能力、吸附性能、体外磁响应、载药稳定性等均有一定要求。应用磁性微球时需要有外加磁场，它通常由两个可调节距离的极板组成，每个极板含多个小磁铁。

（2）栓塞靶向制剂　动脉栓塞是通过插入动脉的导管将栓塞物输到靶组织或靶器官的医疗技术。栓塞的目的是阻断对靶区的供血和营养，使靶区的肿瘤细胞缺血坏死；将抗肿瘤药物制成微球等靶向制剂，则具有栓塞和靶向性化疗双重作用。

（3）热敏靶向制剂

① 热敏脂质体。利用相变温度不同可制成热敏脂质体。将不同比例类脂质的二棕榈酸磷脂（DPPC）和二硬脂酸磷脂（DSPC）混合，可制得不同相变温度的脂质体，在相变温度时，可使脂质体的类脂质双分子层从胶态过渡到液晶态，增加脂质体膜的通透性，此时包封的药物释放速率亦增大，而偏离相变温度时则释放减慢。

② 热敏免疫脂质体。在热敏脂质体膜上将抗体交联，可得热敏免疫脂质体，在交联抗体的同时，可完成对水溶性药物的包封。这种脂质体同时具有物理化学靶向与主动靶向的双重作用，如阿糖胞苷热敏免疫脂质体等。

（4）pH 敏感的靶向制剂　此类靶向制剂主要有 pH 敏感脂质体和 pH 敏感的口服结肠定位给药系统。pH 敏感脂质体主要是利用肿瘤间质液的 pH 值比周围正常组织显著低的特点，采用对 pH 敏感的类脂（如 DPPC、十七烷酸磷脂）为类脂质膜，使脂质体在低 pH 值范围内可释放药物。

（三）靶向制剂的质量评价

靶向制剂的质量评价除了应考察各靶向载体的质量考察指标外，还需对其靶向性进行评价。药物制剂的靶向性可由以下三个参数来衡量：

1. 相对摄取率 r_e

$$r_e = (AUC_i)_p / (AUC_i)_s \tag{15-1}$$

式中，AUC_i 为由浓度-时间曲线求得的第 i 个器官或组织的药时曲线下面积；下标 p 和 s 分别表示药物制剂及药物溶液。r_e 大于 1 表示药物制剂在该器官或组织有靶向性，r_e 愈大靶向性效果愈好；等于或小于 1 表示无靶向性。

2. 靶向效率 t_e

$$t_e = (AUC)_靶 / (AUC)_{非靶} \tag{15-2}$$

式中，t_e 为表示药物制剂或药物溶液对靶器官的选择性。t_e 值大于 1 表示药物制剂对靶器官比某非靶器官有选择性；t_e 值愈大，选择性愈强；药物制剂的 t_e 值与药物溶液的 t_e 值相比，说明药物制剂靶向性增强的倍数。

3. 峰浓度比 C_e

$$C_e = (C_{max})_p / (C_{max})_s \tag{15-3}$$

式中，C_{max} 为峰浓度，每个组织或器官中的 C_e 值表明药物制剂改变药物分布的效果，C_e 值愈大，表明改变药物分布的效果愈明显。

拓展知识

药物的皮肤转运

1. 皮肤的结构和生理

皮肤包裹着身体，与外界环境接触，起保护、感觉、调节体温、分泌和排泄作用。它保护机体内各种器官和组织免受外界环境中机械的、物理的、化学的和生物的有害因素的损害，又防止组织内的各种营养物质、电解质和水分的丧失。皮肤含有许多神经感觉末梢，能感知冷、热、痛、触及压力等刺激。皮肤能通过皮脂与汗排泄机体代谢产物。

皮肤的厚度随部位而不同，一般在 0.5～4mm 之间，分内外两层，外层称为表皮，内层称真皮。

（1）表皮　表皮是皮肤的最外层，无血管，由淋巴循环供养。由里到外分别为基底层、棘层、颗粒层、透明层、角质层。基底层具有增殖修复功能；棘层可辅助细胞新陈代谢；颗粒层具有防水屏障作用；透明层可防止水和电解质透过。角质层是表皮的最外层，由死亡的角化细胞组成，角质层细胞相互重叠与吻合，可以看作亲水性成分与类脂形成的镶嵌体，可以防止体内液体外渗和化学物质的内渗，使机体与周围环境保持平衡。角质层也是药物渗透的主要屏障。

（2）真皮　表皮的下方为真皮，二者接合处呈波浪式，表皮插入真皮部分称为"表皮突"。真皮由致密结缔组织构成，毛和毛囊、皮脂腺和汗腺等附属器存在于其中，并有丰富的血管和神经。

（3）皮肤附属器　皮肤中的毛囊、汗腺和皮脂腺称皮肤的附属器。除了手掌、足、指尖等部位外，毛发遍布整个身体表面。

2. 药物在皮肤内的转运

药物渗透通过皮肤吸收进入体循环的途径有二。一条途径是透过角质层和表皮进入真皮被毛细血管吸收进入体循环，即表皮途径，这是药物经皮吸收的主要途径。在这条途径中，药物可以穿过角质层细胞到达活性表皮，也可以通过角质层细胞间到达活性表皮。由于角质层细胞扩散阻力大，所以药物分子主要由细胞间扩散通过角质层。角质层细胞间是类脂分子形成的多层脂质双分子层，类脂分子的亲水部分结合水分子形成水性区，而类脂分子的烃链部分形成疏水区。极性药物分子经角质层细胞间的水性区渗透，而非极性药物分子经由疏水区渗透。

药物通过皮肤的另一条途径是通过皮肤附属器吸收，即通过毛囊、皮脂腺和汗腺。药物通过皮肤附属器的穿透速率要比表皮途径快，但皮肤附属器在皮肤表面所占的面积只有0.1％左右，因此不是药物经皮吸收的主要途径。对于一些离子型药物及水溶性的大分子，由于难以通过富含类脂的角质层，表皮途径的渗透速率很慢，因此附属器途径是重要的。离子导入过程中，皮肤附属器是离子型药物通过皮肤的主要通道。

实践项目

实践项目一　缓释片的制备

【实践目的】

1. 进一步熟悉和掌握片剂的制备工艺和质量评价。
2. 熟悉缓释制剂设计的原理。

【实践内容】

（一）布洛芬缓释片的制备

缓释部分处方：布洛芬细粉190g，乙基纤维素适量，丙烯酸Ⅱ号树脂适量

速释部分处方：布洛芬细粉110g，淀粉2.7g，12％淀粉浆适量，稳定剂适量，滑石粉适量（1000片量）

制法：① 缓释部分。取乙基纤维素和丙烯酸树脂的细粉混匀，用适量浓度的乙醇溶解后，加入布洛芬细粉，制成软材，过筛，制湿颗粒，干燥，过筛整粒。

② 速释部分。称取布洛芬、淀粉混匀，加入12％淀粉浆适量，混匀，制成软材，过筛制湿颗粒，干燥，过筛整粒。压片，将缓释与速释部分颗粒充分混匀，称重，加适量滑石粉混匀、压片。

（二）质量检查

1. 片剂外观

应完整光洁、色泽均匀。

2. 片重差异

取 20 片精密称重总重量，求得平均片重。再分别精密称定各片片重，每片片重与平均片重比较，超出重量差异限度的药片不得多于 2 片，并不得有 1 片超出重量差异限度的 1 倍。

3. 硬度测定

开启电源开关，拨选择开关至硬度挡，检查硬度指针是否零位，若不在零位，则将倒顺开关置于"倒"的位置。指针回到零位后，将硬度盒盖打开，夹住被测药片。将倒顺开关置于"顺"的位置，硬度指针左移，压力逐渐增加。药片碎裂自动停机，读出此时的刻度即为硬度值（kg），随后将倒顺开关拨至"倒"的位置，指针推倒零位。测定 3～6 片，取平均值。

4. 释放度测定（转篮法）

① 以稀盐酸 24ml 加经脱气处理的水至 1000ml 为溶剂，量取 1000ml 溶剂注入每个操作容器内，加温使溶剂温度保持在 37℃±0.5℃。调节转篮转速为 100r/min，并使其稳定。

② 取供试品 6 片，分别投入 6 个转篮内，将转篮降入容器内，立即开始计时。分别于 30min，3h，6h，12h，取溶液 5ml，立即补充溶剂 5ml。溶液滤过，经处理后进行含量测定。

分别计算各取样时间点药物的累积释放量，考查制剂的释放特性。一般要求，第一个取样点药物释放量在 15％～40％之间，中间时间点（6h）累积释放 50％左右，最后取样点要求释放量在 75％以上。

【实践结果】

结果填入表 15-2 中。

表 15-2　实践数据

项　　目	数据与结论
片重差异	平均片重： 超出重量差异限度片数： 最大超限者为差限的倍数： 结论：
硬度	方法： 结论：

计算布洛芬缓释片各时间点的药物累积释放量，绘制释放曲线。

实践项目二　脂质体的制备

【实践目的】

1. 初步掌握脂质体的制备方法。

2. 熟悉脂质体的质量评价方法。

【实验内容】

（一）大豆磷脂脂质体的制备

处方：大豆卵磷脂　　　100mg　　　磷酸氢二钠　　　1.45g

　　　胆固醇　　　　　25mg　　　磷酸二氢钠　　　0.15g

　　　乙醚　　　　　　20ml　　　纯化水　　　　　适量

制法：称取大豆卵磷脂 100mg，胆固醇 25mg，溶解于 20ml 乙醚中，置于 250ml 梨形瓶中，于旋转蒸发仪，25℃、150r/min 旋转蒸发至乙醚挥干，取下圆底烧瓶，加入 pH7.4 磷酸盐缓冲液 10ml，继续旋转蒸发 30min，即得。

（二）氟尿嘧啶脂质体的制备

处方：氟尿嘧啶　　　0.5g　　　卵磷脂　　　　　　　　　　　　1.0g

胆固醇　　　　0.5g　　　0.01mol/L 磷酸盐缓冲液（pH 6.0）　　加至 50ml

制法：称取处方量的卵磷脂、胆固醇加入 25ml 三氯甲烷使之溶解，将三氯甲烷溶液转移至梨形瓶中，于旋转蒸发仪真空蒸发除去三氯甲烷，使在烧瓶内壁形成薄膜；将氟尿嘧啶溶解于适宜的（pH 6.0）磷酸盐缓冲液中，再加入磷酸盐缓冲液至 50ml。将该药物溶液转移至有类脂膜的梨形瓶中，25℃保持旋转搅拌 2～5min，将薄膜洗下，在同样温度下放置 2h，使薄膜吸胀；再将溶液转移至烧杯中，在 25℃条件下磁力搅拌 2h（或超声处理 15min），即得脂质体混悬液。

（三）脂质体的质量检查与包封率测定

1. 脂质体的形态与粒度

显微镜下观察脂质体的形态，并用激光粒度测定仪测定粒径大小和分布。

2. 异物检查

在光学显微镜下观察是否存在有色斑块、棒状结晶等异物。

3. 包封率测定

取脂质体溶液适量，于超速离心机上离心，取上清液，加盐酸（9→1000）溶解并定量稀释制成 1ml 中约含 10μg 氟尿嘧啶的溶液，于紫外分光光度计，在 265nm 波长处测定吸光度，计算未被包入的药物量。包封率可按下式计算：

$$包封率（\%）=\frac{W_总-W_{游离}}{W_总}\times100\%$$

【实践结果】

1. 根据显微镜结果，绘制脂质体的形态图。

2. 将结果记录于下表 15-3。

表 15-3　脂质体质量评价

	平均粒径	跨距	包封率/%
大豆磷脂脂质体			
氟尿嘧啶脂质体			

自我测试

一、单选题

1. 渗透泵型片剂控释的基本原理是（　　）。

　A. 减小溶出或减慢扩散

　B. 片剂外面包控释膜，使药物恒速释出

　C. 片外渗透压大于片内，将片内药物压出

　D. 片剂膜内渗透压大于膜外，将药物从细孔压出

2. 若药物在胃、小肠吸收，在大肠也有一定吸收，可考虑制成多少时间服一次的缓控释制剂（　　）。

　A. 8h　　　　　　　　B. 6h　　　　　　　　C. 24h　　　　　　　　D. 48h

3. 测定缓、控释制剂释放度时，至少应测定几个取样点（　　）。

　A. 1个　　　　　　　B. 2个　　　　　　　C. 3个　　　　　　　D. 4个

4. 缓（控）释制剂生物利用度研究对象选择例数（　　）。

A. 至少 24～30 例　　　　B. 至少 18～24 例　　　　C. 至少 12～16 例　　　　D. 至少 8～12 例

5. 不是脂质体特点的是（　　）。

A. 淋巴定向性　　　　　　B. 提高药物稳定性　　　　C. 细胞非亲和性　　　　D. 降低药物毒性

6. 对皮肤具有良好渗透促进作用的是（　　）。

A. 二甲基亚砜　　　　　　B. Azone　　　　　　　　C. 丙二醇　　　　　　　D. 液体石蜡

7. 单剂量大于 0.5g 的药物不宜制备成（　　）。

A. 注射剂　　　　　　　　B. 片剂　　　　　　　　C. 栓剂　　　　　　　　D. 透皮给药系统

8. 关于缓释制剂特点，错误的是（　　）。

A. 可减少用药次数　　　　　　　　　　　　　　　B. 处方组成中一般只有缓释药物

C. 血药浓度平稳　　　　　　　　　　　　　　　　D. 不适宜于半衰期很短的药物

9. 脂质体的特点不包括（　　）。

A. 能选择性地分布于某些组织和器官　　　　　　　B. 延长药效

C. 与细胞膜结构相似　　　　　　　　　　　　　　D. 毒性大，使用受限制

10. TDDS 代表（　　）。

A. 药物释放系统　　　　　　　　　　　　　　　　B. 透皮给药系统

C. 靶向制剂　　　　　　　　　　　　　　　　　　D. 多剂量给药系统

11. 药物透皮吸收是指（　　）。

A. 药物通过表皮到达深层组织

B. 药物主要通过毛囊和皮脂腺到达体内

C. 药物通过表皮在用药部位发挥作用

D. 药物通过表皮被毛细血管和淋巴吸收入体循环

12. 不以减小扩散速度为主要原理的制备缓控释制剂工艺是（　　）。

A. 包衣　　　　　　　　　　　　　　　　　　　　B. 微囊化

C. 植入剂　　　　　　　　　　　　　　　　　　　D. 胃内滞留型片剂

13. 不属于靶向制剂的是（　　）。

A. 纳米囊　　　　　　B. 微球　　　　　　C. 环糊精包合物　　　　D. 脂质体

14. 对缓控释制剂叙述正确的是（　　）。

A. 控释制剂可控制药物的释放部位

B. 用脂肪、蜡类等物质可制成不溶性骨架片

C. 缓释制剂可克服普通制剂给药的峰谷现象

D. 所有药物都可用适当的手段制成缓释制剂

15. 适于制成经皮吸收制剂的药物是（　　）。

A. 在水中及油中的溶解度都较好的药物　　　　　　B. 熔点高的药物

C. 每日剂量大于 10mg 的药物　　　　　　　　　　D. 分子量大于 600 的药物

16. 将被动靶向制剂修饰为主动靶向制剂的方法是（　　）。

A. 糖基修饰　　　　　　B. 长循环修饰　　　　　C. 免疫修饰　　　　　D. 磁性修饰

二、多选题

1. 减少溶出速度为主要原理的缓释制剂的制备工艺有（　　）。

A. 制成溶解度小的酯和盐　　　　　　　　　　　　B. 控制粒子大小

C. 溶剂化　　　　　　　　　　　　　　　　　　　D. 将药物包藏于溶蚀性骨架中

E. 将药物包藏于亲水性胶体物质中

2. 口服缓释制剂可采用的制备方法有（　　）。

A. 增大水溶性药物的粒径　　　　　　　　　　　　B. 包衣

C. 微囊化　　　　　　　　　　　　　　　　　　　D. 与高分子化合物生成难溶性盐

E. 将药物包藏于溶蚀性骨架中

3. 适合制成缓释或控释制剂的药物有（　　）。

A. 硝酸甘油　　　　　　　　B. 苯妥英钠　　　　　　　　C. 地高辛

　　　　D. 茶碱　　　　　　　　　　　　E. 盐酸地尔硫草

4. 骨架型缓释、控释制剂包括（　　　）。
　　A. 骨架片　　　　　　　　B. 压制片　　　　　　　　C. 泡腾片
　　D. 生物黏附片　　　　　　E. 骨架型小丸

5. 属缓释、控释制剂的是（　　　）。
　　A. 胃内滞留片　　　　　　B. 植入剂　　　　　　　　C. 分散片
　　D. 骨架片　　　　　　　　E. 渗透泵片

6. 透皮给药系统的组成是（　　　）。
　　A. 裱褙层　　　　　　　　B. 药物贮库　　　　　　　C. 控释膜
　　D. 黏附层　　　　　　　　E. 保护膜

7. 属于主动靶向制剂的是（　　　）。
　　A. 固体分散体　　　　　　B. 修饰乳剂　　　　　　　C. 免疫纳米囊
　　D. 微囊　　　　　　　　　E. 长循环脂质体

8. 延长药物作用时间的方法主要有（　　　）。
　　A. 减小药物溶出速率　　　B. 减小药物扩散速度　　　C. 减小药物释放速度
　　D. 减小药物崩解速度　　　E. 增大药物崩解速度

9. 减少药物溶出可通过（　　　）。
　　A. 增加难溶性药物粒径
　　B. 将药物混悬于植物油中制成油溶液型注射剂
　　C. 减小难溶性药物粒径
　　D. 将药物包裹于疏水性溶蚀性骨架中，制成适宜剂型
　　E. 将药物包裹于亲水性胶体骨架中，制成适宜剂型

10. 不是靶向制剂的是（　　　）。
　　A. 静脉乳剂　　　　　　　B. 毫微粒注射剂　　　　　C. 混悬型注射剂
　　D. 口服乳剂　　　　　　　E. 脂质体注射剂

11. 脂质体的制法有（　　　）。
　　A. 超声分散法　　　　　　B. 熔融法　　　　　　　　C. 薄膜分散法
　　D. 注入法　　　　　　　　E. 搓捏法

12. 靶向给药乳剂中，O/W 乳剂静脉给药后指向的靶点主要是（　　　）。
　　A. 心脏　　　　B. 炎症部位　　　　C. 肾　　　　D. 肝　　　　E. 肺

13. 常见的膜控释制剂有（　　　）。
　　A. 胃内漂浮片　　　　　　B. 眼用控释膜　　　　　　C. 微孔膜包衣
　　D. 普通包衣片　　　　　　E. 皮肤用控释制剂

14. 减少药物扩散速度，可以通过（　　　）。
　　A. 包衣　　　　　　　　　　　　　　B. 制成骨架片
　　C. 制成药树脂　　　　　　　　　　　D. 水溶液性药物制成 W/O 型乳剂
　　E. 水溶液性药物制成 O/W 型乳剂

15. 不宜制成长效制剂的药物是（　　　）。
　　A. 药效强烈的药物　　　　　　　　　B. 溶解度很小、吸收无规律的药物
　　C. 一次剂量很大的（大于 1g）药物　　D. 生物半衰期短的（小于 1h）药物
　　E. 生物半衰期长的（大于 24h）药物

三、问答题

1. 什么是缓释制剂、控释制剂？有何异同？与普通制剂相比有何特点？
2. 制备缓控释制剂的药物应符合什么条件？缓释、控释制剂的组成怎样？设计原理是什么？
3. 透皮吸收过程是怎样的？影响吸收的因素有哪些？常用的透皮吸收促进剂有哪些？
4. 什么是靶向制剂？有何特点？按作用方式可分为哪几类？
5. 什么是脂质体？由什么组成？有何特点？

参 考 文 献

[1] 国家药典委员会．中华人民共和国药典．2010 版（二部）．北京：中国医药科技出版社，2010.

[2] 国家食品药品监督管理局药品认证管理中心．药品 GMP 指南．北京：中国医药科技出版社，2011.

[3] 杨凤琼．实用药物制剂技术．北京：化学工业出版社，2009.

[4] 胡英．生物药物制剂技术．北京：化学工业出版社，2010.

[5] 张健泓．药物制剂技术．北京：人民卫生出版社，2009.

[6] 崔福德．药剂学第 7 版．北京：人民卫生出版社，2011.

[7] 张志荣．药剂学．北京：高等教育出版社，2007.

[8] 常忆凌．药剂学．北京：化学工业出版社，2009.

[9] 国家药典委员会．中华人民共和国药典临床用药须知（化学药和生物制品卷）．北京：中国医药科技出版社，2011.

[10] 陆彬．药物新剂型和新技术．第 2 版．北京：人民卫生出版社，2005.

[11] 于广华．药物制剂技术．北京：化学工业出版社，2012.